普通高等教育“十二五”系列教材（高职高专教育）

GONGPEIDIAN JISHU

供配电技术

主　编　李树元　李光举
副主编　王贵兰　黄炳义　李　博
编　写　孟红秀　曹芳菊
主　审　王艳华

中国电力出版社
CHINA ELECTRIC POWER PRESS

内 容 提 要

全书共分九个任务，首先是对整个电力系统由浅到深的认知，其次是对电力负荷及短路电流的计算，然后是导线和电气设备的选择，小型电力变压器的安装，室内配电线路的安装，二次回路安装接线图的绘制，低压成套配电装置的安装，继电保护线路的分析，最后是变电站的倒闸操作。

本书从实际出发，以九个小任务贯穿整个供配电系统，完成供配电的基础、计算、选择、操作，以及简单的设计等。每一个任务相对比较独立，基本可以单独成篇，但又存在着内在联系，简单实用，有利于学习和应用。

本书主要作为高职高专电气自动化技术、电力系统自动化技术、机电一体化技术等相关专业用书，也可作为工程技术人员的参考用书。

图书在版编目（CIP）数据

供配电技术/李树元，李光举主编．—北京：中国电力出版社，2015.2（2022.8 重印）

普通高等教育“十二五”规划教材．高职高专教育

ISBN 978-7-5123-6935-1

Ⅰ．①供… Ⅱ．①李… ②李… Ⅲ．①供电－高等职业教育－教材②配电系统－高等职业教育－教材 Ⅳ．①TM72

中国版本图书馆 CIP 数据核字（2015）第 009653 号

出版发行：中国电力出版社

地　　址：北京市东城区北京站西街 19 号（邮政编码 100005）

网　　址：http://www.cepp.sgcc.com.cn

责任编辑：乔　莉（010－63412535）

责任校对：黄　蓓

装帧设计：郝晓燕

责任印制：吴　迪

印　　刷：三河市百盛印装有限公司

版　　次：2015 年 2 月第一版

印　　次：2022 年 8 月北京第四次印刷

开　　本：787 毫米×1092 毫米　16 开本

印　　张：21.75

字　　数：527 千字

定　　价：43.00 元

前　言

本教材从职业需求入手，参照国家职业标准要求，精选教材内容，切实落实“实用、够用”的原则，较好地处理了理论教学与技能训练的关系。同时，在编写的过程中注重新技术的注入，以适应技术的更新和发展。

本教材以九个任务为主线，贯穿整个供配电系统，基本涵盖了供配电的基础知识和基本操作技能。首先是对供配电系统进行一个整体的认知，从而对整个供配电系统有个全面的了解，为后续任务的学习做好铺垫。其次是有关计算和选择，然后是小型电力变压器的安装、室内配电线路的安装、低压配电装置的安装。计算是选择的基础，选择是安装的前提，相互依托，更便于记忆和应用。最后是继电保护和倒闸操作。

在每一个任务中，都是以一个具体任务的形式导入，说明要完成的任务是什么，做到目的明确。以任务为线索，把相关知识一一展开，清晰明了，有助于顺利地完成任务。任务中的基础训练就是本任务要掌握的重要概念，技能训练是为了提高计算能力和操作能力而设置的。

任务考核基本是以职业技能鉴定的形式来进行，有基础考核和技能考核两大类。为学生通过职业技能鉴定考取职业资格证书打下良好的基础，同时也方便了教师对学生进行测试。

本教材由邢台职业技术学院李树元、李光举主编。其中，任务一、三由李树元编写，任务二由李光举编写，任务四、六由郑州城市职业学院李博编写，任务五由邢台职业技术学院王贵兰编写，任务七由邢台职业技术学院曹芳菊编写，任务八由邢台职业技术学院黄炳义编写，任务九由邢台职业技术学院孟红秀编写。

本教材由承德石油高等专科学校王艳华教授主审，其在主审过程中提出了许多宝贵的专业性的意见，在此表示衷心的感谢。本书在编写过程中还得到了多个企业专家的指导，他们也提出了许多宝贵意见；同时，本书作者还参阅了部分相关教材及技术文献，在此对这些专家和作者一并表示衷心的感谢。

书中难免存在疏漏和不妥之处，恳请广大读者给予批评指正。

编　者

2014 年 12 月

目　录

任务一　认知电力系统

【知识目标】

(1) 掌握电力系统的基本组成及有关概念。
(2) 了解电力线路的接线方式。
(3) 了解电力系统中性点运行方式。
(4) 掌握接地与接零的基本概念。

能力目标

(1) 掌握用户供配电电压的选择方法。
(2) 熟悉电力系统额定电压的确定方法。
(3) 掌握电力系统中性点运行方式的应用。
(4) 熟悉接地电阻的测量方法。

任务导入

电能是现代工业生产的主要能源和动力，属于二次能源。发电厂把一次能源（如煤、油、水、原子能等）转换成电能，用电设备又把电能转换为机械能、热能等。电能既易于由其他形式的能量转换而来，也易于转换为其他形式的能量以供应用。电能的输送和分配既简单经济，又便于控制、调节和测量，有利于实现生产过程自动化。现代社会的信息技术和其他高新技术，无一不是建立在电能应用的基础之上的。因此，电能在现代工业生产及整个国民经济生活中的应用极为广泛。

工业生产和日常生活的电能来源于电力系统，要掌握供配电技术，就要从认知电力系统开始。

任务分析

电能是由发电厂生产的，但发电厂往往建在能源基地附近，远离用户，这就引起了大容量、远距离输送电力的问题。当电流在线路中流过时，会造成电压降落、功率损耗。根据 $S=\sqrt{3}UI$ 可知，输送相同的容量，电压越高，电流就越小，输电线上的电能损耗和电压损耗也就越少。因此，远距离输送大容量时须用高电压输送。但高压电并不能被用户直接使用，所以要将高压电降为一般低压用电设备所需的电压（如 220、380V 等），然后由低压配电线路将电能分送给各用电设备。

电能的传输与分配过程如图 1-1 所示。从图 1-1 中可以大致看出，电能的传递要经过发电、变电、输电、配电及用电的过程。电能在传输的过程中发生了哪些变化？要想得出答案需具备以下知识和技能。

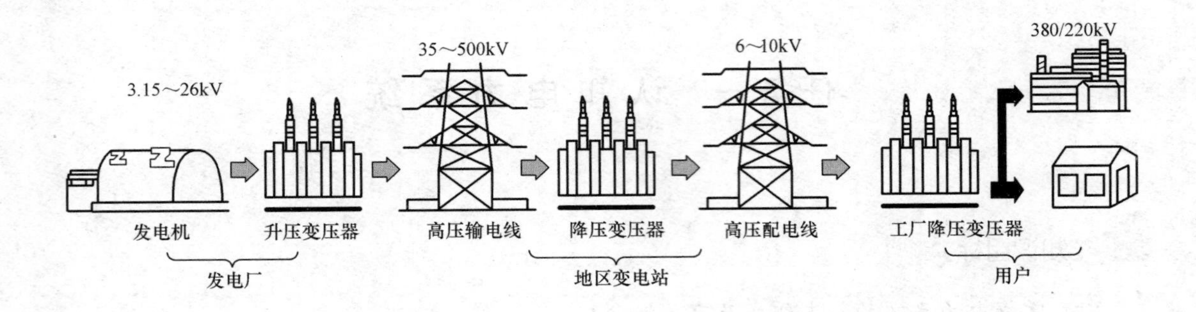

图 1-1　电能的传输与分配过程

一、电力系统的组成

电力系统主要由发电厂、变电站、输电线和电能用户组成。

1. 发电厂

发电厂是将自然界蕴藏的各种一次能源（如水力、煤炭、石油、天然气、风力、地热、太阳能和核能等）转换为电能（二次能源）的特殊工厂。发电厂按其所用一次能源形式的不同，可分为火力发电厂、水力发电厂、核能发电厂、风力发电厂、潮汐发电厂、地热发电厂、太阳能发电厂等；按其规模和供电范围的不同，又可分为区域性发电厂、地方性发电厂和自备发电厂等。

2. 变电站

由于发电机产生的电压受绝缘材料和结构的限制，产生的电压最高也只能达到约 27kV。作为远距离输电，这样的电压远远不能保证输电质量和经济性，为此，需要升压变电站将电压升高，使输送功率不变的情况下输电线路中的电流明显减小，以求用电的经济。在用电中心或用电单位，再用变压器将电压降低到用电设备的电压等级，以求用电的安全。

3. 输电线

输电线的作用是输送电能，并把发电厂、变电站和用户连接起来构成电力系统。

输电线一般是指 35kV 及以上的电力线路，35kV 以下向用电单位或城乡供电的线路称为配电线路。

4. 电能用户

电能用户（又称电力负荷）是指所有消耗电能的用电设备或用电单位，按行业可分为工业用户、农业用户、交通运输用户、照明及城市生活用户四类。其中，工业用户是最大的电能用户，占总容量的 70%以上。根据供电容量划分，总供电容量不超过 1000kVA 的工业企业，视为小型企业；超过 1000kVA 而不超过 10 000kVA 的企业，视为中型企业；超过 10 000kVA 的企业，视为大型企业。

二、电力系统的基本概念

电力系统、电网、动力系统示意如图 1-2 所示。

1. 电力系统

由发电、输电、变电、配电及用电组成的统一体称为电力系统。

2. 电网

电力系统中各种电压等级的输配电线路及与其联系的变电站组成的部分（即电力系统中除发电厂及电力用户以外的中间环节）称为电网。

电网的作用是输送和分配电能，按不同的方式划分具有不同的类型。

(1) 电网按供电范围、输送功率和电压等级分为地方电网、区域电网和远距离输电线等。

地方电网是指35kV及以下电压等级的电网，供电区域不大。

区域电网是指110kV及以上电压等级的电网，供电区域较大。

远距离输电线是指220kV及以上电压等级的输电线路，距离大于500km的输电线又称为超高压输电系统。

(2) 电网按接线方式分为开式电网和闭式电网。

开式电网：用户只能从单方向得到供电。

闭式电网：用户可从两个或两个以上方向得到供电。

(3) 电网按电压高低分为低压网（1kV以下）、中压网（1～10kV）、高压网（高于10kV，低于330kV）、超高压网（330～500kV）和特高压网（750～1000kV）几种。

对电力系统电压高低的划分，一般有如下规定：

低压：指额定电压在1000V以下。

高压：指额定电压在1000V及以上。

3. 动力系统

电力系统加上发电厂的动力部分（如锅炉、汽轮机、核反应堆、水库、水轮机及热力装置等）所构成的整体称为动力系统。

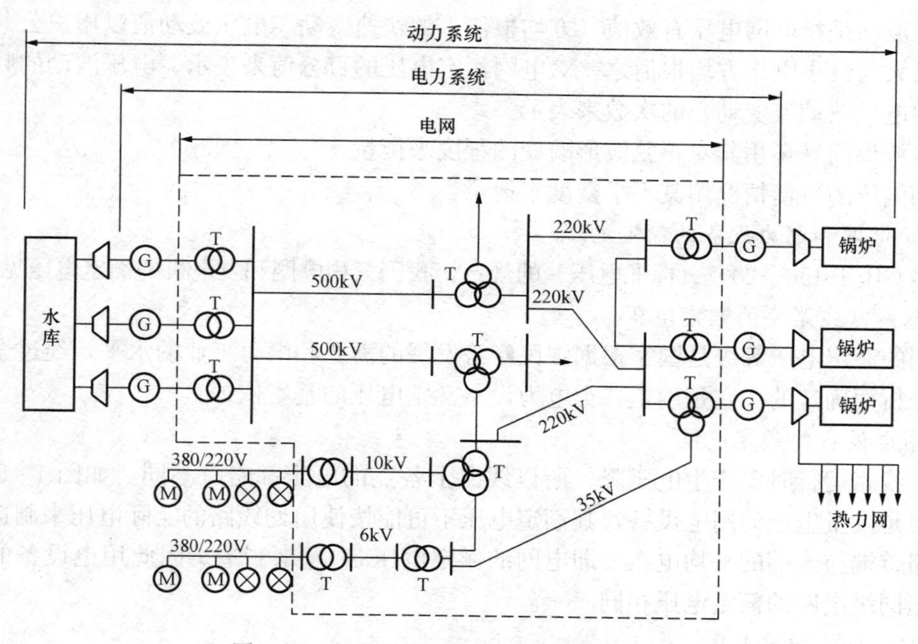

图1-2　电力系统、电网、动力系统示意图

三、对电力系统的基本要求

供电工作要很好地为工业生产服务，切实保证工厂生产和生活用电的需要，并做好节能工作，就必须达到以下几项基本要求。

（1）安全。在电能的供应、分配和使用中，不应发生人身事故和设备事故。

（2）可靠。应满足电能用户对供电可靠性（即连续供电）的要求。

（3）优质。应满足电能用户对电压和频率等质量的要求。

（4）经济。供电系统的投资要少，运行费用要低，并尽可能地节约电能和减少有色金属消耗量。

四、电力系统的电能质量与电压

（一）电能质量

电力系统中的所有设备都是在一定的电压和频率下工作的。电压和频率是衡量电能质量的两个基本参数。

一般交流电力设备的额定频率为50Hz，此频率通常称为工频。《供电营业规则》规定：在电力系统正常的情况下，工频的频率偏差一般不得超过±0.5Hz。当电力系统容量达到3000MW或以上时，频率偏差则不得超过±0.2Hz。在电力系统非正常状况下，频率偏差不应超过±1Hz。

频率的调整主要依靠发电厂来调节发电机的转速。对供电系统来说，提高电能质量主要是提高电压质量的问题。电压质量是按照国家标准或规范对电力系统电压的偏差、波动、波形及其三相的对称性（平衡性）的一种质量评估。

电压偏差是指电气设备的端电压与其额定电压之差，通常以其对额定电压的百分值来表示。

电压波动是指电网电压有效值（方均根值）的快速变动。电压波动值以用户公共供电点的相邻最大与最小电压方均根值之差对电网额定电压的百分值来表示。电压波动的频率用单位时间内电压波动（变动）的次数来表示。

电压波形的好坏用其对正弦波形畸变的程度来衡量。

三相电压的平衡情况用其不平衡度来衡量。

（二）电网和电力设备的额定电压

按照GB/T 156—2007《标准电压》的规定，我国三相电网和发电机的额定电压见表1-1。

1. 电网（线路）的额定电压

电网的额定电压等级是国家根据国民经济发展的需要和电力工业的水平，经过全面的技术经济分析而确定的。它是确定各类电力设备额定电压的基本依据。

2. 用电设备的额定电压

由于线路运行时要产生电压降，所以线路上各点的电压都略有不同，如图1-3中虚线所示。但是批量生产的用电设备，其额定电压不可能按使用处线路的实际电压来制造，而只能按线路首端与末端的平均电压（即电网的额定电压U_N）来制造。因此用电设备的额定电压规定与同级电网的额定电压相同。

3. 发电机的额定电压

由于电力线路允许的电压偏差一般为±5%，即整个线路允许有±10%的电压损耗，因此为了维持线路的平均电压额定值，线路首端（电源端）的电压可较线路额定电压高5%，而线路末端则可较线路额定电压低5%，如图1-3所示。所以，发电机额定电压按规定应比同级电网（线路）额定电压高5%。

表1-1　我国三相交流电和电力设备的额定电压　kV

分类	电网和用电设备额定电压	发电机额定电压	电力变压器额定电压	
			一次绕组	二次绕组
低压	0.38	0.40	0.38	0.40
	0.66	0.69	0.66	0.69
高压	3	3，15	3，3.15	3.15，3.3
	6	6.3	6，6.3	6.3，6.6
	10	10.5	10，10.5	10.5，11
	—	13.8，15.75，18，20，22，24，26	13.8，15.75，18，20，22，24，26	—
	35	—	35	38.5
	66	—	66	72.5
	110	—	110	121
	220	—	220	242
	330	—	330	363
	500	—	500	550
	750	—	750	825（800）
	1000	—	1000	1100

4. 电力变压器的额定电压

（1）电力变压器一次绕组的额定电压。

1）当变压器直接与发电机相连时，如图1-4中的变压器T1，其一次绕组额定电压应与发电机额定电压相同，即比同级电网额定电压高5%。

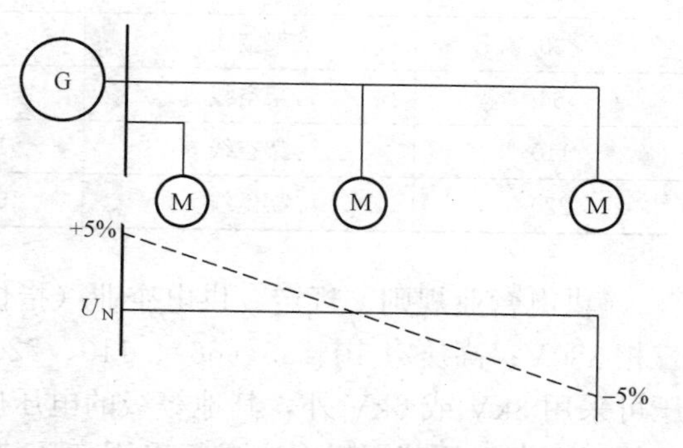

图1-3　线路上各点的电压

2）当变压器不与发电机相连而是连接在线路上时，如图1-4中的变压器T2，则可看作是线路的用电设备，因此其一次绕组额定电压应与电网额定电压相同。

（2）电力变压器二次绕组的额定电压。

1）变压器二次侧供电线路较长，如为较大的高压电网时，如图1-4中的变压器T1，其二次绕组额定电压应比相连电网额定电压高10%，其中有5%是用于补偿变压器满负荷运

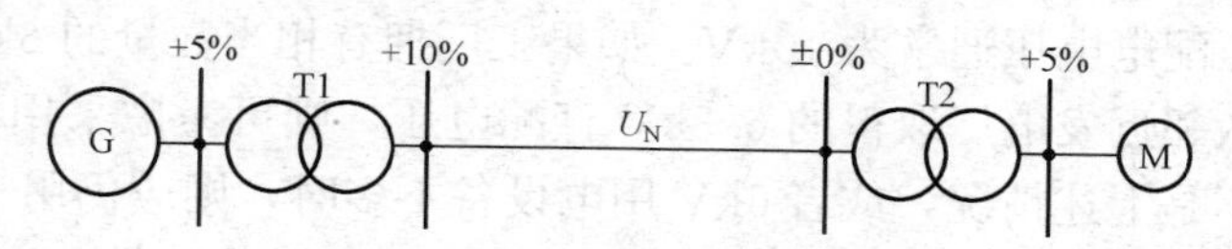

图1-4　电力变压器的额定电压

行时绕组内部的约5%的电压降，因为变压器二次绕组的额定电压是指变压器一次绕组加上额定电压时二次绕组开路的电压。此外，变压器满负荷时输出的二次电压还要比电网额定电压高5%，以补偿线路上的电压损耗。

2）高压侧电压在35kV、短路电压为7.5%及以下的变压器，或者，二次侧供电线路不长，如为低压电网或直接供电给高低压用电设备时，如图1-4中的变压器T2，其二次绕组额定电压只需比所连电网额定电压高5%，仅考虑补偿变压器满负荷运行时绕组内部5%的电压降。

（三）电能用户供配电电压的选择

1. 工厂供电电压的选择

工厂供电电压的选择主要取决于当地电网的供电电压等级，同时也要考虑工厂用电设备的电压、容量和供电距离等因素。由于在同一输送功率和输送距离条件下，供电电压越高，则线路电流越小，从而使线路导线或电缆截面越小，可减少线路的初投资和有色金属消耗量。各级电压电力线路合理的输送功率和输送距离见表1-2。

表1-2　各级电压电力线路合理的输送功率和输送距离

线路电压/kV	线路结构	输送功率/kW	输送距离/km
0.38	架空线	≤100	≤0.25
0.38	电缆	≤175	≤0.35
6	架空线	≤1000	≤10
6	电缆	≤3000	≤8
10	架空线	≤2000	6～20
10	电缆	≤5000	≤10
35	架空线	≤2000～10 000	20～50
66	架空线	3500～30 000	30～100
110	架空线	10 000～50 000	50～150
220	架空线	100 000～500 000	200～300

《供电营业规则》规定：供电企业（指供电电网）供电的额定电压，低压有单相220V，三相380V；高压有10、35（66）、110、220kV。《供电营业规则》还规定：除发电厂直配电压可采用3kV或6kV外，其他等级的电压应逐步过渡到上述额定电压。如果用户需要的电压等级不在上列范围时，应自行采用变压措施解决。用户需要的电压等级在110kV及以上时，其受电装置应作为终端变电站设计，其方案需经省电网经营企业审批。

2. 工厂高压配电电压的选择

工厂供电系统的高压配电电压主要取决于工厂高压用电设备的电压、容量和数量等因素。

工厂采用的高压配电电压通常为10kV。如果工厂拥有相当数量的6kV用电设备，或者供电电源电压就是从邻近发电厂取得的6.3kV直配电压，则可考虑采用6kV作为工厂的高压配电电压。如果不是上述情况，或者6kV用电设备不多时，则应仍用10kV作为高压配电电压，而少数6kV用电设备则通过专用的10/6.3kV变压器单独供电。3kV不能作为高压配电电压，如果工厂有3kV用电设备，则应通过10/3.15kV变压器单独供电。

如果当地电网供电电压为35kV，而厂区环境条件又允许采用35kV架空线路和较经济的35kV电气设备时，则可考虑采用35kV作为高压配电电压深入工厂各车间负荷中心，并经车间变电站直接降为低压用电设备所需的电压。这种高压深入负荷中心的直配方式，可以省去一级中间变压，大大简化供电系统接线，节约投资和有色金属，降低电能损耗和电压损耗，提高供电质量，有一定的推广价值。但必须考虑厂区要有满足35kV架空线路深入各车间负荷中心的“安全走廊”，以确保安全。

3. 工厂低压配电电压的选择

工厂的低压配电电压一般采用220/380V，其中线电压380V接三相动力设备及额定电压为380V的单相用电设备，相电压220V接额定电压为220V的照明灯具和其他单相用电设备。但某些场合宜采用660V甚至1140V作为低压配电电压，如矿井下，因负荷中心往往离变电站较远，所以为保证负荷端的电压水平而采用660V甚至1140V电压配电。采用660V或1140V配电，与采用380V配电相比，可以减少线路的电压损耗，提高负荷端的电压水平，而且能减少线路的电能损耗，降低线路的有色金属消耗量和初投资，增加供电半径，提高供电能力，减少变压点，简化配电系统。因此，提高低压配电电压有明显的经济效益是节电的有效措施之一，这在世界各国已成为发展趋势。但是将380V升高为660V，需电器制造部门乃至其他有关部门全面配合，我国目前尚难实现。在一些特殊行业，如采矿、石油和化工等部门，有采用660V电压或1140V电压。至于220V电压，现已不作为三相配电电压，只作为单相配电电压和单相用电设备的额定电压。

五、电力系统中性点运行方式

在三相交流电力系统中，作为供电电源的发电机和变压器的中性点有四种运行方式，即中性点直接接地、中性点不接地、中性点经消弧线圈接地和中性点经电阻接地，如图1-5所示。图中电容为输电线路对地等效电容。

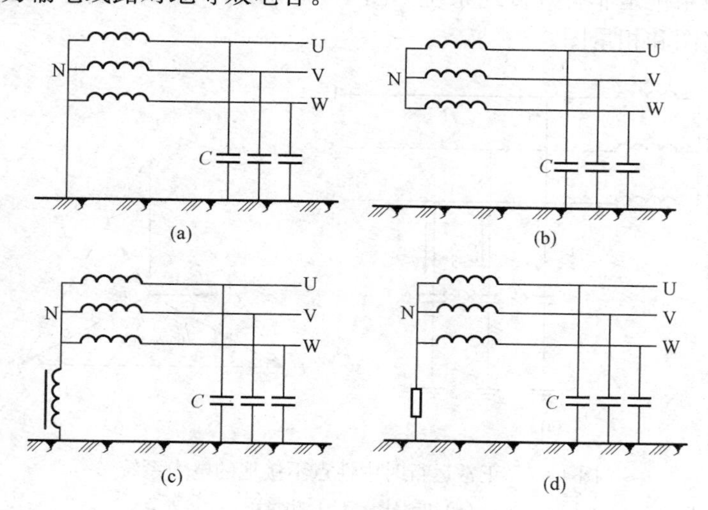

图1-5　电力系统中性点运行方式

(a) 中性点直接接地；(b) 中性点不接地；(c) 中性点经消弧线圈接地；(d) 中性点经电阻接地

（一）中性点直接接地电力系统

中性点直接接地的系统称为有效接地系统，也称为大电流接地系统。图1-6所示为电源中性点直接接地的电力系统发生单相接地时的电路图。中性点直接接地系统的单相接地，即通过接地中性点形成单相短路。单相短路电流 $I_k^{(1)}$ 比线路的正常负荷电流大得多，因此在此系统发生单相短路时保护装置应动作于跳闸，切除短路故障，使系统的其他部分恢复正常运行。

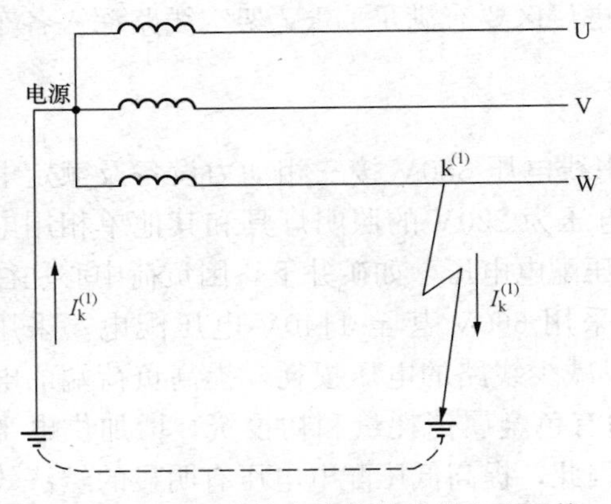

图 1-6 电源中性点直接接地的电力系统发生单相接地时的电路图

中性点直接接地的系统发生单相接地时，其他两完好相的对地电压不会升高。因此，中性点直接接地的系统中的供用电设备绝缘只需按相电压考虑，而无需按线电压考虑。因此该系统的优点是系统的过电压水平和输变电设备所需的绝缘水平较低。系统的动态电压升高不超过系统额定电压的 80%，高压电网中采用这种接地方式降低设备和线路造价，经济效益显著。该系统在发生单相接地故障时，一般能使保护装置迅速动作，切除故障部分，比较安全。如果再加装漏电保护器，则人身安全有更好的保障。

该系统的缺点是发生单相接地故障时单相接地电流很大，必然引起断路器的跳闸，降低了供电连续性，因而供电可靠性较差。

我国 110kV 及以上超高压系统的电源中性点通常都采取直接接地的运行方式。在低压配电系统中，我国广泛应用的 TN 系统及在国外应用较广的 TT 系统，均为中性点直接接地系统。

（二）中性点不接地电力系统

中性点不接地系统是非有效接地系统。图 1-7 所示为电源中性点不接地的电力系统在正常运行时的电路图和相量图。

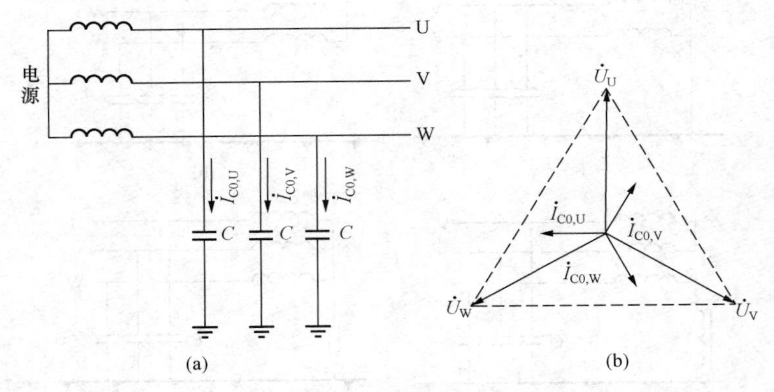

图 1-7 正常运行时中性点不接地的电力系统
（a）电路图；（b）相量图

系统正常运行时，三个相的电容电流的相量和为零，地中没有电流流过。各相的对地电压就是各相的相电压。

当系统发生单相接地故障时，假设是 W 相接地，如图 1-8（a）所示。这时 W 相对地电压为零，而U相对地电压 $\dot{U}'_U=\dot{U}_U+(-\dot{U}_W)=\dot{U}_{UW}$，V相对地电压 $\dot{U}'_V=\dot{U}_V+(-\dot{U}_W)=\dot{U}_{VW}$，如图1-8（b）所示。由图1-8（b）的相量图可知，W相接地时，完好的U、V两相对地电压都由原来的相电压升高到线电压，即升高为原对地电压的$\sqrt{3}$倍。

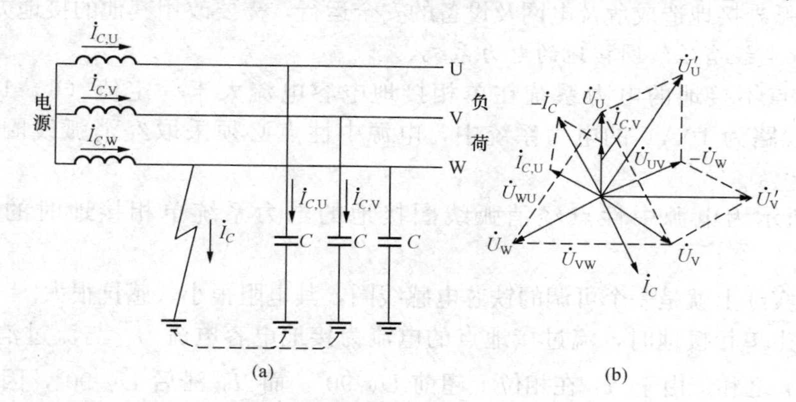

图1-8　单相接地时中性点不接地的电力系统

（a）电路图；（b）相量图

当W相接地时，系统的接地电流（电容电流）$\dot{I}_C$ 应为U、V两相对地电容电流之和，即

$$\dot{I}_C=-(\dot{I}_{C,U}+\dot{I}_{C,V})$$

由图1-8（b）可知，$\dot{I}_C$ 在相位上超前 $\dot{U}_W$ 90°；而在量值上，由于 $I_C=\sqrt{3}I_{C,U}$，而 $I_{C,U}=U_U'/X_C=\sqrt{3}U_U/X_C=\sqrt{3}I_{C0}$，因此

$$I_C=3I_{C0}$$

即单相接地电容电流为正常运行时相线对地电容电流的3倍。

由于线路对地的电容 C 不好准确计算，因此 I_{C0} 和 I_C 也不好根据 C 值来精确地确定。中性点不接地系统中的单相接地电流通常采用下列经验公式计算

$$I_C=\frac{U_N(l_t+35l'_t)}{350} \tag{1-1}$$

式中　I_C——系统的单相接地电容电流，A；

U_N——系统额定电压，kV；

l_t——同一电压 U_N 的具有电联系的架空线路总长度，km；

l'_t——同一电压 U_N 的具有电联系的电缆线路总长度，km。

该系统的优点是发生单相接地故障时，不形成短路回路，通过接地点的电流仅为接地电容电流，当单相接地故障电流很小时，只使三相对地电位发生变化，故障点电弧可以自熄，熄弧后绝缘可自行恢复，能自动地清除单相接地故障，而无需使线路断开，可以带故障运行一段时间，以便查找故障线路，因而大大提高了供电可靠性。另外，电网的单相接地电流很小，对邻近通信线路干扰也小。

该系统的缺点是发生单相接地故障时，会产生弧光重燃过电压。这种过电压现象会造成电气设备的绝缘损坏或开关柜绝缘子闪络，电缆绝缘击穿，所以对系统绝缘水平要求较高。

当线路很长时，接地电容电流就会过大，超过临界值，接地电弧将不能自熄，容易形成间歇性的弧光接地或电弧稳定接地。间歇性的弧光接地能导致危险的过电压。稳定性电弧接地会导致相间短路，使得线路跳闸，造成重大事故。因此，单相接地连续运行时间不能超过 2h。

为了避免弧光接地造成危及电网及设备的安全运行，需要改用其他的接地方式。

（三）中性点经消弧线圈接地的电力系统

上述中性点不接地的电力系统在单相接地电容电流大于一定值（6～10kV 线路为 30A，35kV 线路为 10A）的电力系统中，电源中性点必须采取经消弧线圈接地的运行方式。

图 1-9 所示为电源中性点经消弧线圈接地的电力系统单相接地时的电路图和相量图。

消弧线圈实际上就是一个可调的铁芯电感线圈，其电阻很小，感抗很大。

当系统发生单相接地时，流过接地点的电流为接地电容电流 $\dot{I}_C$ 与流过消弧线圈（L）的电感电流 $\dot{I}_L$ 之和。由于 $\dot{I}_C$ 在相位上超前 $\dot{U}_W$ 90°，而 $\dot{I}_L$ 滞后 $\dot{U}_W$ 90°，因此 $\dot{I}_L$ 与 $\dot{I}_C$ 在接地点相互补偿。当 $\dot{I}_L$ 与 $\dot{I}_C$ 的量值差小于发生电弧的最小电流（称为最小生弧电流）时，电弧就不会产生，也就不会出现谐振过电压现象。

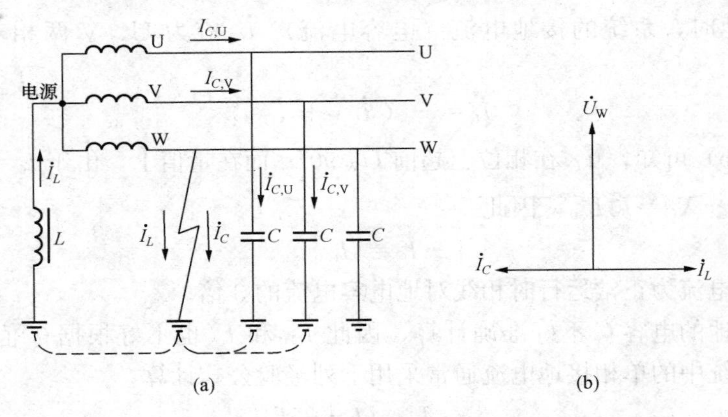

图 1-9　电源中性点经消弧线圈接地的电力系统单相接地

（a）电路图；（b）相量图

在电源中性点经消弧线圈接地的三相系统中，与中性点不接地的系统一样，允许在系统发生单相接地故障时短时（一般规定为 2h）继续运行，但应有保护装置在接地故障时及时发出报警信号。运行值班人员应抓紧时间积极查找故障；在暂时无法消除故障时，应设法将重要负荷转移到备用线路上去。如发生单相接地会危及人身和设备安全时，则单相接地保护应动作于跳闸，切除故障线路。

中性点经消弧线圈接地的电力系统，在单相接地时，其他两相对地电压也要升高到线电压，即升高为原对地电压的$\sqrt{3}$倍。

（四）中性点经电阻接地系统

中性点经电阻接地，按接地电流大小分为高电阻接地和低电阻接地。

1. 中性点经高电阻接地

高电阻接地方式以限制单相接地故障电流为目的，电阻阻值一般在数百至数千欧姆。采用高电阻接地的系统可以消除大部分谐振过电压，对单相间歇弧光接地过电压具有一定的限制作用。单相接地故障电流小于10A，系统可在接地故障条件下持续运行不中断供电。缺点是对系统绝缘水平要求较高。

2. 中性点经低电阻接地

6～35kV主要由电缆线路构成的输、配电网络，单相接地故障电容电流较大时，可采用低电阻接地方式，电阻阻值一般为10～20Ω，单相接地故障电流为100～1000A。低电阻接地的优点是快速切除故障，过电压水平低，可采用绝缘水平较低的电缆和设备。

该接地方式适用于电缆线路为主，不容易发生瞬时性单相接地故障且系统电容电流比较大的城市配电网、发电厂厂用电系统及工矿企业配电系统。

我国3～66kV的电力系统，特别是3～10kV系统，一般采用中性点不接地的运行方式。如果单相接地电流大于一定值时，则应采用中性点经消弧线圈接地的运行方式或低电阻接地的运行方式。我国110kV及以上的电力系统，则都采用中性点直接接地的运行方式。对380/220V低压配电网络，为得到两个不同的电压等级也采取中性点直接接地的三相四线制。

六、电力线路的接线方式

电力线路是电力系统的重要组成部分，担负着输送和分配电能的重要任务，其基本接线方式主要有三种，即放射式、树干式及环式。

（一）高压电力线路的接线方式

1. 放射式接线方式

（1）单回路放射式。单回路放射式就是由企业总降压变电站（或总变配电站）6～10kV母线上引出的每一条回路，直接向一个车间变电站或车间高压用电设备配电，沿线不分接其他负荷，各车间变电站之间也无联系。图1-10所示为单回路放射式接线方式。这种接线方式的优点是：线路敷设简单，操作维护方便，保护简单，便于实现自动化。其缺点是：总降压变电站的出线多，有色金属的消耗量大，需用高压设备（开关柜）数量多，投资大，架空出线困难。此外，这种接线最大的缺点是当任一线路或开关设备发生故障时，该线路上的全部负荷都将停电，所以这种接线供电可靠性不高，适用于三级负荷及不重要的二级负荷。

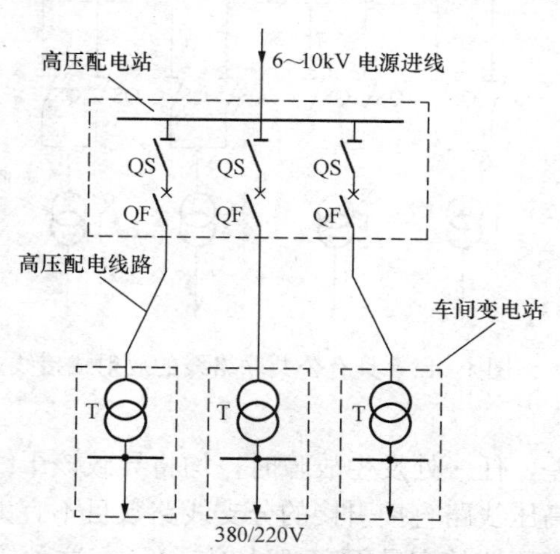

图1-10 单回路放射式接线方式

（2）双回路放射式。双回路放射式按电源数目可分为单电源双回路放射式和双电源双回路放射式两种。

1）单电源双回路放射式。单电源双回路放射式接线如图1-11（a）所示，此种接线当一条线路发生故障或需检修时，另一条线路可以继续运行，保证了供电，可适用于二级负荷。在故障情况下，这种接线从切除故障线路到再投入非故障线路恢复供电的时间一般不超过30min。

2）双电源双回路放射式。双电源双回路放射式接线如图1-11（b）所示，两条放射式线路连接在不同电源的母线上。在任一线路发生故障时，或任一电源发生故障时，该种接线方式均能保证供电不中断。

双电源交叉放射式接线一般从电源到负载均为双套设备都投入工作，并且互为备用，其供电可靠性较高，适用于容量较大的一、二级负荷，但这种接线投资大，出线和维护都更为困难、复杂。

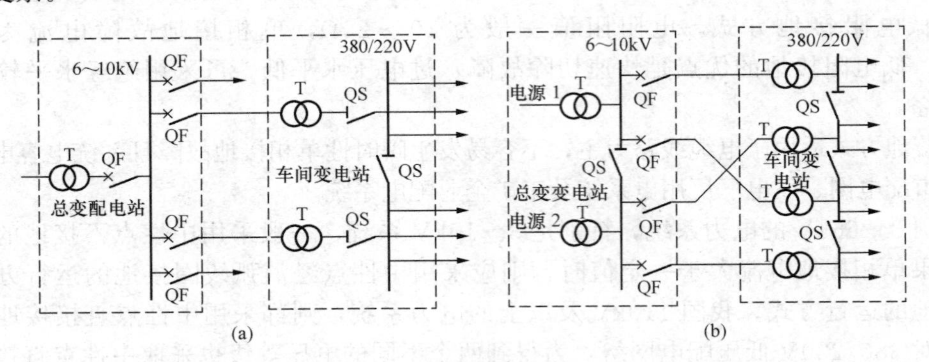

图 1-11 双回路放射式接线方式

(a) 单电源供电；(b) 双电源供电

(3) 具有公共联络线的放射式。对多个车间供电常采用具有公共联络线的放射式接线方式，如图 1-12 所示。正常时备用联络线不投入，当电源或任一回线故障被切除后，通过备用联络线使重要负载继续维持供电。这种接线供电可靠性高，适用于各级负荷供电。

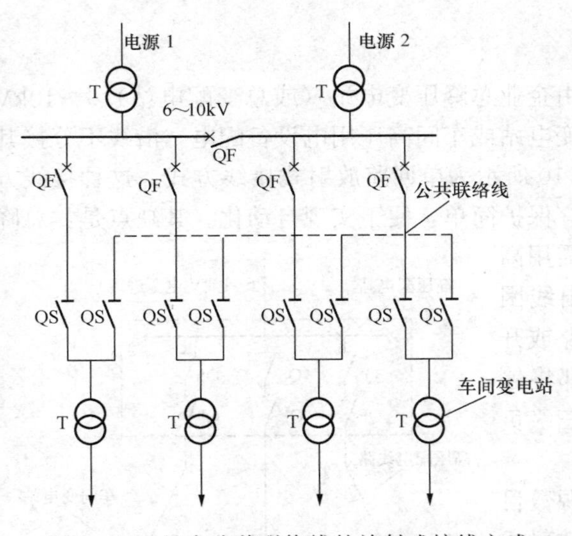

图 1-12 具有公共联络线的放射式接线方式

2. 树干式接线方式

树干式接线可分为直接树干式和链串型树干式两种。

(1) 直接树干式。由总降压变电站（或总变配电站）引出的每路高压配电干线，沿各车间厂房架空敷设，从干线上直接接出分支线引入车间变电站（如图 1-13 所示），称为直接树干式。

这种接线方式的优点是：总降压变电站 6~10kV 的高压配电装置数量少，投资相应减少，出线简单，敷设方便，可节省有色金属，降低线路损耗。其缺点是：供电可靠性差，任一处发生故障时，均将导致该干线上的所有车间变电站全部停电。因此，要求每回路高压线路直接引接的分支线路数目不宜太多，一般限制在 5 个回路以内，每条支线上的配电变压器的容量不宜超过 315kVA。这种接线方式只适用于三级负荷。

(2) 链串型树干式。图 1-14 所示为链串型树干式线路，其特点是：干线要引入到每个车间变电站的高压母线上，然后再引出，干线进出侧均安装隔离开关。这种接线可以缩小断电范围，图中当 N 点发生故障，干线始端总断路器 QF 跳闸，当找出故障点后，只要拉开

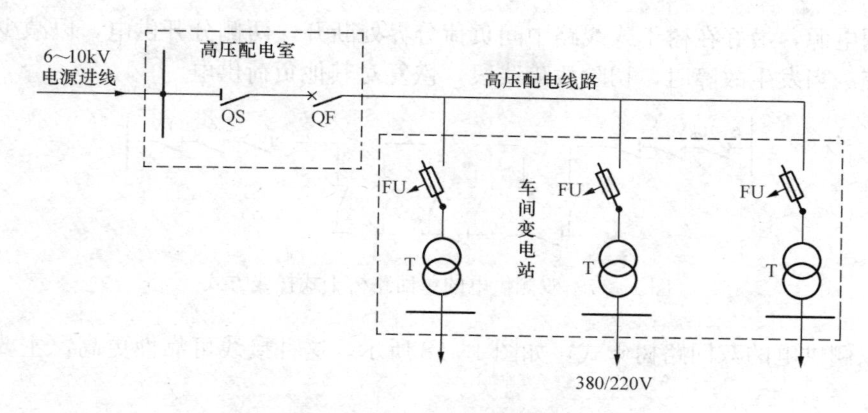

图 1-13　直接树干式接线方式

隔离开关 QS4，再合上 QF，便能很快恢复对 1 号和 2 号车间变电站供电，从而缩小停电范围，提高供电可靠性。

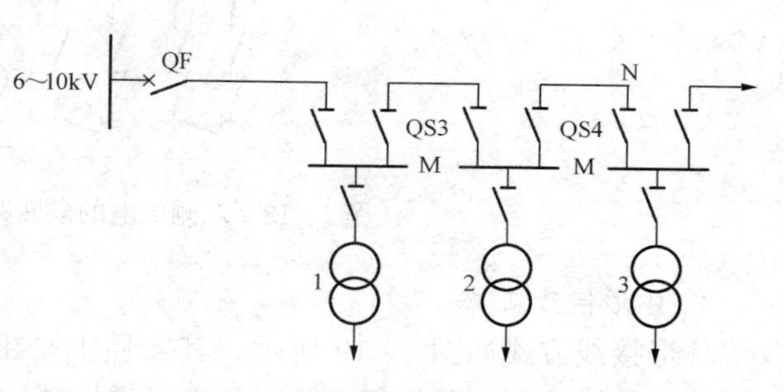

图 1-14　链串型树干式接线方式

为了进一步提高树干式配电线路的供电可靠性，可以采用以下改进措施。

（1）单侧供电的双回路树干式，即每一车间变电站从两条干线上同时引入电源，互为备用，如图 1-15 所示。其供电可靠性稍低于双回路放射式，但其投资省，而供电可靠性较单回路树干式高，可用于二、三级负荷。

（2）具有公共备用干线的树干式，如图 1-16 所示，当干线中的任一干线发生故障或检修时，可将该干线的负荷手动或自动切换到备用干线恢复供电，这种接线一般用于二、三级负荷供电。

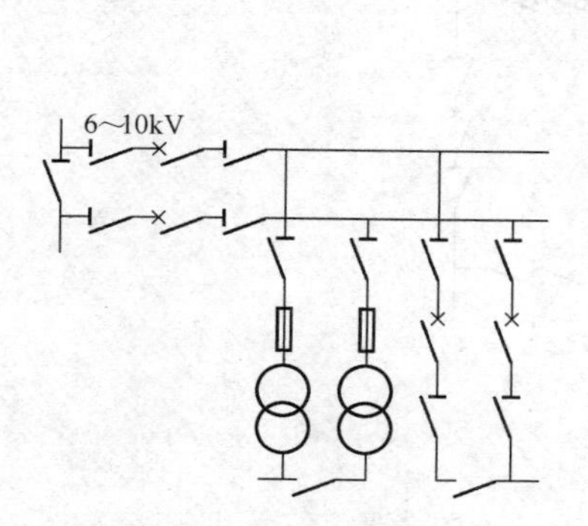

图 1-15　单侧供电的双回路树干式接线方式

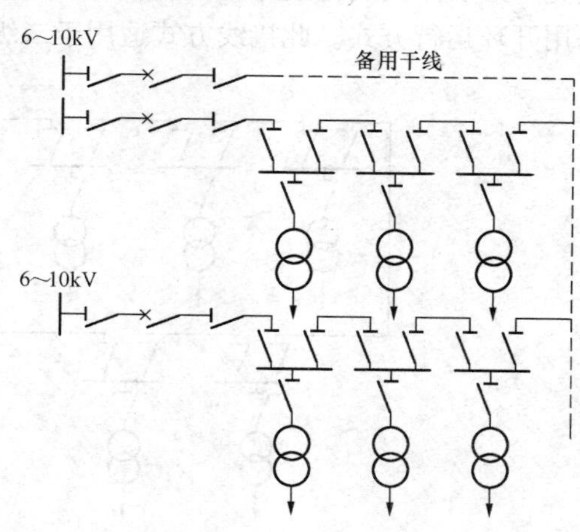

图 1-16　有公共备用干线的树干式接线方式

（3）双侧供电的单回路树干式，如图 1-17 所示，系统正常运行时可由一侧供电，另一侧作为备用电源，最好在树干式线路中间负荷分界处断开，两侧分开供电，以减少能耗，简化保护系统。当发生故障时，切除故障线段，恢复对其他负荷供电。

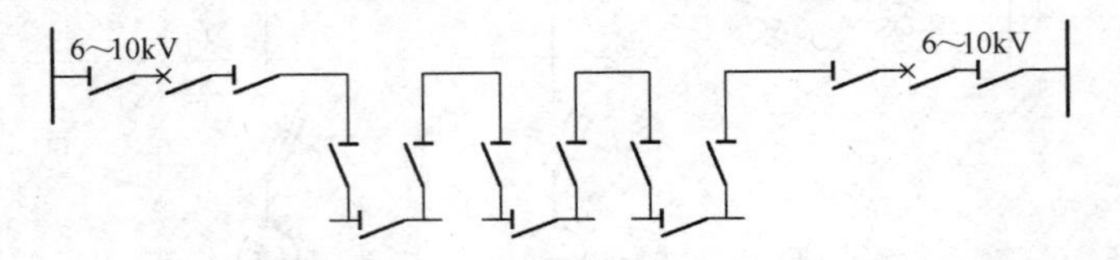

图 1-17 双侧供电的单回路树干式接线方式

（4）双侧供电的双回路树干式，如图 1-18 所示，这种接线可靠性更高，主要向二级负荷供电。

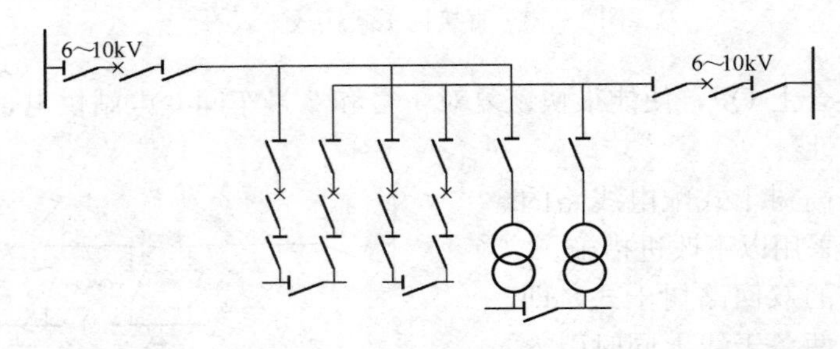

图 1-18 双侧供电的双回路树干式接线方式

3. 环形接线方式

环形接线方式如图 1-19 所示，其实质上是由两条链串型树干式的末端连接起来构成的。这种接线的特点是运行灵活，供电可靠性高，但继电保护整定及配合比较复杂。正常运行时，若环状干线有一个开关断开点则称为开环运行，没有断开点的称为闭环运行。当干线任一处发生故障时，经过倒闸操作断开故障两侧的隔离开关，便可对其余的变配电站恢复供电。为了避免环形线路上发生故障时影响整个电网，以及便于实现继电保护的选择性，环形接线大多采用开环运行方式。此接线方式适用于二级负荷供电。

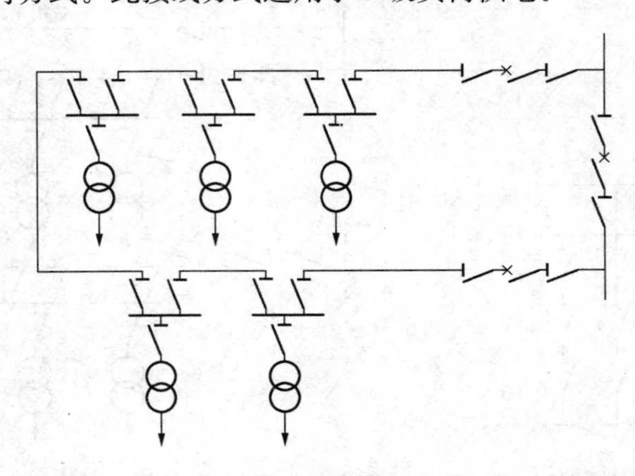

图 1-19 环形接线方式

（二）低压电力线路的接线方式

1. 放射式接线方式

图1-20所示为低压电力线路放射式供电系统，它又可按负荷分配情况分为带集中负荷的一级放射式系统和带分区集中负荷的两级放射式系统。

低压放射式供电系统，每个回路互不影响，供电可靠性高，操作方便灵活，易实现自动控制，但使用开关设备多，有色金属消耗量较大，因此投资大、施工复杂。

这种接线系统多适用于供电可靠性要求较高的车间，具体适用范围如下：

（1）每个设备负荷不大，比较集中，且位于变电站的不同方向。

（2）车间内负荷配置较稳定。

（3）单台用电设备容量大，但数量不多。

（4）车间内负荷排列不整齐。

（5）车间为有爆炸危险的厂房，必须由车间隔离的房间引出线路。

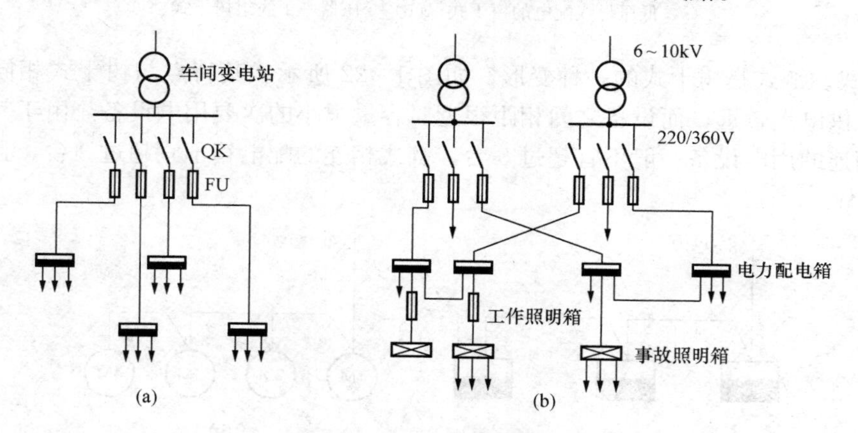

图1-20　低压电力线路放射式供电系统图

（a）一级放射式；（b）两级放射式

2. 树干式接线方式

一般情况下，低压树干式供电系统采用的开关设备较少，但干线发生故障时，停电范围较大，供电可靠性差，所以一般分支点不超过5个，适用于给容量小而分布较均匀的用电设备供电，如机械加工车间、机修车间和工具车间等。

低压树干式系统接线常用的有三种，即低压母线配电的树干式、变压器—干线组的树干式和链式。

（1）低压母线配电的树干式。变电站二次侧引出线经过低压断路器引至车间内的母线上，再由母线上引出分支线给用电设备配电，如图1-21（a）所示。

（2）变压器—干线组的树干式。由车间变电站变压器二次侧引出线经低压断路器引至车间内的干线上，然后由干线上引出分支线配电，如图1-21（b）所示。

这种接线方式可省去变电站低压侧整套低压配电装置，从而使变电站结构简化，投资大大降低。

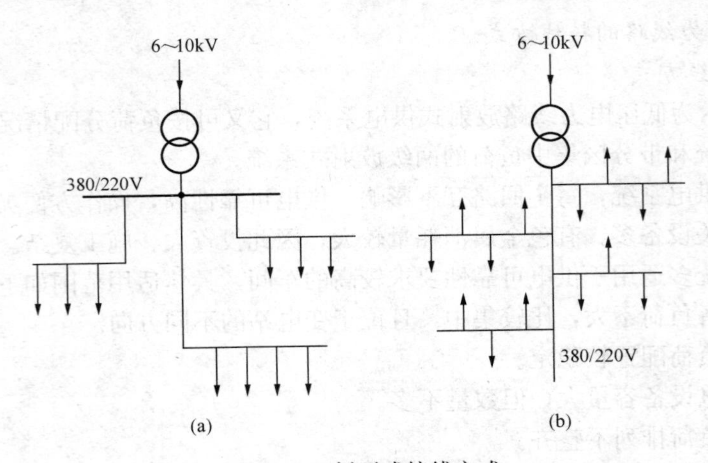

图1-21　树干式接线方式

（a）低压母线配电的树干式；（b）变压器—干线组树干式

（3）链式。链式是树干式的一种变形，如图1-22所示。其特点与树干式相同，适用于用电设备距供电点较远，而设备之间相距很近、容量很小的次要用电设备。由于其可靠性很差，链式相连的用电设备一般不宜超过5台，链式相连的配电箱不宜超过3台，且总容量不宜超过10kW。

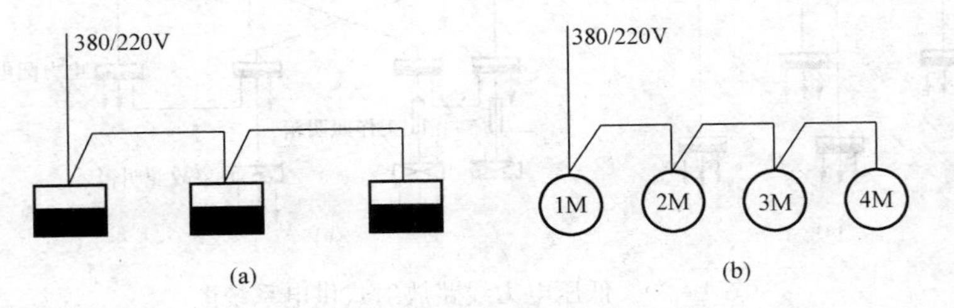

图1-22　链式接线方式

（a）配电箱链式接线；（b）用电设备链式接线

3. 环形接线方式

工厂车间变电站的低压侧均可通过低压联络线相互连接成环形，如图1-23所示。

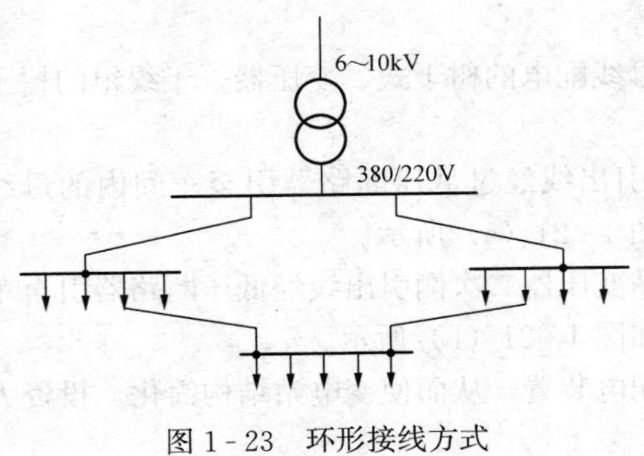

图1-23　环形接线方式

低压环形接线的特点是供电可靠性高，电能损耗和电压损失较小，但短路电流大，保护装置及整定配合复杂，因此常为“开环”状态运行。

七、接地与接零技术

（一）接地的基本概念

接地是指从电网的运行或人身安全的需要出发，人为地将电气设备的某一部分通过接地装置与大地做良好的电气连接，称为接地。

接地线与接地体的组合称为接地装置。

埋入地中并直接与大地接触的金属导体称为接地体，或称接地极。专门为接地而人为装设的接地体，称为人工接地体。兼做接地体用的直接与大地接触的各种金属构件、金属管道及建筑物的钢筋混凝土基础等称为自然接地体。

连接接地体与设备和装置接地部分的金属导体，称为接地线。接地线在设备和装置正常运行情况下不载流，但在故障情况下要通过接地故障电流。接地线也有人工接地线和自然接地线两种。

由若干接地体在大地中相互用接地线连接起来的一个整体称为接地网。其中，接地线又分接地干线和接地支线，如图 1-24 所示。接地干线一般应采用不少于两根导体在不同地点与接地网连接。

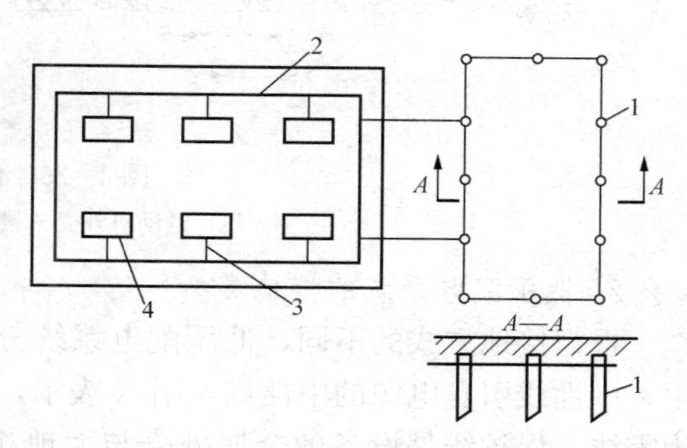

图 1-24 接地网示意图

1—接地体；2—接地干线；3—接地支线；4—电气设备图

（二）接地的类型

根据接地作用的不同，接地的类型可分为工作接地和保护接地两种。

1. 工作接地

为了保证电力系统在正常运行及故障情况下，能够可靠工作的接地就是工作接地，如发电机、变压器、电压互感器中性点接地等，都属于工作接地。

2. 保护接地

为了保证工作人员人身安全（防止触电）而将电气设备在正常时不带电的外露可导电部分（如金属外壳）实行的接地，称为保护接地。采用保护接地后，可大大减轻电气设备金属外壳带电引起的触电危险。

（三）保护接地

1. 保护接地的作用

在图 1-25 所示的小电流接地系统中，当电动机正常运行时，金属外壳不带电，对人是安全的。当电动机绝缘损坏而发生某一相碰壳或漏电时，其金属外壳便带有电压。

若电动机外壳接地，如图 1-25（a）所示，此时若人触及电动机外壳，接地电流将通过人体，使人体发生触电，$I_m = I_d$。

$$I_m = \frac{R_e}{R_e + R_m} I_d$$

式中 I_m——流过人体的电流，A；

I_d——单相接地电流，A；

R_m——人体电阻，Ω；

R_e——接地电阻，Ω。

人体的电阻 R_m 约为 1700Ω，而接地电阻 R_e 一般为 4Ω（最大不大于 10Ω），绝大部分电流通过接地电阻 R_e 流入大地，流过人体的很小。接地电阻 R_e 越小，人体电阻 R_m 越大，流过人体的电流就越小。只要 R_e 足够小，就能够使流过人体的电流小于安全电流，从而保证人身的安全。由以上分析可知，在中性点不接地系统中，采用保护接地可以有效地防止及减轻间接触电的危险。

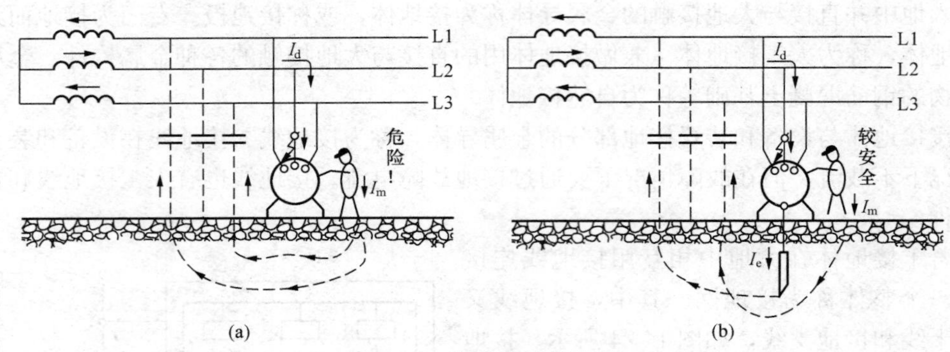

图 1-25 保护接地的作用

(a) 电动机外壳未接地；(b) 电动机外壳接地

2. 低压配电系统的接地类型

根据接地方式的不同，低压配电系统分为三种类型，即 IT、TT 系统和 TN 系统。其中，中性线引自电源的中性点，用 N 表示，当中性线与大地有良好的电气连接时，称 N 线为零线。保护线是设备的金属外壳与大地相连的导体或导线，以防触电为目的，用 PE 表示。保护中性线兼有零线和保护线的双重功能，又称为保护零线，用 PEN 表示。

(1) IT 系统。IT 系统是指中性点不接地或经足够大阻抗（1000Ω）接地，电气设备的外露可导电部分（如设备的金属外壳）经各自的保护线分别接地的三相三线制低压配电系统，其示意图如图 1-26 所示。IT 系统多用于对供电可靠性要求较高的电气设备中，如发电厂的厂用电及矿井的供电等。

(2) TT 系统。TT 系统是指电源的中性点直接接地，而设备的外露可导电部分经各自的 PE 线分别直接接地的三相四线制低压配电系统，其示意图如图 1-27 所示。该系统如发生单相接地故障，则形成单相短路使线路的保护装置动作于跳闸，将故障线路切除。但当该系统出现绝缘不良引起漏电时，此系统有其局限性。例如，若电动机某一相发生了碰壳故障[如图 1-28 (a) 所示]，则接地回路中流过的电流为单相短路电流，一般情况下，R_0、$R_e<4\Omega$，人体电阻 R_m 取 1700Ω，在 380/220V 网络中，$U=220V$，按图 1-28 (b) 所示的等效电路，忽略相线电阻 R_{ph}，则短路电流为

$$I_k=\frac{U}{R_0+\frac{R_eR_m}{R_e+R_m}} \tag{1-2}$$

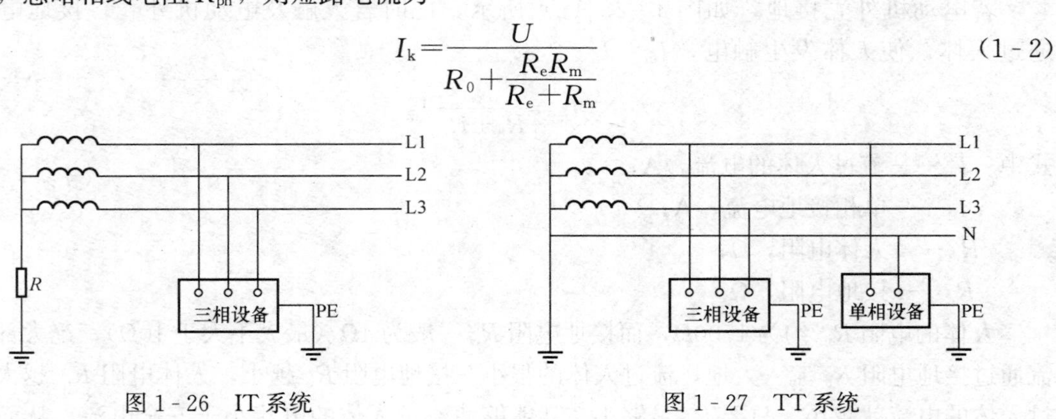

图 1-26 IT 系统

图 1-27 TT 系统

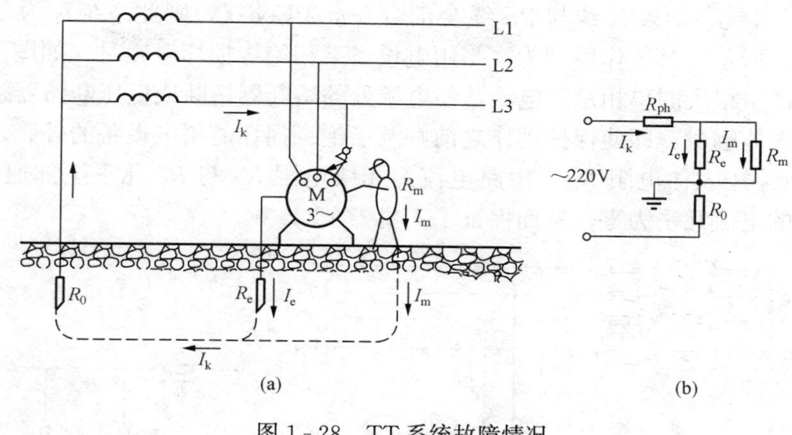

图 1-28　TT 系统故障情况

（a）故障示意图；（b）等效电路图

通过计算，短路电流 $I_k=27.5A$，流过人体的电流 $I_m=65mA>30mA$。由于故障电流只有 27.5A，在大多数情况下，此电流不能够使熔断器熔断或低压断路器跳闸，因此电动机外壳将长期带电，对人体很危险。所以，该系统必须装设灵敏度较高的漏电动作保护装置，以确保人身安全。TT 系统中，由于各设备的 PE 线分别接地，无电磁联系，无互相干扰，因此适用于对信号干扰要求较高的场合。这种配电系统在国外应用较普遍，目前我国也开始逐步推广使用。

（3）TN 系统。在中性点直接接地的 380/220V 的三相四线制网络中，为了保证人身安全，将用电设备的金属外壳与零线做良好的电气连接的低压配电系统称为 TN 系统，即通常所说的保护接零系统。根据中性线 N 与保护线 PE 的组合情况的不同，TN 系统有 TN-C、TN-S、TN-C-S 三种类型，如图 1-29 所示。

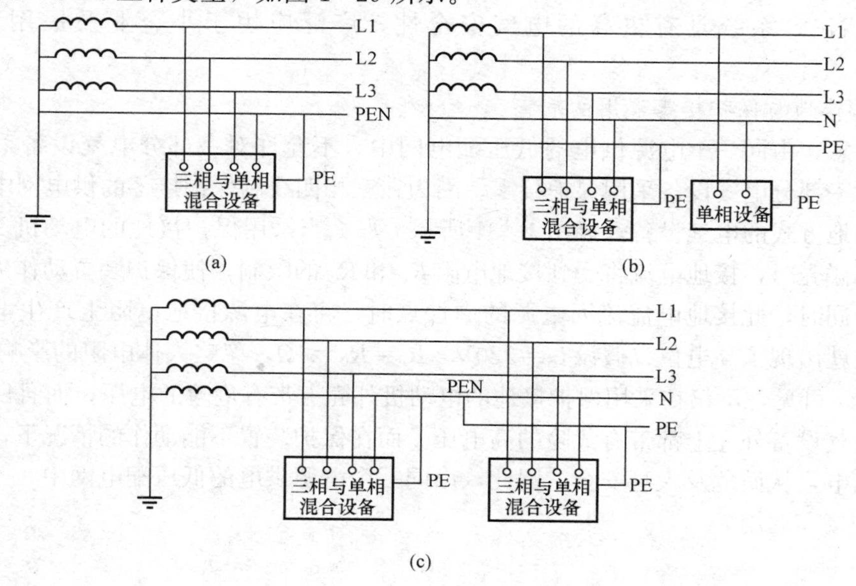

图 1-29　TN 系统

（a）TN-C 系统；（b）TN-S 系统；（c）TN-C-S 系统

1）TN-C系统。如果N线与PE线全部合并成PEN线，则此系统称为TN-C系统，如图1-29（a）所示。其工作原理为：当用电设备某相绝缘损坏碰壳时（如图1-30所示），在故障相中会产生很大的单相短路电流，使电源处的熔断器熔断或低压断路器跳闸，切断电源，可以避免人体触电。即使保护动作之前触及了绝缘损坏的用电设备的外壳，由于接零回路的电阻 R_n 远小于人体电阻 R_m，短路电流经相线电阻 R_{ph} 与 R_n 几乎全部通过接零回路，所以通过人身的电流几乎为零，从而保证了人身安全。

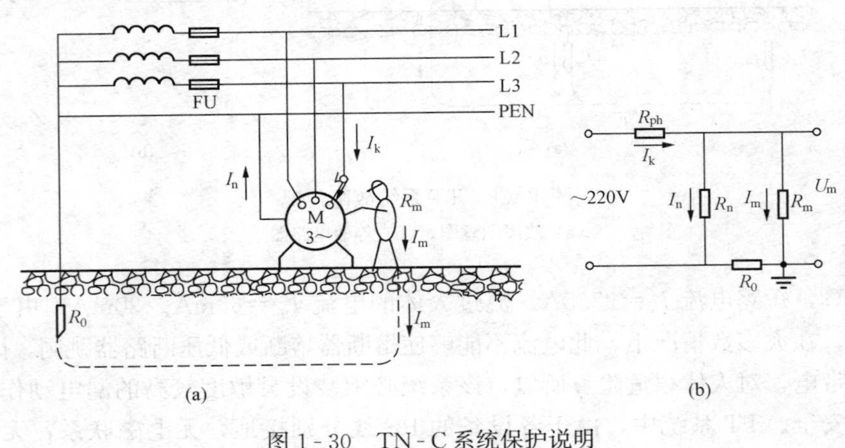

图1-30 TN-C系统保护说明
（a）系统保护示意图；（b）等效电路图

2）TN-S系统。如果N线和PE线是分开的，此系统称为TN-S系统，如图1-29（b）所示。

3）TN-C-S系统。如果系统的前一部分PE线和N线合为PEN线，而后一部分N线和PE线是分开的，则此系统称为TN-C-S系统，如图1-29（c）所示。

其中TN-S系统具有更高的电气安全性，广泛应用于小企业及民用变配电系统中。

3. 保护接地与保护接零混用的危害

必须注意，由同一个电源供电的低压配电网中，不允许对一部分电气设备采用保护接地，而对另一部分电气设备采用保护接零。因为在三相四线制保护接零的供电网中，若又有采用保护接地方式的电气设备，如图1-31所示，那么当采用保护接地的电动机M2一相发生绝缘损坏碰壳时，接地电流将受到接地电阻 R_e 和 R_0 的限制，使保护装置动作失灵，故障不能切除。同时，此接地电流流回电源的中性点时，将在电源接地电阻上产生电压降，因此，零线上就出现了高电位（假设 $U=220V$，$R_e=R_0=4\Omega$，忽略人体电阻的影响，则 $U_0=U_e=110V$）。可见，不仅在采用保护接地的电动机外壳上带有危险的电压，而且所有采用保护接零的电气设备外壳上都带有危险的高电压。而在保护装置不能动作的情况下，设备外壳将长时间带电，从而危及人身安全。因此，由同一个电源供电的低压配电网中，不允许保护接地和保护接零混用。

4. 重复接地

在保护接零的系统中，为了防止接地中性线断线失去接零的保护作用，有时还需将零线进行重复接地。零线的重复接地，即在保护接零的系统中，将零线每隔一段距离而进行的接

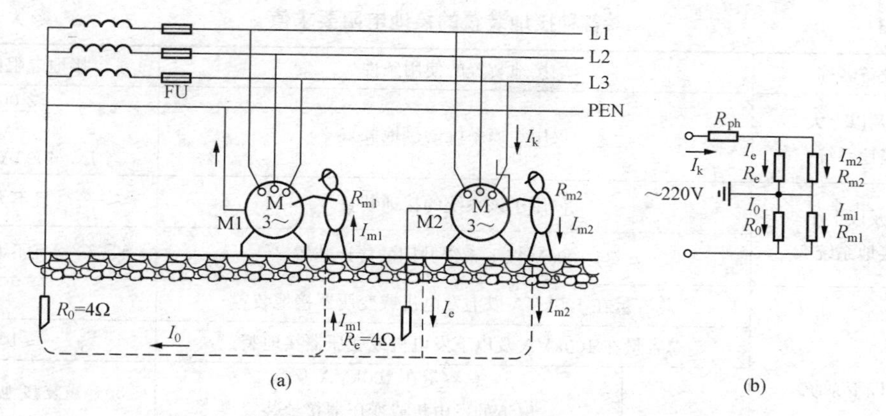

图 1-31 保护接地与保护接零混用

（a）保护接地与保护接零混用接线方式示意图；（b）等效电路图

地，如图 1-32 所示。

在图 1-32 中，运行中接地中性线断线，断线之前的部分可以得到接零保护；而断线后的部分，当电动机某相故障碰壳时，即使电动机未发生故障，其外壳的对地电压也接近于相电压，这对人非常危险。当采用了零线的重复接地措施后，中性线断线之后的部分实际上将保护接零转变成了保护接地，从而降低了断线点后面设备外壳的对地电压，减轻了触电危险。需要指出的是，重复接地对人体并非绝对安全，重要的是使零线不能断线，这在施工和运行中要特别注意。在运行中应当定期检查零线，不允许在零线上装设熔断器或开关。

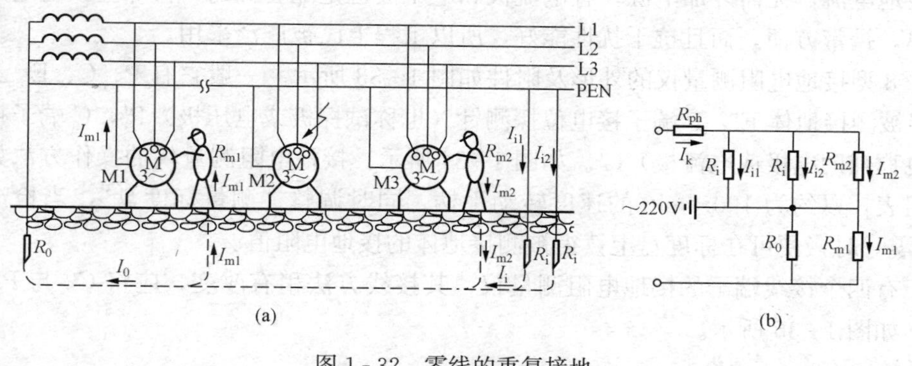

图 1-32 零线的重复接地

（a）接线方式；（b）等效电路图

（四）接地电阻

1. 对接地电阻的要求

接地装置的接地电阻由三部分组成，即接地体的电阻、接地线的电阻和接地体的对地流散电阻。接地体、接地线的电阻很小，接地装置的接地电阻主要是指对地流散电阻。对接地装置接地电阻的要求是由电气设备或电网的电压等级、中性点的运行方式、接地短路电流的大小及接地用途等因素决定的。各种接地装置的接地电阻要求值见表 1-3。

表 1-3　　**各种接地装置的接地电阻要求值**

电力设备名称	接地装置的使用条件		接地电阻值/Ω
1000V 及以上大电流接地系统	仅用于该系统的接地装置		$\leqslant\frac{2\,000}{I_k}$ 当 $I_k>4000$A 时$\leqslant0.5$
1000V 及以上小电流接地系统	仅用于该系统的接地装置		$\leqslant\frac{250}{I_e}$（且不大于 10Ω）
	与 1000V 以下系统共用的接地装置		$\leqslant\frac{120}{I_e}$（且不大于 10Ω）
1000V 以下系统	总容量在 100kVA 以上发电机或变压器接地装置		≤4
	总容量在 100kVA 及以下发电机或变压器接地装置		≤10
	重复接地	总容量在 100kVA 及以下的发电机或变压器接地装置	≤30，重复接地不少于 3 处
		总容量在 100kVA 以上的发电机或变压器接地装置	≤10
防雷设备	独立避雷针		≤10
	杆上避雷器或保护间隙（在电气上与旋转电动机无联系者）		≤10
	杆上避雷器或保护间隙（与旋转电动机有联系者）		≤5

2. 接地电阻的测量

接地装置投入使用前和使用中都需要测量接地电阻的实际值，以判断其是否符合要求。目前，常用的测量方法主要有电流—电压表法和接地电阻测量仪测量法两种。

由于电流—电压表法需配备隔离变压器，因此使用不便，而接地电阻测量仪自身能产生交变的接地电流，无需外加电源，且电流极和电压极也是配套好的，再加上接地电阻测量仪操作简单，携带方便，而且抗干扰性能好，所以工程上已被广泛采用。

ZC-8 型接地电阻测量仪的外形及附件如图 1-33 所示。一般它有 P、C、E 三个端子，E 端子接被测接地体 E′，P 端子接电位探测针（也称试探极或电压极）P′，C 端子接电流探测针（也称辅助电极或电流极）C′。如图 1-34 所示。接地电阻测量仪的操作方法如同普通绝缘电阻表，以约为 120r/min 的速度转动手柄，同时调整“测量标度盘”，当检流计平衡（指针指零）时，便可在标度盘上读得被测接地体的接地电阻值。

对于有四个接线端子的接地电阻测量仪，其接线方法稍有改变，应将 C2 与 P2 用连接片短接，如图 1-35 所示。

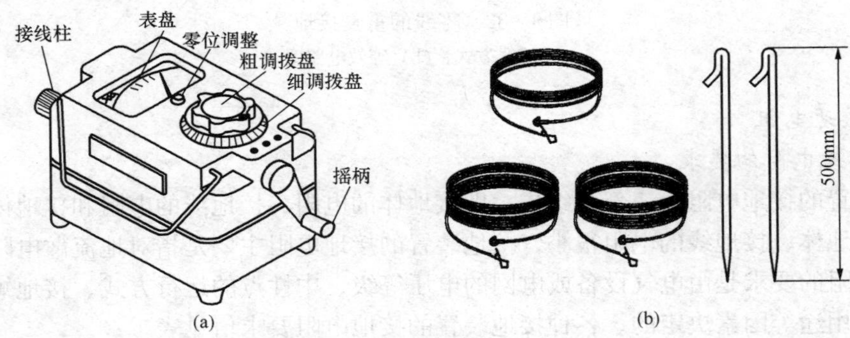

图 1-33　ZC-8 型接地电阻测量仪的外形及附件

(a) 外形；(b) 附件

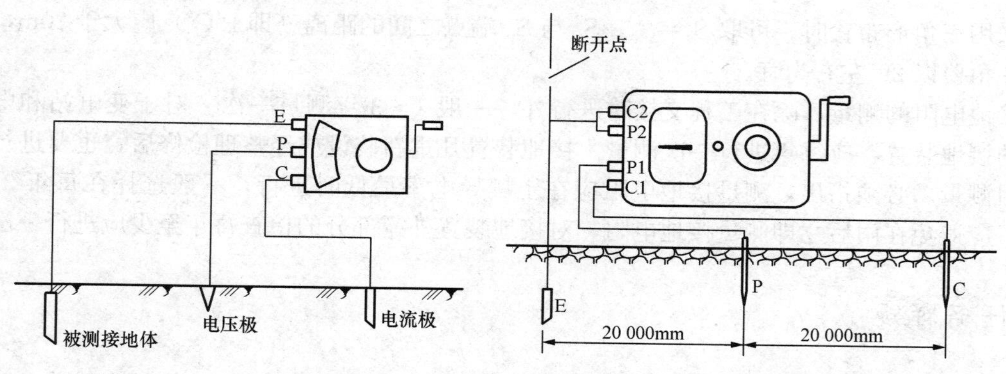

图 1-34　三个端子的接线　　图 1-35　四个接线端子的接地电阻测量仪的接线方法

在使用小量程接地电阻测量仪测量低于 1Ω 的接地电阻时，应将四端子中的 C2 与 P2 间的连接片打开，且分别用导线连接到被测接地体上，如图 1-36 所示。这样可以消除测量时连接导线所具有的附加电阻引起的误差影响。

使用接地测量仪时，测量电极与被测接地体间的距离及其布置对测量误差影响很大。测量电极的布置有直线形和三角形两种，如图 1-37 所示。

采用直线形排列时，对于垂直埋设的单管接地体，S_c 可取 40m，S_p 可取 20m；对于网络接地体，S_c 可取 80m，S_p 可取 40m。测量中应按 S_c 的 5%左右移动电压极两次，如三次测量的电阻值相近，则取平均值即可。对于网络接地体，以往一般用“5D－40m”法，即 S_c 取 5D 且大于 40m（D 为接地网最大对角线长度或圆形接地网直径）。有困难时可减为 3D。电流极 C′与电压极 P′的距离可取 20～40m。现在还采用“0.618 布极法”（也称补偿法），即取 E′P′＝0.618E′C′。实践证明该方法较为准确，但该方法易受土壤电阻不均匀的影响。

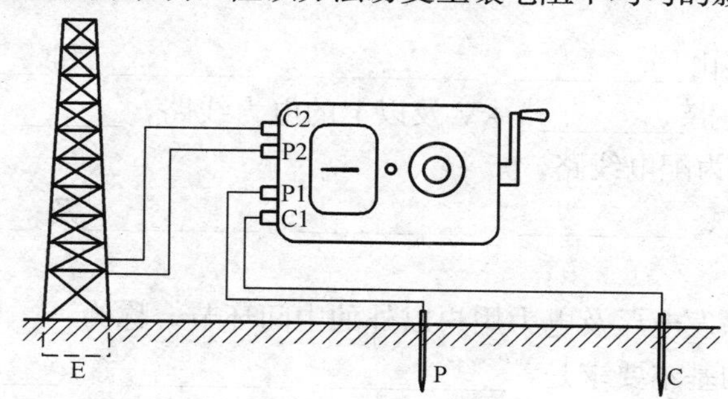

图 1-36　小量程四个接线端子的接地电阻测量仪的接线方法

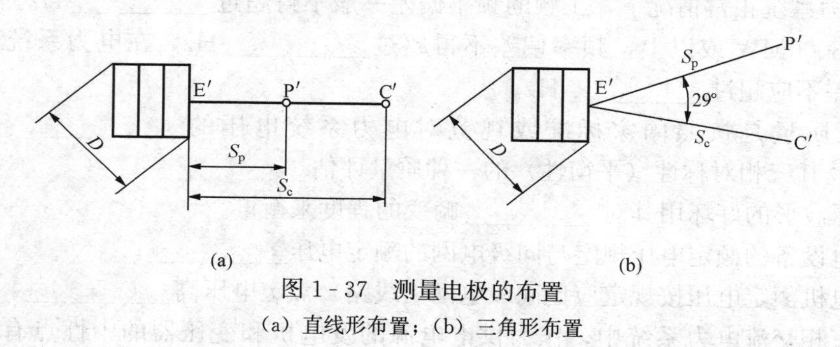

图 1-37　测量电极的布置

（a）直线形布置；（b）三角形布置

采用三角形布置时，可取 $S_c=S_p$，S_c 与 S_p 端点之间的距离（即 P′C′）应大于 20m，且其间夹角要以 29°左右为宜。

接地电阻的测量，除在工程交接时进行外，一般 1～3 年测量一次。对于变电站和电气设备的接地装置，应每年进行一次测量。接地装置凡重新装设或经整理检修后，也要进行接地电阻测量。必须指出，测量接地电阻应在土壤导电率最低时进行，一般选择在每年 3、4 月份。应避免在雨后立即测量接地电阻，对接地装置外露部分的检查每年至少应进行一次。

任务释疑

电能的产生、输送及应用主要经过了以下途径：发电厂→升压变电站→输电线路→降压变电站→配电线路→电能用户。

发电厂将自然界蕴藏的各种一次能源通过发电机转换为电能。升压变电站经升压变压器把发电机产生的较低电压升高到远距离输送所需的高压。高压电能经输电线路发送到降压变电站，降压变电站通过降压变压器把高压降到用户能使用的电压，再通过配电线路输送到电能用户。

电能是否像一般产品一样也存在质量问题？

基础训练

用文字、数字或公式使以下内容变得完整。

1. 根据__________可知，输送相同的容量，电压越高，电流就越__________，输电线上的电能损耗和电压损耗也就越__________。通常采用__________为界限来划分高压和低压。

2. 电力系统主要由__________、__________、__________和__________组成。

3. 输电线一般是指__________ kV 及以上的电力线路，__________ kV 以下向用电单位或城乡供电的线路称为配电线路。

4. 由__________、__________、__________、__________及__________组成的统一体，称为电力系统。

5. 电力系统中除发电厂及电力用户以外的中间环节，称为__________。

6. 对电力系统的基本要求是：__________、__________、__________、__________。

7. __________和__________是衡量电能质量的两个基本参数。

8. 在电力系统正常情况下，工频的频率偏差一般不得超过__________ Hz。如果电力系统容量达到 3000MW 或以上，频率偏差不得超过__________ Hz。在电力系统非正常状况下，频率偏差不应超过__________ Hz。

9. 电压质量是按照国家标准或规范对电力系统电压的__________、__________、__________及其三相对称性（平衡性）的一种质量评估。

10. 电压波形的好坏用其对__________畸变的程度来衡量。

11. 用电设备的额定电压规定与同级电网的额定电压__________。

12. 发电机额定电压按规定应比同级电网（线路）额定电压高__________。

13. 在三相交流电力系统中，作为供电电源的发电机和变压器的中性点有三种运行方式，即_________、_________和_________。

14. 如果3～10kV系统中单相接地电流大于_________A，20kV及以上系统中单相接地电流大于_________A，则应采用中性点经消弧线圈接地的运行方式或低电阻接地的运行方式。

15. 我国110kV及以上的电力系统都采用_________的运行方式。对380/220V低压配电网络，为得到两个不同的电压等级采取_________的三相四线制。

16. 电源中性点不接地的电力系统在W相接地时，完好的U、V两相对地电压都由原来的相电压升高到_________，即升高为原对地电压的_________倍。

17. 电力线路是电力系统的重要组成部分，担负着输送和分配电能的重要任务，其基本接线方式主要有三种，即_________、_________、_________。

18. 在低压配电系统中的链式接线中相连的用电设备一般不宜超过_________台，相连的配电箱不宜超过_________台，且总容量不宜超过_________kW。

19. 接地是指从电网的运行或人身安全的需要出发，人为地将电气设备的某一部分通过_________与大地做良好的电气连接，称为接地。

20. _________与_________的组合称为接地装置。

21. 根据接地作用的不同，接地的类型可分为_________和_________两种。

22. 根据接地方式的不同，低压配电系统分为三种类型，即_________、_________和_________系统。

23. 零线的重复接地即在保护接零的系统中，将零线_________而进行的接地。

技能训练

（一）训练内容

（1）电气设备额定电压的确定。

（2）接地装置的装设。

（3）接地电阻的测量。

（二）训练目的

（1）掌握额定电压的确定方法。

（2）理解接地装置的规范要求。

（3）掌握接地电阻的测量方法。

（三）训练项目

项目一 确定图1-38所示供电系统的变压器一、二次侧、发电机及线路未标出的额定电压。

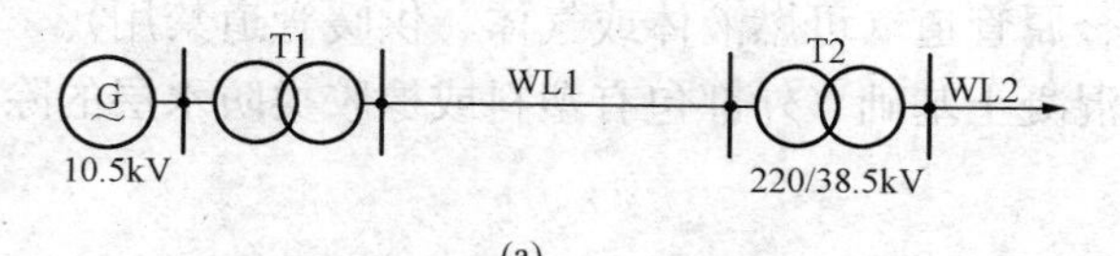

图1-38 供电系统（一）

（a）一路供电系统

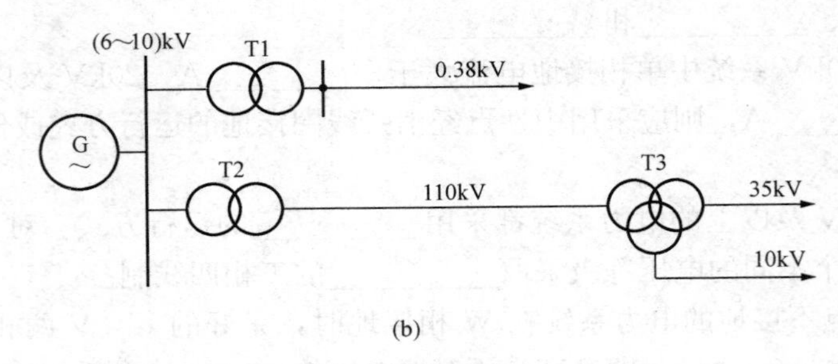

图 1-38 供电系统（二）
(b) 两路供电系统

解 图 1-38 (a)：

(1) T2 变压器一次侧连接在线路上，其一次绕组额定电压应与电网额定电压相同，所以 WL1 线路电压为 220kV。二次侧为较大的高压电网，其二次绕组额定电压应比相连电网额定电压高 10%，所以 WL2 线路电压为 35kV。

(2) T1 变压器一次侧与发电机直接相连，其一次电压与发电机相同，即 10.5kV。T1 二次侧为较大的高压电网，其二次绕组额定电压应比相连 WL1 额定电压高 10%，即 242kV。

图 1-38 (b)：

(1) 发电机额定电压应比同级电网（线路）额定电压高 5%，所以发电机的额定电压应为 6.3～10.5kV。

(2) T1 变压器一次侧与发电机直接相连，其一次电压与发电机相同，即 6.3～10.5kV。二次侧为低压电网，其二次绕组额定电压只需比所连电网额定电压高 5%，即 0.4kV。

(3) T2 变压器一次侧与发电机直接相连，其一次电压与发电机相同，即 6.3～10.5kV。二次侧为较大的高压电网，其二次绕组额定电压应比相连电网额定电压高 10%，即 121kV。

(4) T3 变压器一次侧连接在线路上，其一次绕组额定电压应与电网额定电压相同，即 110kV。二次侧为高压电网，所以应分别为 38.5kV 和 11kV。

项目二 接地装置的装设。

(1) 自然接地体的利用。在设计和装设接地装置时，首先应充分利用自然接地体，以节约投资，节约钢材。如果实地测量所利用的自然接地体接地电阻已满足要求，且这些自然接地体又满足短路热稳定度条件时，除 35kV 及以上变配电站外，一般就不必再装设人工接地装置了。

可以利用的自然接地体如下：

1) 埋设在地下的金属管道（可燃液体或气体、供暖管道禁用）。

2) 建筑物的钢筋混凝土基础（外部包有塑料或橡胶类防水层的除外）。

3) 电缆金属外皮。

4) 深井井管。

对于变配电站来说，可利用其建筑物的钢筋混凝土基础作为自然接地体。对 3～10kV 变配电站来说，如果其自然接地电阻满足规定值时，可不另设人工接地。对于 35kV 及以上变配电站，还必须敷设以水平接地体为主的人工接地网。

利用自然接地体时，一定要保证其电气连接良好。在建筑物、构筑物结构的结合处，除已焊接者外，都要采用跨接焊接，而且跨接线不得小于规定值。

（2）人工接地体的装设。人工接地体有垂直埋设和水平埋设两种埋设方式，如图 1-39 所示。

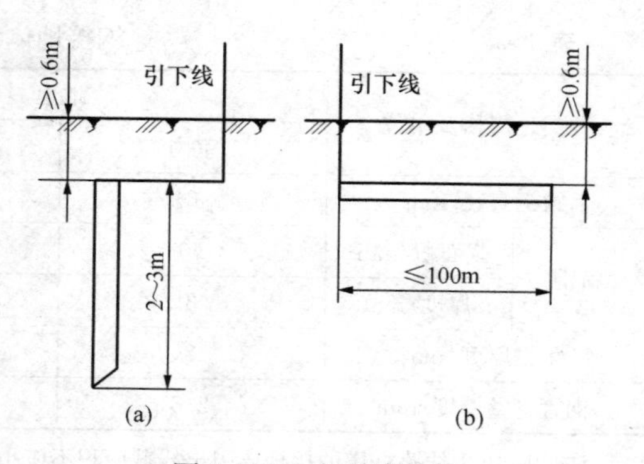

图 1-39 人工接地体

（a）垂直埋设的管形或棒形接地体；（b）水平埋设的带形接地体

最常用的垂直接地体为直径 50mm、长 2.5m 的钢管。如果采用的钢管直径小于 50mm，则因钢管的机械强度较小，易弯曲，不适于用机械方法打入土中；如果钢管直径大于 50mm，则钢材耗用增大，而散流电阻减小甚微，很不经济（如钢管直径由 50mm 增大到 125mm 时，散流电阻仅减小 15%）。如果采用的钢管长度小于 2.5m，散流电阻增加很多；如果钢管长度大于 2.5m，则难于打入土中，而散流电阻也减小不多。由此可见，采用直径为 50mm、长度为 2.5m 的钢管作为垂直接地体最为经济合理。但是为了减少外界温度变化对散流电阻的影响，埋入地下的接地体，其顶端离地面不宜小于 0.6m。

当土壤电阻率偏高（如土壤电阻率 $\rho \geqslant 300\Omega \cdot m$）时，为降低接地装置的接地电阻，可采取以下措施：

1）采用多支线外引接地装置，其外引线长度不宜大于 $2\sqrt{\rho}$，这里的 ρ 为埋设地点的土壤电阻率。

2）如果地下较深处土壤电阻率较低时，可采用深埋式接地体。

3）局部进行土壤置换处理，换以电阻率较低的黏土或黑土（如图 1-40 所示），或进行土壤化学处理，填充以炉渣、木炭、石灰、食盐、废电池等降阻剂（如图 1-41 所示）。

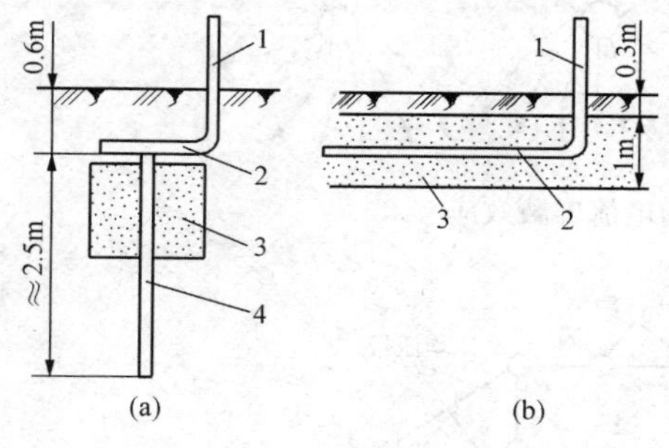

图 1-40 土壤置换处理

（a）垂直接地体；（b）水平接地体

1—引下线；2—连接扁钢；3—黏土；4—钢管

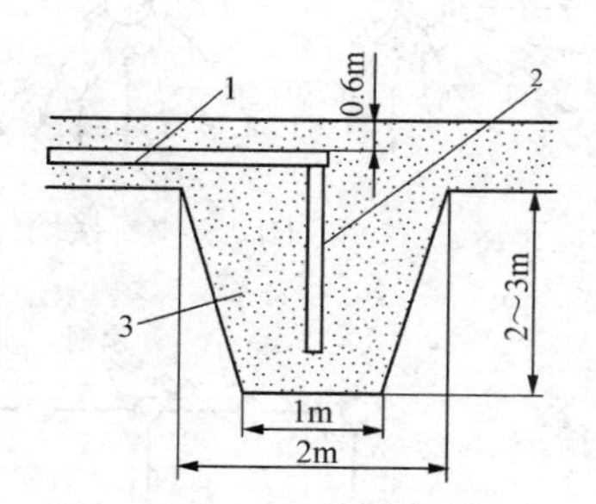

图 1-41 土壤化学处理

1—扁钢；2—钢管；3—降阻剂

按照 GB 50169—2006《电气装置安装工程接地装置施工及验收规范》的规定，钢接地体和接地线的截面积不应小于表 1-4 所列的规格。对 110kV 及以上变电站或腐蚀性较强场所的接地装置，应采用热镀锌钢材，或适当加大截面积。不得采用铝导体做接地体或接地线。

表 1-4 钢接地体和接地线的最小规格

种类、规格及单位		地上		地下	
		室内	室外	交流回路	直流回路
圆钢直径/mm		6	8	10	12
扁钢	截面积/mm^2	60	100	100	100
	厚度/mm	3	4	4	6
角钢厚度/mm		2	2.5	4	6
钢管管壁厚度/mm		2.5	2.5	3.5	4.5

注 1. 电力线路杆塔的接地体引出线截面积不应小于 $50mm^2$。引出线应采用热镀锌。
2. 防雷的接地装置，圆钢直径不应小于 10mm；扁钢截面积不应小于 $100mm^2$，厚度不应小于 4mm；角钢厚度不应小于 4mm；钢管壁厚不应小于 3.5mm。作为引下线，圆钢直径不应小于 8mm；扁钢截面积不应小于 $48mm^2$，厚度不应小于 4mm。

由于多根接地体邻近时会出现电流相互排挤的屏蔽效应（如图 1-42 所示），使接地装置的利用率下降，因此垂直接地体之间的间距不宜小于接地体长度的 2 倍，而水平接地体之间的间距一般不宜小于 5m。

人工接地网的布置应尽量使地面的电位分布均匀，以降低接触电压和跨步电压。人工接地网的外缘应闭合，外缘各角应做成圆弧形，圆弧的半径不宜小于下述均压带间距的一半。

35kV 及以上变电站的人工接地网内应敷设水平均压带，如图 1-43 所示。为保障人身安全，在经常有人出入的走道处，应铺设碎石、沥青路面，或在地下装设两条与接地网相连的均压带。

为了减小建筑物的接触电压，接地体与建筑物的基础间应保持不小于 1.5m 的水平距离，通常取 2～3m。

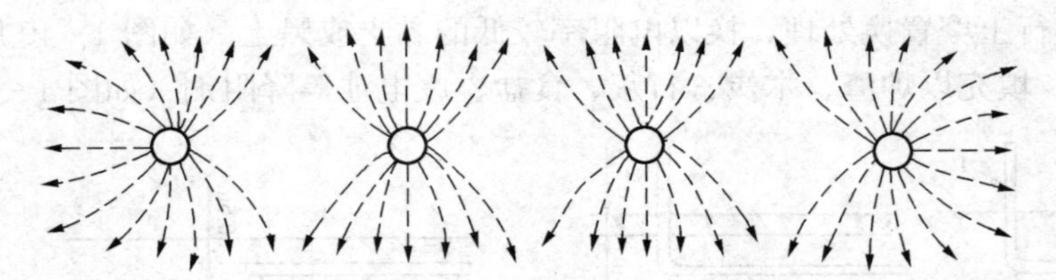

图 1-42 接地体间的电流屏蔽效应

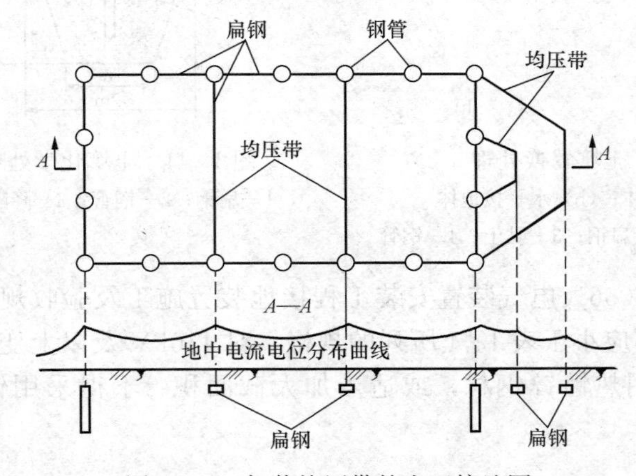

图 1-43 加装均压带的人工接地网

项目三　接地电阻的测量。

（1）器材准备。ZC-8型接地电阻测量表及其附件如图1-44所示。

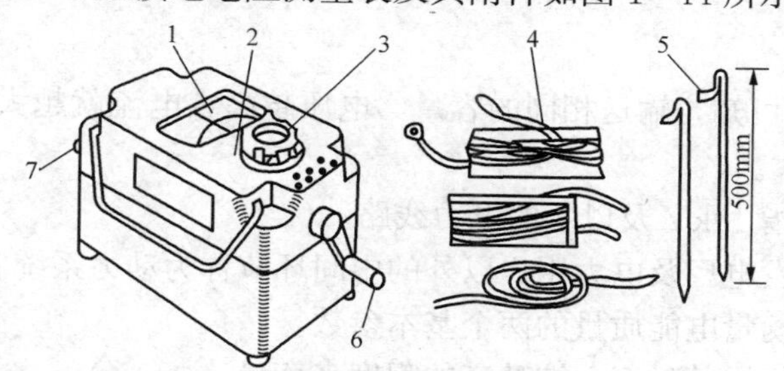

图1-44　ZC-8型接地电阻测量表及其附件

1—表头；2—细调拨盘；3—粗调旋钮；4—连接线；
5—测量接地棒（探针）；6—摇柄；7—接线桩

（2）训练场地。训练场地为露天变电站或具有接地装置的场所，如图1-45（a）所示。

（3）训练步骤。

1）分别在距被测接地体20m和40m处打入两个辅助接地极［如图1-45（a）所示］P和C，深度不小于40cm，如果场地有限，P和C的距离可小些。通常用46mm以上钢棍作为辅助接地极。

2）将接地电阻测量表放平，然后调零。

3）将被测接地体与仪表的接线柱E1相连，较远的辅助电极C与端子C1相连，较近的辅助接地极P与仪表端子P1相连［如图1-45（b）所示］。

4）将量程开关置于最大倍数上，缓慢摇动发电机手柄，同时转动测量分度盘，使检流计指针处于中心线位置上。当检流计接近平衡时，要加快转动手柄，转速120r/min左右，同时调节测量分度盘，使检流计指针稳定在中心线位置上。此时读取被测接地电阻值，即

接地电阻值＝测量分度盘读数×测量量程最大值

5）连续测定三次取其平均值，作为实际接地电阻值。

（4）判定接地电阻是否合适。

将测定的接地电阻值与表1-3对照，判定接地电阻是否合适。

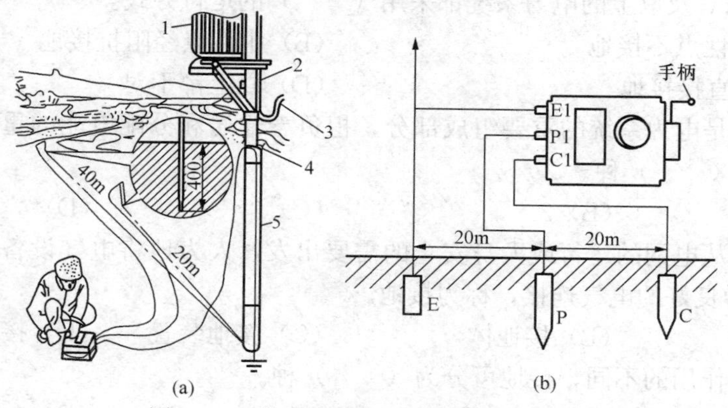

图1-45　接地绝缘电阻表测量接地电阻

（a）杆上变电站；（b）测量示意图

1—变压器；2—接地线；3—断开处；4—连接处；5—接地干线

任务考核

(一)判断题

1. 根据 $S=\sqrt{3}UI$ 可知，输送相同的容量，电压越高，电流就越大，输电线上的电能损耗和电压损耗也就越大。(　　)

2. 输电线一般是指10kV及以上的电力线路。(　　)

3. 电力系统中除发电厂及电力用户以外的中间环节称为动力系统。(　　)

4. 电流和电压是衡量电能质量的两个基本参数。(　　)

5. 电压波形的好坏用其对三角波畸变的程度来衡量。(　　)

6. 用电设备的额定电压根据规定低于同级电网的额定电压。(　　)

7. 发电机额定电压按规定应低于同级电网(线路)额定电压的5%。(　　)

8. 如果3～10kV系统中单相接地电流大于30A，20kV及以上系统中单相接地电流大于10A，则应采用中性点经消弧线圈接地的运行方式或低电阻接地的运行方式。(　　)

9. 电源中性点不接地的电力系统在W相接地时，完好的U、V两相对地电压都由原来的相电压升高为原对地电压的2倍。(　　)

10. 在低压配电系统中的链式接线中相连的用电设备一般不宜超过10台。(　　)

(二)选择题

1. 电力系统主要由发电厂、变电站、输电线和(　　)组成。

(A) 变压器　(B) 开关设备　(C) 电缆　(D) 电能用户

2. 对电力系统的基本要求是安全、可靠、优质、(　　)。

(A) 平衡　(B) 高电压　(C) 经济　(D) 高耗能

3. 在电力系统正常情况下，工频的频率偏差一般不得超过(　　)Hz。

(A) ±0.1　(B) ±0.5　(C) ±1　(D) ±2

4. 在三相交流电力系统中，作为供电电源的发电机和变压器的中性点有(　　)种运行方式。

(A) 1　(B) 2　(C) 3　(D) 4

5. 我国110kV及以上的电力系统都采用(　　)的运行方式。

(A) 电源中性点不接地　(B) 中性点经阻抗接地

(C) 中性点直接接地　(D) 以上都不对

6. 电力线路是电力系统的重要组成部分，担负着输送和分配电能的重要任务，其基本接线方式主要有(　　)种。

(A) 1　(B) 2　(C) 3　(D) 4

7. 接地是指从电网的运行或人身安全的需要出发，人为地将电气设备的某一部分通过(　　)与大地做良好的电气连接，称为接地。

(A) 导线　(B) 接地体　(C) 接地装置　(D) 接地线

8. 根据接地作用的不同，接地可分为(　　)种。

(A) 1　(B) 2　(C) 3　(D) 4

9. 根据接地方式的不同，低压配电系统分为(　　)种类型。

(A) 1　(B) 2　(C) 3　(D) 4

（三）技能考核

1. 考核内容

根据ZC－8型接地电阻测量表及其附件，完成对独立避雷针接地电阻的测试工作。

2. 考核要求

（1）测试前对ZC－8型接地电阻测量表、连接线及测量探针的质量进行检查，并核对其规格和数量。

（2）按操作规程及操作步骤进行测试。

（3）测试完毕判断接地电阻是否合适。

（4）测试过程中要遵守安全操作规程，不准损坏元器件。

3. 考核要求、配分及评分标准

考核要求、配分及评分标准见表1－5。

表1－5　考核要求、配分及评分标准

考核项目	考核要求	配分	评分标准	考评结果	扣分	得分
安全生产操作	按安全操作规程操作	5	违规操作，每违反一项扣1分； 作业完毕不清理现场，扣1分； 发生安全事故，本项不得分			
元件检查审核	正确检测元件质量并核对数量和规格	5	不使用仪器检测元件参数，扣2分； 元件质量检查和判断错误，扣2分； 元件数量和规格核对错误，扣1分			
接地电阻测量	正确接线，探针距离符合技术要求	15	探针布局不合理，扣2分； 接线不符合要求，每处扣1分； 损坏元器件，每件扣2分			
判断比较	根据要求正确判断接地电阻是否合适	5	判断错误此项不得分			
备注	超时操作扣分		超5min扣1分，不许超过10min			
合计		30				

任务二 计算电力负荷及短路电流

【知识目标】

(1) 掌握电力负荷的有关概念。

(2) 熟悉短路及短路电流的有关概念。

(3) 理解三相短路的物理过程。

能力目标

(1) 熟悉需要系数法的计算方法。

(2) 掌握短路电流的计算方法。

(3) 熟练计算电路中各主要元件的阻抗。

(4) 掌握尖峰电流的计算方法。

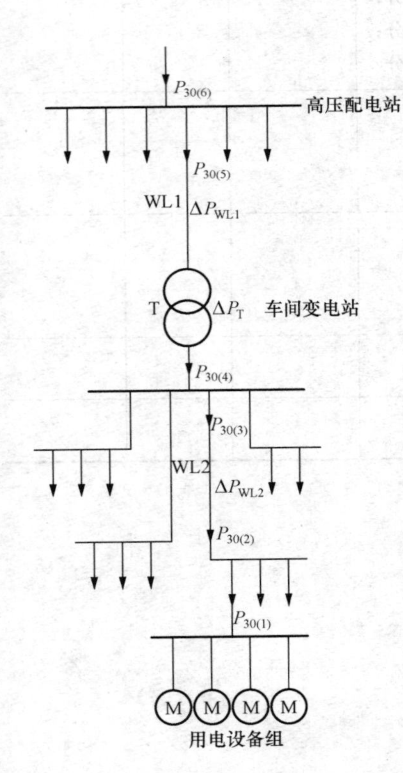

图 2-1 工厂供电系统图

任务导入

工厂供电系统图如图 2-1 所示。供电系统是由元件和导线组成的一个整体，在设计电路时要正确选择合适的导线和元件。为了选择系统中的元件和导线，需要确定图中各级的计算负荷，即 $P_{30(1)} \sim P_{30(6)}$，这是进行负荷计算的目的。判断所选导线和元件是否合适，需要对元件和导线进行校验，为此就要确定各短路点的短路电流和尖峰电流。就图 2-1 来说，如何确定 $P_{30(1)} \sim P_{30(6)}$？

任务分析

工厂的计算负荷 $P_{30(6)}$，应该是高压母线上所有高压配电线路计算负荷之和再乘上一个同时系数。高压配电线路的计算负荷 $P_{30(5)}$，应该是该线路所供车间变电站低压侧的计算负荷 $P_{30(4)}$ 加上变压器的功率损耗 ΔP_T 和高压配电线路的功率损耗 ΔP_{WL2}……如此逐级计算即可求得供电系统所有元件的计算负荷。为此，需具备以下知识和技能。

一、电力负荷与负荷曲线

（一）电力负荷的分级及其对供电电源的要求

电力负荷又称电力负载，有两种含义：一是指耗用电能的用电设备或用户，如重要负荷、一般负荷、动力负荷、照明负荷等；二是指用电设备或用户耗用的功率或电流大小，如轻负荷（轻载）、重负荷（重载）、空负荷（空载）、满负荷（满载）等。

1. 电力负荷的分级

根据电力负荷对供电可靠性的要求及中断供电造成的损失或影响的程度，电力负荷分为三级。

（1）一级负荷。一级负荷为中断供电将造成人身伤亡者，或者中断供电将在政治、经济上造成重大损失者，如重大设备损坏、重大产品报废、用重要原料生产的产品大量报废、国民经济中重点企业的连续生产过程被打乱需要长时间才能恢复等。

在一级负荷中，若中断供电将发生中毒、爆炸和火灾等情况的负荷，以及特别重要的场所不允许中断供电的负荷，应视为特别重要的负荷。

（2）二级负荷。二级负荷为中断供电将在政治、经济上造成较大损失者，如主要设备损坏、大量产品报废、连续生产过程被打乱需较长时间才能恢复、重点企业大量减产等。

（3）三级负荷。三级负荷为一般电力负荷，所有不属于一、二级负荷者均属于三级负荷。

2. 各级电力负荷对供电电源的要求

（1）一级负荷对供电电源的要求。由于一级负荷属于重要负荷，如果中断供电造成的后果会十分严重，因此要求由两路电源供电，当其中一路电源发生故障时，另一路电源应不致同时受到损坏。

一级负荷中特别重要的负荷，除上述两路电源外，还必须增设应急电源。为保证对特别重要负荷的供电，严禁将其他负荷接入应急供电系统。

常用的应急电源有下列几种：①独立于正常电源的发电机组；②供电网络中独立于正常电源的专门馈电线路；③蓄电池；④干电池。

（2）二级负荷对供电电源的要求。二级负荷也属于重要负荷，要求由两回路供电，供电变压器也应有两台（这两台变压器不一定在同一变电站）。在其中一回路或一台变压器发生常见故障时，二级负荷应不致中断供电，或中断后能迅速恢复供电。只有当负荷较小或者当地供电条件困难时，二级负荷可由一回路 6kV 及以上的专用架空线路供电。这是考虑架空线路发生故障时，比电缆线路发生故障时易于发现且易于检查和修复。当采用电缆线路时，必须采用两根电缆并列供电，每根电缆应能承受全部二级负荷。

（3）三级负荷对供电电源的要求。由于三级负荷为不重要的一般负荷，因此它对供电电源无特殊要求。

（二）用电设备的工作制

用电设备按其工作制分为三类，即连续工作制、短时工作制和断续周期工作制。

1. 连续工作制

连续工作制是指用电设备在恒定负荷下运行时间长到足以使之达到热平衡的运行方式，

如通风机、水泵、空气压缩机、电机发电机组、电炉和照明灯等。

2. 短时工作制

短时工作制是指用电设备在恒定负荷下运行的时间短（短于达到热平衡所需的时间），而停歇时间长（长到足以使设备温度冷却到周围介质的温度）的工作方式，如机床上进给电动机、控制闸门的电动机等。

3. 断续周期工作制

断续同期工作制是指用电设备周期性地时而工作，时而停歇的工作方式，工作周期一般不超过 10min，无论工作或停歇，均不足以使设备达到热平衡，如电焊机和吊车电动机等。

断续周期工作制的设备可用负荷持续率（又称暂载率）来表示其工作特征。负荷持续率为一个工作周期内工作时间与工作周期的百分比值，用 ε 表示，即

$$\varepsilon=\frac{t}{T}\times 100\%=\frac{t}{t+t_0}\times 100\% \tag{2-1}$$

式中 T——工作周期；

t——工作周期内的工作时间；

t_0——工作周期内的停歇时间。

断续周期工作制设备的额定容量（铭牌功率）P_N，是对应于某一标称负荷持续率 ε_N 的。如果实际运行的负荷持续率 $\varepsilon\neq\varepsilon_N$，则实际容量 P_t 应按同一周期内的等效发热条件进行换算。如果设备在 ε_N 下的容量为 P_N，则换算到实际 ε 下的容量 P_t 为

$$P_t=P_N\sqrt{\varepsilon_N/\varepsilon} \tag{2-2}$$

（三）负荷曲线的概念

负荷曲线是表征电力负荷随时间变动情况的一种图形，它绘在直角坐标纸上，纵坐标表示负荷（有功功率或无功功率），横坐标表示对应的时间（一般以小时为单位）。

负荷曲线按负荷对象分，有工厂的、车间的或某类设备的负荷曲线；按负荷性质分，有有功和无功负荷曲线；按所表示的负荷变动时间分，有年的、月的、日的或工作班的负荷曲线。

图 2-2 所示为一班制工厂的日有功负荷曲线，图 2-2（a）是依点连成的负荷曲线，图 2-2（b）是绘成梯形的负荷曲线。为便于计算，负荷曲线多绘成梯形，横坐标一般按半小时分格，以便确定半小时最大负荷。

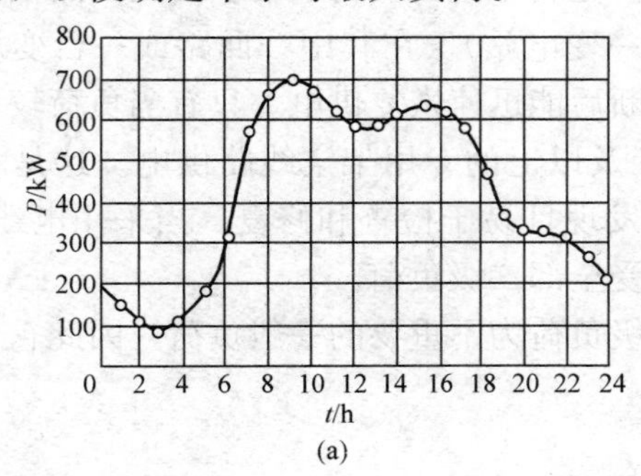

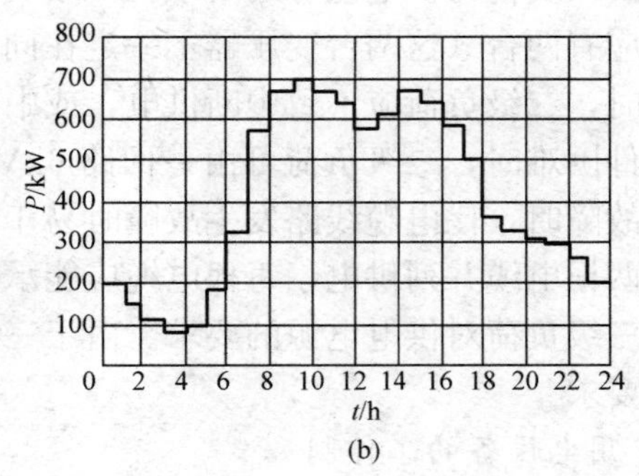

图 2-2 一班制工厂的日有功负荷曲线

（a）依点连成的负荷曲线；（b）绘成梯形的负荷曲线

年负荷曲线，通常绘成负荷持续时间曲线，按负荷大小依次排列，如图 2-3（c）所示，全年按 8760h 计。

上述年负荷曲线，根据其一年中具有代表性的夏日负荷曲线［如图 2-3（a）所示］和冬日负荷曲线［如图 2-3（b）所示］来绘制。其夏日和冬日在全年中所占的天数应视当地的地理位置和气温情况而定。例如在我国北方，可近似地认为夏日 165 天，冬日 200 天；而在我国南方，则可近似地认为夏日 200 天，冬日 165 天。假设绘制南方某厂的年负荷曲线［如图 2-3（c）所示］，其中 P_1 在年负荷曲线上所占的时间 $T_1=200(t_1+t'_1)$，P_2 在年负荷曲线上所占的时间 $T_2=200t_2+165t'_2$，其余类推。

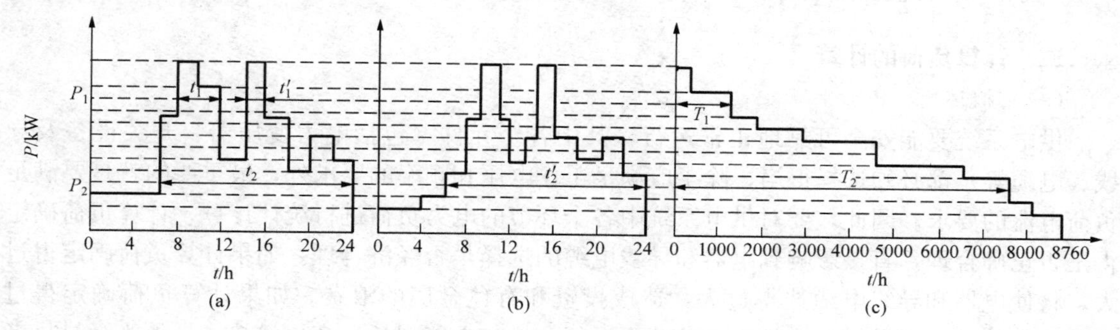

图 2-3　负荷持续时间曲线

（a）夏日负荷曲线；（b）冬日负荷曲线；（c）南方某厂的年负荷曲线

年负荷曲线的另一种方式是按全年每日的最大负荷（通常取每日最大负荷的半小时平均值）绘制的，称为年每日最大负荷曲线，如图 2-4 所示。横坐标依次以全年十二个月份的日期来分格。这种年最大负荷曲线可以用来确定拥有多台电力变压器的工厂变电站在一年内的不同时期宜于投入几台运行，即经济运行方式，以降低电能损耗，提高供电系统的经济效益。

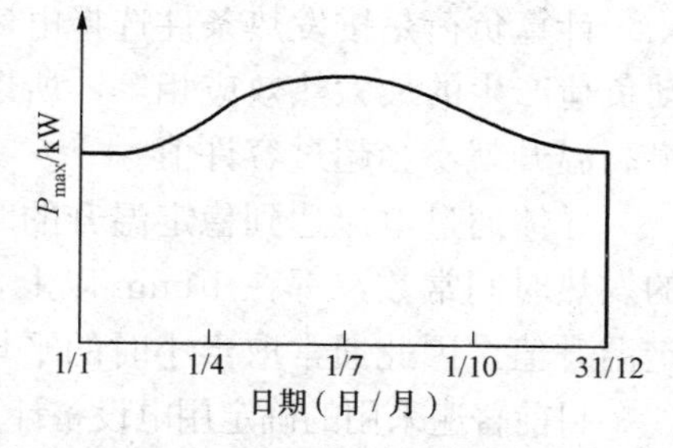

图 2-4　年每日最大负荷曲线

从各种负荷曲线上，可以直观地了解电力负荷变动的情况。通过对负荷曲线的分析，可以更深入地掌握负荷变动的规律，并可从中获得一些对设计和运行有用的资料。因此，负荷曲线对于从事工厂供电设计和运行的人员来说都是很必要的。

（四）与负荷曲线和负荷计算有关的物理量

1. 年最大负荷

年最大负荷 P_{max} 就是全年中负荷最大的工作班内（这一工作班的最大负荷不是偶然出现的，而是全年至少出现过 2～3 次）消耗电能最大的半小时的平均功率。因此，年最大负荷也称为半小时最大负荷 P_{30}。

2. 年最大负荷利用小时

年最大负荷利用小时 T_{max} 是一个假想时间，在此时间内，电力负荷按年最大负荷 P_{max}（或 P_{30}）持续运行所消耗的电能，恰好等于该电力负荷全年实际消耗的电能，如图 2-5 所示。

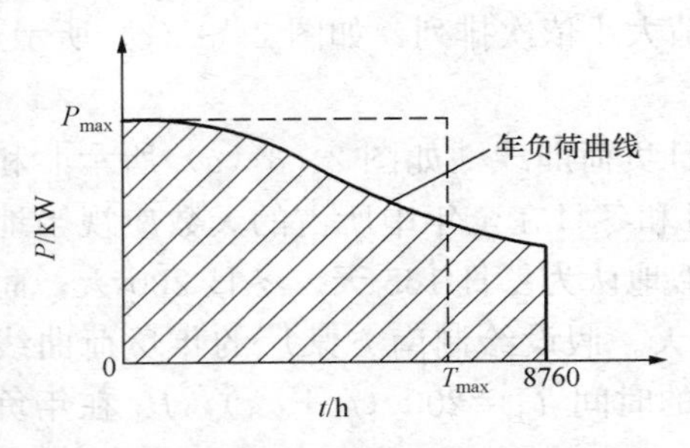

图 2-5 年最大负荷利用小时

年最大负荷利用小时为

$$T_{max}=\frac{W_a}{P_{max}} \tag{2-3}$$

式中 W_a——年实际消耗的电能量。

年最大负荷利用小时是反映电力负荷特征的一个重要参数，与工厂的生产班制有明显的关系。例如，一班制工厂，$T_{max}\approx1800\sim3000h$；两班制工厂，$T_{max}\approx3500\sim4800h$；三班制工厂，$T_{max}\approx5000\sim7000h$。

二、计算负荷的计算

（一）概述

供电系统要能安全可靠地正常运行，其中各个元件（包括电力变压器、开关设备及导线、电缆等）都必须选择得当，除了应满足工作电压和频率的要求外，最重要的就是要满足负荷电流的要求。因此，要对供电系统中各个环节的电力负荷进行统计计算，计算负荷确定得是否正确合理，直接影响到电器和导线电缆的选择是否经济合理。如果计算负荷确定得过大，将使电器和导线电缆选得过大，造成投资和有色金属的浪费。如果计算负荷确定得过小，又将使电器和导线电缆处于过负荷下运行，增加电能损耗，产生过热，导致绝缘过早老化甚至燃烧引起火灾，同样会造成更大损失。因此，必须合理地进行负荷计算。虽然用电设备是一些有各种各样变化规律的用电负荷，但要准确算出负荷的大小是很困难的。在进行负荷计算时，也只能是力求接近实际。通常用计算负荷来作为选择设备及导线的依据。

计算负荷是按发热条件选择电气设备的一个假定负荷。计算负荷产生的热效应和实际变动负荷产生的最大热效应相等，所以根据计算负荷来选择导线及设备，在实际运行中它们的最高温升就不会超过容许值。

导体通过电流达到稳定温升的时间为 $3\sim4\tau$（τ 为发热时间常数），而一般中小截面导线的发热时间常数，都在 10min 以上，也就是说载流导体大约经半小时（30min）后可达到稳定温升值，因此通常取半小时的平均最大负荷 P_{30}（年最大负荷 P_{max}）作为计算负荷。

目前普遍采用的确定用电设备计算负荷的方法有需要系数法和二项式法。需要系数法是国际上普遍采用的确定计算负荷的基本方法，最为简便。二项式法的应用局限性较大，但在确定设备台数较少而容量差别悬殊的分支干线的计算负荷时，比需要系数法合理，且计算也较简便。

（二）按需要系数法确定计算负荷

1. 基本公式

用电设备组的计算负荷是指用电设备组从供电系统中取用的半小时最大负荷 P_{30}，如图 2-6 所示。用电设备组的设备容量 P_t 是指用电设备组所有设备（不含备用的设备）的额定容量 P_N 之和，即 $P_t=\sum P_N$。而设备的额定容量 P_N 是设备在额定条件下的最大输出功率。但是用电设备组的设备实际上不一定都同时运行，运行的设备也不太可能都满负荷，同时设备本身有功率损耗，因此用电设备组的有功计算负荷应为

$$P_{30}=\frac{K_{\Sigma}K_L}{\eta_{av}\eta_{WL}}P_t$$

式中 K_{Σ}——设备组的同时系数，即设备组在最大负荷运行时的设备容量与全部设备容量之比；

K_L——设备组的负荷系数，即设备组在最大负荷运行时的输出功率与设备容量之比；

η_{av}——设备组的平均效率，即设备组在最大负荷运行时的输出功率与取用功率之比；

η_{WL}——配电线路的平均效率，即配电线路在最大负荷运行时的末端功率（也是设备组取用功率）与首端功率（也是计算负荷）之比。

令

$$\frac{K_{\Sigma}K_L}{\eta_{av}\eta_{WL}}=K_d$$

式中　K_d——需要系数。

由此可得按需要系数法确定三相用电设备组有功计算负荷的基本公式为

$$P_{30}=K_dP_t \tag{2-4}$$

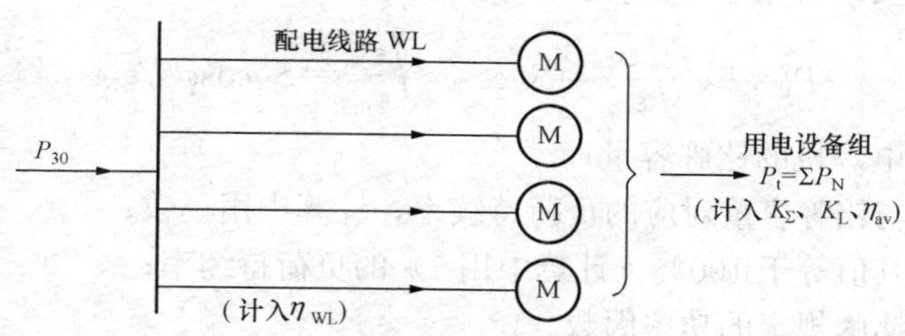

图 2-6　用电设备组的计算负荷

附录 A 所列需要系数值是按车间范围内设备台数较多的情况来确定的，所以需要系数值一般都比较低，因此需要系数法较适用于确定车间的计算负荷。如果采用需要系数法来计算分支干线上用电设备组的计算负荷，则附录 A 中的需要系数值往往偏小，宜适当取大。只有 1～2 台设备时，可认为 $K_d=1$。对于电动机，由于它本身功率损耗较大，因此当只有一台电动机时，其 $P_{30}=P_N/\eta$。

这里还要指出：需要系数值与用电设备的类别和工作状态关系极大，因此在计算时，首先要正确判明用电设备的类别和工作状态，否则将造成错误。例如，机修车间的金属切削机床电动机应属于小批生产的冷加工机床电动机，因为金属切削就是冷加工，而机修不可能是大批生产。又如压塑机、拉丝机和锻锤等，应属于热加工机床。再如起重机、行车、电动葫芦等，均属于吊车类。

在求出有功计算负荷 P_{30} 后，可按下列各式分别求出其余的计算负荷。

无功计算负荷为

$$Q_{30}=P_{30}\tan\varphi \tag{2-5}$$

视在计算负荷为

$$S_{30}=P_{30}/\cos\varphi \tag{2-6}$$

计算电流为

$$I_{30}=\frac{S_{30}}{\sqrt{3}U_N} \tag{2-7}$$

如果是一台三相电动机，则其计算电流应取其额定电流，即

$$I_{30}=I_N=\frac{P_N}{\sqrt{3}U_N\eta\cos\varphi} \tag{2-8}$$

负荷计算中常用的单位：有功功率为千瓦（kW），无功功率为千乏（kvar），视在功率

为千伏·安（kVA），电流为安（A），电压为千伏（kV）。

2. 设备容量的计算

需要系数法基本公式中的设备容量 P_t，不含备用设备的容量，而且要注意，此容量的计算与用电设备组的工作制有关。

（1）一般连续工作制和短时工作制的用电设备组。设备容量是所有设备的铭牌额定容量之和。

（2）断续周期工作制的用电设备组。设备容量是将所有设备在不同负荷持续率下的铭牌额定容量换算到一个规定的负荷持续率下的容量之和。

断续周期工作制的用电设备常用的有电焊机和吊车电动机，各自的换算要求如下：

1）电焊机组。要求容量统一换算到 $\varepsilon=100\%$，因此可得换算后的设备容量为

$$P_t=P_N\sqrt{\frac{\varepsilon_N}{\varepsilon_{100}}}=S_N\cos\varphi\sqrt{\frac{\varepsilon_N}{\varepsilon_{100}}}=S_N\cos\varphi\sqrt{\varepsilon_N} \tag{2-9}$$

式中 P_N、S_N——电焊机的铭牌容量；

ε_N——与铭牌容量对应的负荷持续率，计算中用小数；

ε_{100}——其值等于100%（计算中用1）的负荷持续率；

$\cos\varphi$——铭牌规定的功率因数。

2）吊车电动机组。要求容量统一换算到 $\varepsilon=25\%$，因此可得换算后的设备容量为

$$P_t=P_N\sqrt{\frac{\varepsilon_N}{\varepsilon_{25}}}=2P_N\sqrt{\varepsilon_N} \tag{2-10}$$

式中 P_N——吊车电动机的铭牌容量；

ε_N——与铭牌容量对应的负荷持续率（计算中用小数）；

ε_{25}——其值等于25%（计算中用0.25）的负荷持续率。

（3）单相设备，还需要按照下面的方法将其容量转换成三相设备容量。

1）接于相电压的单相设备容量的换算。其接线方式如图2-7（a）所示，按最大负荷相所接的单相设备容量 $P_{t,mph}$ 乘以3来计算其等效三相设备容量，即

$$P_t=3P_{t,mph} \tag{2-11}$$

2）接于线电压的单相设备容量的换算。其接线方式如图2-7（b）所示，由于容量为 $P_{t,ph}$ 的单相设备接在线电压上产生的电流 $I=\frac{P_{t,ph}}{U\cos\varphi}$，这一电流应与等效三相设备容量 P_t 所产生的电流 $I'=\frac{P_t}{\sqrt{3}U\cos\varphi}$ 相等，因此其等效三相设备容量为

$$P_t=\sqrt{3}P_{t,ph} \tag{2-12}$$

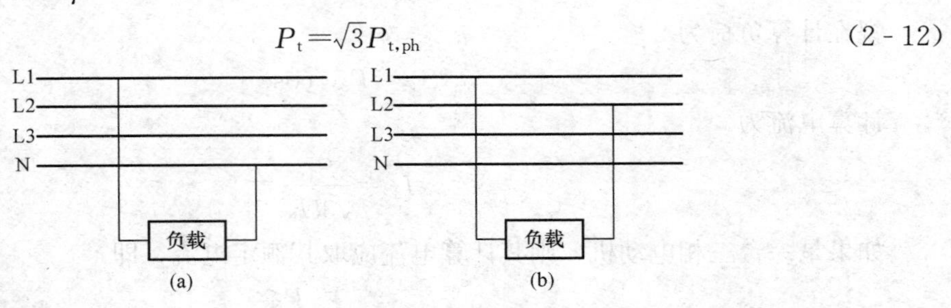

图2-7 单相负载接线示意图

（a）接于相电压；（b）接于线电压

3. 多组用电设备计算负荷的确定

确定拥有多组用电设备的干线上或车间变电站低压母线上的计算负荷时，应考虑各组用电设备的最大负荷不同时出现的因素。因此在确定多组用电设备的计算负荷时，应结合具体情况对其有功负荷和无功负荷分别计入一个同时系数（又称参差系数或综合系数）$K_{\Sigma P}$ 和 $K_{\Sigma Q}$：

对于车间干线，取

$$K_{\Sigma P}=0.85\sim0.95$$
$$K_{\Sigma Q}=0.90\sim0.97$$

对于低压母线，分两种情况

（1）由用电设备组计算负荷直接相加来计算时，取

$$K_{\Sigma P}=0.80\sim0.90$$
$$K_{\Sigma Q}=0.85\sim0.95$$

（2）由车间干线计算负荷直接相加来计算时，取

$$K_{\Sigma P}=0.90\sim0.95$$
$$K_{\Sigma Q}=0.93\sim0.97$$

总的有功计算负荷为

$$P_{30}=K_{\Sigma P}\sum P_{30,i} \tag{2-13}$$

总的无功计算负荷为

$$Q_{30}=K_{\Sigma Q}\sum Q_{30,i} \tag{2-14}$$

总的视在计算负荷为

$$S_{30}=\sqrt{P_{30}^2+Q_{30}^2} \tag{2-15}$$

总的计算电流为

$$I_{30}=\frac{S_{30}}{\sqrt{3}U_{\mathrm{N}}} \tag{2-16}$$

（三）按二项式法确定计算负荷

1. 基本公式

二项式法的基本公式是

$$P_{30}=bP_{\mathrm{t}}+cP_x \tag{2-17}$$

式中　bP_{t}（二项式第一项）——用电设备组的平均功率；

P_{t}——用电设备组的总容量，其计算方法如前需要系数法所述；

cP_x（二项式第二项）——用电设备组中 x 台容量最大的设备投入运行时增加的附加负荷；

P_x——x 台最大容量的设备总容量；

b、c——二项式系数。

其余的计算负荷 Q_{30}、S_{30} 和 I_{30} 的计算与前述需要系数法的计算相同。

附录 A 中也列有部分用电设备组的二项式系数 b、c 和最大容量的设备台数 x 值，可供参考。

但必须注意：按二项式法确定计算负荷时，如果设备总台数 n 少于附录 A 中规定的最大容量设备台数 x 的 2 倍，即 $n<2x$ 时，其最大容量设备台数 x 宜适当取小，建议取为 $x=n/2$，

且按“四舍五入”修约规则取整数。例如，某机床电动机组只有 7 台时，则 $x=7/2\approx4$。

如果用电设备组只有 1～2 台设备时，则可认为 $P_{30}=P_{t}$。对于单台电动机，则 $P_{30}=P_{N}/\eta$，这里 P_{N} 为电动机额定容量，η 为其额定效率。在设备台数较少时，$\cos\varphi$ 也宜适当取大。

由于二项式法不仅考虑了用电设备组最大负荷时的平均负荷，而且考虑了少数容量最大的设备投入运行时对总计算负荷的额外影响，所以二项式法比较适于确定设备台数较少而容量差别较大的低压干线和分支线的计算负荷。但是二项式计算系数 b、c 和 x 的值，缺乏充分的理论根据，且只有机械工业方面的部分数据，从而使其应用受到一定局限。

2. 多组用电设备计算设备的确定

当用二项式系数法来确定拥有不同性质的多组用电设备的干线或低压母线上的计算负荷时，同样应考虑各组用电设备的最大负荷不同时出现的因素。因此，在确定总计算负荷时，只能在各组用电设备中取一组最大的附加负荷 cP_{x}，再加上所有各组设备的平均负荷 bP_{t}。据此得出求总的有功功率和无功功率计算负荷的公式为

$$P_{30}=\sum(bP_{t})_{i}+(cP_{x})_{\max} \quad (2-18)$$

$$Q_{30}=\sum(bP_{t}\tan\varphi)_{i}+(cP_{x})_{\max}\tan\varphi_{\max} \quad (2-19)$$

式中 $\sum(bP_{t})_{i}$——各组有功功率的平均负荷之和；

$\sum(bP_{t}\tan\varphi)_{i}$——各组无功功率的平均负荷之和；

$(cP_{x})_{\max}$——各组中最大的一个有功功率附加负荷；

$\tan\varphi_{\max}$——与 $(cP_{x})_{\max}$ 相应的功率因数角正切值。

总的视在功率计算负荷和计算电流等同于需要系数法。

三、短路电流的计算

（一）概述

短路就是指不同电位的导电部分之间或导电部分与地之间的低阻性短接。

短路主要是由于电气设备载流部分的绝缘损坏。这种损坏可能是由于设备长期运行，绝缘自然老化或由于设备本身质量低劣、绝缘强度不够而被正常电压击穿，或设备质量合格、绝缘合乎要求而被过电压（包括雷电过电压）击穿，或者是设备绝缘受到外力损伤而造成短路。也可能是人为因素（如误操作）或其他原因。

短路后，系统中出现的短路电流比正常负荷电流大得多。在大电力系统中，短路电流可达几万安甚至几十万安。如此大的短路电流可产生很大的电动力和很高的温度，而使故障元件和短路电路中的其他元件受到损害和破坏，甚至引发火灾事故。

在三相系统中，短路的形式有三相短路、两相短路、单相短路和两相接地短路等，如图 2-8 所示。其中，两相接地短路实质上是两相短路。

按短路电路的对称性来分，三相短路属于对称性短路，其他形式的短路均为不对称短路。电力系统中，发生单相短路的可能性最大，而发生三相短路的可能性最小。但一般情况下，特别是远离电源（发电机）的工厂供电系统中，三相短路的短路电流最大，造成的危害也最为严重。为了使电力系统中的电气设备在最严重的短路状态下也能可靠地工作，作为选择和校验电气设备用的短路计算中，以三相短路计算为主。实际上，不对称短路也可以按对称分量法将不对称的短路电流分解为对称的正序、负序和零序分量，然后按对称量来分析和计算，所以对称的三相短路分析计算也是不对称短路分析计算的基础。

（二）无限大容量电力系统的三相短路

1. 三相短路的物理过程

无限大容量电力系统是指供电容量相对于用户供电系统容量大得多的电力系统。其特点是：当用户供电系统的负荷变动甚至发生短路时，电力系统变电站馈电母线上的电压能基本维持不变。

如果电力系统的电源总阻抗不超过短路电路总阻抗的 5%～10%，或者电力系统容量超过用户供电系统容量的 50 倍时，可将电力系统视为无限大容量系统。

对一般电能用户来说，其用电容量远比电力系统总容量小，也就是说可将电力系统视为无限大容量的电源。因此当电能用户供配电系统发生短路时，电力系统变电站馈电母线上的电压可认为是不变的。

图 2-9（a）是一个电源为无限大容量的供电系统发生三相短路的电路图。图中 R_{WL}、X_{WL}为线路（WL）的电阻和电抗，R_L、X_L 为负荷（L）的电阻和电抗。

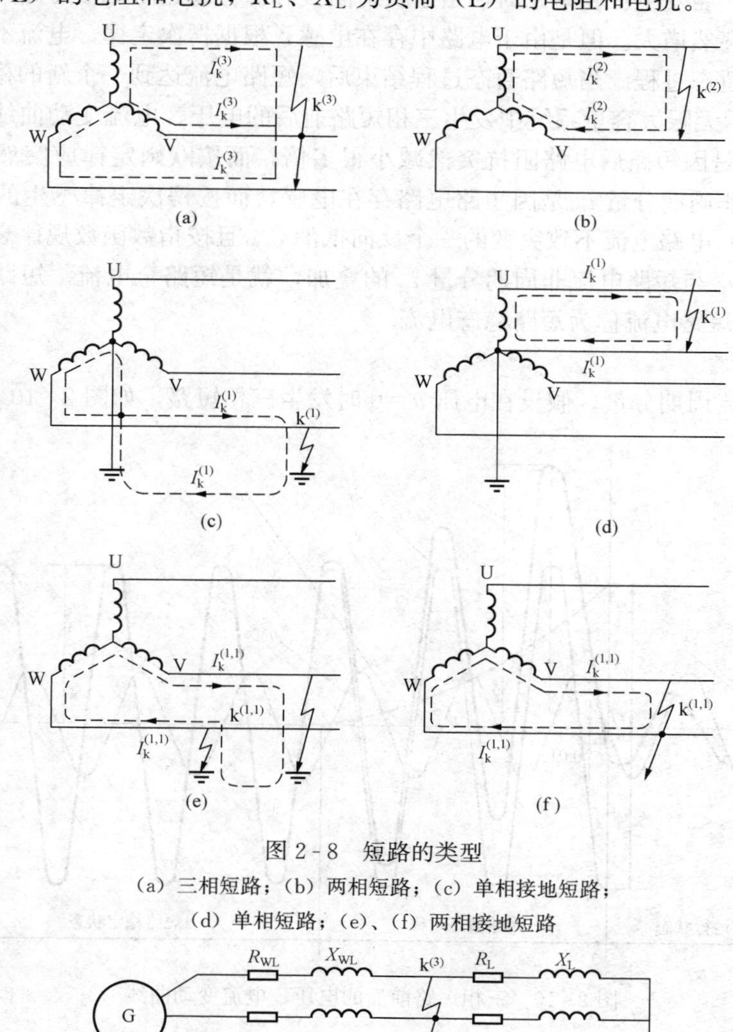

图 2-8　短路的类型

（a）三相短路；（b）两相短路；（c）单相接地短路；（d）单相短路；（e）、（f）两相接地短路

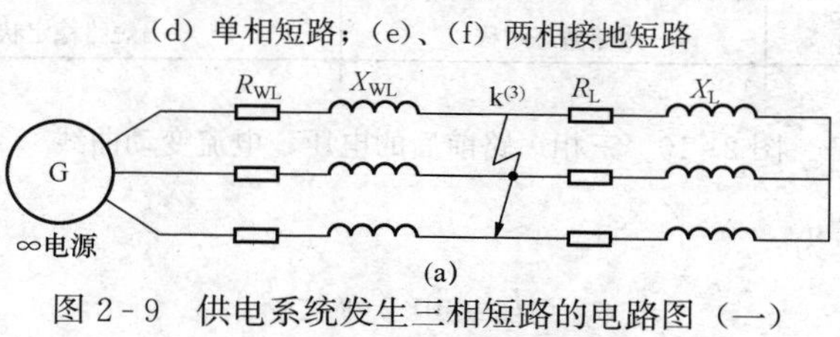

图 2-9　供电系统发生三相短路的电路图（一）

（a）原电路图

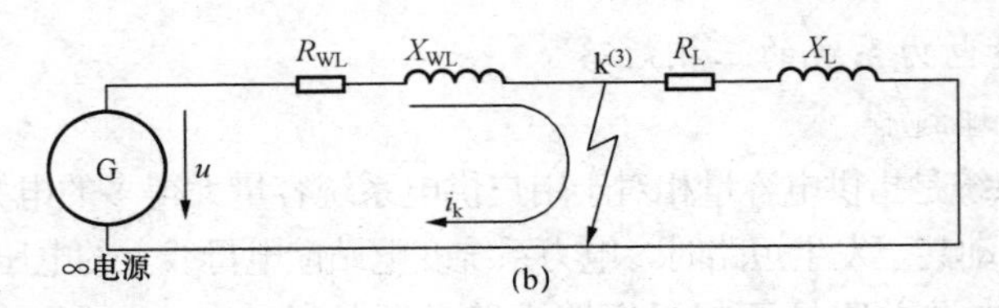

图 2-9　供电系统发生三相短路的电路图（二）
（b）等效电路图

由于三相短路对称，因此图 2-9（a）所示的三相短路电路可用图 2-9（b）所示的等效单相电路来分析计算。

供电系统正常运行时，电路中的电流取决于电源电压和电路中所有元件（包括负荷在内）的所有阻抗。当发生三相短路时，由于负荷阻抗和部分线路阻抗被短路，所以电路电流根据欧姆定律要突然增大。但是由于电路中存在电感，根据楞次定律，电流不能突变，因而将引起一个短路暂态过程。当短路暂态过程结束后，短路电流达到一个新的稳定状态。

图 2-10 表示无限大容量系统中发生三相短路前后的电压、电流变动曲线。其中，短路电流周期分量 i_p 是因短路后电路阻抗突然减小很多倍，而按欧姆定律应突然增大很多倍的电流。短路电流非周期分量 i_{np} 是因短路电路存在电感，而按楞次定律感生的用以维持短路初瞬间（$t=0$ 时）电路电流不致突变的一个反向抵消 $i_{p(0)}$ 且按指数函数规律衰减的电流。短路电流周期分量 i_p 与短路电流非周期分量 i_{np} 的叠加，就是短路全电流。短路电流非周期分量 i_{np} 衰减完毕的短路电流称为短路稳态电流。

2. 短路物理量

（1）短路电流周期分量。假设在电压 $u=0$ 时发生三相短路，如图 2-10 所示。

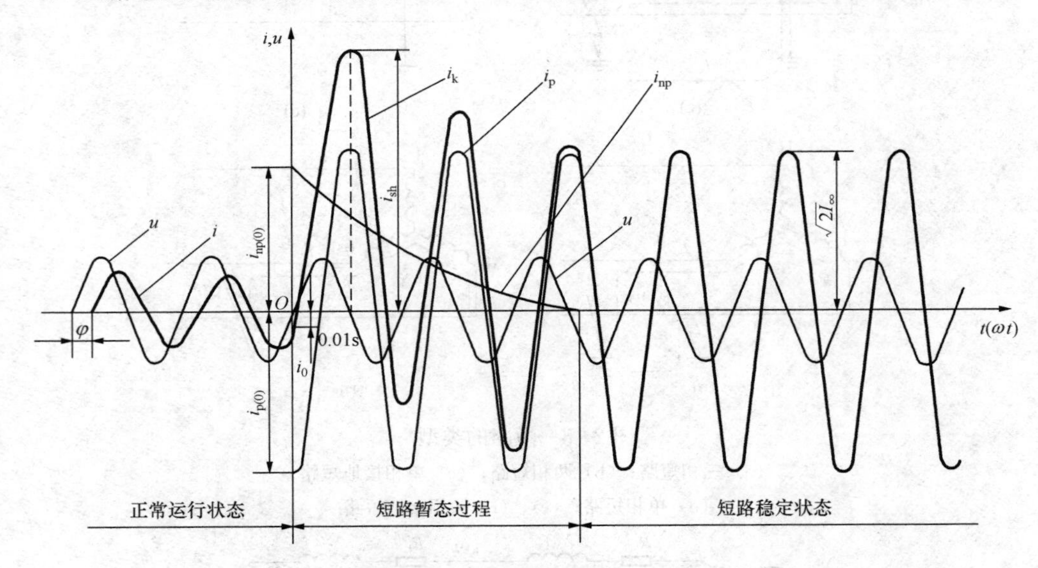

图 2-10　三相短路前后的电压、电流变动曲线

短路电流周期分量为

$$i_p = I_{k,m}\sin(\omega t - \varphi_k)$$

式中　$I_{k,m}$——短路电流周期分量幅值，$I_{k,m}=U/\sqrt{3}|Z_\Sigma|$；

$|Z_\Sigma|$——短路电路的总阻抗$|Z_\Sigma|=\sqrt{R_\Sigma^2+X_\Sigma^2}$；

φ_k——短路电路的阻抗角 $\varphi_k=\arctan(X_\Sigma/R_\Sigma)$。

由于短路电路的 $X_\Sigma \gg R_\Sigma$，因此 $\varphi_k \approx 90°$。则短路初瞬间（$t=0$ 时）的短路电流周期分量为

$$i_{p(0)}=-I_{k,m}=-\sqrt{2}I''$$

式中　I''——短路次暂态电流有效值，即短路后第一个周期的短路电流周期分量 i_p 的有效值。

（2）短路电流非同期分量。由于短路电路存在电感，因此在突然短路时，电感上要感生一个电动势，以维持短路初瞬间（$t=0$ 时）电路内的电流和磁链不致突变。电感的感应电动势所产生的与初瞬间短路电流周期分量反向的这一电流，即为短路电流非周期分量。

短路电流非周期分量的初始绝对值为

$$i_{np(0)}=|i_0-I_{k,m}|\approx I_{k,m}=\sqrt{2}I''$$

由于短路电路还存在电阻，因此短路电流非周期分量要逐渐衰减。电路内的电阻越大及电感越小，则衰减越快。

短路电流非周期分量是按指数函数衰减的，其表达式为

$$i_{np}=i_{np(0)}e^{-\frac{t}{\tau}}\approx\sqrt{2}I''e^{-\frac{t}{\tau}}$$

式中　τ——短路电流非周期分量衰减时间常数，或称为短路电路时间常数，$\tau=L_\Sigma/R_\Sigma$。

（3）短路全电流。短路电流周期分量 i_p 与非周期分量 i_{np} 之和即为短路全电流 i_k。某一瞬时 t 的短路全电流有效值，是以时间 t 为中点的一个周期内的 i_p 有效值 $I_{p(t)}$；与 i_{np} 在 t 的瞬时值 $i_{np(t)}$ 的方均根值，即

$$I_{k(t)}=\sqrt{I_{p(t)}^2+i_{np(t)}^2}$$

（4）短路冲击电流。短路冲击电流为短路全电流中的最大瞬时值。由图 2-10 所示短路全电流 i_k 的曲线可以看出，短路后经半个周期（即 0.01s），i_k 达到最大值，此时的短路全电流即短路冲击电流 i_{sh}。

短路全电流的最大有效值是短路后第一个周期的短路电流有效值，用 I_{sh} 表示，也可称为短路冲击电流有效值。

短路冲击电流和短路冲击电路有效值可按下式计算：

1）在高压电路发生三相短路时

$$i_{sh}=2.55I'' \tag{2-20}$$

$$I_{sh}=1.51I'' \tag{2-21}$$

2）在 1000kVA 及以下的电力变压器二次侧及低压电路中发生三相短路时

$$i_{sh}=1.84I'' \tag{2-22}$$

$$I_{sh}=1.09I'' \tag{2-23}$$

（5）短路稳态电流。短路稳态电流是短路电流非周期分量衰减完毕以后的短路全电流，其有效值用 I_∞ 表示。

在无限大容量系统中，由于系统馈电母线电压维持不变，所以其短路电流周期分量有效值（习惯上用 I_k 表示）在短路的全过程中维持不变，即 $I_k=I''=I_\infty$。

为了表明短路的类别，凡是三相短路电流，可在相应的电流符号右上角加标（3），如三相短路稳态电流写作 $I_{\infty}^{(3)}$。同样，两相或单相短路电流则在相应的电流符号右上角分别标（2）或（1），而两相接地短路电流，则加标（1.1）。在不致引起混淆时，三相短路电流各量可不标注（3）。

（三）短路电流的计算方法

短路电流的计算方法，常用的有欧姆法和标幺值法。

1. 欧姆法

欧姆法又称有名单位制，因其短路电流计算中的阻抗都采用有名单位"欧姆"而得名。

欧姆法主要用于低压电网中短路电流的计算。

（1）低压电网短路电流计算的特点。

1）供电电源可以视为无限大容量系统。这是因为低压电网中降压变压器容量远远小于高压电力系统的容量，所以降压变压器阻抗加上低压短路回路阻抗远远大于电力系统的阻抗，在计算降压变压器低压侧短路电流时，一般不计电力系统到降压变压器高压侧的阻抗，而认为降压变压器高压侧的端电压保持不变。

2）电阻值 R 相对较大而电抗值 X 相对较小，所以低压电网中电阻不能忽略，为避免复数运算，一般可用阻抗的模 $|Z|=\sqrt{R^2+X^2}$ 进行计算。

3）必须计及下列元件阻抗的影响。

a. 长度为 10～15m 或更长的电缆和母线阻抗。

b. 多匝电流互感器一次绕组的阻抗。

c. 低压自动空气开关过电流线圈的阻抗。

d. 接地开关和自动空气开关的触点电阻。

附录 K 列出了导线和电缆的电阻和电抗，以便需要时查用。

（2）计算步骤。

1）绘出计算电路图。计算电路图一般画成单线系统图，如图 2-11 所示。在计算电路图上，将短路计算所需考虑的各元件的额定参数都表示出来（如图 2-11 中的 S9-1000 等），并将各元件依次编号［如图 2-11 中的电源为（1）等］。

2）确定短路计算点。短路电流计算的目的是校验电气元件在电路发生短路时能否承受得起大电动力和高温。所以在选择短路计算点时，要选得使需要进行短路校验的电气元件有最大可能的短路电流通过。图 2-11（见技能训练项目五）所示为计算电路图，如要校验变压器可选 k-2 点；如要校验架空线可选 k-1 点等。

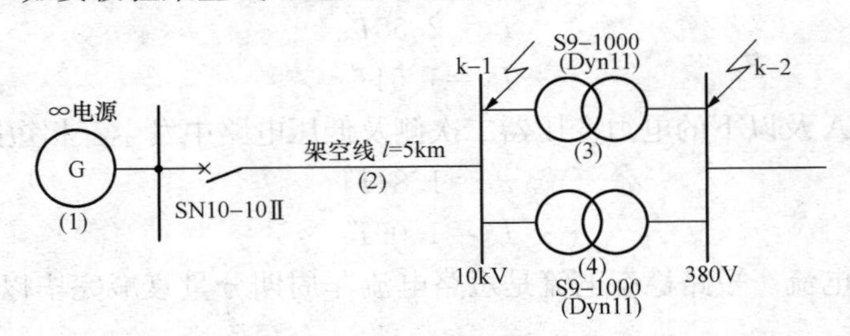

图 2-11　计算电路图

3）计算电路中各主要元件的阻抗。供电系统中各主要元件包括电力系统（电源）、电力变压器、电力线路、母线和各开关等的阻抗计算。

a. 系统阻抗。电力系统的电阻相对于电抗来说很小，一般不予考虑。电力系统的电抗，可由电力系统变电站馈电线出口断路器（参看图 2-11 中的 SN10-10Ⅱ）的断流容量 S_{oc} 来估算，将 S_{oc} 看作是电力系统的极限短路容量 S_k，因此电力系统的电抗为

$$X_s=\frac{U_c^2}{S_{oc}} \tag{2-24}$$

式中　U_c——电力系统馈电线的短路计算电压，但为了便于短路电路总阻抗的计算，免去阻抗换算的麻烦，此式中的 U_c 可直接采用短路点的短路计算电压；

S_{oc}——系统出口断路器的断流容量，可查有关手册或产品样本。

如果只有断路器的开断电流 I_{oc} 数据，则其断流容量 $S_{oc}=\sqrt{3}I_{oc}U_N$，这里 U_N 为断路器的额定电压。

b. 电力变压器的阻抗。

a）变压器的电阻 R_T 可由变压器的短路损耗 ΔP_k 近似地计算，即

$$R_T\approx\Delta P_k\left(\frac{U_c}{S_N}\right)^2 \tag{2-25}$$

式中　U_c——短路点的短路计算电压；

S_N——变压器的额定容量；

ΔP_k——变压器的短路损耗（也称负载损耗），可查有关手册或产品样本。

b）变压器的电抗 X_T 可由变压器的短路电压百分值 $U_k\%$ 近似地计算，即

$$X_T\approx\frac{U_k\%}{100}\cdot\frac{U_c^2}{S_N} \tag{2-26}$$

式中　$U_k\%$——变压器的短路电压（也称阻抗电压）百分值，可查有关手册或产品样本。

c. 电力线路的阻抗。

a）线路的电阻 R_{WL}。线路的电阻 R_{WL} 可由导线电缆的单位长度电阻值 R_0 求得，即

$$R_{WL}=R_0 l \tag{2-27}$$

式中　R_0——导线电缆单位长度电阻值，可查有关手册或产品样本；

l——线路长度。

b）线路的电抗 X_{WL}。线路的电抗 X_{WL} 可由导线电缆的单位长度电抗值 X_0 求得，即

$$X_{WL}=X_0 l \tag{2-28}$$

式中　X_0——导线电缆单位长度电抗值，可查有关手册或产品样本；

l——线路长度。

如果线路的结构数据不详，X_0 可按表 2-1 取其电抗平均值。

表 2-1　　电力线路每相的单位长度电抗平均值　　Ω/km

线路结构	线路电压		
	35kV 及以上	6～10kV	220/380V
架空线路	0.40	0.35	0.32
电缆线路	0.12	0.08	0.066

d. 母线电阻 R_{WB}。母线电阻的计算公式为

$$R_{WB}=\frac{l}{\gamma A}\times 10^3 \tag{2-29}$$

e. 开关阻抗。开关阻抗值可查产品样本或手册。

在计算短路电路的阻抗时，假如电路内含有电力变压器，电路内各元件的阻抗都应统一换算成与短路点的短路计算电压对应的阻抗值，阻抗等效换算的条件是元件的功率损耗不变。由 $\Delta P=U^2/R$ 和 $\Delta Q=U^2/X$ 可知，元件的阻抗值与电压的平方成正比，因此阻抗等效换算的公式为

$$R'=R\left(\frac{U'_c}{U_c}\right)^2 \tag{2-30}$$

$$X'=X\left(\frac{U'_c}{U_c}\right)^2 \tag{2-31}$$

式中 R、X 和 U_c——换算前元件的电阻、电抗和元件所在处的短路计算电压；

R'、X' 和 U'_c——换算后元件的电阻、电抗和短路点的短路计算电压。

就短路计算中需计算的几个主要元件的阻抗来说，实际上只有电力线路的阻抗有时需按上述公式换算，如计算低压侧短路电流时，高压侧的线路阻抗就需要换算到低压侧。而电力系统和电力变压器的阻抗，由于其计算公式中均含有 U_c^2，因此计算其阻抗时，U_c 直接代以短路点的短路计算电压，就相当于阻抗已经换算到短路点一侧了。

4）按所选择的短路计算点绘出等效电路图，如图 2-12（见技能训练项目六）所示。在等效电路图上，只需将被计算的短路电流所流经的一些主要元件表示出来，并标明各元件的序号和阻抗值，一般是分子标序号，分母标阻抗值（阻抗用复数形式表示）。

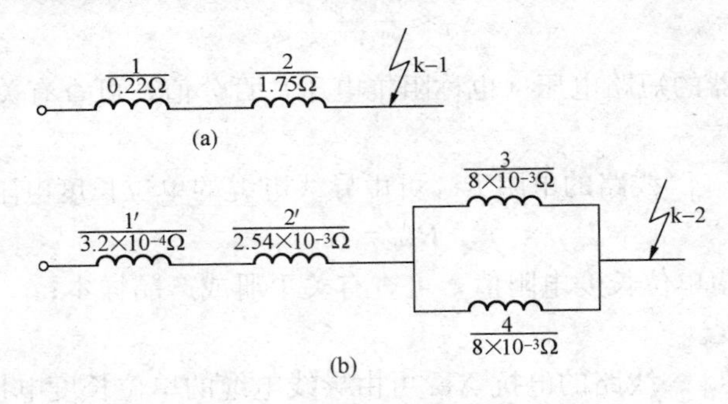

图 2-12 图 2-11 的等效电路图

(a) k-1 点短路等效电路图；(b) k-2 点短路等效电路图

5）计算短路电流和短路容量。在无限大容量系统中发生三相短路时，其三相短路电流周期分量有效值按下式计算

$$I_k^{(3)}=\frac{U_c}{\sqrt{3}\,|Z_\Sigma|}=\frac{U_c}{\sqrt{3}\sqrt{R_\Sigma^2+X_\Sigma^2}}$$

式中 $|Z_\Sigma|$ 和 R_Σ、X_Σ——分别为短路电路的总阻抗和总电阻、总电抗值；

U_c——短路点的短路计算电压（或称平均额定电压），由于线路首端短路时其短路最为严重，因此按线路首端电压考虑，即短路计算电压取值比线路额定电压 U_N 高 5%。

两相短路电流与三相短路电流的关系为

$$I_k^{(2)}=0.866I_k^{(3)} \tag{2-32}$$

三相短路容量为

$$S_k^{(3)}=\sqrt{3}U_cI_k^{(3)} \tag{2-33}$$

2. 标幺值法

（1）标幺值。任意一个有名值的物理量与同单位的基准值之比称为标幺值。它是个相对值，无单位的纯数，可用小数或百分数表示。

通常标幺值用 A_b^* 表示，基准值用 A_b 表示，实际值用 A 表示，因此

$$A_b^*=\frac{A}{A_b} \tag{2-34}$$

采用标幺值计算时首先必须选定基准值，原则上说基准值可以任意选择，通常可以选择设备的额定值作为基准值或整个系统选取便于计算的基准值。但是，并不是所有量的基准值都可以随便选定，在电路计算中，各量基准值之间必须服从电路的欧姆定律和功率方程式。

按标幺值法进行短路计算时，一般先选定基准容量 S_b 和基准电压 U_b。

在工程计算中，为了计算方便，基准容量一般取 $S_b=100\text{MVA}$；基准电压通常取元件所在处的短路计算电压，即 $U_b=U_c$。

选定了基准容量 S_b 和基准电压 U_b 后，基准电流 I_b 的计算公式为

$$I_b=\frac{S_b}{\sqrt{3}U_b}=\frac{S_b}{\sqrt{3}U_c} \tag{2-35}$$

基准电抗 X_b 的计算公式为

$$X_b=\frac{U_b}{\sqrt{3}I_b}=\frac{U_c^2}{S_b} \tag{2-36}$$

在选定和求出各量的基准值后，就可以很方便地求出其标幺值。以下各式为不同变量的计算公式。

电压标幺值为

$$U_b^*=\frac{U}{U_b} \tag{2-37}$$

容量标幺值为

$$S_b^*=\frac{S}{S_b} \tag{2-38}$$

电流标幺值为

$$I_b^*=\frac{I}{I_b}=I\frac{\sqrt{3}U_b}{S_b} \tag{2-39}$$

电抗标幺值为

$$X_b^*=\frac{X}{X_b}=X\frac{S_b}{U_b^2} \tag{2-40}$$

在对称三相电路中，无论是三角形还是星形接线，线电压和相电压、线电流和相电流、三相功率和单相功率的标幺值都是一样的，因此，在计算中可以按单相电路的标幺值来计算，这是标幺值算法的一大优点。

（2）电力系统中各主要元件的电抗标幺值。

1）发电机标幺值为

$$X_G^* = \frac{X''_G\%}{100} \cdot \frac{S_b}{S_N} \tag{2-41}$$

式中 $X''_G\%$——发电机的超瞬态电抗百分值。

2）电力系统的电抗标幺值为

$$X_s^* = \frac{X_s}{X_b} = \frac{U_c^2}{S_{oc}} \Big/ \frac{U_b^2}{S_b} = \frac{S_b}{S_{oc}} \tag{2-42}$$

式中 X_s——电力系统的电抗值；

S_{oc}——电力系统的容量。

3）电力变压器的电抗标幺值为

$$X_T^* = \frac{X_T}{X_b} = \frac{U_k\% S_b}{100 S_N} \tag{2-43}$$

式中 $U_k\%$——变压器短路电压百分比；

X_T——变压器的电抗；

S_N——电力变压器的额定容量。

4）电力线路的电抗标幺值为

$$X_{WL}^* = \frac{X_{WL}}{X_b} = X_0 l \frac{S_b}{U_c^2} \tag{2-44}$$

式中 X_{WL}——线路的电抗；

X_0——导线单位长度的电抗值，可查有关手册或产品样本；

l——导线的长度。

5）限流电抗器标幺值为

$$X_L^* = \frac{X_L\%}{100} \cdot \frac{U_N}{\sqrt{3} I_N} \cdot \frac{S_b}{U_b^2} \tag{2-45}$$

式中 $X_L\%$——电抗器的电抗百分值。

（3）无限大容量电力系统三相短路电流周期分量有效值的标幺值为

$$I_k^* = \frac{I_k}{I_b} = \frac{U_c}{\sqrt{3} X_\Sigma} \Big/ \frac{S_b}{\sqrt{3} U_b} = \frac{U_c^2}{S_b X_\Sigma} = \frac{1}{X_\Sigma^*} \tag{2-46}$$

由此可得三相短路电流周期分量有效值为

$$I_k = I_k^* I_b = \frac{I_b}{X_\Sigma^*} \tag{2-47}$$

然后，即可用前面的公式分别求出 I''、I_∞、I_{sh}和 i_{sh}等。

三相短路容量的计算公式为

$$S_k = \sqrt{3} U_c I_k = \sqrt{3} U_c \frac{I_b}{X_\Sigma^*} = \frac{S_b}{X_\Sigma^*} \tag{2-48}$$

（4）标幺值法的计算步骤。

1）画出计算电路图，并标明各元件的参数。

2）画出相应的等效电路图（采用电抗的形式），并注明短路计算点，对各元件进行编号。

3）选取基准容量和基准电压。

4）计算各元件的电抗标幺值，并标于等效电路图上。

5）从电源到短路点，化简等效电路，依次求出各短路点的总电抗标幺值 X_{Σ}^{*}。

6）根据题目要求，计算各短路点所需的短路电流等参数。

四、尖峰电流的计算

尖峰电流是指持续时间 1～2s 的短时最大负荷电流。

计算尖峰电流的目的主要是用来选择熔断器和低压断路器、整定继电保护装置及检验电动机自启动条件等。

（一）单台用电设备尖峰电流的计算

单台用电设备的尖峰电流就是其启动电流，因此尖峰电流为

$$I_{m}=I_{st}=K_{st}I_{N} \tag{2-49}$$

式中　I_{N}——用电设备的额定电流；

I_{st}——用电设备的启动电流；

K_{st}——用电设备的启动电流倍数，笼型电动机 $K_{st}=5\sim7$，绕线转子电动机 $K_{st}=2\sim3$，直流电动机 $K_{st}=1.7$，电焊变压器 $K_{st}\geqslant3$。

（二）多台用电设备尖峰电流的计算

引至多台用电设备的线路上的尖峰电流的计算公式为

$$I_{m}=K_{\Sigma}\sum^{n-1}I_{N,i}+I_{st,max} \tag{2-50}$$

或

$$I_{m}=I_{30}+(I_{st}-I_{N})_{max} \tag{2-51}$$

式中　$I_{st,max}$、$(I_{st}-I_{N})_{max}$——分别为用电设备中启动电流与额定电流之差为最大的那台设备的启动电流及其启动电流与其额定电流之差；

$\sum^{n-1}I_{N,i}$——将启动电流与额定电流之差为最大的那台设备除外的其他 $n-1$ 台设备的额定电流之和；

K_{Σ}——上述 $n-1$ 台设备的同时系数，按台数多少选取，一般取 0.7～1；

I_{30}——全部设备投入运行时的计算电流。

任务释疑

再回到任务导入中的图 2-1，可以用需要系数法逐级计算每一级的负荷，最终算出 $P_{30(6)}$。

首先，$P_{30(1)}$ 的计算公式为

$$P_{30(1)}=K_{d}\cdot P_{e}$$

式中　P_{e}——用电设备组容量。

$$P_{30(2)}=K_{\Sigma P}\cdot(P_{30(1)}+\cdots)$$

$$P_{30(3)}=P_{30(2)}+\Delta P_{WL2}$$

$$P_{30(4)}=K_{\Sigma P}\cdot(P_{30(3)}+\cdots)$$

$$P_{30(5)}=P_{30(4)}+\Delta P_{T}+\Delta P_{WL1}$$

$$P_{30(6)}=K_{\Sigma P}\cdot(P_{30(5)}+\cdots)$$

其中，$\Delta P_{T}\approx0.01S_{30}$，$\Delta Q_{T}\approx0.05S_{30}$，$S_{30}$ 为变压器二次侧的视在计算负荷。

如果给出具体的设备容量和支路数，你能算出 $P_{30(6)}$ 吗？

基础训练

用数字、文字及公式使以下内容变得完整。

1. 根据电力负荷对供电可靠性的要求及中断供电造成的损失或影响的程度分为____级。

2. 用电设备，按其工作制分以下三类：__________、__________、__________。

3. 负荷曲线是表征电力负荷随__________变动情况的一种图形。

4. 年最大负荷 P_{max}，就是全年中负荷最大的工作班内消耗电能最大的__________的平均功率。因此年最大负荷也称为__________最大负荷 P_{30}。

5. 计算负荷是按__________条件选择电气设备的一个假定负荷。计算负荷产生的热效应和实际变动负荷产生的最大热效应__________。

6. 通常取__________的平均最大负荷作为计算负荷。

7. 只有1～2台设备时，需要系数可认为是__________。

8. 断续周期工作制的用电设备组设备容量是将所有设备在不同负荷持续率下的铭牌额定容量换算到一个规定的负荷持续率下的容量之和。电焊机组要求容量统一换算到__________，吊车电动机组要求容量统一换算到__________。

9. 接于相电压的单相设备容量的换算按最大负荷相所接的单相设备容量 $P_{e,mph}$ 乘以__________来计算其等效三相设备容量。

10. 在确定多组用电设备的计算负荷时，应结合具体情况对其有功负荷和无功负荷分别计入一个__________。

11. 短路就是指__________的导电部分之间或导电部分与地之间的低阻性短接。短路主要是由于电气设备载流部分的__________造成的。

12. 在三相系统中，短路的形式有__________、__________、__________和__________等。

13. 按短路电路的对称性来分，三相短路属于__________短路，其他形式的短路均为__________短路。电力系统中，发生__________短路的可能性最大，而发生__________短路的可能性最小。

14. 如果电力系统的电源总阻抗不超过短路电路总阻抗的__________，或者电力系统容量超过用户供电系统容量的__________倍时，可将电力系统视为无限大容量系统。

15. 短路次暂态电流有效值，即短路后__________周期的短路电流周期分量的有效值。

16. 短路冲击电流为短路全电流中的__________。

17. 短路稳态电流是短路电流__________衰减完毕以后的短路全电流。

18. 尖峰电流是指持续时间__________s的短时最大负荷电流。

技能训练

（一）训练内容

电力负荷、短路电流及尖峰电流的计算。

（二）训练目的

（1）熟练掌握需要系数的选用及电力负荷的计算方法。

（2）掌握短路电流以及各元件阻抗的计算方法。

（3）理解尖峰电流的计算。

（三）训练项目

项目一　已知某机修车间的金属切削机床组，拥有 380V 的三相电动机 7.5kW 的为 3 台，4kW 的为 8 台，3kW 的为 17 台，1.5kW 的为 10 台。试求其计算负荷。

解　此机床组电动机的总容量为

$$P_t = 7.5\times3+4\times8+3\times17+1.5\times10=120.5\ (\text{kW})$$

查附录 A 中“小批生产的金属冷加工机床”项，得 $K_d=0.16\sim0.2$（取 0.2），$\cos\varphi=0.5$，$\tan\varphi=1.73$。因此可求得：

有功计算负荷为

$$P_{30}=0.2\times120.5=24.1\ (\text{kW})$$

无功计算负荷为

$$Q_{30}=24.1\times1.73=41.7\ (\text{kvar})$$

视在计算负荷为

$$S_{30}=\frac{24.1}{0.5}=48.2\ (\text{kVA})$$

计算电流

$$I_{30}=\frac{48.2}{\sqrt{3}\times0.38}=73.2\ (\text{A})$$

项目二　图 2-13 所示为某汽轮机制造厂的供电系统示意图，其中 3 号车间为机修车间，380V 线路上接有金属切削机床电动机 20 台共 50kW（其中较大容量电动机 7.5kW 的 2 台，4kW 的 4 台，2.2kW 的 5 台，其他为更小容量的电动机）；通风机 3 台共 5kW；电葫芦 1 个 3kW（$\varepsilon=40\%$）。试确定该车间的计算负荷。

解　先求各组的计算负荷。

（1）金属切削机床组。查附录 A，取 $K_d=0.2$，$\cos\varphi=0.5$，$\tan\varphi=1.73$

所以　$P_{30(1)}=0.2\times50=10\ (\text{kW})$

$Q_{30(1)}=10\times1.73=17.3\ (\text{kvar})$

（2）通风机组。查附录 A，取 $K_d=0.8$，$\cos\varphi=0.8$，$\tan\varphi=0.75$

所以　$P_{30(2)}=0.8\times5=4\ (\text{kW})$

$Q_{30(2)}=4\times0.75=3\ (\text{kvar})$

（3）电葫芦。单台设备，K_d 取 1，查附录 A，$\cos\varphi=0.5$，$\tan\varphi=1.73$（$\varepsilon=25\%$）

所以$P_{t(\varepsilon=25\%)}=2\times3\times\sqrt{0.4}=3.79\ (\text{kW})$

$P_{30(3)}=1\times3.79=3.79\ (\text{kW})$

$Q_{30(3)}=3.79\times1.73=6.56\ (\text{kvar})$

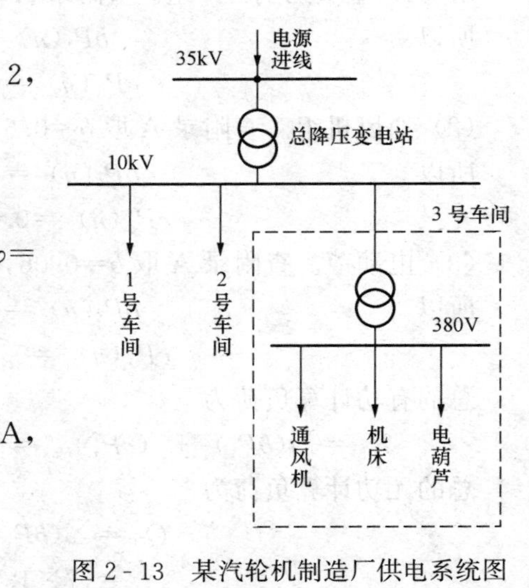

图 2-13　某汽轮机制造厂供电系统图

因此，总的计算负荷为（取 $K_{\Sigma P}=0.95$，$K_{\Sigma Q}=0.97$）

$$P_{30}=0.95\times(10+4+3.79)=16.9\ (\text{kW})$$

$$Q_{30}=0.97\times(17.3+3+6.56)=26.04\ (\text{kvar})$$

$$S_{30}=\sqrt{16.9^2+26.04^2}=31.04\ (\text{kVA})$$

$$I_{30}=\frac{31.04}{\sqrt{3}\times 0.38}=47.16\ (\text{A})$$

项目三 试用二项式法确定项目一机床组的计算负荷。

解 由附录A查得 $b=0.14$，$c=0.4$，$n=5$，$\cos\varphi=0.5$，$\tan\varphi=1.73$。设备总容量为 $P_t=120.5\text{kW}$（见项目一）。而 x 台最大容量的设备容量为

$$P_x=P_5=7.5\times 3+4\times 2=30.5\ (\text{kW})$$

因此，按式（2-17）可求得其有功计算负荷为

$$P_{30}=0.14\times 120.5+0.4\times 30.5=29.1\ (\text{kW})$$

无功计算负荷为

$$Q_{30}=29.1\times 1.73=50.3\ (\text{kvar})$$

视在计算负荷为

$$S_{30}=\frac{29.1}{0.5}=58.2\ (\text{kVA})$$

计算电流为

$$I_{30}=\frac{58.2}{\sqrt{3}\times 0.38}=88.4\ (\text{A})$$

比较项目一和项目三的计算结果可以看出，按二项式法计算的结果比按需要系数法计算的结果稍大，特别是在设备台数较少的情况下。供电设计的经验说明，选择低压分支干线或支线时，按需要系数法计算的结果往往偏小，以采用二项式法计算为宜。

项目四 用二项式法求解项目二。

解 (1) 金属切削机床组。查附录A取 $b=0.14$，$c=0.4$，$x=5$，$\cos\varphi=0.5$，$\tan\varphi=1.73$

所以

$$bP_t(n)=0.14\times 50=7\ (\text{kW})$$

$$cP_x(n)=0.4\times(7.5\times 2+4\times 3)=10.8\ (\text{kW})$$

(2) 通风机组。查附录A取 $b=0.65$，$c=0.25$，$\cos\varphi=0.8$，$\tan\varphi=0.75$

所以

$$bP_t(n)=0.65\times 5=3.25\ (\text{kW})$$

$$cP_x(n)=0.25\times 5=1.25\ (\text{kW})$$

(3) 电葫芦。查附录A取 $b=0.06$，$c=0.2$，$\cos\varphi=0.5$，$\tan\varphi=1.73$

所以

$$bP_t(n)=0.06\times 3.79=0.23\ (\text{kW})$$

$$cP_x(n)=0.2\times 3.79=0.76\ (\text{kW})$$

总的有功计算负荷为

$$P_{30}=\sum(bP_t)+(cP_x)_{\max}=(7+3.25+0.23)+10.8=21.28\ (\text{kW})$$

总的无功计算负荷为

$$\begin{aligned}Q_{30}&=\sum(bP_t\tan\varphi)+(cP_x)_{\max}\tan\varphi_{\max}\\&=(7\times 1.73+3.25\times 0.75+0.23\times 1.73)+10.8\times 1.73\\&=33.63\ (\text{kvar})\end{aligned}$$

总的视在计算负荷为

$$S_{30}=\sqrt{21.28^2+33.63^2}=39.8\ (\text{kVA})$$

计算电流为

$$I_{30}=\frac{39.8}{\sqrt{3}\times 0.38}=60.5\ (\text{A})$$

将求解的计算结果用表格表示，见表 2-2。

表 2-2　**二项式系数法求解电力负荷计算表**

用电设备组名称	设备台数	设备容量（kW）		二项式系数	bP_t /kW	cp_x /kW	$\cos\varphi$	$\tan\varphi$	计算负荷			
	n 或 n/x	P_t	P_x	b/c					P_{30} /kW	Q_{30} /kvar	S_{30} /kVA	I_{30} /A
机床	20/5	50	7.5×2+4×3=27	0.14/0.4	7	10.8	0.5	1.73				
通风机	3	5		0.65/0.25	3.25	1.25	0.8	0.75				
电葫芦	1	3（ε=40%） 3.79（ε=25%）		0.06/0.2（ε=25%）	0.23	0.76	0.5	1.73				
总计									(7+3.25+0.23)+10.8=21.28	(7×1.73+3.25×0.75+0.23×1.73)+10.8×1.73=33.63	39.8	60.5

项目五　试求图 2-14 中 d 点的三相短路电流。

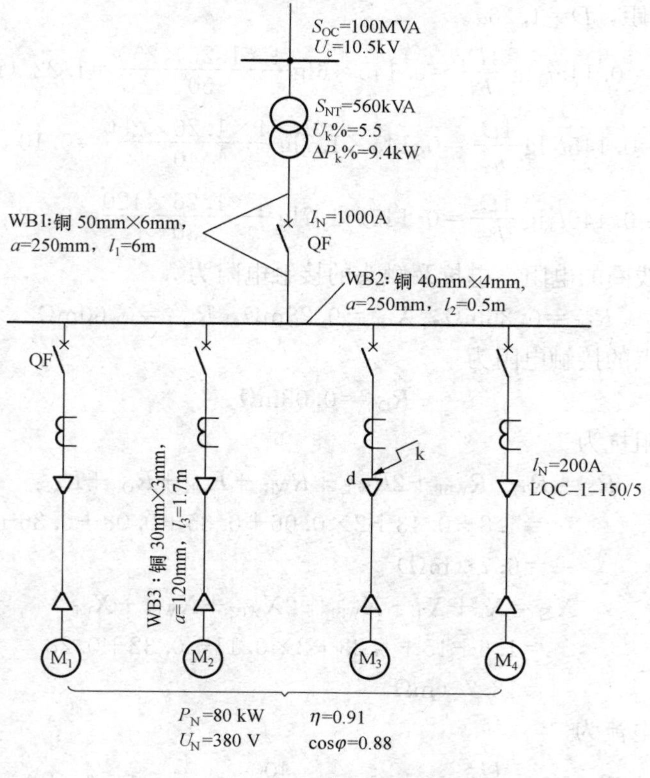

图 2-14　计算电路图

解 （1）系统电抗为

$$X_s=\frac{U_c^2}{S_{oc}}=\frac{400^2}{100\times 10^3}=1.6\ (\text{m}\Omega)$$

（2）变压器阻抗为

$$R_T=\Delta P_k\left(\frac{U_c}{S_N}\right)^2=9.4\times\left(\frac{0.4}{560}\right)^2=4.8\ (\text{m}\Omega)$$

$$X_T=\frac{U_k\%}{100}\cdot\frac{U_c^2}{S_N}=\frac{5.5}{100}\cdot\frac{0.4^2}{560}=15.7(\text{m}\Omega)$$

（3）母线阻抗为

$$R_{WB1}=\frac{l}{rA_1}\cdot 10^3=\frac{6}{53\times 50\times 6}\times 10^3=0.43\ (\text{m}\Omega)$$

$$R_{WB2}=\frac{l}{rA_2}\cdot 10^3=\frac{0.5}{53\times 40\times 4}\times 10^3=0.06\ (\text{m}\Omega)$$

$$R_{WB3}=\frac{l}{rA_3}\cdot 10^3=\frac{1.7}{53\times 30\times 3}\times 10^3=0.35\ (\text{m}\Omega)$$

根据母线电抗计算公式

$$X_{WB}=0.14l\lg\frac{4D}{h}=0.145l\lg\frac{4\times 1.26a}{h}$$

式中 a——相间距离；

h——矩形母线的高度；

D——几何均距，$D=1.26a$。

$$X_{WB1}=0.145l_1\lg\frac{4D_1}{h_1}=0.145\times 6\lg\frac{4\times 1.26\times 250}{50}=1.22\ (\text{m}\Omega)$$

$$X_{WB2}=0.145l_2\lg\frac{4D_2}{h_2}=0.145\times 1.7\lg\frac{4\times 1.26\times 250}{40}=0.10\ (\text{m}\Omega)$$

$$X_{WB3}=0.145l_3\lg\frac{4D_3}{h_3}=0.145\times 1.7\lg\frac{4\times 1.26\times 120}{30}=0.32\ (\text{m}\Omega)$$

（4）自动开关线圈的电阻、电抗及触头的接触电阻为

$$R_{QF}=0.36\text{m}\Omega,\ X_{QF}=0.28\text{m}\Omega,\ R_{QF1}=0.60\text{m}\Omega$$

（5）刀开关触点的接触电阻为

$$R_{QK}=0.08\text{m}\Omega$$

短路电流的总阻抗为

$$\begin{aligned}R_\Sigma&=R_T+R_{WB1}+2R_{WB2}+R_{WB3}+R_{QK}+R_{QF}+R_{QF1}\\&=4.8+0.43+2\times 0.06+0.35+0.08+0.36+0.6\\&=6.7\ (\text{m}\Omega)\end{aligned}$$

$$\begin{aligned}X_\Sigma&=X_s+X_T+X_{WB1}+2X_{WB2}+X_{WB3}+X_{QF}\\&=1.6+15+1.23+2\times 0.11+0.32+0.28\\&=18.7\ (\text{m}\Omega)\end{aligned}$$

（6）三相短路电流为

$$I_k^{(3)}=\frac{U_c}{\sqrt{3}\sqrt{R_\Sigma^2+X_\Sigma^2}}=\frac{400}{\sqrt{3}\sqrt{6.7^2+18.7^2}}=11.6\ (\text{kA})$$

项目六　某工厂供电系统短路计算电路如图 2-15 所示。已知电力系统出口断路器为 SN10－10Ⅱ型。试求工厂变电站高压 10kV 母线上 k-1 点短路和低压 380V 母线上 k-2 点短路的三相短路电流和短路容量。

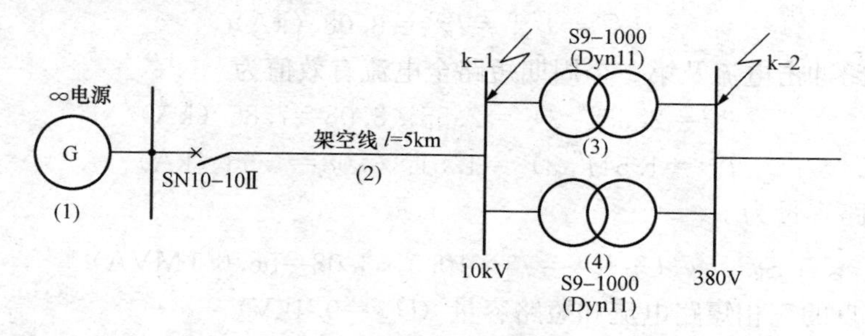

图 2-15　短路计算电路

解　1. 求 k-1 点的三相短路电流和短路容量（$U_{c1}=10.5\text{kV}$）

（1）计算短路电路中各元件的电抗及总电抗。

1）电力系统的电抗：由附录 C 查得 SN10-10Ⅱ型断路器的断流容量 $S_{oc}=500\text{MVA}$，因此

$$X_s=\frac{U_{c1}^2}{S_{oc}}=\frac{(10.5)^2}{500}=0.22\ (\Omega)$$

2）架空线路的电抗：由表 2-1 得

$$X_0=0.35\Omega/\text{km}$$

因此

$$X_2=X_0 l=0.35\times 5=1.75\ (\Omega)$$

3）绘 k-1 点短路的等效电路，如图 2-16（a）所示，在图上标出各元件的序号（分子）和电抗值（分母），并计算其总电抗为

$$X_{\Sigma(k-1)}=X_1+X_2=0.22+1.75=1.97\ (\Omega)$$

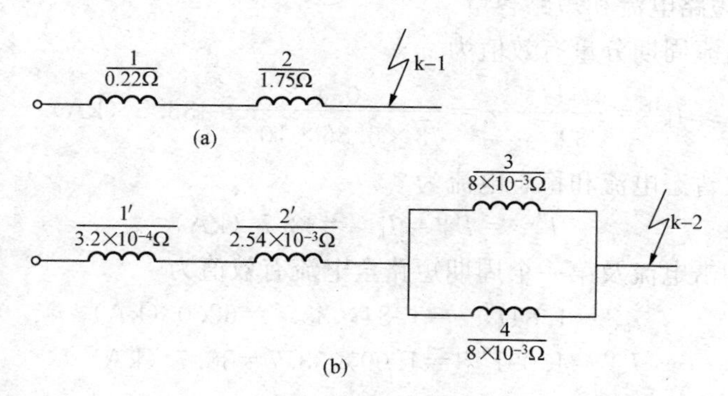

图 2-16　短路等效电路图（欧姆法）

（a）k-1 点短路等效电路图；（b）k-2 点短路等效电路图

（2）计算三相短路电流和短路容量。

1）三相短路电流周期分量有效值为

$$I_{k-1}^{(3)}=\frac{U_{c1}}{\sqrt{3}X_{\Sigma(k-1)}}=\frac{10.5}{\sqrt{3}\times 1.97}=3.08\ (kA)$$

2）三相短路次暂态电流和稳态电流为

$$I''^{(3)}=I''^{(3)}_{\infty}=I_{k-1}^{(3)}=3.08\ (kA)$$

3）三相短路冲击电流及第一个周期短路全电流有效值为

$$i_{sh}^{(3)}=2.55I''^{(3)}=2.55\times 3.08=7.85\ (kA)$$

$$I_{sh}^{(3)}=1.51I''^{(3)}=1.51\times 3.08=4.65\ (kA)$$

4）三相短路容量为

$$S_{k-1}^{(3)}=\sqrt{3}U_{c1}I_{k-1}^{(3)}=\sqrt{3}\times 10.5\times 3.08=56.0\ (MVA)$$

2. 求 k-2 点的三相短路电流和短路容量（$U_{c2}=0.4kV$）

（1）计算短路电路中各元件的电抗及总电抗。

1）电力系统的电抗为

$$X'_1=\frac{U_{c2}^2}{S_{oc}}=\frac{(0.4)^2}{500}=3.2\times 10^{-4}\ (\Omega)$$

2）架空线路的电抗为

$$X'_2=X_0 l\left(\frac{U_{c2}}{U_{c1}}\right)^2=0.35\times 5\times\left(\frac{0.4}{10.5}\right)=2.54\times 10^{-3}\ (\Omega)$$

3）电力变压器的电抗：由附录 B 得 $U_k\%=5$，因此

$$X_3=X_4\approx\frac{U_k\%}{100}\cdot\frac{U_{c2}^2}{S_N}=\frac{5}{100}\times\frac{(0.4)^2}{1000}=8\times 10^{-3}\ (\Omega)$$

4）绘 k-2 点短路的等效电路如图 2-15（b）所示，并计算其总电抗。

$$X_{\sum(k-2)}=X_1+X_2+X_3//X_4=X_1+X_2+\frac{X_3X_4}{X_3+X_4}$$

$$=3.2\times 10^{-4}+2.54\times 10^{-3}+\frac{8\times 10^{-3}}{2}=6.86\times 10^{-3}(\Omega)$$

（2）计算三相短路电流和短路容量。

1）三相短路电流周期分量有效值为

$$I_{k-2}^{(3)}=\frac{U_{c2}}{\sqrt{3}X_{\Sigma(k-2)}}=\frac{0.4}{\sqrt{3}\times 6.86\times 10^{-3}}=33.7\ (kA)$$

2）三相短路次暂态电流和稳态电流为

$$I''^{(3)}=I_{\infty}^{(3)}=I_{k-2}^{(3)}=33.7\ (kA)$$

3）三相短路冲击电流及第一个周期短路全电流有效值为

$$i_{sh}^{(3)}=1.84I''^{(3)}=1.84\times 33.7=62.0\ (kA)$$

$$I_{sh}^{(3)}=1.09I''^{(3)}=1.09\times 33.7=36.7\ (kA)$$

4）三相短路容量为

$$S_{k-2}^{(3)}=\sqrt{3}U_{c2}I_{k-2}^{(3)}=\sqrt{3}\times 0.4\times 33.7=23.3\ (MVA)$$

在工程设计说明书中，往往只列短路计算表，如表 2-3 所示。

表 2-3　　短路计算表

短路计算点	三相短路电流/kA					三相短路容量/MVA
	$I_k^{(3)}$	$I''^{(3)}$	$I_\infty^{(3)}$	$i_{sh}^{(3)}$	$I_{sh}^{(3)}$	$S_k^{(3)}$
k-1	3.08	3.08	3.08	7.85	4.65	56.0
k-2	33.7	33.7	33.7	62.0	36.7	23.3

项目七　用标幺值法计算项目四所示供电系统中 k-1 点和 k-2 点的三相短路电流和短路容量。

解　(1) 确定基准值。取 $S_b=100$MVA，$U_{c1}=10.5$kV，$U_{c2}=0.4$kV

$$I_{b1}=\frac{S_b}{\sqrt{3}U_{c1}}=\frac{100}{\sqrt{3}\times10.5}=5.50\ (\text{kA})$$

$$I_{b2}=\frac{S_b}{\sqrt{3}U_{c2}}=\frac{100}{\sqrt{3}\times0.4}=144\ (\text{kA})$$

(2) 计算短路电路中各主要元件的电抗标幺值。

1) 电力系统的电抗标幺值。

由附录 C 查得 $S_{oc}=500$MVA，因此

$$X_1^*=\frac{100}{500}=0.2$$

2) 架空线路的电抗标幺值。

由表 2-1 查得 $X_0=0.35\Omega/\text{km}$，因此

$$X_2^*=0.35\times5\times\frac{100}{(10.5)^2}=1.59$$

3) 电力变压器的电抗标幺值。

由附录 B 查得 $U_k\%=5$，因此

$$X_3^*=X_4^*=\frac{5\times100}{100\times1000}=5.0$$

绘短路等效电路图，如图 2-17 所示，图上标出各元件的序号和电抗标幺值，并标明短路计算点。

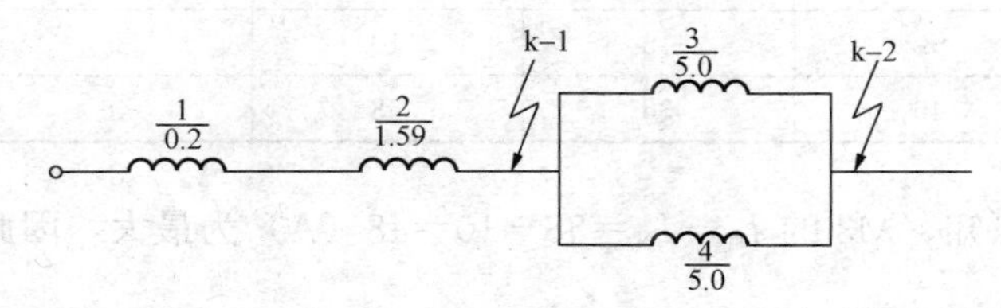

图 2-17　短路等效电路图

(3) 计算 k-1 点的短路电路总电抗标幺值及三相短路电流和短路容量。

1) 总电抗标幺值为

$$X_{\Sigma(k-1)}^*=X_1^*+X_2^*=0.2+1.59=1.79$$

2) 三相短路电流周期分量有效值为

$$I_{k-1}^{(3)}=\frac{I_{b1}}{X_{\Sigma(k-1)}^{*}}=\frac{5.50}{1.79}=3.07\ (kA)$$

3）其他三相短路电流为

$$I''^{(3)}=I_{\infty}^{(3)}=I_{k-1}^{(3)}=3.07\ (kA)$$
$$i_{sh}^{(3)}=2.55\times3.07=7.83\ (kA)$$
$$I_{sh}^{(3)}=1.51\times3.07=4.64\ (kA)$$

4）三相短路容量为

$$S_{k-1}^{(3)}=\frac{S_b}{X_{\Sigma(k-1)}^{*}}=\frac{100}{1.79}=55.9\ (MVA)$$

（4）计算 k-2 点的短路电路总电抗标幺值及三相短路电流和短路容量。

1）总电抗标幺值为

$$X_{\Sigma(k-2)}^{*}=X_1^{*}+X_2^{*}+X_3^{*}//X_4^{*}=0.2+1.59+\frac{5.0}{2}=4.29$$

2）三相短路电流周期分量有效值为

$$I_{k-2}^{(3)}=\frac{I_{b2}}{X_{\Sigma(k-2)}^{*}}=\frac{144}{4.29}=33.6\ (kA)$$

3）其他三相短路电流为

$$I''^{(3)}=I_{\infty}^{(3)}=I_{k-2}^{(3)}=33.6\ (kA)$$
$$i_{sh}^{(3)}=1.84\times33.6=61.8\ (kA)$$
$$I_{sh}^{(3)}=1.09\times33.6=36.6\ (kA)$$

4）三相短路容量为

$$S_{k-2}^{(3)}=\frac{S_b}{X_{\Sigma(k-2)}^{*}}=\frac{100}{4.29}=23.3\ (MVA)$$

项目八 某分支线路的供电情况见表 2-4。该线路的额定电流为 50A，试计算该线路的尖峰电流。

表 2-4 **分支线路的供电情况**

参数	电动机				
	M1	M2	M3	M4	M5
额定电流 I_N（A）	8	15	10	25	18
启动电流 I_{st}（A）	40	36	58	46	65

解 由表 2-4 可知，M3 的 $I_{st}-I_N=58-10=48$（A）为最大，因此可得线路的尖峰电流为

$$I_m=50+(58-10)=98\ (A)$$

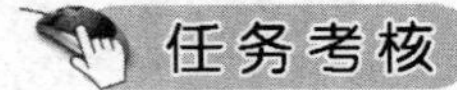

（一）判断题

1. 负荷曲线是表征电力负荷随时间变动情况的一种图形。（ ）
2. 年最大负荷 P_{max}，也称为 30h 最大负荷 P_{30}。（ ）
3. 通常取 30h 的平均最大负荷作为计算负荷。（ ）

4. 接于相电压的单相设备容量的换算按最大负荷相所接的单相设备容量 $P_{e,mph}$ 乘以 3 来计算其等效三相设备容量。(　　)

5. 在确定多组用电设备的计算负荷时，应结合具体情况对其有功负荷和无功负荷分别计入一个同时系数。(　)

6. 短路就是指不同电位的导电部分之间或导电部分与地之间的高阻性短接。(　　)

7. 短路主要是由于电气设备载流部分的绝缘损坏。(　　)

8. 按短路电路的对称性来分，三相短路属于不对称性短路，其他形式的短路均为对称短路。(　　)

9. 电力系统中，发生三相短路的可能性最大，而发生单相短路的可能性最小。(　　)

10. 短路次暂态电流有效值，即短路后第二个周期的短路电流周期分量的有效值。(　　)

11. 短路冲击电流为短路全电流中的平均值。(　　)

12. 短路稳态电流是短路电流非周期分量衰减完毕以后的短路全电流。(　　)

(二) 选择题

1. 根据电力负荷对供电可靠性的要求及中断供电造成的损失或影响的程度分为(　　)级。

(A) 1　　(B) 2　　(C) 3　　(D) 4

2. 用电设备按其工作制可分为(　　)大类。

(A) 1　　(B) 2　　(C) 3　　(D) 4

3. 计算负荷是按(　　)条件选择电气设备的一个假定负荷。计算负荷产生的热效应和实际变动负荷产生的最大热效应相等。

(A) 环境　　(B) 发热　　(C) 能耗　　(D) 实际负荷

4. 只有 1～2 台设备时，需要系数可认为是 $K_d=$ (　　)。

(A) 0.1　　(B) 0.5　　(C) 1　　(D) 2

5. 断续周期工作制的用电设备组设备容量是将所有设备在不同负荷持续率下的铭牌额定容量换算到一个规定的负荷持续率下的容量之和。电焊机组要求容量统一换算到 $\varepsilon=$ (　　)。

(A) 10%　　(B) 25%　　(C) 50%　　(D) 100%

6. 断续周期工作制的用电设备组设备容量是将所有设备在不同负荷持续率下的铭牌额定容量换算到一个规定的负荷持续率下的容量之和。吊车电动机组要求容量统一换算到 $\varepsilon=$ (　　)。

(A) 10%　　(B) 25%　　(C) 50%　　(D) 100%

7. 在三相系统中，两相接地短路，实质上是(　　)短路。

(A) 单相　　(B) 两相　　(C) 三相　　(D) 都不是

8. 如果电力系统的电源总阻抗不超过短路电路总阻抗的 5%～10%，或者电力系统容量超过用户供电系统容量的(　　)倍时，可将电力系统视为无限大容量系统。

(A) 10　　(B) 20　　(C) 40　　(D) 50

9. 尖峰电流是指持续时间(　　)s 的短时最大负荷电流。

(A) 1～2　　(B) 5～8　　(C) 10～12　　(D) 15～18

（三）技能考核

1. 考核内容

有一地区变电站通过一条长 4km 的 10kV 电缆线路供电给某厂装有两台并列运行的 S9-800型（Yyn0 连接）电力变压器的变电站。地区变电站出口断路器的断流容量为 300MVA。试用欧姆法求该厂变电站 10kV 高压母线上和 380V 低压母线上的短路电流 $I_k^{(3)}$、$I''^{(3)}$、$I_\infty^{(3)}$、$i_{sh}^{(3)}$、$I_{sh}^{(3)}$ 和短路容量 $S_k^{(3)}$，并列出短路计算表。

2. 考核要求

（1）要绘出计算电路图。

（2）绘出等效电路图。

（3）计算出电路中各主要元件的阻抗。

（4）计算出短路电流和短路容量。

（5）列出计算表。

3. 考核要求、配分及评分标准

考核要求、配分及评分标准见表 2-5。

表 2-5　　考核要求、配分及评分标准

考核项目	考核要求	配分	评分标准	考评结果	扣分	得分
绘计算电路图	按要求正确绘出电路图	5	电路图错误一处扣 1 分			
绘等效电路图	正确绘出等效电路图	5	等效电路图错误一处扣 1 分			
计算电路中各主要元件的阻抗	正确计算各阻抗	10	各阻抗每错一个扣 2 分			
计算出短路电流和短路容量	正确计算出各短路电流	5	各短路电流每错一个扣 1 分			
列出计算表	计算表各项清楚	5	表格中少一项扣 1 分			
备注	超时操作扣分		超 5min 扣 1 分，不许超过 10min			
合计		30				

任务三　选择供配电系统中的导线和电气设备

【知识目标】

（1）了解导线选择的有关概念。

（2）熟练各电气设备的型号含义。

（3）掌握各电气设备的原理及用途。

能力目标

（1）熟练选择导线的方法。

（2）掌握选择电气设备的方法。

（3）掌握各电气设备的应用。

（4）熟练校验电气设备的方法。

任务导入

图 3-1 所示为一变电站的主接线图，从图中可以看到，组成这个系统的有变压器、断路器、负荷开关、熔断器以及把这些元件连在一起的导线。元件和导线的型号、规格多种多样，那么，在这个系统中所用的元件和导线是什么样的型号和规格，也就是说怎样来选择主接线中的元件和导线？同时，在电路里的一些图形符号、文字符号的含义是什么？

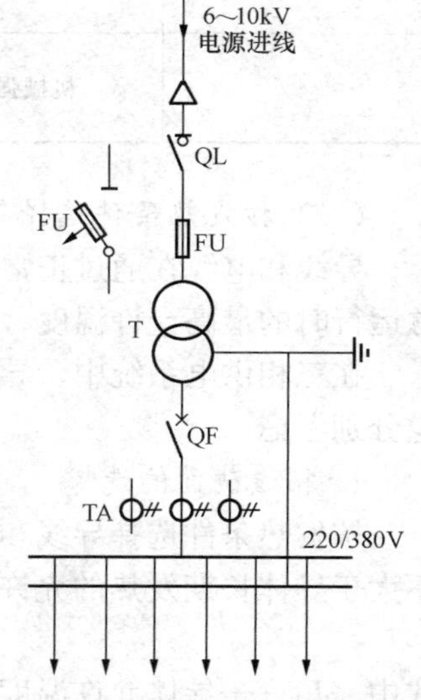

图 3-1　变电站主接线图

任务分析

要选择导线和元件，首先要知道有哪些导线和元件可供选择，其次才是如何选择。这就要求选择者知道导线和元件都有哪些型号和规格，它们在系统中都起到什么样的作用。什么样的导线和元件才是合适的，怎么才算是合适的等。要完成这样一个任务，需具备以下知识和技能。

相关知识

一、导线和电缆截面的选择计算

为保证供电系统安全、可靠、优质、经济地运行，选择导线和电缆截面时必须满足表 3-1中的条件。

原则上讲，在表 3-1 四个条件均满足的情况下，以其中最大的截面作为应该选择的截面。根据经验，10kV 及以下高压线路和低压动力线路，因其负荷电流较大，一般先按发热条件选择导线和电缆截面，然后校验电压损失和机械强度。低压照明线路对电压的要求较高，一般先按允许电压损耗选择导线和电缆截面，然后按发热条件和机械强度进行校验。35kV及以上的高压线路及10kV以下的长距离、大电流线路，其导线（含电缆）截面先按经济电流密度选择，再校验发热条件、电压损失和机械强度。按上述经验来选择计算，通常容易满足要求，较少返工。

对于电缆，由于具有高强度内外护套，可不必校验其机械强度，但需校验其短路热稳定度。母线则应校验其短路时的动稳定度和热稳定度。

表3-1　导线和电缆截面选择需满足的条件

序号	条件	原因
1	发热条件	电流通过绝缘导线和电缆时，会使其发热导致温度升高，当发热温度过高时，会使绝缘加速老化甚至烧毁，而裸导线的温度过高时，会使接头处的氧化加剧，增大接触电阻使其进一步氧化，如此恶性循环继而引发断线。因此，导线和电缆的发热温度不能超过允许值
2	电压损失	由于线路存在着阻抗，所以通过负荷电流时，要产生电压损失。一般线路的允许电压损失不得超过5%U_N（线路额定电压）。如果线路电压的损失值超过了允许值，则应适当加大导线截面，使之满足允许电压损失的要求，以保证供电质量
3	经济电流密度	从经济的角度来说，为了降低线路运行的电能损耗，导线截面越大越有利，但从节约投资、降低线路的造价及折旧维修费的角度讲，导线的截面越小越有利。因此，综合考虑各方面的因素制订出符合国家利益的对应于一定负荷电流的导线截面，称为经济截面。对应于经济截面的电流密度称为经济电流密度。按经济电流密度选择导体截面可使年综合运行费用支出最小，同时节约电能和有色金属
4	机械强度	对于架空线路为了经受风、雪、覆冰和温度变化的影响，同时为了防止断线，必须有足够的机械强度，以保证其安全运行

（一）按发热条件选择导线和电缆截面

导线和电缆在通过正常最大负荷电流（即计算电流）时产生的发热温度，不应超过其正常运行时的最高允许温度。

在三相供电系统中，导线和电缆的相线、中性线及保护线对截面的要求不同，在选择时应分别考虑。

1. 相线截面的选择

按发热条件选择导线和电缆相线截面时，应考虑导线和电缆所在电路中计算电流I_{30}应不大于导体长期发热的允许电流I_{al}，即

$$I_{30}\leqslant I_{al} \tag{3-1}$$

式中　I_{al}——导体允许温度和额定环境条件下的长期允许电流。

如果导体敷设地点的温度与表中所给的温度不同时，导体的长期允许电流应乘以温度综合校正系数K。

当周围介质实际温度θ不等于所采用的环境温度θ_0时，综合校正系数K可按下式进行换算。

$$K=\sqrt{\frac{\theta_{al}-\theta}{\theta_{al}-\theta_0}} \tag{3-2}$$

式中　θ_{al}——导体或电气设备正常发热允许的最高温度。

这里所说的环境温度，是按发热条件选择导线或电缆所采用的特定温度。在室外，环境温度一般取当地最热月平均最高气温。在室内，取当地最热月平均最高气温加5℃。对土中直埋电缆，则可取当地最热月地下0.8～1m的土壤平均温度，也可近似取当地最热月平均气温。

2. 中性线和保护线截面的选择

（1）中性线（N线）截面的选择。三相四线制系统中的中性线，要通过系统的不平衡电流和零序电流，因此中性线的允许载流量不应小于三相系统的最大不平衡电流，同时应考虑谐波电流的影响。

1）一般三相四线制线路的中性线截面积 A_N 应不小于相线截面积 A_{ph} 的50%，即

$$A_N \geqslant 0.5A_{ph} \tag{3-3}$$

2）两相三线制线路及单相线路的中性线截面积 A_N，由于其中性线电流与相线电流相等，因此其中性线截面积 A_N 应与相线截面积 A_{ph} 相同，即

$$A_N = A_{ph} \tag{3-4}$$

3）三次谐波电流突出的三相四线制线路的中性线截面积 A_N 由于各相的三次谐波电流都要通过中性线，使得中性线电流可能等于甚至超过相线电流，因此中性线截面积 A_N 宜等于或大于相线截面积 A_{ph} 即

$$A_N \geqslant A_{ph} \tag{3-5}$$

（2）保护线截面的选择。正常情况下，保护线不通过负荷电流，但当三相系统发生单相接地时，短路故障电流要通过保护线，这时保护线截面的选择要考虑单相短路电流通过时的短路热稳定度。保护线的截面积 A_{PE} 可按表3-2的条件选择。

表3-2　保护线截面积与相线截面积的关系

序号	相线截面积 A_{ph}/mm²	保护线截面积 A_{PE}/mm²
1	$A_{ph} \leqslant 16$	$A_{PE} \geqslant A_{ph}$
2	$16 < A_{ph} \leqslant 35$	$A_{PE} \geqslant 16$
3	$A_{ph} > 35$	$A_{PE} \geqslant 0.5A_{ph}$

3. 保护中性线（PEN线）截面的选择

保护中性线兼有保护线和中性线的双重功能，因此其截面选择应同时满足上述PE线和N线的要求，取其中的最大截面。

（二）按经济电流密度选择导线和电缆的截面

对于全年负荷利用小时数较大，母线较长（长度超过20m），传输容量较大的回路，均应按经济电流密度选择导线截面。对应不同种类的导体和不同的最大负荷年利用小时数 T_{max}，都有一个年计算费用最低的电流密度，也称为经济电流密度（J_{ec}）。导体和电缆的经济电流密度见表3-3。按经济电流密度选择导线截面的计算公式为

$$A_{ec} = \frac{I_{30}}{J_{ec}} \tag{3-6}$$

式中　A_{ec}——经济截面积 mm²；

J_{ec}——经济电流密度，A/mm²。

选择标准截面应尽量接近式（3-6）计算的截面积（标准截面数据可查电力工程电气设

计手册），若计算值处于两标准截面之间，一般应取较大的截面。当无合适规格的导体时，为节约投资，允许选择小于经济截面的导体。按经济电流密度选择的导体截面还必须满足式$I_{30} \leqslant I_{al}$的要求。导线截面选出后，还要按发热条件和机械强度进行校验。按经济电流密度选择导体截面的方法一般只适用于高压线路。

表 3-3　导体和电缆的经济电流密度　A/mm^2

线路类型	导线材质	年最大有功负荷利用小时		
		3000h 以下	3000～5000h	5000h 以上
架空线路	铜	3.00	2.25	1.75
	铝	1.65	1.15	0.90
电缆线路	铜	2.50	2.25	2.00
	铝	1.92	1.73	1.54

（三）按线路电压损耗选择导线和电缆截面

由于线路存在着阻抗，所以通过负荷电流时要产生电压损耗。一般线路的允许电压损耗不超过额定电压的5%。如果线路的电压损耗值超过了允许值，则应适当加大导线截面，使之满足允许电压损耗的要求。

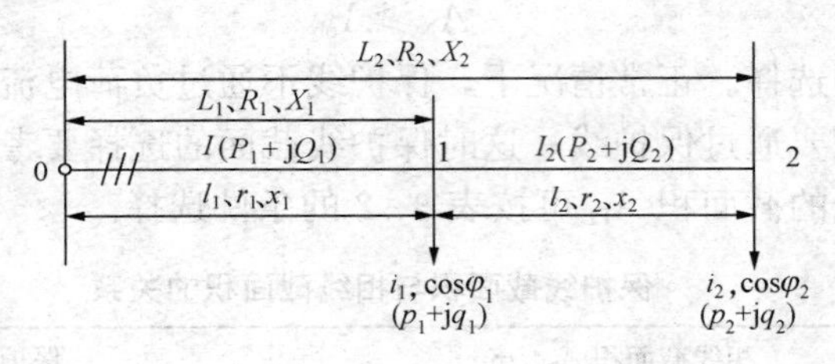

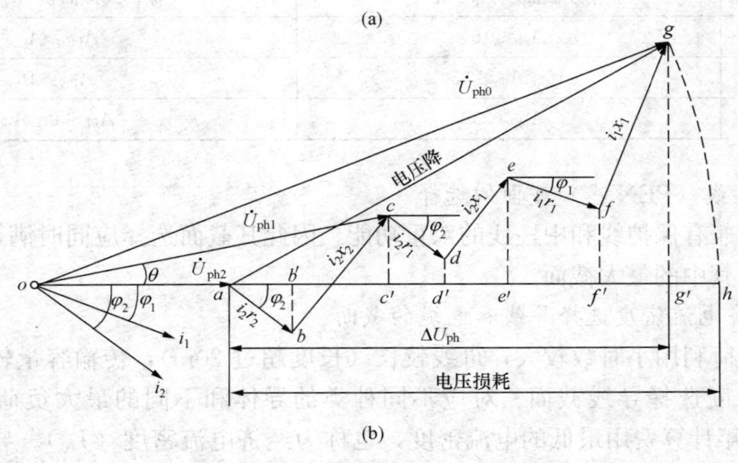

图 3-2　带有两个集中负荷的三相线路

（a）单线电路图；（b）线路电压降相量图

1. 集中负荷的三相线路电压损耗的计算

以图 3-2（a）所示带两个集中负荷的三相线路为例，线路图中的负荷电流都用 i 表示，各线段电流都用 I 表示。各线段的长度、每相电阻和电抗分别用 r 和 x 表示，线路首端至各负荷点的长度、每相电阻和电抗则分别用 L、R 和 X 表示。

如果用负荷功率 p、q 来计算，电压损耗计算公式为

$$\Delta U_{\mathrm{ph}}=\frac{\sum(pR+qX)}{U_{\mathrm{N}}}$$

对于"无感"线路，即线路感抗可略去不计或负荷 $\cos\varphi\approx1$ 的线路，其电压损耗为

$$\Delta U_{\mathrm{ph}}=\sqrt{3}\sum(iR)=\frac{\sum(pR)}{U_{\mathrm{N}}} \tag{3-7}$$

对于"均一无感"线路，即全线的导线型号规格一致且可不计感抗或负荷 $\cos\varphi\approx1$ 的线路，则电压损耗为

$$\Delta U_{\mathrm{ph}}=\frac{\sum(pL)}{\gamma AU_{\mathrm{N}}}=\frac{\sum M}{\gamma AU_{\mathrm{N}}} \tag{3-8}$$

式中　γ——导线的电导率；

A——导线的截面积；

$\sum M$——线路的所有功率矩之和；

U_{N}——线路的额定电压。

线路电压损耗的百分值为

$$\Delta U\%=\frac{\Delta U_{\mathrm{ph}}}{U_{\mathrm{N}}}\times100$$

均一无感的三相线路电压损耗百分值为

$$\Delta U\%=\frac{100\sum M}{\gamma AU_{\mathrm{N}}^2}=\frac{\sum M}{CA} \tag{3-9}$$

式中　C——计算系数，见表 3-4。

表 3-4　计算系数 C 值

线路额定电压/V	线路类别	C 的计算式	计算系数 C/（kW·m·mm^{-2}）	
			铜线	铝线
220/380	三相四线	$\gamma U_{\mathrm{N}}^2/100$	76.5	46.2
	两相三线	$\gamma U_{\mathrm{N}}^2/225$	34.0	20.5
220	单相及直流	$\gamma U_{\mathrm{N}}^2/200$	12.8	7.74
110			3.21	1.94

注　表中 C 值是导线工作温度为 50℃、功率矩 M 的单位为 kWm、导线截面积 A 的单位为 mm^2 时的数值。

对于均一无感的单相交流线路和直流线路，由于其负荷电流（或功率）要通过来回两根导线，所以总的电压损耗应为一根导线上电压损耗的 2 倍，而三相线路的电压损耗实际上是一相（即一根相线）导线上的电压损耗，所以这种单相和直流线路的电压损耗百分值为

$$\Delta U\%=\frac{200\sum M}{\gamma AU_{\mathrm{N}}^2}=\frac{\sum M}{CA} \tag{3-10}$$

对于均一无感的两相三线制线路［如图 3-3（a）所示］，由其相量图［如图 3-3（b）所示］可知：

两相三线制线路的电压损耗百分值为

$$\Delta U\%=\frac{225\sum M}{\gamma AU_{\mathrm{N}}^2}=\frac{\sum M}{CA} \tag{3-11}$$

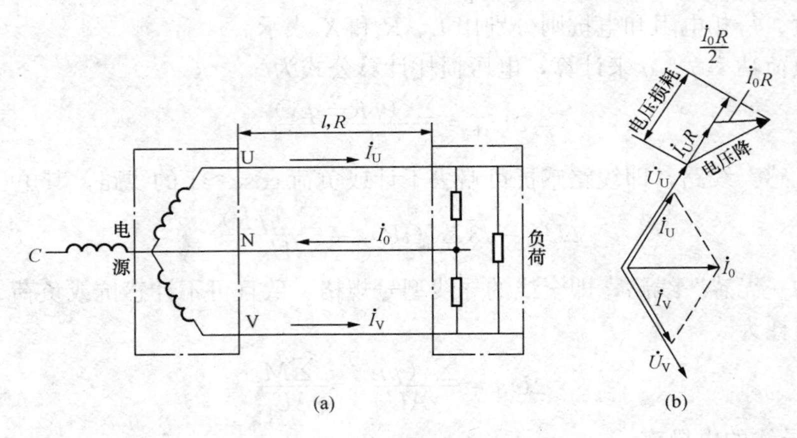

图 3-3 两相三线制线路

(a) 电路图；(b) 线路电压降相量图

2. 均匀分布负荷的三相线路电压损耗的计算

设线路有一段均匀分布负荷，如图 3-4 所示。其电压损耗为

$$\Delta U=\sqrt{3}IR_0\left(L_1+\frac{L_2}{2}\right) \tag{3-12}$$

上式说明，带有均匀分布负荷的线路，在计算其电压损耗时，可将其分布负荷集中于分布线段的中点，按集中负荷来计算。

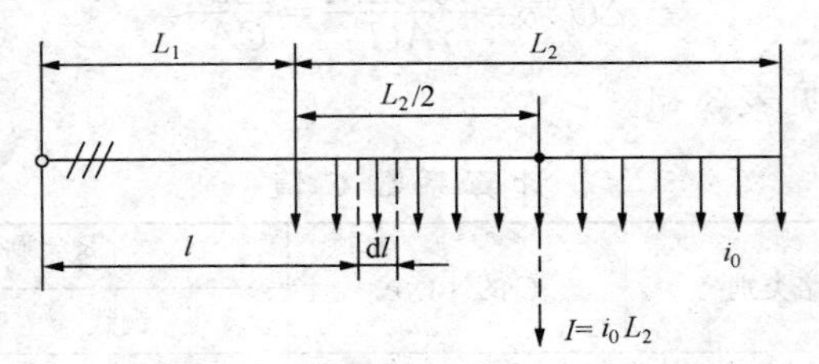

图 3-4 有一段均匀分布负荷的线路

3. 导线截面的选择

由上可得均一无感线路按允许电压损耗选择导线截面的公式为

$$A=\frac{\sum M}{C\Delta U_{al}\%} \tag{3-13}$$

(四) 按机械强度选择导线

机械强度主要用来校验导线截面，应保证所选导线截面不小于该导线在相应敷设方式时的最小截面，也就是所选导线要符合附录 J 的要求。

附录 H 列出了绝缘导线的允许载流量，附录 I 列出了电力电缆的允许载流量，以便需要时查用。

二、高压开关设备的选择

(一) 高压断路器

高压断路器在电路正常工作时用来接通和开断负载电流（起控制作用），在发生短路时通过继电保护装置的作用将故障线路的短路电流开断（起保护作用）。根据所采用的灭弧介质及其作用原理，断路器可分为高压油断路器、真空断路器、SF_6 断路器等。

1. 型号的含义

高压断路器型号的含义如图 3-5 所示。

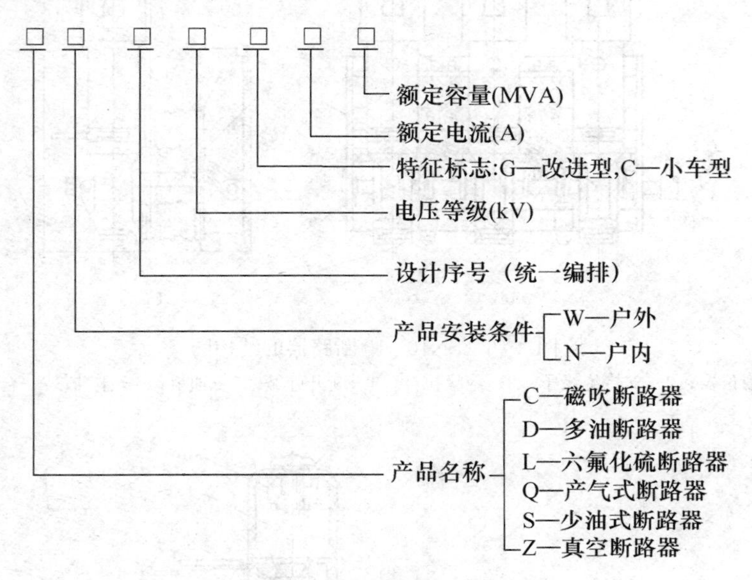

图 3-5　高压断路器型号的含义

例如：SW3-110G/1200-3000 表示户外少油式断路器，其设计序号为 3，电压等级为 110kV，其额定电流为 1200A，额定断流容量为 3000MVA。

2. 结构和动作原理

（1）高压油断路器的结构和动作灭弧原理。采用绝缘油作为灭弧介质的断路器叫做油断路器。高压油断路器根据内部油的多少和作用的不同，分为少油断路器和多油断路器。少油断路器中的油量少（几千克），主要起灭弧作用；而多油断路器中油量多（十几至几十千克），起相间绝缘和灭弧的双重作用。下面以 SN10-10 系列断路器为例来介绍高压油断路器的结构和动作灭弧原理。

1）SN10-10 系列断路器的结构。SN10-10 系列断路器的结构图如图 3-6 所示，内部结构图如图 3-7 所示。它主要包括导电部分、灭弧部分、绝缘部分、传动部分和固定部分等。

SN10-10 系列断路器导电部分被空气和绝缘材料隔离，灭弧室装在绝缘筒中，变压器油只起灭弧和触头间的绝缘作用，体积小，质量轻，运输和安装方便，有利于防火。常配用 CD10 型直流电磁操动机构或 CT8 型弹簧储能操动机构。

2）SN10-10 系列断路器的动作灭弧原理。断路器处于合闸位时，其导电通路为：上接线端→静触头→动触头→中间滚动触头→下接线端。

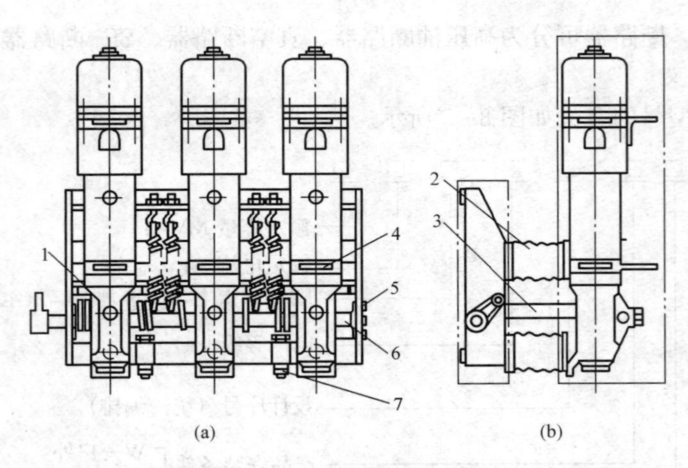

图 3-6 SN10-10 断路器的结构图

1—断开限位器；2—支持绝缘子；3—绝缘拉杆；4—断开弹簧；5—轴承；6—主轴；7—合闸缓冲器

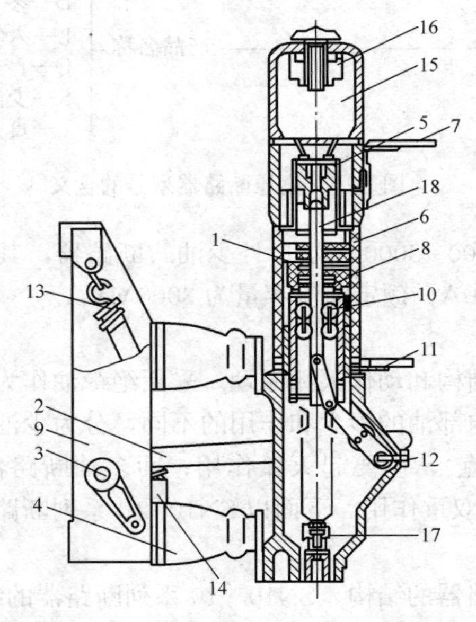

图 3-7 SN10-10 断路器的内部结构图

1—绝缘筒；2—绝缘拉杆；3—主轴；4—绝缘子；5—静触头；6—动触头；7—上接线板；
8—灭弧室；9—底座；10—中间触点；11—下接线板；12—转轴；13—断开弹簧；
14—合闸弹簧；15—缓冲空间；16—油气分离器；17—断开油缓冲器；18—动触杆

断路器的灭弧主要依赖于图 3-8（a）所示的灭弧室。图 3-8（b）所示为灭弧室灭弧工作原理示意图。断路器分闸时，动触头向下移动，使动静触头分离产生电弧。在电弧的高温作用下，绝缘油被分解成气体和油蒸气，灭弧室内压力增高，使静触座中心逆止阀内的钢球迅速上升堵住中心孔。使得电弧在密封的空间内燃烧，灭弧室内压力骤然增高。动触头向下运动，依次打开第一、二、三道灭弧沟及下面的油囊，使油和油气的混合体强烈地纵吹和横吹电弧。另外，由于导电杆快速向下移动形成向上的附加油流，产生机械油吹和冷却的作用，使电弧迅速熄灭。

电弧产生的高压油气旋转着冲向上部的油气分离器，油气分离器使油和气体分离，油流回箱体内，气体通过分离器顶盖排气孔逸出。

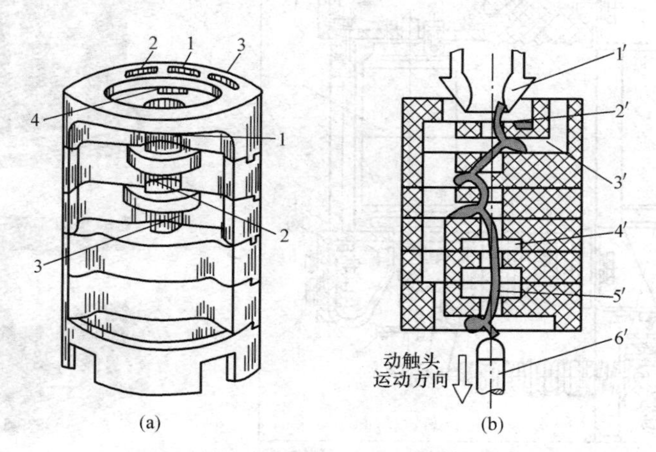

图 3-8　SN10—10 系列断路器灭弧室和灭弧原理

(a) 灭弧室外形图；(b) 灭弧室灭弧工作原理示意图

1—第一道灭弧沟；2—第二道灭弧沟；3—第三道灭弧沟；4—吸弧铁片；

1′—静触头；2′—吸弧铁片；3′—横吹灭弧沟；

4′—纵吸油囊；5′—电弧；6′—动触头

(2) 高压真空断路器的结构和动作灭弧原理。真空断路器是利用真空具有良好的绝缘性能和耐弧性能等特点，将断路器触头部分安装在真空的外壳之内，进而制成的一种新型断路器。真空断路器具有体积小、质量轻、噪声小、易安装、维护方便等优点，尤其适用于频繁操作的电路中，广泛应用于 10kV 户内、户外配电系统中，并在 35kV 户内、户外配电系统中也得到应用。

1) 结构。真空断路器的单相灭弧室的结构图如图 3-9 所示。ZN11-10 型户内真空断路器的外形结构示意图如图 3-10 所示。

2) 动作灭弧原理。高压真空断路器的动触头和静触头被封闭在真空中，断开电路时由于触头空间无可游离的介质，产生较弱的电弧，当开关中的电流过零时自行熄灭。

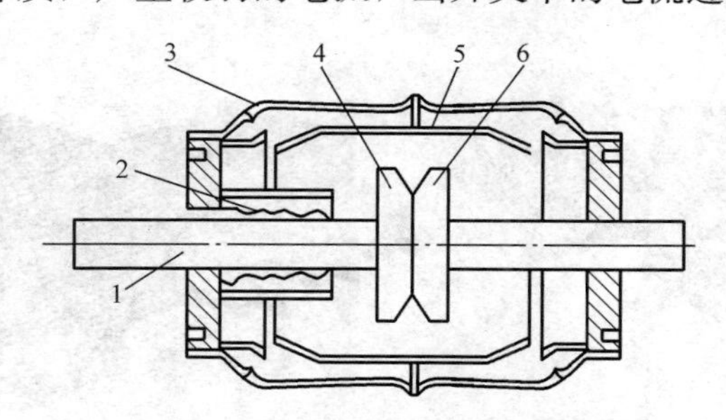

图 3-9　真空断路器的单相灭弧室的结构图

1—动触杆；2—波纹管；3—外壳；4—动触头；5—屏蔽罩；6—静触头

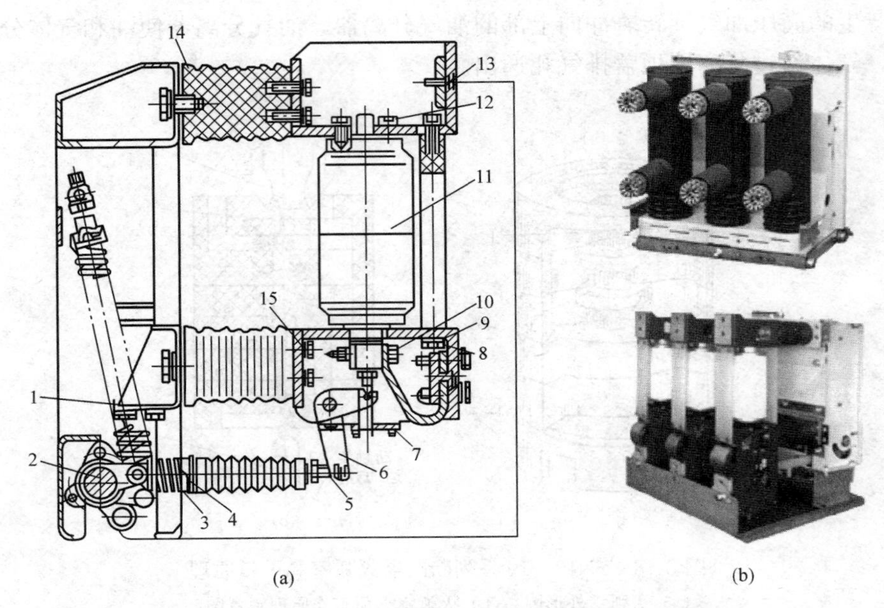

图 3 - 10　ZN11 - 10 型户内真空断路器的结构及外形图

（a）结构图；（b）外形图

1—开距调整垫；2—主轴；3—触头压力弹簧；4—弹簧座；5—接触行程调整螺栓；6—拐臂；

7—导向板；8—螺钉；9—动支架；10—导电夹紧固螺栓；11—真空灭弧室；

12—真空灭弧室固定螺栓；13—静支架；14—绝缘子；15—绝缘子固定螺栓

（3）SF_6 断路器的结构和动作灭弧原理。采用具有优良灭弧性能和绝缘性能的 SF_6 气体做灭弧介质的断路器称为 SF_6 断路器。SF_6 断路器具有开断能力强、检修周期长和体积小等优点。

1）结构。SF_6 断路器按照结构形式可分为绝缘子支柱式与落地罐式两类。常见的 SF_6 断路器如图 3 - 11 所示。动、静触头密闭在装有 SF_6 的灭弧室内。

2）动作灭弧原理。断路器分闸时，电弧使 SF_6 气化，吹向动、静触头间，利用 SF_6 很难产生游离，而且在电流过零时的电弧熄灭的瞬间迅速恢复绝缘强度，使电弧难以复燃而很快熄灭。

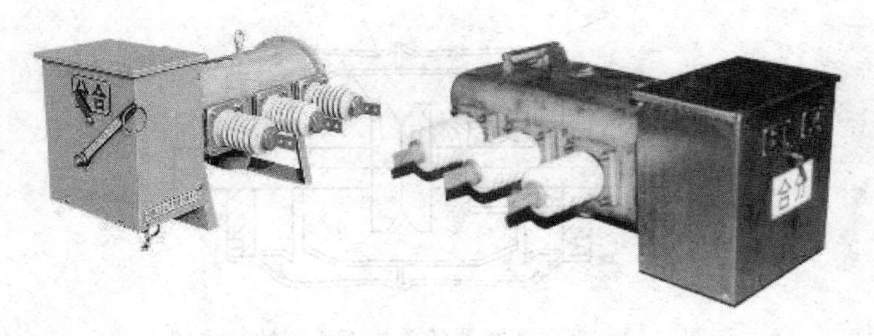

图 3 - 11　LW3G - 12 型 SF_6 断路器

3. 参数

（1）额定电压：指高压断路器长期正常工作能承受的线电压。常用高压断路器的电压等级有3、6、10、35、110、220、330、500kV等。

（2）额定电流：指规定条件下，高压断路器长期工作允许的最大工作电流有效值。常用高压断路器额定电流等级为200、400、600、1000、1250A等。

（3）额定开断电流：指断路器能断开的最大短路电流，单位是kA。

（4）热稳定电流：指高压断路器能承受的短路电流热效应的能力（用开断电流的平方和短路电流持续时间的乘积表示）。

（5）动稳定电流：指高压断路器能够承受短路电流点动力的能力（用短路冲击电流的最大值或冲击电流的有效值校验）。

4. 选择

（1）结构类型的选择。

1）高压少油断路器的特点是体积小、质量轻、便于运输和安装，但灭弧能力有限，主要用于不经常操作的普通配电系统做控制电器。

2）真空断路器的优点是：真空灭弧室电气寿命长，适用于频繁操作；真空灭弧室不存在检修的问题，灭弧室损坏，更换即可；触头开距短，所以体积小、质量轻；灭弧时间短，动作快，一般开断时间小于0.1s；无火灾或爆炸的危险。但其结构复杂，价格高。真空断路器主要用于需要经常操作的配电系统做控制电器。

3）SF_6断路器的特点是：断流能力大，灭弧速度快；绝缘性能好；检修周期长；要求加工精度高，对密闭性能要求严；价格贵。SF_6断路器主要适用于频繁操作和危险的场合。

（2）参数的选择。

1）额定电压和电流的选择。高压断路器额定电压和电流不小于安装地点的线路电压和计算电流。

2）额定开断电流应不小于实际开断时间（继电保护实际动作时间加上断路器固有分闸时间）的短路电流周期分量。

3）热稳定电流的选择。满足热稳定的条件为

$$I_t^2 t \geqslant I_\infty^2 t_{ima} \tag{3-14}$$

式中　I_t、t——热稳定电流和持续时间，由产品样本可查到；

I_∞——稳态短路电流；

t_{ima}——短路发热假想时间。

由于通过导体的短路电流实际上不是I_∞，因此要假定一个时间，在此时间内，设导体通过I_∞所产生的热量，恰好与实际短路电流i_k在实际短路时间t_k内所产生的热量相等。这一假定时间称为发热的假想时间，也称热效时间，用t_{ima}表示。

短路发热假想时间可由下式近似计算

$$t_{ima}=t_k+0.05\left(\frac{I''}{I_\infty}\right)^2 \tag{3-15}$$

在无限大容量系统中，由于$I''=I_\infty$，因此

$$t_{ima}=t_k+0.05 \tag{3-16}$$

当$t_k>1$s时，可以认为$t_{ima}=t_k$。

短路时间t_k为短路保护装置实际最长的动作时间t_{op}与断路器的断路时间t_{oc}之和，即

$$t_k = t_{op} + t_{oc} \tag{3-17}$$

一般高压断路器可取 $t_{oc}=0.2s$，高速断路器可取 $t_{oc}=0.1\sim0.5s$。

4）动稳定电流的选择。应满足的动稳定条件为

$$i_{max} \geqslant i_{sh}^{(3)} \text{或} I_{max} \geqslant I_{sh}^{(3)} \tag{3-18}$$

式中 i_{sh}、I_{sh}——短路冲击电流幅值及其有效值；

i_{max}、I_{max}——断路器允许的动稳定电流幅值及其有效值。

（二）高压隔离开关

高压隔离开关是工厂一次设备中应用最多的一类高压开关电器。其结构一般较为简单，但若运行不当最容易引起误操作事故。该电器在分闸时，动、静触头有明显可见的断口，绝缘可靠。但没有灭弧装置，除开断很小的电流外，不能用来开断负荷电流，这是它的主要特点。

1. 作用

(1) 隔离电源，将需要检修的线路或电气设备与电源隔离，以保证检修人员及设备的安全。

(2) 倒闸操作，如将设备或线路从一组母线切换到另一组母线。

(3) 投切小电流电路，如投切电压互感器、避雷器回路，或是 35kV、1000kVA 及以下和 110kV、3200kVA 及以下的空载变压器等。

2. 分类

隔离开关按装设地点的不同可分为户内式和户外式，按绝缘支柱的数目可分为单柱式、双柱式和三柱式，按动触头的运行方式可分为水平旋转式、垂直旋转式、摆动式和插入式，按有无接地开关可分为无接地开关、一侧接地开关、两侧接地开关，按操动机构的不同可分为手动式、电动式等，按极数可分为单极、双极、三极。

3. 外形及结构

GW4 系列隔离开关是常用的户外式隔离开关。图 3-12 所示为 GW4-35（D）型隔离开关的结构图，该类型的隔离开关是双柱式结构，制成单极式，用连杆组成三极联动，它可带有接地开关，其触头为指形结构。接地开关取垂直转动，并通过单独的一套操动机构和传动机构进行三相连动操作。它与主传动机构相互联锁，以保证只有在主闸刀分闸后才能合上接地开关，也只有在接地开关分闸后才能合上主闸刀。

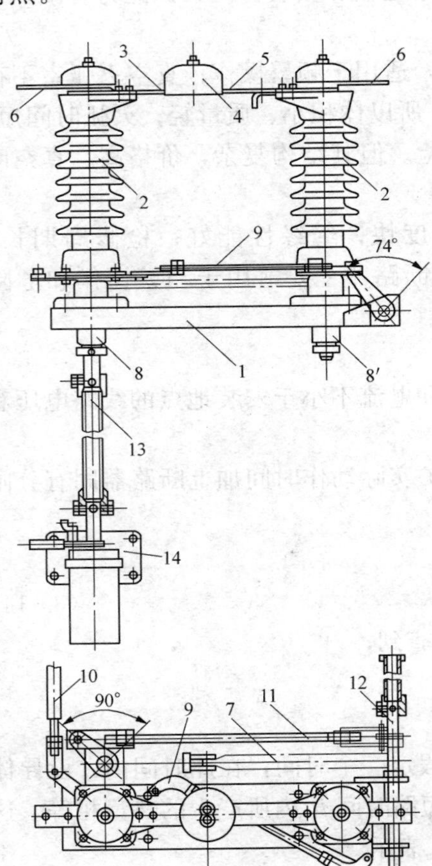

图 3-12 GW4-35（D）型隔离开关的结构图

1—底座；2—绝缘支柱；3—左闸刀；4—触头及防护罩；5—大闸刀；6—接线端；7—接地开关；8、8′—轴；9—交叉连杆；10～13—连杆；14—操动机构

户内式隔离开关都采用闸刀形式，有单极和三极两种。闸刀的运行方式为垂直旋转式。其基本组

成部分是导电回路、传动机构、绝缘部分和底座。图 3-13 所示为 GN6 型和 GN8 型高压隔离开关的结构图。

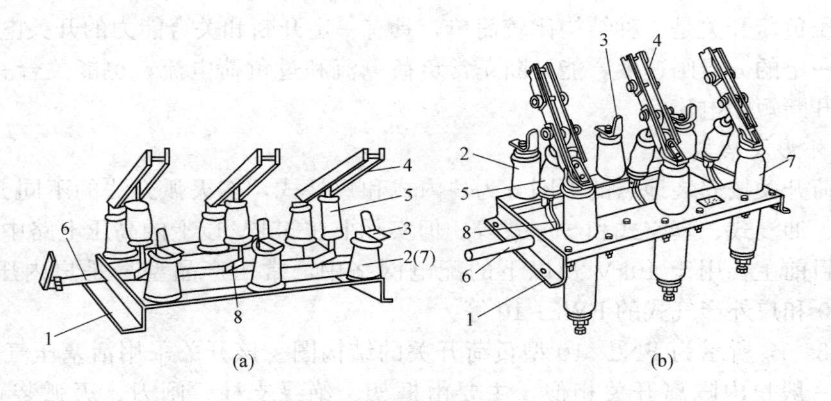

图 3-13　GN6 型和 GN8 型高压隔离开关的结构图

(a) GN6 型；(b) GN8 型

1—底座；2—支柱绝缘子；3—静触头；4—闸刀；5—拉开绝缘子；6—转轴；7—套管绝缘子；8—拐臂

导电回路主要由闸刀（动触头）、静触头及接线端组成。静触头固定在支柱绝缘子上；闸刀由两片刀片做成，一端通过销子固定在另一组支柱绝缘子的触头座上，合闸时两片刀片夹紧静触头。

4. 型号的含义

高压隔离开关型号的含义如图 3-14 所示。

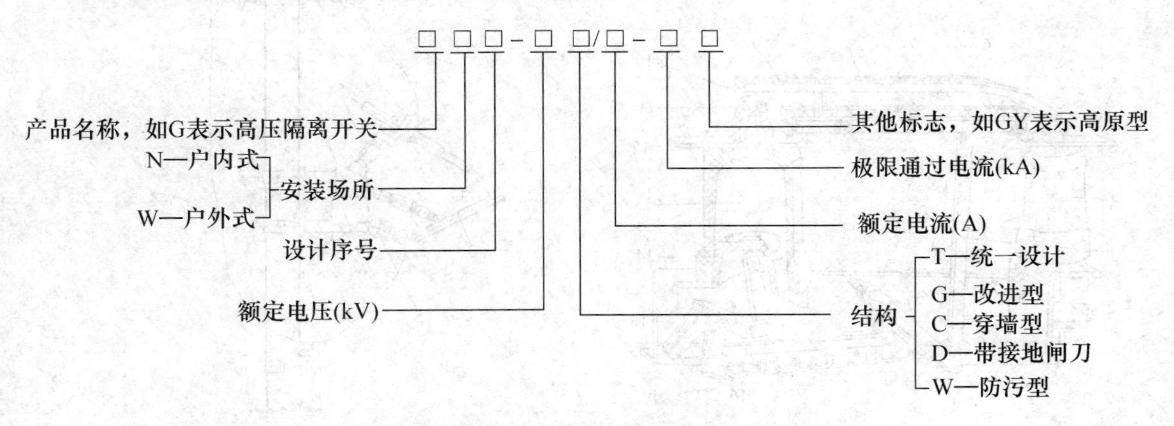

图 3-14　高压隔离开关型号的含义

例如：GN6-10T/400 表示户内式统一设计的隔离开关，额定电压为 10kV，额定电流为 400A。

5. 选择

(1) 高压隔离开关的额定电压应大于或等于安装处的线路额定电压。

(2) 高压隔离开关的额定电流 I_N 应大于通过它的计算电流。

(3) 高压隔离开关的动稳定度用 $i_{max} \geqslant i_{sh}^{(3)}$ 或 $I_{max} \geqslant I_{sh}^{(3)}$ 校验，式中，i_{max}、I_{max} 分别为允许的动稳定电流幅值及其有效值。

(4) 高压隔离开关的热稳定度可按式 $I_t^2 t \geqslant I_\infty^{(3)2} t_{ima}$ 进行校验。

(三) 高压负荷开关

高压负荷开关是一种结构比较简单，具有一定开断和关合能力的开关电器。它具有灭弧装置和一定的分合闸速度，能开断正常负荷电流和过负荷电流，也能关合一定的短路电流，但不能开断短路电流。

1. 外形及结构

负荷开关按安装地点的不同分为户内式和户外式，按灭弧方法的不同分为固体产气式、压气式、油浸式、真空式和 SF_6 式等。但实际上在 55kV 以上的高压电路中，负荷开关应用很少。目前主要用于 10kV 及以下的配电网络中，常用产品型号是户内压气式 FN2-10、FN3-10 和户外产气式的 FW5-10 等。

图 3-15 所示为 FN2-10 型负荷开关的结构图。该开关采用活塞压气灭弧装置，在外形上与一般户内隔离开关相似，主要由框架、绝缘支柱、闸刀、灭弧装置和传动机构等组成。

图 3-16 所示为 FW5-10 型户外式负荷开关。在结构原理和使用性能上与不带熔断器的户内式负荷开关相似，但有以下特点：该型开关的弧触头刚性固定于主闸刀的端部，也同样保证与主触头之间先合后分的联动关系；开关可与操动机构组成一体安装在户外杆上，用绝缘棒或绝缘绳拉动操作，也可配用杆下操动机构；采用固体材料管灭弧，即在管内电弧的高温作用下，部分内壁物质分解成氢、水蒸气、二氧化碳等气体，使管内压力大增，并向管端部喷出，形成纵向吹弧使电弧熄灭。

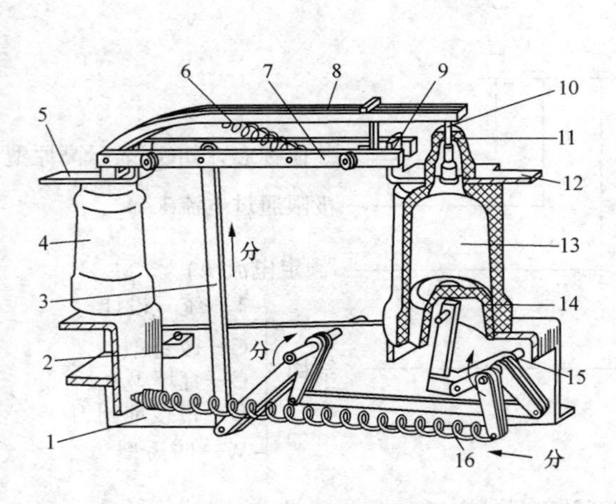

图 3-15 FN2-10 型负荷开关的结构图

1—框架；2—分闸缓冲器；3—绝缘拉杆；4—支柱瓷瓶；5—出线板；6—弹簧；7—主闸刀；8—弧闸刀；9—主静触头；10—弧静触头；11—喷嘴；12—出线板；13—气缸绝缘子；14—活塞；15—本轴；16—分闸弹簧

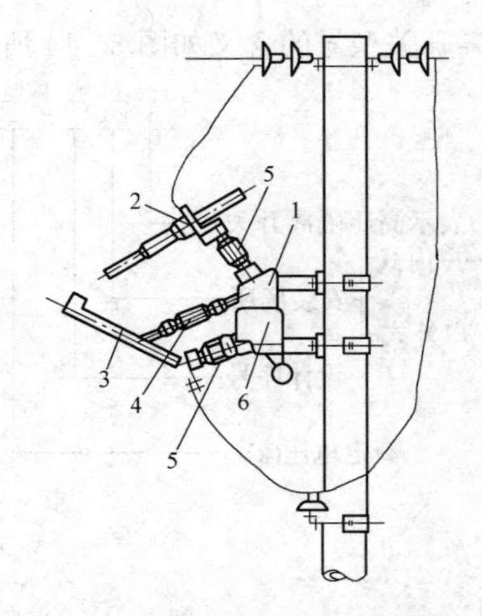

图 3-16 FW5-10 型负荷开关外形图

1—底座；2—灭弧室；3—闸刀；4—拉杆绝缘子；5—支柱绝缘子；6—操动机构

2. 型号的含义

高压负荷开关型号的含义如图 3-17 所示。

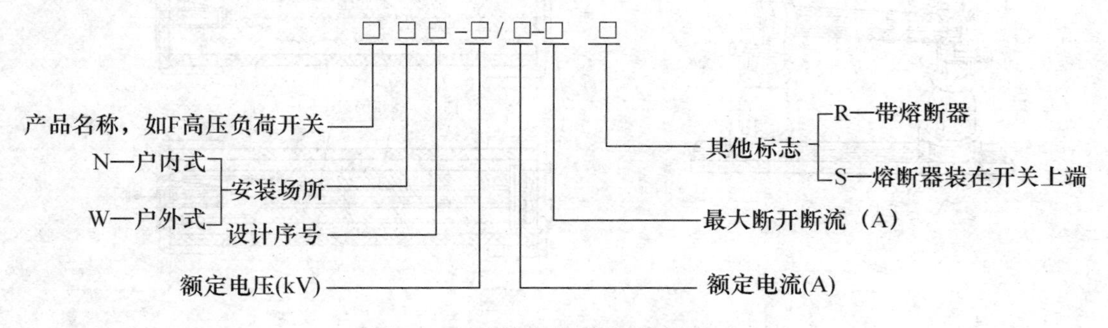

图 3-17　高压负荷开关型号的含义

例如：FN2-10/400-R 表示户内式负荷开关，其设计序号为 2、额定电压为 10kV、带熔断器、额定电流为 400A。

3. 选择

(1) 高压负荷开关的额定电压应不小于安装处线路的额定电压。

(2) 高压负荷开关的额定电流应不小于它所安装的热脱扣器的额定电流。

(3) 高压负荷开关的最大开断电流应不小于它可能开断的最大过负荷电流，即

$$I_{\infty} \geqslant I_{ol} \tag{3-19}$$

式中　I_{ol}——高压负荷开关需要开断的线路最大过负荷电流值。

(4) 高压负荷开关的动稳定度可按式 $i_{max} \geqslant i_{sh}^{(3)}$ 或 $I_{max} \geqslant I_{sh}^{(3)}$ 进行检验。

(5) 高压负荷开关的热稳定度可按式 $I_t^2 t \geqslant I_{\infty}^{(3)2} t_{ima}$ 进行检验。

(四) 高压熔断器

当电路发生短路或严重过负荷时，熔断器直接利用熔体产生的热量引起本身熔断，从而切断故障电路使电气设备免受损坏，并维护电力系统其余部分的正常工作。

1. 结构

高压熔断器按安装地点可分为户内式和户外式，按限流特性可分为限流式和非限流式。若故障电路中的熔断器在开断过程中通过的最大短路电流值比无熔断器时有明显的减小，则为限流式；反之，如果熔断器在开断过程中对通过的电流值无明显的影响，则为非限流式。

目前常见的户内高压熔断器有 RN1、RN2、RN3、RN5 和 RN6 等类型，用于 6～35kV 的户内配电装置中。它们均为填充石英砂的限流型熔断器。其中，RN1、RN3 和 RN5 型用于交流电力线路及配电变压器的过负荷及短路保护；RN2 和 RN6 型只用于电压互感器的保护，其额定电流只有 0.5A 一种，专门用于电压互感器的保护。该熔断器无指示装置，动作后可由电压互感器二次侧的电压表判断。

RN1 型熔断器的外形及结构图如图 3-18 所示。

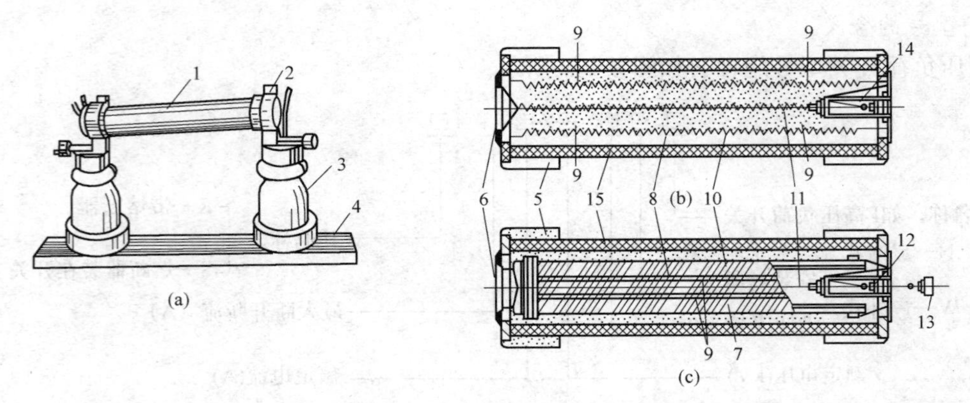

图 3-18 RN1 型熔断器的外形及结构图

(a) 外形图；(b) 10A 及以上的熔管结构图；(c) 7.5A 及以下的熔管结构图

1—熔管；2—插座；3—支柱绝缘子；4—底座；5—端帽；6—端盖；7—瓷芯棒；
8—熔体；9—小锡球；10—石英砂；11—拉丝；12—指示装置；13—小铜帽；14—弹簧；15—瓷管

户外高压熔断器分为跌落式和限流式两类，前者用于输配电线路和电力变压器的过负荷和短路保护，后者主要用作电压互感器及其他用电设备的过负荷和短路保护。

跌落式熔断器在 6～10kV 配电变压器上用得很普遍，也应用在 35kV 系统中小容量的变压器上。它们的结构基本相同，由熔管和上、下动、静触头及绝缘子等组成。图 3-19 所示为 RW3 型跌落式熔断器的外形及内部结构图。

RW10-35 型限流熔断器的结构图如图 3-20 所示。它是用相应的 35kV 户内式系列熔管 1 装入户外式瓷套管 2 中，再用户外棒式支柱绝缘子 4 在中部做 T 型支持而成。其运行保护特性与相应 RN 系列相同。额定电流为 0.5A 的用于电压互感器保护，额定电流为2～10A 的用于线路或电力变压器的过负荷与短路保护。与跌落式熔断器相比，该型具有分断能力大、限流能力强、运行可靠性高等优点。布罩上取水平或垂直安装均可。

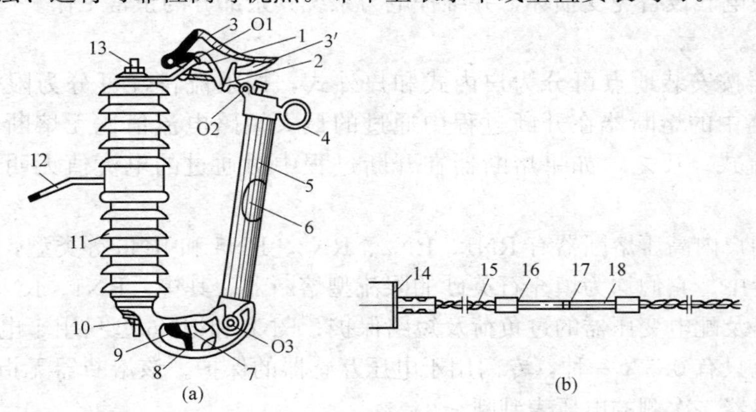

图 3-19 RW3 型跌落式熔断器的外形及内部结构图

(a) 外形图；(b) 内部结构图

1—上静触头；2—主动触头；3—鸭嘴罩；3′—抵舌；4—操作环；5—熔管；6—熔丝；
7—下动触头；8—抵架；9—下静触头；10—下接线端；11—瓷绝缘子；12—固定板；
13—上接线端；14—钮扣；15—绞线；16—紫铜套；17—小锡球；18—熔体；O1、O2、O3—销轴

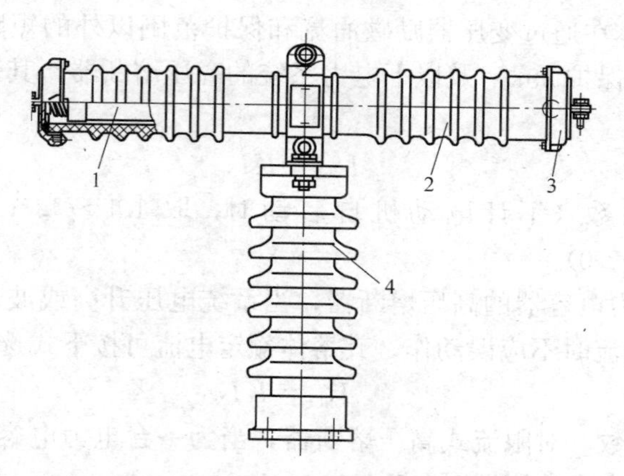

图 3-20　RW10-35 型限流熔断器的结构图

1—RN 型熔管；2—瓷套管；3—接线端帽；4—棒式支柱绝缘子

2. 型号的含义

高压熔断器型号的含义如图 3-21 所示。

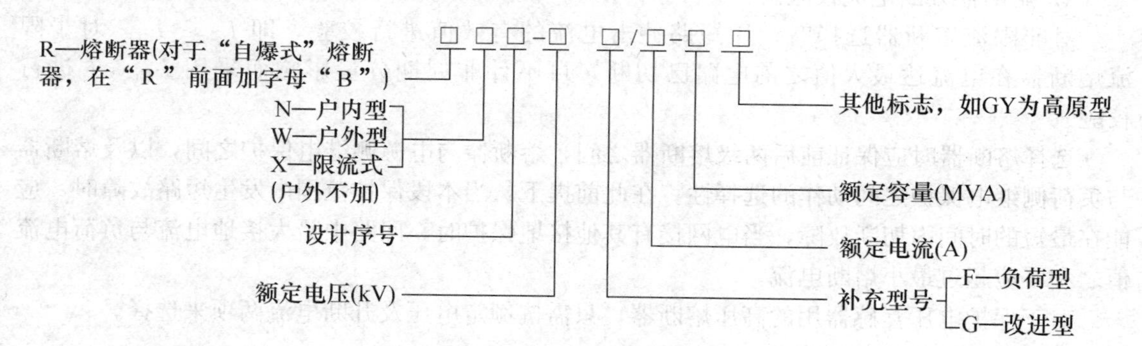

图 3-21　高压熔断器型号的含义

例如：RW2-10 表示户外型熔断器，其设计序号为 2、额定电压为 10kV。

3. 选择

（1）按额定电压选择。对于一般的高压熔断器，其额定电压必须大于或等于电网的额定电压。而对于填充石英砂的限流熔断器，只能用在等于其额定电压的电网，因为这种类型的熔断器在电流达到最大值之前就将电流截断，致使熔体熔断时产生过电压。过电压的倍数与电路的参数及熔体长度有关，一般在等于额定电压的电网中为 2.0～2.5 倍，但在低于其额定电压的电网中，由于熔体较长，过电压值可高达 3.5～4 倍相电压，以致损害电网中的电气设备。

（2）按额定电流选择。对于熔断器，其额定电流应包括熔断器熔管的额定电流和熔体的额定电流。同一熔管可装配不同额定电流的熔体，但要受熔管额定电流的限制，所以，熔断器额定电流的选择包括这两部分电流的选择。

1）熔管额定电流的选择。为了保证熔断器载流及接触部分不致过热和损坏，高压熔断器的熔管额定电流 I_{NFT} 应大于或等于熔体的额定电流 I_{NFE}。

2）熔体额定电流的选择。

a）为了防止熔体在通过变压器励磁涌流和保护范围以外的短路以及电动机自启动等冲击电流时的误动作，保护35kV及以下电力系统的高压熔断器，其熔体的额定电流可按下式选择

$$I_{NFE}=KI_{l\max} \tag{3-20}$$

式中 K——可靠系数（不计电动机自启动时，取1.1～1.3；考虑电动机自启动时，取1.5～2.0）。

b）用于保护电力电容器的高压熔断器，当系统电压升高或波形畸变引起回路电流增大或运行过程中产生涌流时不应误动作，其熔体额定电流可按下式选择

$$I_{NFE}=KI_{NC} \tag{3-21}$$

式中 K——可靠系数（对限流式高压熔断器，当为一台电力电容器时，$K=1.5$～2.0；当为一组电力电容器时，$K=1.3$～1.8）；

I_{NC}——电力电容器回路的额定电流，A。

c）熔体的额定电流应按高压熔断器的保护熔断特性选择，并满足保护的可靠性、选择性和灵敏度要求。

d）熔断器开断电流校验。

对非限流熔断器选择时，用短路冲击电流的有效值进行校验，即 $I_{Nbr}\geqslant I_{sh}$。对于限流熔断器在电流达最大值之前电路已切断，可不计非周期分量影响而采用 $I_{Nbr}\geqslant I''$ 进行校验。

选择熔断器时应保证前后两级熔断器之间，熔断器与电源侧继电保护之间，以及熔断器与负荷侧继电保护之间动作的选择性。在此前提下，当本段保护范围内发生短路故障时，应能在最短的时间内切断故障，当电网接有其他接地保护时，回路中最大接地电流与负荷电流值之和不应超过最小熔断电流。

对于保护电压互感器用的高压熔断器，只需按额定电压及开断电流两项来选择。

三、低压开关设备的选择

（一）低压熔断器

1. 作用

熔断器的作用主要是保护电气系统的短路。当系统的冲击负荷很小或为零时以及电气设备的容量较小、对保护要求不高时，宜兼做过负荷保护。

当被保护的线路或设备发生短路故障时，熔断器的熔体立即熔断，切断短路电流，保护了线路或设备。当被保护的设备或线路发生过负荷时，熔断器的熔体延时熔断，切断过负荷电流，但是由于各种型号规格的熔断器延时特性不一致，设备及线路的过负荷能力也不尽相同，使之延时特性与过负荷能力难以匹配。因此，一般熔断器只用作短路保护，而不用作过负荷保护。

可以从熔丝的熔断情况来判断是短路还是过负荷。如果熔室内漆黑一片并有飞溅的金属小颗粒，则说明是短路造成的；如果熔室内只是熔丝的中间或与螺钉固定部位断开并有流滴金属液的痕迹，或只有较轻的黑痕，则说明是过负荷造成的。

2. 型号的含义

低压熔断器型号的含义如图3-22所示。

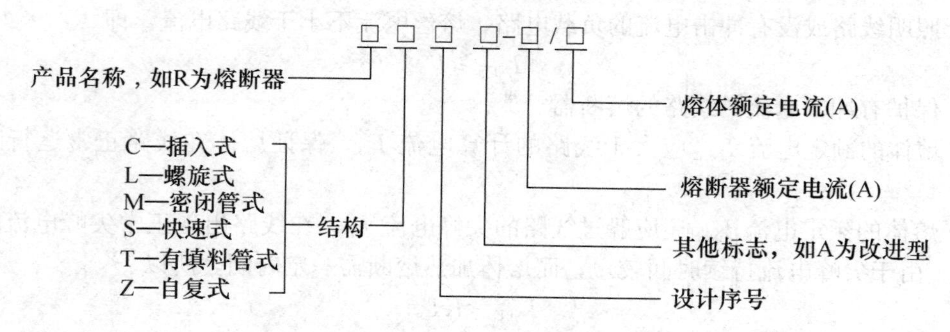

图 3-22　低压熔断器型号的含义

3. 结构及类型

熔断器包括熔体（熔丝或熔片）及附件两部分。按照结构的不同，熔断器分为瓷插式、封闭管式、螺旋式等，如图 3-23 所示。

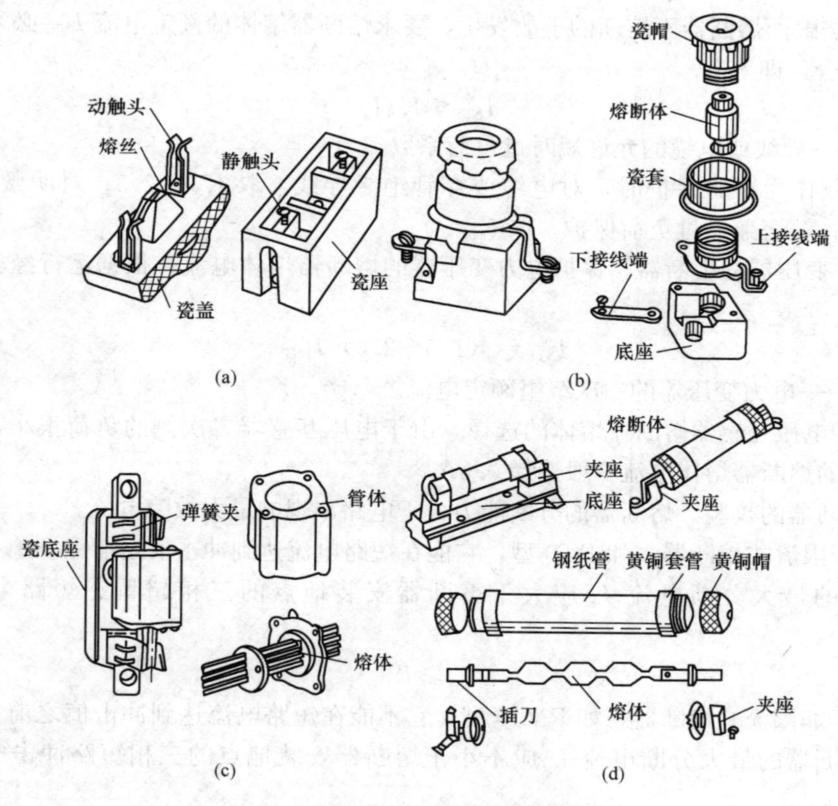

图 3-23　常用熔断器的外形图

(a) RC1A 瓷插式；(b) RL 螺旋式；(c) RT0 有填料管式；(d) RM10 无填料管式

4. 选择

（1）根据安装环境选择熔断器的类型。

（2）熔断器的额定电压大于安装地点的线路电压。

（3）熔断器的额定电流大于内部熔丝的额定电流，熔丝的额定电流由被保护电路确定。

1）照明线路或没有冲击电流的负载电路，熔丝电流不小于线路电流，即

$$I_{NFE}\geqslant I \tag{3-22}$$

2）保护有冲击电流的线路的熔断器。

a）熔体的额定电流 I_{NFE} 应大于线路的计算电流 I_{30}，保证熔体在线路正常运行时不致熔断。

b）熔体的额定电流 I_{NFE} 还应躲过线路的尖峰电流 I_m，在线路出现正常尖峰电流时也不致熔断。由于尖峰电流持续时间较短，而熔体加热熔断需一定时间，所以

$$I_{NFE}\geqslant KI_m \tag{3-23}$$

式中 K——计算系数，一般小于1。

当熔断器保护一台电动机，启动时间在3s以下时，取 $K=0.25\sim0.35$；启动时间在3～8s时，取 $K=0.35\sim0.5$；启动时间在大于8s或频繁启动、反接制动时，取 $K=0.5\sim0.8$。

当熔断器保护多台电动机时，取 $K=0.5\sim1$。

c）熔体额定电流 I_{NFE} 与被保护的线路相配合。当线路过负荷或短路时，为避免导线或电缆因过热烧毁而熔断器不熔断的事故发生，要求熔断器熔体的额定电流 I_{NFE} 必须与导线允许电流 I_{al} 配合，即

$$I_{NFE}\leqslant K_{ol}I_{al} \tag{3-24}$$

式中 K_{ol}——导线或电缆的允许短时过负荷系数。

熔断器仅作为短路保护时，对电缆或穿管绝缘导线，取 $K_{ol}=2.5$；对明敷绝缘导线，取 $K_{ol}=1.5$；若还兼做过负荷保护，取 $K_{ol}=1$。

3）保护变压器的熔断器。保护电力变压器的熔断器熔体电流，根据运行经验，可按下式计算

$$I_{NFE}=(1.5\sim2.0)\ I_{1NT} \tag{3-25}$$

式中 I_{1NT}——电力变压器的一次绕组额定电流。

4）保护电压互感器熔断器熔体的选择。由于电压互感器二次侧的负荷很小，因此保护电压互感器的熔断器熔体电流一般选择0.5A。

（4）熔断器的校验。熔断器的分断能力大于电路出现的最大故障电流。

1）对于限流式熔断器，如RT0型，它能在短路电流达到冲击值之前完全熄灭电弧，因此，熔断器的最大分断电流 I_{oc} 应大于熔断器安装地点的三相超瞬态短路电流有效值 $I^{(3)''}$，即

$$I_{oc}\geqslant I^{(3)''} \tag{3-26}$$

2）对于非限流式熔断器，如RM10型，它不能在短路电流达到冲击值之前完全熄灭电弧，因此熔断器的最大分断电流 I_{oc} 应不小于熔断器安装地点的三相短路冲击电流有效值 $I_{sh}^{(3)}$，即

$$I_{oc}\geqslant I_{sh}^{(3)} \tag{3-27}$$

（5）前后熔断器之间符合选择性配合。选择性即电路发生短路故障时，距故障点最近的电源侧熔断器熔断，而其他熔断器不熔断，使故障影响面最小。所以，一般只有前一熔断器的熔体额定电流大于后一熔断器的熔体电流2～3级以上，才有可能保证其动作的选择性。

（6）经验选取。一般条件下，电动机直接启动时，其熔丝的额定电流可按4～8倍额定电流选取，间接启动可按2.5～5倍选取，启动时间长，熔丝电流应选大一点的。照明电路

可按额定电流的 1.1～1.5 倍选取，荧光灯较多的电路应按 1.5 倍选取。

（二）低压刀开关

刀开关是最简单的低压开关，额定电流在 1500A 以下，应用于配电设备作为隔离电源，也应用在不经常操作的交、直流低压电路中接通和断开电路。刀开关的典型结构如图 3-24 所示。

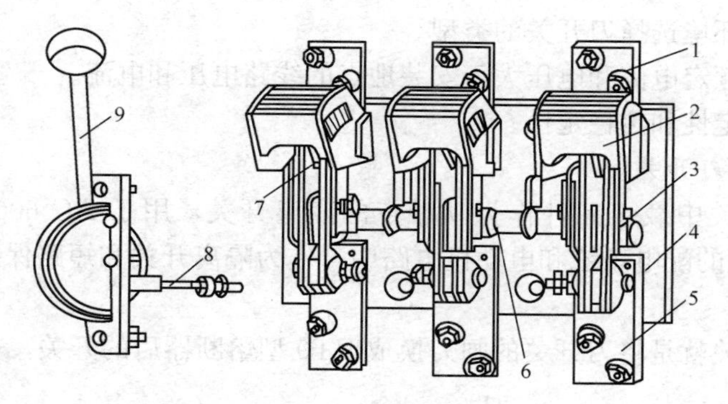

图 3-24　HD13 型刀开关的结构图

1—上接线端子；2—钢栅片灭弧罩；3—闸刀；4—底座；5—下接线端子；6—主轴；7—静触头；8—连杆；9—操作手柄

1. 分类

按刀的极数分有单极、双极和三极；按刀开关的转换方向分为单投（HD）和双投（HS）；按操作方式分为直接手柄操作、杠杆操动机构式和电动操动机构式；按灭弧结构可分为不带灭弧罩和带灭弧罩两种。不带灭弧罩的刀开关一般只能在无负荷或小负荷下操作，作隔离开关使用。带灭弧罩的刀开关，能通断一定的负荷电流。为了能在短路或过负荷时断开电源，刀开关一般与熔断器配合使用。常用刀开关有 HD 系列和 HS 系列。均作为不频繁地接通和分断电路之用。

2. 型号的含义

刀开关型号的含义如图 3-25 所示。

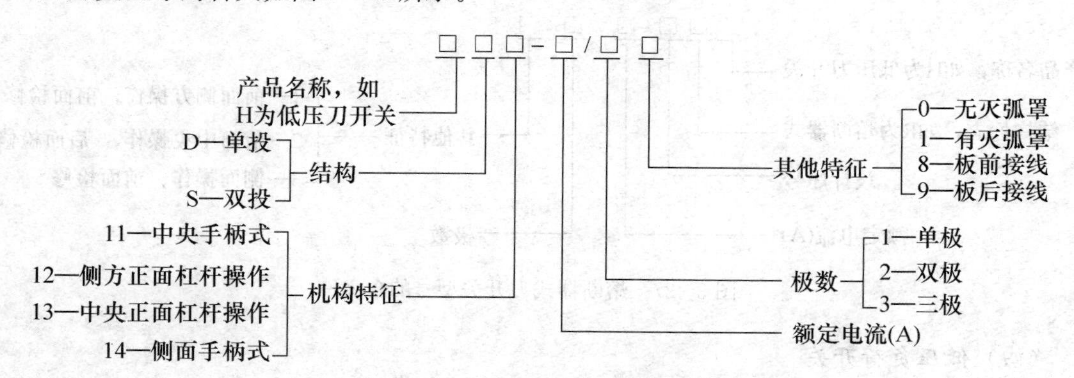

图 3-25　刀开关型号的含义

3. 主要技术参数

额定电压、额定电流、动稳定电流、热稳定电流（使用说明书中给出）等都是刀开关的主要技术参数。刀开关的额定电压和电流是刀开关正常工作时允许加的电源电压和允许通过的电流；动稳定电流是电路发生短路时，刀开关并不因短路电流产生的电动力作用而发生变形、损坏或触刀自动弹出之类的故障。热稳定电流是指发生短路故障时，刀开关在一定时间（1s）内通过某一短路电流，并不会因温度急剧升高而发生熔焊现象的电流值。

4. 选择

（1）根据安装环境选择刀开关的类型。

（2）刀开关的额定电流和电压大于安装地点的线路电压和电流。

（3）校验动稳定性和热稳定性。

（三）熔断器式刀开关

熔断器式刀开关中载熔元件作为动触点的隔离开关，用于 AC 600V，约定发热电流 630A 的高短路电流的配电系统和电动机电路中，作为隔离开关和短路保护。

1. 结构

熔断器式刀开关就是将刀开关的闸刀换成 RT0 型熔断器后的开关，如图 3-26 所示。

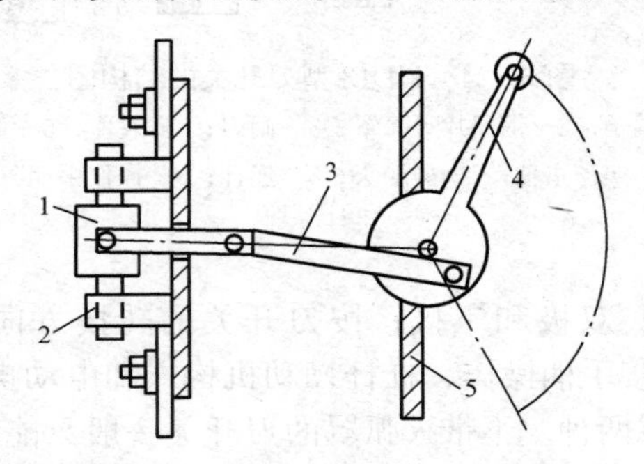

图 3-26 熔断器式刀开关的结构图

1—RT0 型熔断器的熔体；2—弹性触座；3—连杆；4—操作手柄；5—配电屏面

2. 型号的含义

熔断器式刀开关型号的含义如图 3-27 所示。

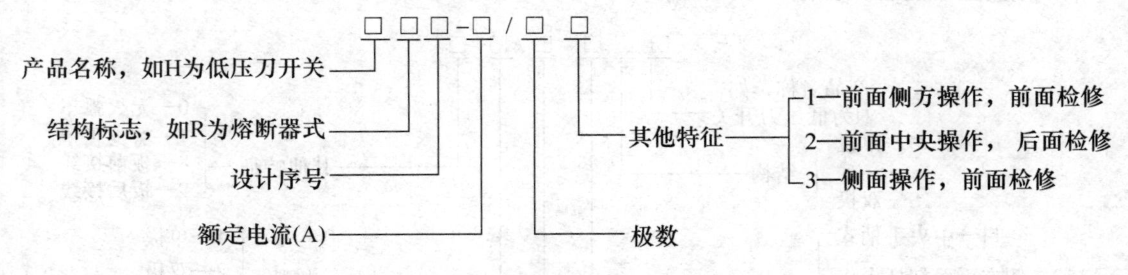

图 3-27 熔断器式刀开关型号的含义

（四）低压负荷开关

低压负荷开关是熔断器的一种特殊类型，它是把熔断器和刀开关制作在一起，具有开关和熔断器的双重功能，常用在照明电路和负荷不大的动力电路中。

1. 型号的含义

低压负荷开关型号的含义如图 3-38 所示。

2. 结构

低压负荷开关有两种形式，即封闭式和开启式，如图 3-29 所示。封闭式负荷开关也称为铁壳开关，有速断功能，可作为 17kW 及以下电动机不频繁直接轻载启动的控制开关；开启式负荷开关也称为胶盖闸，没有速断功能，只可作为 5.5kW 以下电动机的开关。

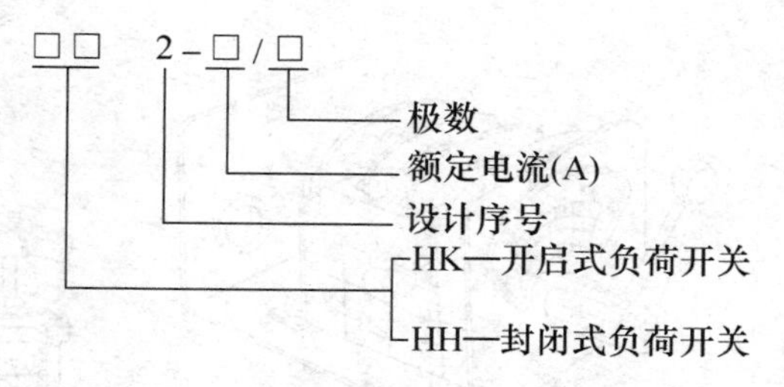

图 3-28　低压负荷开关型号的含义

3. 选择

电动机电路可按电动机额定电流的 2～2.5 倍考虑，照明电路可按负载计算电流的 1.2～1.5倍考虑。熔丝的额定电流不得大于开关的额定电流。

（五）组合开关

组合开关也叫转换开关，是刀开关的一种，与一般刀开关不同的是：它的刀片是转动的，而且质量轻，触点的组合性强，能组成各种不同的线路。组合开关一般应与熔断器配合使用，熔断器的额定电流不得大于转换开关的额定电流。组合开关可作为 20kW 及以下电动机不频繁直接轻载启动的控制开关，也可作为 7kW 及以下电动机频繁直接轻载启动的控制开关。

1. 结构原理

常用的组合开关有两种形式，一种为倒顺开关，可正反转控制电动机，其外形如图 3-30（a）所示；一种为组合转换开关，其外形如图 3-30（b）所示。

组合开关是若干个动触头及静触头分别装在数层绝缘件内组成的，手柄转动时动触头随之变换通断位置。由滑板、凸轮、扭簧及手柄等构成组合开关的顶盖，采用了扭簧储能结构，能快速接通和分断电路。

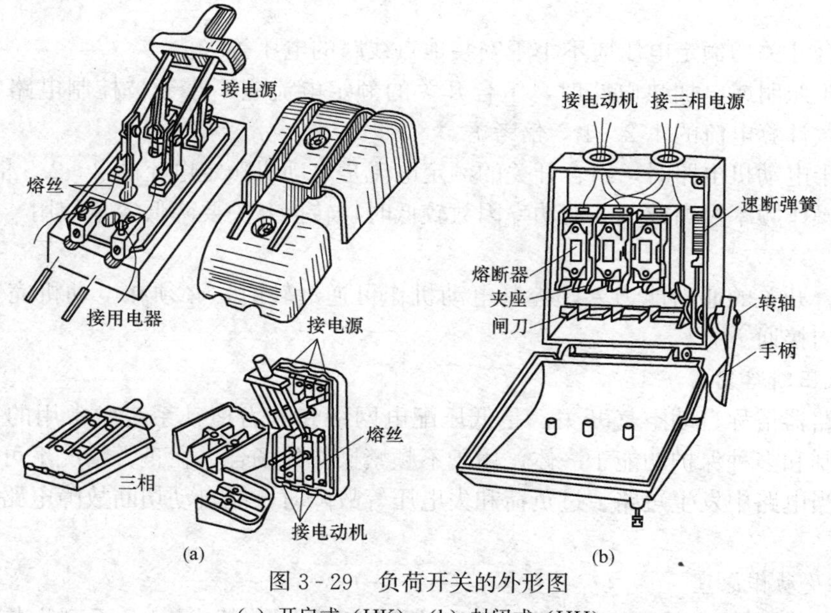

图 3-29　负荷开关的外形图

（a）开启式（HK）；（b）封闭式（HH）

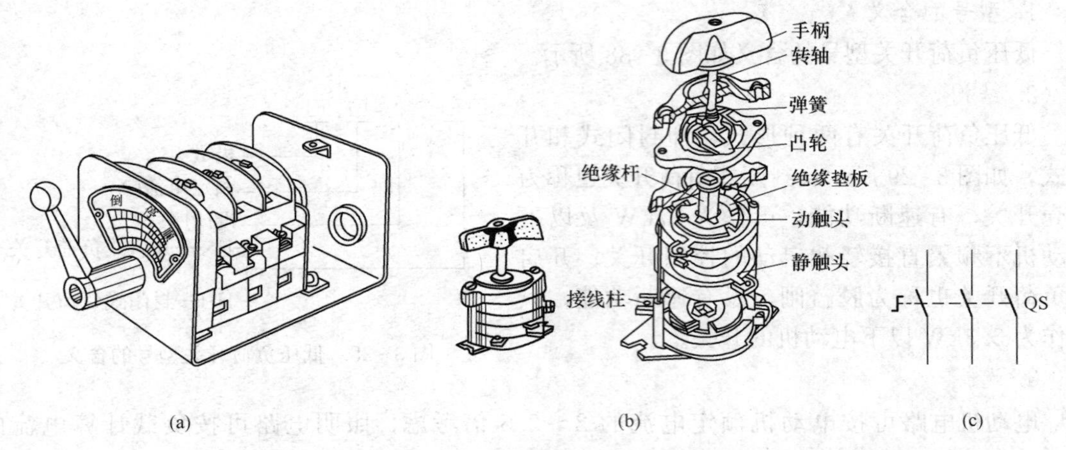

图 3-30 转换开关的外形、结构及符号

(a) 倒顺开关；(b) HZ10-10/3 转换开关；(c) 符号

2. 型号的含义

组合开关型号的含义如图 3-31 所示。

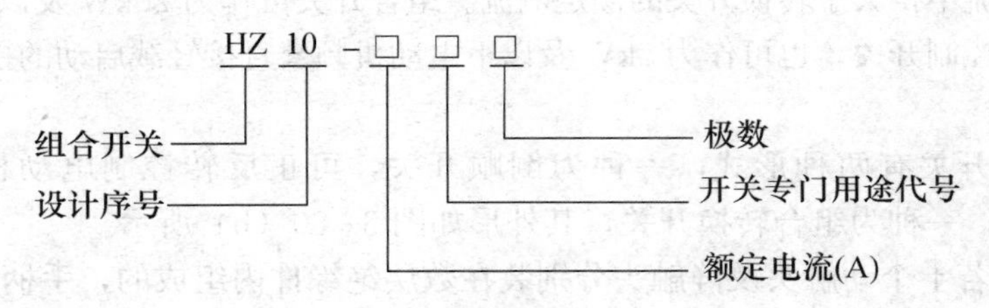

图 3-31 组合开关型号的含义

3. 选择

(1) 组合开关的额定电压应不小于安装地点线路的电压等级。

(2) 用于照明或电加热电路时，组合开关的额定电流应不小于被控制电路中的负载电流，可按负载计算电流的 1.2～1.5 倍考虑。

(3) 用于电动机电路时，组合开关的额定电流是电动机额定电流的 2～2.5 倍。

(4) 当操作频率过高或负载的功率因数较低时，转换开关要降低容量使用，否则会影响开关寿命。

(5) 组合开关的通断能力差，控制电动机作可逆运转时，必须在电动机完全停止转动后，才能反向接通。

(六) 低压断路器

低压断路器俗称自动空气开关，是低压配电网络和电力拖动系统中常用的一种配电电器。它集控制和多种保护功能于一体，用于不频繁操作的场合，在正常情况下可用于接通和断开电路。当电路中发生短路、过负荷和失电压等故障时，能自动切断故障电路，保护线路和电气设备。

1. 结构及动作原理

断路器从构造上可分两大类，即 DZ 系列和 DW 系列。其中，DZ 系列为装置式，置于一塑料壳内，一般只适用于手动操作；而DW系列为框架开启式，可手动或电动操作，并有辅助触头盒。DW16型万能式低压断路器的结构图如图3-32所示。DZ20型塑料外壳式低压断路器的结构图如图3-33所示。

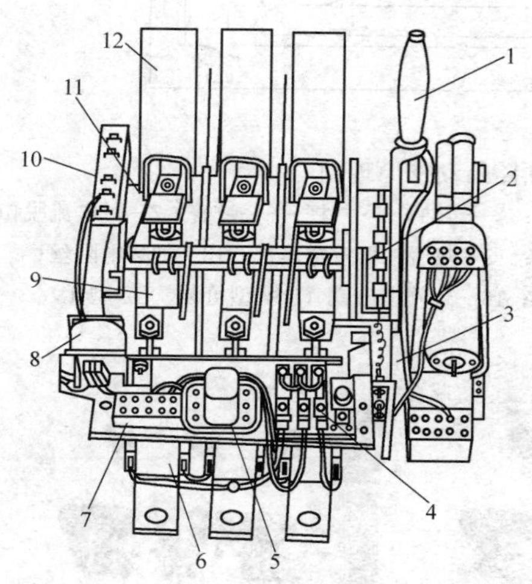

图3-32　DW16型万能式低压断路器的结构图

1—操作手柄（带电动操动机构）；2—自由脱扣机构；3—失电压脱扣器；4—热继电器；5—接地保护用小型电流继电器；6—过负荷保护用过电流脱扣器；7—接地端子；8—分励脱扣器；9—短路保护用过电流脱扣器；10—辅助触头；11—底座；12—灭弧罩（内有主触头）

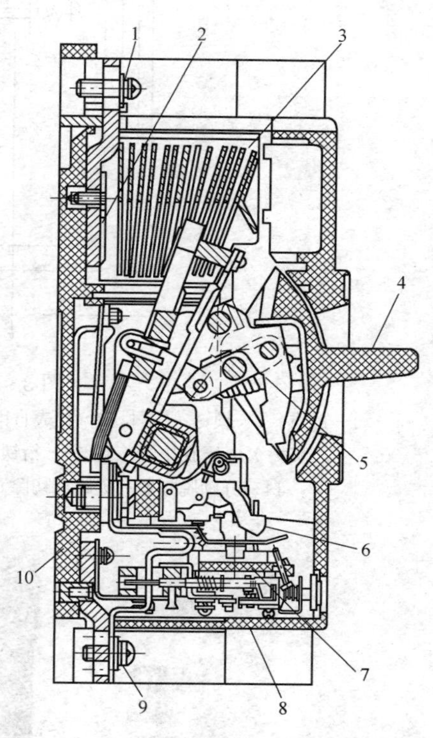

图3-33　DZ20型塑料外壳式低压断路器的结构图

1—引入线接线端子；2—主触头；3—灭弧室；4—操作手柄；5—跳钩；6—锁扣；7—过电流脱扣器；8—塑料外壳；9—引出线接线端子；10—塑料底座

低压断路器的动作原理如图3-34所示。自动空气断路器的主触头接到被控制的电路中，电路正常时，锁键与搭钩锁扣，电路保持接通状态。当电路出现不正常工作状态时，自动跳闸。如电路短路过电流时，过电流脱扣器动作，衔铁9下移，推动杠杆上移，使锁键与搭钩脱扣，主触头断开电路；电路过负荷时，双金属片向上弯曲杠杆上移，推动锁扣使其脱扣，主触头断开电路；电路电压降低时，欠电压脱扣器动作，弹簧使衔铁10上移，带动杠杆上移，推动锁扣使其脱扣，主触头断开电路。

塑料外壳式断路器中，有一类是63A及以下的小型断路器，如图3-35所示。由于它具有模数化结构和小型（微型）尺寸，因此通常称为模数化小型（或微型）断路器。它现在广泛应用在低压配电系统的终端，作为各种工业和民用建筑特别是住宅中照明线路及小型动力设备、家用电器等的通断控制和过负荷、短路及漏电保护。

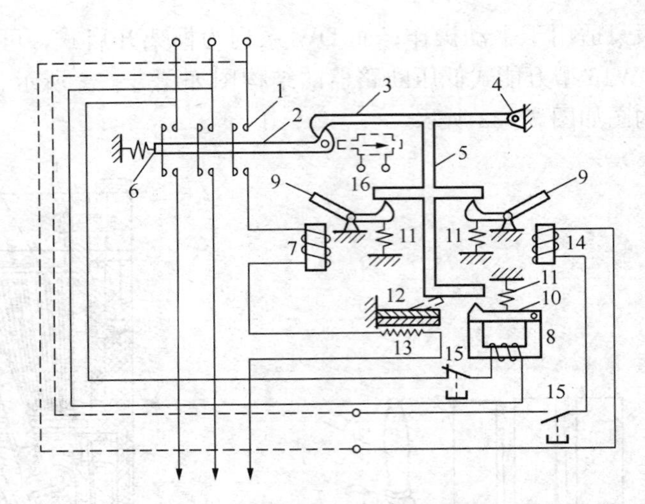

图 3-34 低压断路器动作原理图

1—触点；2—锁键；3—搭钩（代表自由脱扣机构）；4—转轴；5—杠杆；6—弹簧；7—过电流脱扣器；8—欠电压脱扣器；9、10—衔铁；11—弹簧；12—热脱扣器双金属片；13—加热电阻丝；14—分励脱扣器（远距离切除）；15—按钮；16—合闸电磁铁（DW 型可装、DZ 型无）

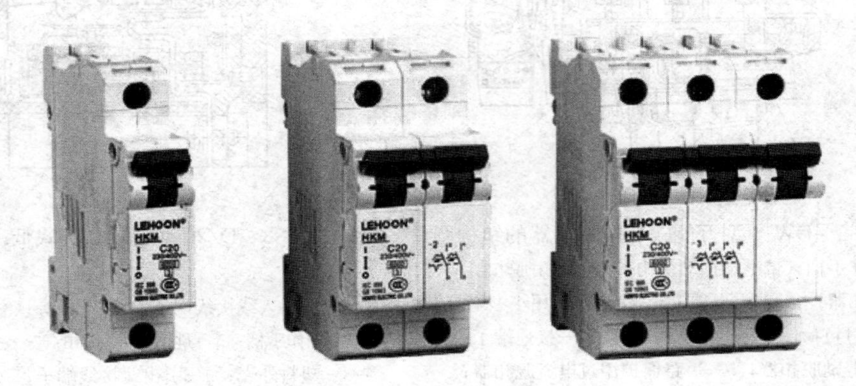

图 3-35 小型断路器

由于模数化小型断路器是应用在家用及类似场所，所以其产品执行的标准为 GB/T 10963.1—2005《电气附件 家用及类似场所用过电流保护断路器 第 1 部分：用于交流的断路器》。其结构适合未受过专门训练的人员使用，安全性能好，但不能进行维修，即损坏后必须换新。

模数化小型断路器由操动机构、热脱扣器、电磁脱扣器、触头系统和灭弧室等部件组成，所有部件都装在一塑料外壳之内，如图 3-36 所示。

模数化小型断路器常用的型号有 C45N、DZ23、DZ47、M、K、S、PX200C 等系列。

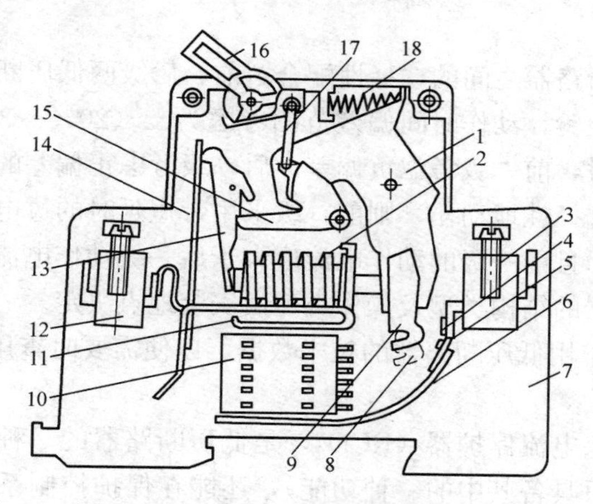

图 3-36　模数化小型断路器的结构图

1—动触头杆；2—瞬动电磁铁（电磁脱扣器）；3—接线端子；4—主静触头；5—中线静触头；6—弧角；7—塑料外壳；8—中线动触头；9—主动触头；10—灭弧栅片（灭弧室）；11—弧角；12—接线端子；13—锁扣；14—双金属片（热脱扣器）；15—脱扣钩；16—操作手柄；17—连接杆；18—断路弹簧

2. 型号的含义

低压断路器型号的含义如图 3-37 所示。

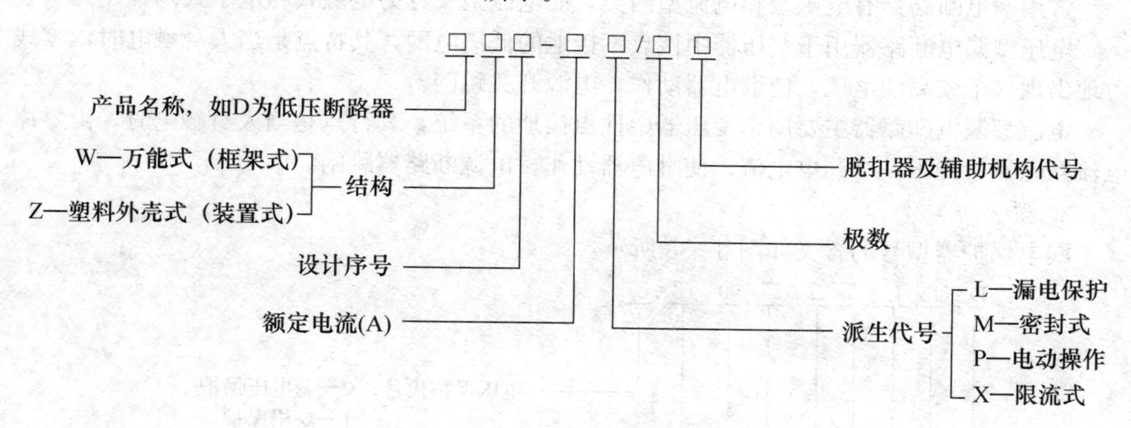

图 3-37　低压断路器型号的含义

3. 选择

（1）DZ 系列的断路器一般用于电动机，容量较大的也可用于线路；DW 系列的断路器一般用于线路，电动机容量较大时也可选用 DW 系列断路器。

（2）在电动机中使用时，断路器的额定电流一般为电动机额定电流的 1.5～2.0 倍。轻载及操作频率较低的选 1.5 倍，重载及操作频率较高的选 2 倍。

（3）在线路上使用时，断路器的额定电流一般为线路额定电流的 1.1～1.5 倍，线路中电动机容量较小的回路选 1.1 倍，电动机容量较大的回路选 1.5 倍。

（4）有时为了节约资金，常将熔断器与断路器配合使用，这时断路器的额定电流可与被保护装置的额定电流相等，而熔断器则在 2～3 倍保护装置额定电流中选取。

（5）通断能力的选择。自动空气断路器的通断能力大于控制电路的最大负荷电流和短路电流。

(6) 前、后级低压断路器之间的选择性配合。前、后级两低压断路器之间的选择性配合按其保护特性曲线进行检验，动作时间偏差范围考虑为±（20%～30%）。如果在后一级断路器出口发生三相短路时，前一级考虑负偏差、后一级考虑正偏差的情况下，要保证前、后级两低压断路器之间能选择性地动作，则前一级采用带短延时的过电流脱扣器，而后一级采用瞬时过电流脱扣器，而且前一级的动作电流应大于后一级动作电流的1.2倍。

(7) 自动空气断路器的结构类型及操作类型由安装地点决定。

附录F列出了部分常用低压断路器的技术数据，以便需要时查用。

（七）漏电保护器

漏电保护器又称剩余电流保护器（RCD），是低压断路器的一种特殊类型。它除了具有断路器的功能外（有的只具备其中的一种功能），还能在保护控制系统内有漏电发生时迅速切断电源，以防止人员触电。

漏电就是从正常用电回路以外的事故回路流过电流，如人触电回路。

常用的保护方式有在变压器二次侧进行总保护，以及在线路末端进行末端保护及多级保护。

1. 类型

常用漏电断路器有电压型和电流型两类，而电流型又分为电磁式和电子式两种。

电压型漏电断路器用于变压器中性点不接地的低压电网，其特点是当人身触电时，零线对地出现一个较高的电压，使继电器动作，电源开关跳闸。

电流型漏电断路器主要用于变压器中性点接地的系统，其特点是当人身触电时，由零序电流互感器检测出一个漏电电流，使继电器动作，电源断路器跳闸。

2. 型号的含义

漏电保护器型号的含义如图3-38所示。

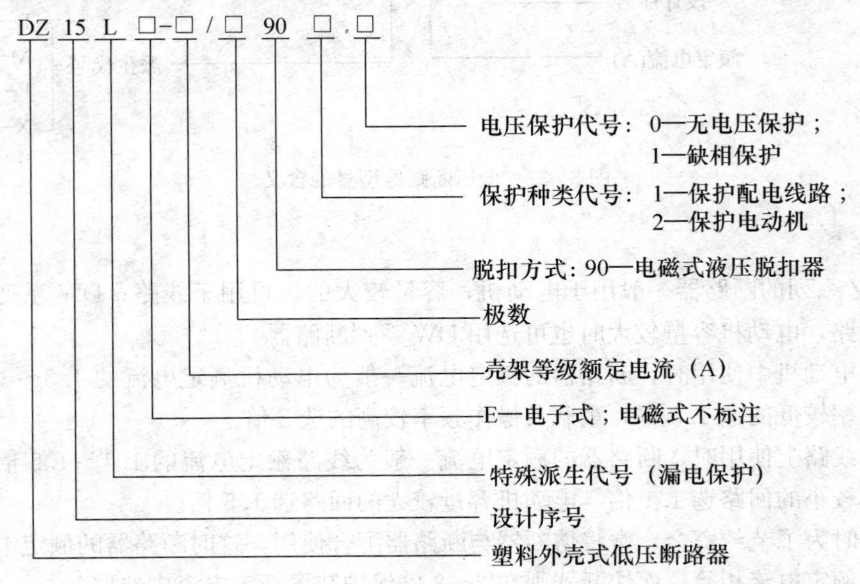

图3-38 漏电保护器型号的含义

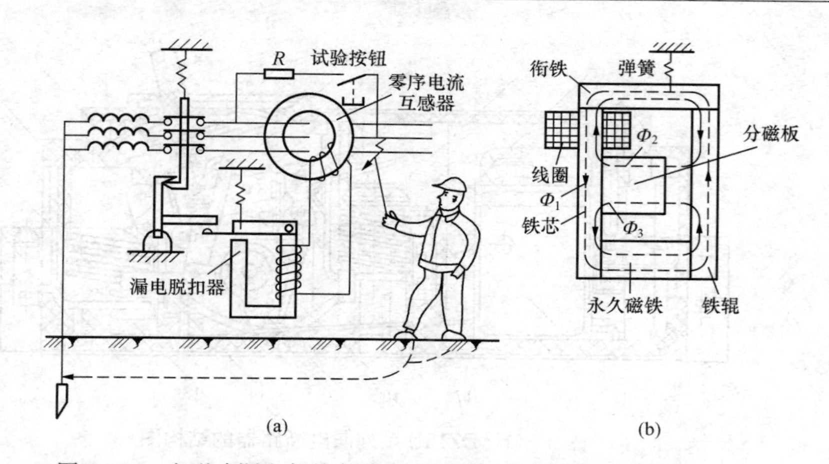

图 3-39　电磁式漏电保护断路器的结构和保护原理示意图

(a) 电磁式漏电保护断路器的保护原理示意图；(b) 电磁式漏电保护断路器的结构

3. 结构和工作原理

（1）结构。漏电保护器是在漏电电流达到或超过其规定的动作电流值时能自动断开电路的一种开关电器。它的结构可分为三部分：①故障检测用的零序电流互感器；②将测得的电参量变换机械脱扣的漏电脱扣器；③包括触头的操动机构。

漏电保护器根据其脱扣器的不同有电磁式和电子式两类。其中，电磁式漏电保护器由零序电流互感器检测到的信号直接作用于释放式漏电脱扣器，使漏电保护器动作；而电子式漏电保护器是利用零序电流互感器检测到的信号通过电子放大线路放大后，触发晶闸管或晶体管开关电路来接通漏电脱扣器线圈，使漏电保护器动作。这两类漏电保护器的结构和工作原理如图 3-39 和图 3-40 所示。

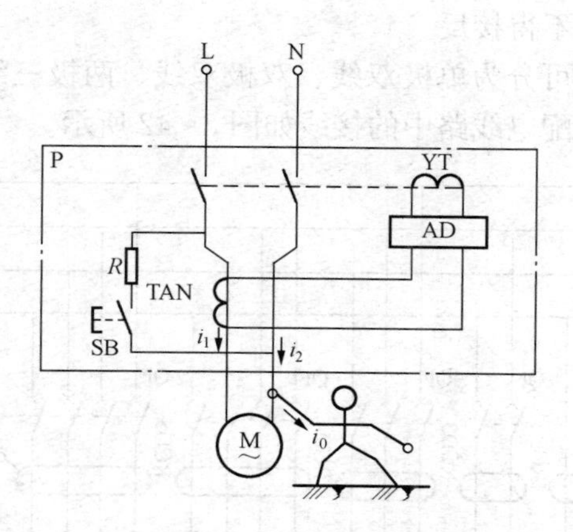

图 3-40　电子式漏电保护器的结构和工作原理示意图

YT—漏电脱扣器；AD—电子放大器；TAN—零序电流互感器；

R—电阻；SB—试验按钮；M—电动机或其他负荷

图 3-41 所示为 DZ15L 系列漏电断路器的结构图。用在 380V、50Hz（或 60Hz），额定电流 63A 及以下的电路中作为漏电保护。

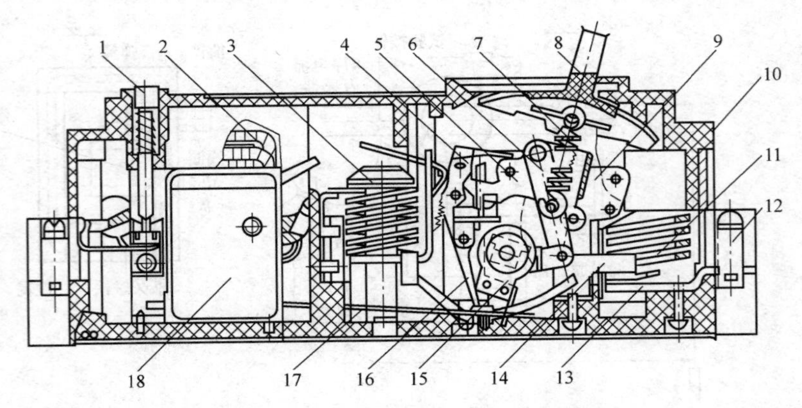

图 3-41 DZ15L 系列漏电断路器的结构图

1—试验按钮部分；2—零序电流互感器；3—液压式过电流脱扣器；4—锁扣及再扣；5—跳扣；
6—连杆部分；7—主拉簧；8—手柄；9—摇臂；10—塑料外壳；11—灭弧室；12—接线端；
13—静触头；14—动触头；15—与转轴相连的复位推摆；16—推动杆；17—脱扣复位杆；18—漏电脱扣器

（2）原理。当电气线路正常工作时，通过零序电流互感器一次侧的三相电流相量和或瞬时值的代数和为零，因此其二次侧无电流；在出现绝缘故障时，漏电电流或触电电流通过大地与电源中性点形成回路，这时，零序电流互感器一次测的三相电流之和不再是零，从而在二次绕组中产生感应电流并通过漏电脱扣器和操动机构的动作来断开带有绝缘故障的回路。

4. 接线

漏电保护器必须按照生产厂家提供的说明书中的接线图接线。接线前应确认系统采用的保护方式（接地或接零），确认被保护设备是单相、两相还是三相，标有电源侧和负荷侧的漏电保护器应按规定接线，不得接反。

漏电保护器按照其极数可分为单极双线、双极双线、两极三线、三极三线、三极四线、四极四线等类型，其在低压配电线路中的接线如图 3-42 所示。

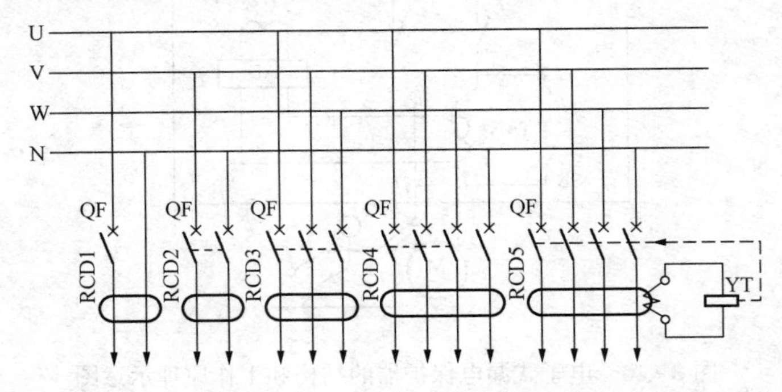

图 3-42 各种 RCD 在低压配电线路中的接线示意图

RCD1—单极双线；RCD2—双极双线；RCD3—三极三线；RCD4—三极四线
RCD5—四极四线；QF—断路器；YT—漏电脱扣器

5. 装设场所与要求

（1）装设场所。由于人手握住手持式或移动式电器时，如果该电器漏电，则人手因触电痉挛而很难摆脱，触电时间一长就会导致死亡。而固定式电器漏电，如人体触及，会因电击刺痛而弹离，一般不会继续触电。由此可见，手持式和移动式电器触电的危险性远远大于固定式电器触电。因此，一般规定安装有手持式和移动式电器的回路上应装设 RCD。由于插座主要是用来连接手持式和移动式电器的，因此插座回路上一般也应装设 RCD。GB 50096—2011《住宅设计规范》规定，除空调电源插座外，其他电源插座回路均应装设 RCD。

（2）要求。

1）PE 线和 PEN 线不得穿过 RCD 的零序电流互感器铁芯。

在 TN-S 系统中或 TN-C-S 系统中的 TN-S 段装设 RCD 时，PE 线不得穿过零序电流互感器的铁芯。否则，在发生单相接地故障时，由于进出互感器铁芯的故障电流相互抵消，RCD 不会动作，如图 3-43（a）所示。而在 TN-C 系统中或 TN-C-S 系统中的 TN 段装设 RCD 时，PEN 线不得穿过零序电流互感器的铁芯，否则，在发生单相接地故障时，RCD 同样不会动作，如图 3-43（b）所示。

对于 TN-C 系统，如果发生单相接地故障，就形成单相短路，其过电流保护装置应该动作，切除故障。

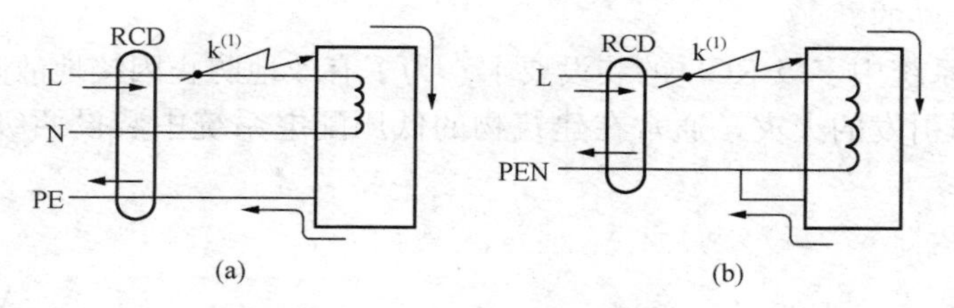

图 3-43　PE 线和 PEN 线不得穿过 RCD 的零序电流互感器铁芯说明

（a）TN-S 系统中的 PE 线穿过 RCD 互感器铁芯时，RCD 不动作；

（b）TN-C 系统中的 PEN 线穿过 RCD 互感器铁芯时，RCD 不动作

TN-S 系统中和 TN-C-S 系统的 TN-S 段中 RCD 的正确接线应如图 3-44 所示。

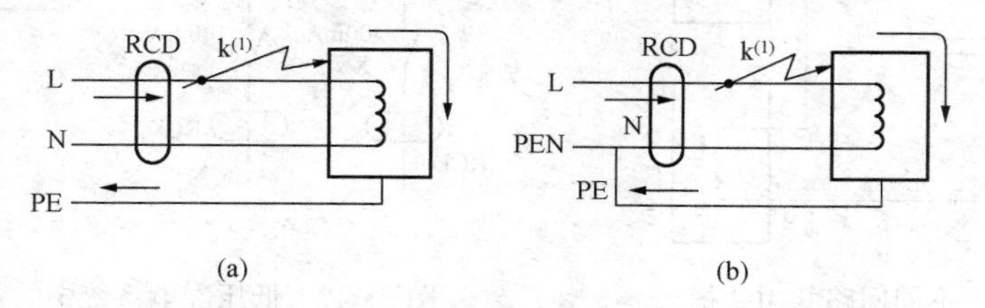

图 3-44　RCD 在 TN 系统中的正确接线

（a）TN-S 系统中 RCD 的正确接线；（b）TN-C-S 系统的 TN-S 段中 RCD 的正确接线

由图 3-43（b）可知，TN-C 系统中不能装设 RCD。或者说，要在 TN-C 系统中装设 RCD，必须采取如图 3-44（b）的接线，但此接线已非 TN-C 系统而是 TN-C-S 系统了。

2）RCD 负荷侧的 N 线与 PE 线不能接反。图 3-45 所示低压配电线路中，假设其中插座 XS2 的 N 线端子误接于 PE 线上，而 PE 线端子误接于 N 线上，则插座 XS2 的负荷电流 I 不是经 N 线而是经 PE 线返回电源，从而使 RCD 的零序电流互感器一次侧出现不平衡电流

I，造成漏电保护器 RCD 无法合闸。

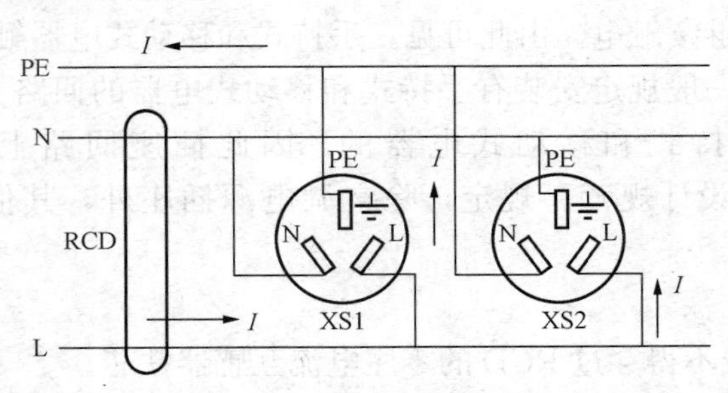

图 3-45 低压配电线路中插座的 N 线与 PE 线接反时，RCD 无法合闸

为了避免 N 线与 PE 线接错，建议在电气安装中，按规定 N 线使用淡蓝色绝缘线，PE 线使用黄绿双色绝缘线，而 U、V、W 三相则分别使用黄、绿、红色绝缘线。

3）装设 RCD 时，不同回路不应共用一根 N 线。在电气施工中，为节约线路投资，往往将几回配电线路共用一根 N 线。图 3-46 所示线路中，将装有 RCD 的回路与其他回路共用一根 N 线。这将使 RCD 的零序电流互感器一次侧出现不平衡电流而引起 RCD 误动，因此这种做法是不允许的。

4）低压配电系统中多级 RCD 的装设要求。为了有效地防止因接地故障引起的人身触电事故及因接地电弧引发的火灾，通常在建筑物的低压配电系统中装设两级或三级 RCD，如图 3-47 所示。

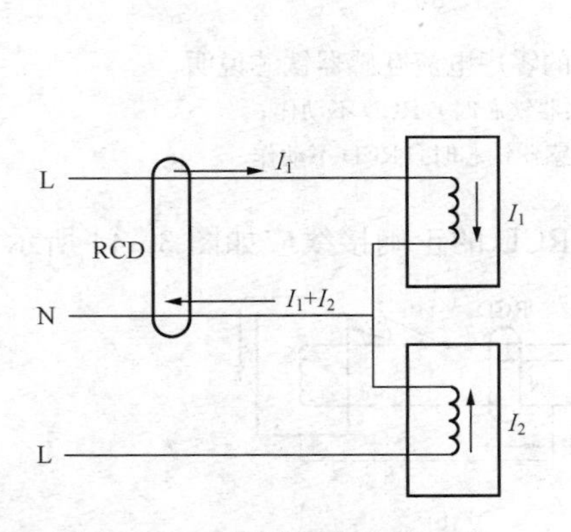

图 3-46 不同回路共用一根 N 线可引起 RCD 误动

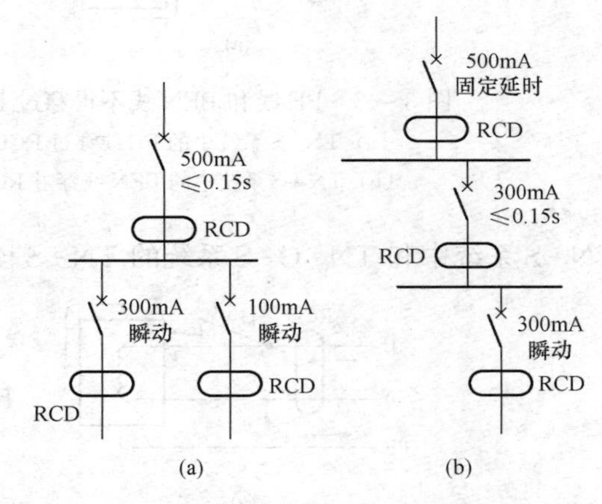

图 3-47 低压配电系统中的多级 RCD
(a) 两级 RCD；(b) 三级 RCD

线路末端装设的 RCD，通常为瞬动型，动作电流一般取为 30mA（安全电流值）；对手持式用电设备，RCD 动作电流则取为 15mA；对医疗电气设备，RCD 动作电流取为 10mA。线路末端为低压开关柜、配电箱时，RCD 动作电流也可取 100mA。其前一级 RCD 则采用选择型，其最长动作时间为 0.15s，动作电流则取 300～500mA，以保证前后 RCD 动作的选择性。根据国内外资料证实，接地电流只有达到 500mA 以上时，其电弧能量才有可能引燃起火。因此从防火安全来说，RCD 的动作电流最大可达 500mA。

6. 选择

（1）根据电气设备的供电方式选用漏电保护器。

1）单相220V电源供电的电气设备应选用双极双线或单极双线式漏电保护器。

2）三相三线380V电源供电的电气设备，应选用三极式漏电保护器。

3）三相四线380V电源供电的电气设备或单相设备与三相设备共用的电路，应选用三极四线式、四极四线式漏电保护器。

（2）根据电气线路的正常泄漏电流选择漏电保护器的额定漏电动作电流。

1）选择漏电保护器的额定漏电动作电流值时，应充分考虑到被保护线路和设备可能发生的正常泄漏电流值，必要时可通过实际测量取得被保护线路或设备的泄漏电流值。

2）选用的漏电保护器的额定漏电不动作电流，应不小于电气线路和设备的正常泄漏电流的最大值的2倍。

（3）根据电气设备的环境要求选用漏电保护器。

1）漏电保护器防护等级应与使用环境条件相适应。

2）电源电压偏差较大的电气设备应优先选用电磁式漏电保护器（指脱扣器是电磁式的电流型漏电保护器，下同）。

3）在高温或特低温环境中的电气设备应优先选用电磁式漏电保护器。

4）雷电活动频繁地区的电气设备应选用冲击电压不动作型漏电保护器。

5）安装在易燃、易爆、潮湿或有腐蚀性气体等恶劣环境中的漏电保护器，应根据有关标准选用有特殊防护条件的漏电保护器，否则应采取相应的防护措施。

（4）对漏电保护器动作参数的选择。

1）手持电动工具、移动电器、家用电器插座回路的设备应优先选用额定漏电动作电流不大于30mA快速动作的漏电保护器。

2）单台电气设备可选用额定漏电动作电流为30mA及以上、100mA及以下快速动作的漏电保护器。

3）有多台设备的总保护应选用额定漏电动作电流为100mA及以上快速动作的漏电保护器。

（5）漏电保护器的选择同其他低压电器一样，必须考虑安装地点及其电压等级、额定电流及保护的功能要求，同时又必须考虑安装地点的泄漏电流、接地电阻及动作时间和动作电流要求。就其电压等级、额定电流及保护功能而言，基本方法与低压断路器相同。

漏电保护器的分级保护与熔断器、断路器的分级保护基本相同，就是前级或总开关的动作电流和动作时间应大于后级或分路开关的动作电流和动作时间，并有一定的比例要求且动作协调配合。

四、互感器的选择

电流互感器（TA），又称仪用变流器。电压互感器（TV），又称仪用变压器。从基本结构原理来看，互感器就是一种特殊变压器。

互感器的主要功能如下：

（1）用来使仪表、继电器等二次设备与主电路绝缘。这既可避免主电路的高电压直接引入仪表、继电器等二次设备，又可防止仪表、继电器等二次设备的故障影响主电路，提高一、二次电路的安全性和可靠性，并有利于人身安全。

（2）用来扩大仪表、继电器等二次设备的应用范围。例如，用一只 5A 的电流表，通过不同电流比的电流互感器就可测量任意大的电流。同样，用一只 100V 的电压表，通过不同电压比的电压互感器就可测量任意高的电压。

（一）电流互感器

1. 结构原理

电流互感器的基本结构和接线如图 3-48 所示。

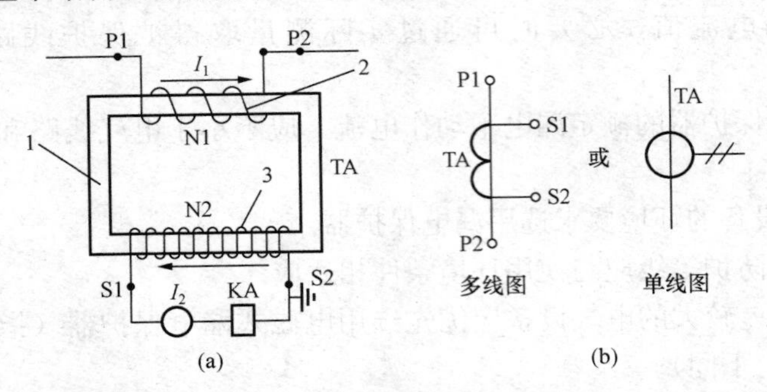

图 3-48 电流互感器的基本结构和接线

（a）基本结构；（b）接线图

1—铁芯；2—一次绕组；3—二次绕组

电流互感器的结构特点：一次绕组匝数少，导线粗；二次绕组匝数多，导线细。工作时，一次绕组串接在被测的一次电路中，而二次绕组则与仪表、继电器等的电流线圈串联，形成一个闭合回路。二次绕组的额定电流一般为 5A。

电流互感器的一次电流 I_1 与二次电流 I_2 的关系为

$$I_1 \approx \frac{N_2}{N_1} I_2 \approx K_i I_2$$

电流比 K_i 一般表示为其一次、二次额定电流之比，如 100A/5A。

高压电流互感器多制成不同准确度级的两个铁芯和两个二次绕组，分别接测量仪表和继电器，以满足测量和保护的不同要求。

电气测量对电流互感器的准确度要求较高，且要求在一次电路短路时仪表受的冲击小，因此测量用电流互感器的铁芯在一次电路短路时应易于饱和，以限制二次电流的增长倍数。而继电保护用电流互感器的铁芯则在一次电流短路时不应饱和，使二次电流能与一次电流成比例地增长，以适应保护灵敏度的要求。

图 3-49 所示为户内高压 LQJ-10 型电流互感器的外形图。它有两个铁芯和两个二次绕组，分别为 0.5 级和 3 级，0.5 级用于测量，3 级用于继电保护。

图 3-50 所示为户内低压 LMZJ1-0.5 型（500～800A/5A）电流互感器的外形图。它不含一次绕组，穿过其铁芯的母线就是其一次绕组（相当于 1 匝）。它用于 500V 及以下配电装置中。

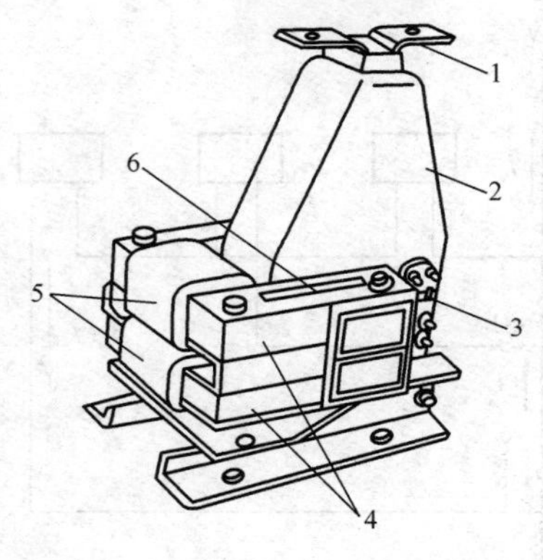

图 3-49　LQJ-10 型电流互感器
1——次接线端子；2——次绕组；
3—二次接线端子；4—铁芯；5—二次绕组；
6—警示牌

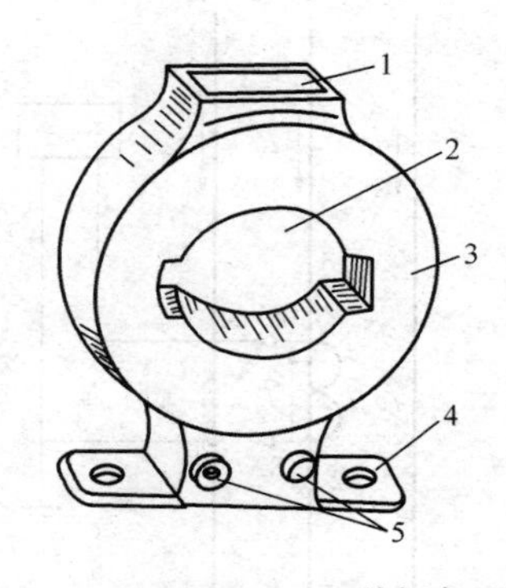

图 3-50　LMZJ1-0.5 型电流互感器
1—铭牌；2——次母线穿孔；
3—铁芯；4—安装板；5—二次接线端子

2. 型号的含义

电流互感器型号的含义如图 3-51 所示。

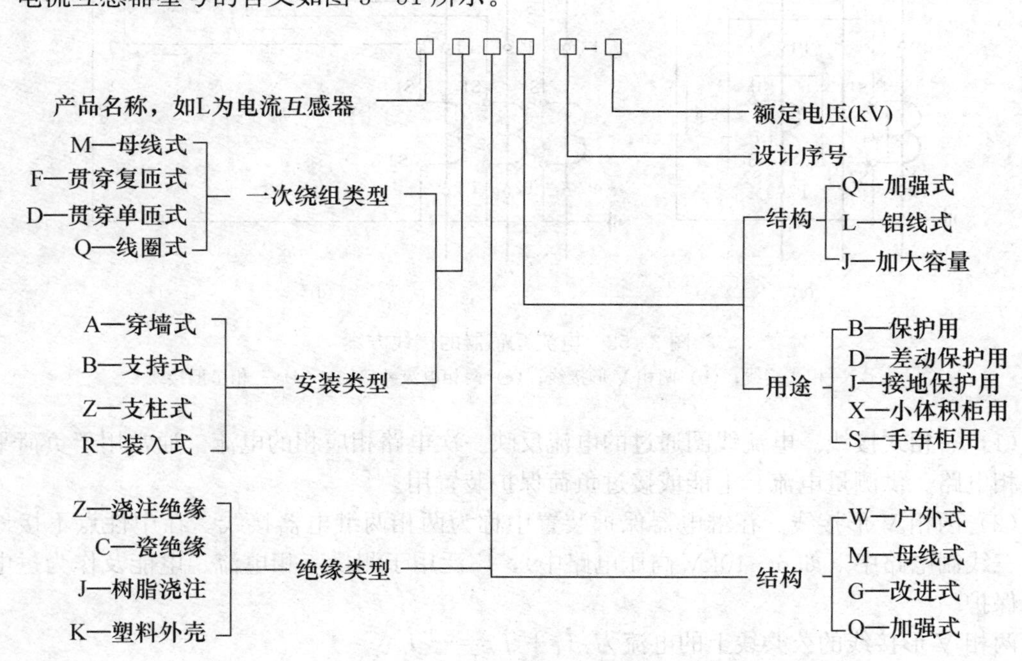

图 3-51　电流互感器型号的含义

3. 在三相电路中的接线方案

电流互感器在三相电路中的接线方案如图 3-52 所示。

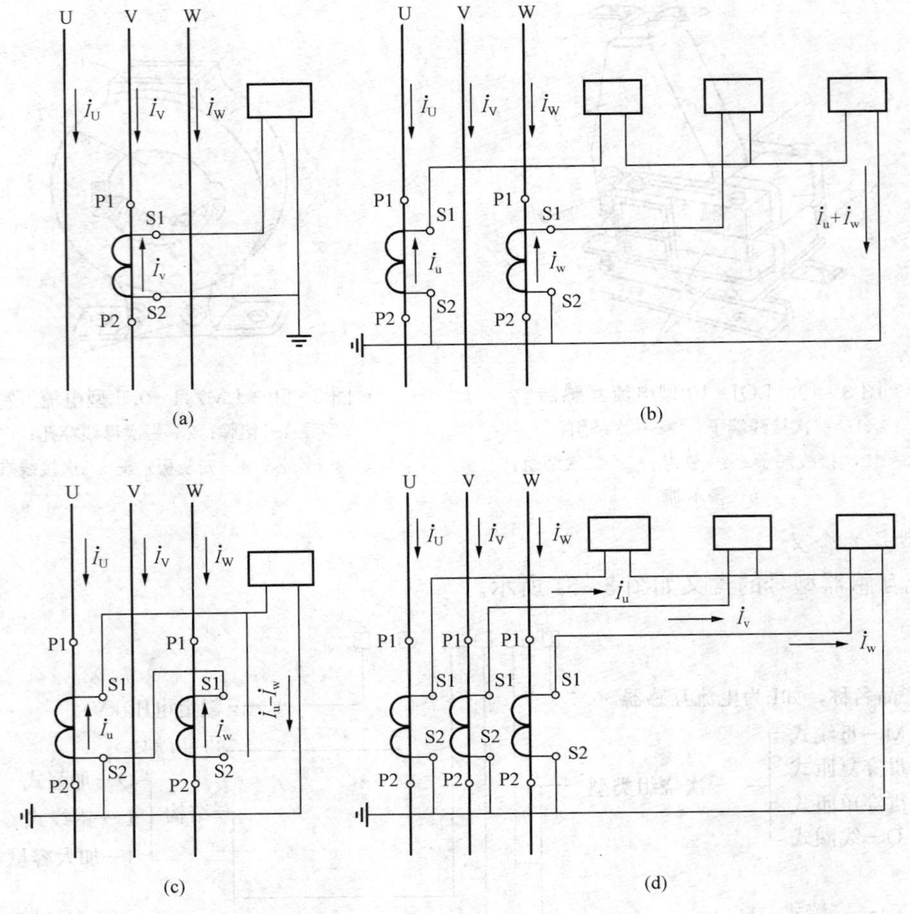

图 3-52 电流互感器的接线方案

(a) 一相式接线；(b) 两相 V 形接线；(c) 两相电流差接线；(d) 三相星形接线

(1) 一相式接线。电流线圈通过的电流反映一次电路相应相的电流。通常用于负荷平衡的三相电路。供测量电流、电能或接过负荷保护装置用。

(2) 两相 V 形接线。在继电器保护装置中称为两相两继电器接线。在中性点不接地的三相三线制电路中（如 6～10kV 高压电路中），广泛用于测量三相电流、电能及作为过电流继电保护。

两相 V 形接线的公共线上的电流为 $\dot{I}_u+\dot{I}_w=-\dot{I}_v$。

(3) 两相电流差接线。互感器二次侧公共线上的电流为 $\dot{I}_u-\dot{I}_w$，其量值为相电流的$\sqrt{3}$倍，适用于中性点不接地的三相三线制电路中作为过电流保护。在继电保护装置中，此接线也称为两相一继电器接线。

(4) 三相星形接线。这种接线中的三个电流线圈，正好反映各相的电流，广泛用在负荷一般不平衡的三相四线制系统（如 TN 系统）中，也用在负荷可能不平衡的三相三线制系统中，用于三相电流、电能的测量及过电流继电保护。

4. 选择

(1) 电流互感器的选择与校验主要有以下几个条件。

1）电流互感器额定电压应不低于装设地点线路的额定电压。

2）根据一次测的负荷计算电流 I_{30}，选择电流互感器的电流比。

3）根据二次回路的要求选择电流互感器的准确度并校验准确度。

4）校验动稳定度和热稳定度。

5）电流互感器的类型和结构应与实际安装地点的安装条件、环境条件相适应。

（2）电流互感器电流比的选择。电流互感器的电流比为

$$K_i = I_{1N}/I_{2N} \tag{3-28}$$

式中　I_{1N}——电流互感器的一次侧额定电流；

I_{2N}——二次侧额定电流，一般为5A。

电流互感器一次侧额定电流 I_{1N} 有20、30、40、50、75、100、150、200、300、400、600、800、1000、1200、1500、2000A等多种规格，二次侧额定电流 I_{2N} 通常为5A。例如，线路中的负荷计算电流为350A，则电流互感器的电流比应选择400A/5A。

保护用的电流互感器为保证其准确度要求，可以将变比选得大一些。

（3）电流互感器准确度的选择及校验。

1）电流互感器准确度等级的选用。应根据二次回路所接测量仪表和保护电器对准确度等级的要求而定。

准确度选择的原则是：计费计量用的电流互感器，其准确度为0.2～0.5级；一般计量用的电流互感器，其准确度为1.0～3.0级；保护用的电流互感器，常采用10P准确度级。为保证测量的准确性，电流互感器的准确度级应不低于所供测量仪表等要求的准确度级。例如，实验室用精密测量仪表要求电流互感器有0.2级的准确度；用于计费用的电能表一般要求为0.5～1级的准确度，因此对应的电流互感器的准确度级也应选为0.5级；一般测量仪表或估算用电能表要求1～3级准确度，相应的电流互感器的准确度应为1～3级，以此类推。

当同一回路中测量仪表的准确度级要求不同时，应按准确度级最高的仪表确定电流互感器的准确度级。

2）额定二次负荷容量的选择。由于电流互感器的准确度级与其二次负荷容量有关，为了确保准确度误差不超过规定值，一般还需校验电流互感器的二次负荷容量（VA），即其二次侧所接负荷容量 S_2 不得大于规定的准确度级所对应的额定二次负荷容量 S_{2N}，准确度的校验公式为

$$S_{2N} \geqslant S_2 \tag{3-29}$$

电流互感器的二次负荷 S_2 取决于二次回路的阻抗值，可按下式计算

$$S_2 = I_{2N}^2 |Z_2| \approx I_{2N}^2 (\sum |Z_i| + R_{WL} + R_{XC}) \tag{3-30}$$

或

$$S_2 \approx \sum S_i + I_{2N}^2 (R_{WL} + R_{XC}) \tag{3-31}$$

式中　I_{2N}——电流互感器二次侧额定电流，一般为5A；

$|Z_2|$——电流互感器二次侧总阻抗；

$\sum |Z_i|$——二次回路中所有串联的仪表、继电器电流线圈阻抗之和；

$\sum S_i$——二次回路中所有串联的仪表、继电器电流线圈的负荷容量之和，均可由相关的产品样本查得；

R_{WL}——电流互感器二次侧连接导线的电阻；

R_{XC}——电流互感器二次回路中的接触电阻，一般近似地取0.1Ω。

(4) 电流互感器动稳定度和热稳定度的校验。多数电流互感器都给出了对应于额定一次电流的动稳定倍数（K_{es}）和1s热稳定倍数（K_t），因此其动稳定度可按下式校验

$$K_{es}\times\sqrt{2}I_{1N}\geqslant i_{sh} \tag{3-32}$$

热稳定度可按下式校验

$$(K_tI_{1N})^2t\geqslant I_{\infty}^{(3)2}t_{ima} \tag{3-33}$$

如电流互感器不满足上述各式的要求，则应改选较大电流比或具有较大的 S_{2N} 或 $|Z_{2al}|$ 的电流互感器，或者加大二次侧导线的截面。

5. 使用注意事项

(1) 电流互感器在工作时其二次侧不得开路。

(2) 电流互感器的二次侧有一端必须接地。这样做是为了防止其一、二次绕组间绝缘击穿时，一次侧的高电压窜入二次侧，危及人身和设备的安全。

(3) 电流互感器在连接时，要注意其端子的极性。

附录D列出了部分电流互感器的技术数据，以便需要时查用。

(二) 电压互感器

1. 结构和原理

电压互感器一次绕组并联在一次电路中，而二次绕组则并联仪表、继电器的电压线圈，如图3-53所示。其外形如图3-54所示。

结构特点：一次绕组匝数多，二次绕组匝数少。二次绕组的额定电压一般为100V。

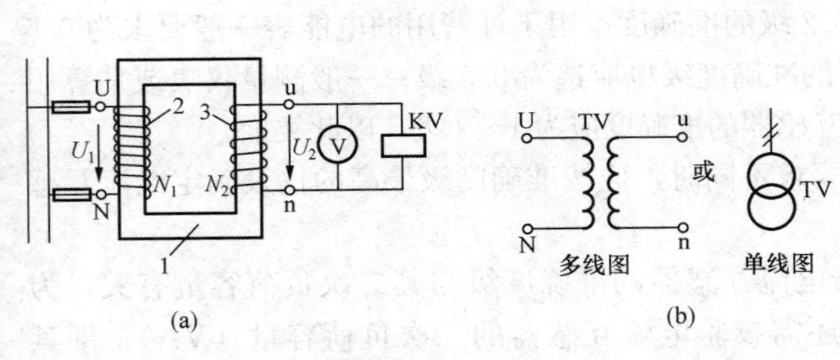

图3-53 电压互感器的基本结构和接线图
(a) 基本结构；(b) 接线图
1—铁芯；2—一次绕组；3—二次绕组

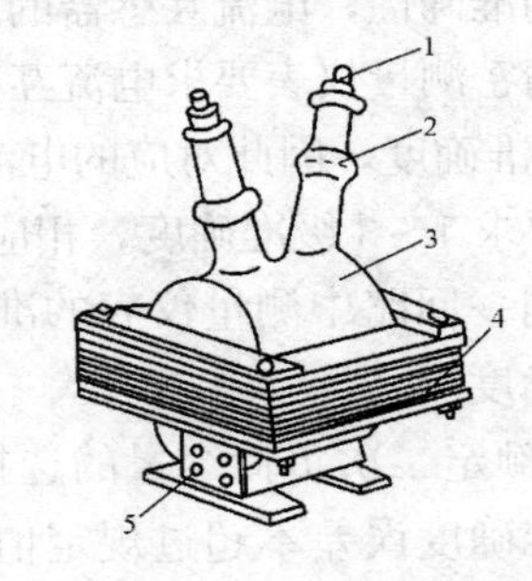

图3-54 JDZJ—10型电压互感器
1—一次接线端子；2—高压绝缘套管；3—一、二次绕组；4—铁芯；5—二次接线端子

2. 型号的含义

电压互感器型号的含义如图3-55所示。

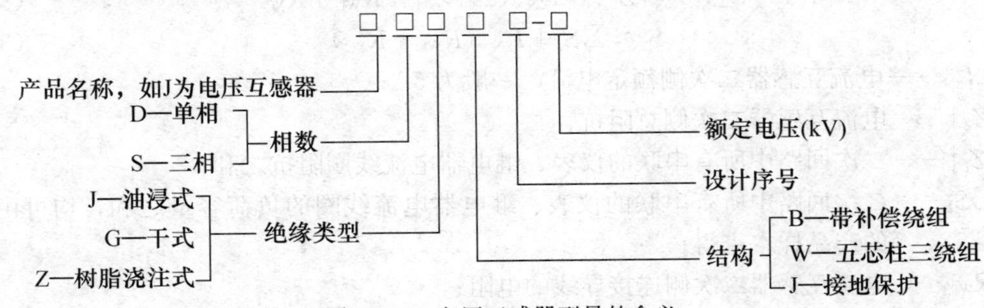

图3-55 电压互感器型号的含义

3. 在三相电路中的接线方案

电压互感器在三相电路中接线方案如图 3-56 所示。

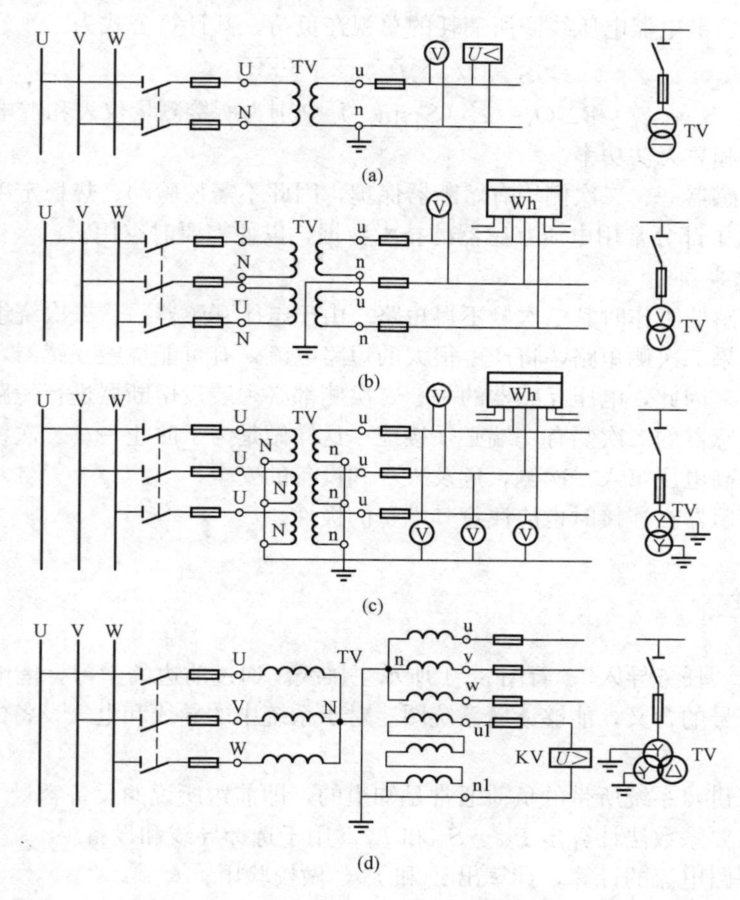

图 3-56　电压互感器的接线方案

(a) 一个单相电压互感器的接线；(b) 两个单相电压互感器接成 Vv 形；

(c) 三个单相电压互感器接成 YNyn 形；

(d) 三个单相三绕组电压互感器或一个三相五芯柱三绕组电压互感器接成 YNynd 形

图 3-56（d）所示为三个单相三绕组电压互感器或一个三相五芯柱三绕组电压互感器接成 YNynd 形。接成开口三角形的辅助二次绕组，接电压继电器。一次电压正常时，由于三个相电压对称，因此开口三角形两端的电压接近于零。当某一相接地时，开口三角形两端将出现近 100V 的零序电压，使电压继电器动作，发出信号。

4. 选择

电压互感器的选择应按以下几个条件进行。

（1）电压互感器的类型应与实际安装地点的工作条件及环境条件（户内、户外、单相、三相）要适应。

（2）电压互感器的一次侧额定电压应不低于装设点线路的额定电压。

（3）按测量仪表对电压互感器的准确度要求选择并校验准确度。

电压互感器准确度级的设置一般有 5 档，计量用的为 0.5 级及以上，一般测量用的准确度为 1.0～3.0 级，保护用的准确度为 3P 级和 6P 级。为了确保准确度的误差在规定的范围内，其二次侧所接负荷容量 S_2 也必须满足式 $S_{2N} \geqslant S_2$，不同的只是式中的 S_2 为电压互感器二次侧所有仪表、继电器电压线圈所消耗的总视在负荷，其计算公式为

$$S_2 = \sqrt{(\sum P_u)^2 + (\sum Q_u)^2} \tag{3-34}$$

式中，$\sum P_u = \sum(S_u \cos\varphi_u)$ 和 $\sum Q_u = \sum(S_u \sin\varphi_u)$ 分别为所接测量仪表和继电器电压线圈消耗的总有功功率和总无功功率。

由于电压互感器一、二次侧均有熔断器保护，因此不需校验动、热稳定度。

附录 E 列出了部分常用电压互感器的技术数据，以便需要时查用。

5. 使用注意事项

(1) 电压互感器工作时其二次侧不得短路。由于电压互感器一、二次绕组都是在并联状态下工作的，如果二次侧短路，将产生很大的短路电流，有可能烧毁互感器，甚至影响一次电路的安全运行。因此，电压互感器的一、二次侧都必须装设熔断器进行短路保护。

(2) 电压互感器的二次侧有一端必须接地。这样做是为了防止一、二次绕组间的绝缘击穿时，一次侧的高电压窜入二次侧，危及人身和设备的安全。

(3) 电压互感器在连接时也应注意其端子的极性。

任务释疑

回到前边的“任务导入”，看图 3-1 所示主接线。通过前边的学习，能够认识图中的图形符号和文字符号的含义，能够读懂系统图。对于系统中的导线和电气设备的选择，可以做如下分析：

(1) 一般来讲，系统所带的负荷通常是知道的，即前边所说的设备容量 P_t。

(2) 通过需要系数法计算出 P_{30}、S_{30} 和 I_{30}，用于选择导线和设备。

(3) 通过短路电流的计算，计算出 i_{sh} 和 I_{sh}，做校验用。

(4) 通过以上参数及学习过的选择方法，就可以选出需要的导线和元件。

通过以上的学习，能否自行设定参数及支路数，并进行导线和元件的选择？

基础训练

用文字、数字或公式使以下内容变得完整。

1. 一般 10kV 及以下高压线路和低压动力线路，因其负荷电流较大，一般先按__________条件选择导线和电缆截面，然后校验__________和__________。

2. 低压照明线路对电压的要求较高，一般先按__________选择导线和电缆截面，然后按__________和__________进行校验。

3. 35kV 及以上的高压线路及 10kV 以下的长距离、大电流线路，其导线（含电缆）截面先按__________选择，再校验__________、__________和__________。

4. 对于电缆，由于具有高强度的内、外护套，可不必校验其__________，但需校验其__________。

5. 母线应校验其__________时的动稳定度和热稳定度。

6. 按发热条件选择导线和电缆相线截面时，应考虑导线和电缆所在电路中计算电流应

__________导体长期发热的允许电流。

7. 在室外，环境温度一般取当地最热月平均最高气温。在室内，取当地最热月平均最高气温加__________。

8. 一般三相四线制线路的中性线截面积应不小于相线截面积的__________。

9. 两相三线制线路及单相线路的中性线截面，由于其中性线电流与相线电流__________，因此其中性线截面积应与相线截面积__________。

10. 对于全年负荷利用小时数较大，母线较长（长度超过 20m），传输容量较大的回路，均应按__________选择导线截面。

11. 由于线路存在阻抗，所以通过负荷电流时要产生电压损耗。一般线路的允许电压损耗不超过__________。

12. 带有均匀分布负荷的线路，在计算其电压损耗时，可将其分布负荷集中于分布线段的__________，按集中负荷来计算。

13. 高压断路器在电路正常工作时用来接通和开断负载电流，起__________作用；在发生短路时通过继电保护装置的作用将故障线路的短路电流开断，起__________作用。

14. 根据所采用的灭弧介质及其作用原理，断路器可分为__________、__________、__________等。

15. SW3-110G/1200-3000 的型号含义为：SW 表示__________，3 表示__________，110 表示__________，G 表示__________，1200 表示__________，3000 表示__________。

16. 少油断路器中的油量少（几千克），主要起__________作用；而多油断路器中油量多（十几至几十千克），起__________和__________的双重作用。

17. 额定开断电流指断路器能断开的最大__________电流。

18. 高压断路器的额定电压和电流__________安装地点的线路电压和计算电流。

19. 高压隔离开关没有灭弧装置，除开断很小的电流外，不能用来开断负荷电流。

20. 高压隔离开关的作用是：①__________；②__________；③__________。

21. GN6-10T/400 的含义为：G 表示__________，N 表示__________，6 表示__________，10 表示__________，T 表示__________，400 表示__________。

22. 高压隔离开关的额定电压应__________安装处的线路额定电压。

23. 高压隔离开关的额定电流应__________通过它的计算电流。

24. 高压负荷开关能开断正常负荷电流和过负荷电流，也能关合一定的短路电流，但不能开断__________电流。

25. FN2-10R/400 的含义是，F 表示__________，N 表示__________，2 表示__________，10 表示__________，R 表示__________，400 表示__________。

26. 当电路发生__________或__________时，熔断器直接利用熔体产生的热量引起本身熔断，从而切断故障电路使电气设备免受损坏，并维护电力系统其余部分的正常工作。

27. 额定电流为__________的熔断器用于电压互感器保护，额定电流为__________的用于线路或电力变压器的过负荷与短路保护。

28. RW2-10 的含义是：R 表示__________，W 表示__________，2 表示__________，10 表示__________。

29. 对于一般的高压熔断器，其额定电压必须__________电网的额定电压。对于填充石英砂的限流熔断器，只能用在________其额定电压的电网。

30. 熔断器的作用主要是保护电气系统的________。当系统的冲击负荷很小或为零时，以及电气设备的容量较小、对保护要求不高时，宜兼做________保护。

31. 如果熔室内漆黑一片并有飞溅的金属小颗粒，则说明熔丝熔断是由________造成的；如果熔室内只是熔丝的中间或与螺钉固定部位断开并有流滴金属液的痕迹，或只有较轻的黑痕，则说明熔丝熔断是由________造成的。

32. 一般条件下，电动机直接启动时其熔丝的额定电流可按________倍额定电流选取，间接启动可按________倍选取。照明电路可按额定电流的________倍选取，荧光灯较多的电路应按________倍选取。

33. 低压负荷开关的选择，电动机电路可按电动机额定电流的________倍考虑，照明电路可按负载计算电流的________倍考虑。熔丝的额定电流不得________开关的额定电流。

34. 组合开关也叫________开关。

35. 转换开关可作为________ kW 及以下电动机不频繁直接轻载启动的控制开关，也可作为________ kW 及以下电动机频繁直接轻载启动的控制开关。

36. 用于照明或电加热电路时，组合开关的额定电流应不小于被控制电路中负载电流，可按负载计算电流的________倍考虑。

37. 用于电动机电路时，组合开关的额定电流是电动机额定电流的________倍。

38. 低压断路器俗称________。

39. 自动空气断路器的选择，用于电动机时，断路器的额定电流一般为电动机额定电流的________倍。轻载及操作频率较低的选________倍，重载及操作频率较高的选________倍。

用在线路上时，断路器的额定电流一般为线路额定电流的________倍，线路中电动机容量较小的回路选________倍，电动机容量较大的回路选________倍。

40. 前、后级两低压断路器之间的选择性配合前一级的动作电流应大于后一级动作电流的________倍。

41. 电流互感器结构特点：一次绕组匝数________，导线________；二次绕组匝数________，导线________。工作时，一次绕组________接在被测的一次电路中，而二次绕组则与仪表、继电器等的________线圈串联，形成一个闭合回路。

42. 电流互感器二次绕组的额定电流一般为________。

43. 电气测量对电流互感器的准确度要求较高，且要求在一次电路短路时仪表受的冲击小，因此测量用电流互感器的铁芯在一次电路短路时应________，以限制二次电流的增长倍数。而继电保护用电流互感器的铁芯则在一次电流短路时________，使二次电流能与一次电流成比例地增长，以适应保护灵敏度的要求。

44. 电流互感器的准确度级与________有关。互感器满足准确度级要求的条件为________。

45. 电流互感器在工作时其二次侧不得________。

46. 电流互感器的二次侧有一端必须________。

47. 电压互感器一次绕组________在一次电路中，而二次绕组则并联仪表、继电器的________线圈。

48. 电压互感器的结构特点：一次绕组匝数＿＿＿＿＿，二次绕组匝数＿＿＿＿＿。二次绕组的额定电压一般为＿＿＿＿＿。

49. 一次电压正常时，由于三个相电压对称，因此开口三角形两端的电压接近于＿＿＿＿＿。当某一相接地时，开口三角形两端将出现近＿＿＿＿＿的零序电压，使电压继电器动作，发出信号。

50. 电压互感器工作时其二次侧不得＿＿＿＿＿。

51. 电压互感器的二次侧有一端必须＿＿＿＿＿。

技能训练

（一）训练内容

导线、电缆、高压断路器、互感器等的选择。

（二）训练目的

（1）熟练掌握选择导线和电气设备所需的计算方法。

（2）掌握选择导线和电气设备的方法。

（3）学会校验方法。

（三）训练项目

项目一　已知某地区变电站以35kV架空线向工厂供电，已经计算得知其工厂的有功计算负荷为1171.4kW，视在计算负荷为1313.5kVA，年最大负荷利用小时数为5600h，架空线路采用LGJ型钢芯铝绞线。试选择其经济截面，并校验发热条件和机械强度。

解　（1）选择经济截面。工作时的计算电流为

$$I_{30}=\frac{S_{30}}{\sqrt{3}U_{\rm N}}=\frac{1313.5}{\sqrt{3}\times 35}=21.7\ (\rm A)$$

由表3-3查得经济电流密度 $J_{\rm ec}=0.9{\rm A/mm^2}$，所以

$$A_{\rm ec}=\frac{21.7}{0.9}=24.1\ ({\rm mm^2})$$

选择标准截面25mm²，即LGJ-25型钢芯铝绞线。

（2）校验发热条件。查附录G得知，LGJ-25型钢芯铝绞线的允许载流量（假设环境温度为25℃）为135A＞21.7A，因此满足发热条件。

（3）校验机械强度。查表J-2得知，35kV架空钢芯铝绞线的最小截面为35mm²＞25mm²，因此所选LGJ-25型钢芯铝绞线不满足机械强度要求，要选择35mm²的导线。

项目二　有一条用LJ型铝绞线架设的5km长的10kV架空线路，计算负荷为1380kW。$\cos\varphi=0.7$，$T_{\max}=4800{\rm h}$。试选择其经济截面，并校验其发热条件和机械强度。

解　（1）选择经济截面。工作时的计算电流为

$$I_{30}=P_{30}/(\sqrt{3}U_{\rm N}\cos\varphi)\ =1380/\sqrt{3}\times 10\times 0.7=114\ (\rm A)$$

由表3-3查得 $J_{\rm ec}=1.15{\rm A/mm^2}$，因此

$$A_{\rm ec}=114/1.15=99\ ({\rm mm^2})$$

因此初选的标准截面为95mm²，即LJ-95型铝绞线。

（2）校验发热条件。查附录G得LJ-95型钢芯铝绞线的允许载流量（室外25℃时）$I_{\rm al}=325{\rm A}>I_{30}=114{\rm A}$，因此满足发热条件。

（3）校验机械强度。查表 J-2 得 10kV 架空铝绞线的最小截面 $A_{min}=35mm^2<A=95mm^2$，校验通过。

项目三 试校验项目二所选 LJ-95 型铝绞线是否满足允许电压损耗 5%的要求。已知该线路导线为等边三角形排列，线距为 1m。

解 由项目二知 $P_{30}=1380kW$、$\cos\varphi=0.7$，因此 $\tan\varphi=1$，$Q_{30}=P_{30}\tan\varphi=1380kvar$。又利用 $a_{av}=1m$ 及 $A=95mm^2$ 查表 K-2，得 $R_0=0.365\Omega/km$，$X_0=0.34\Omega/km$。

所以线路的电压损耗为

$$\Delta U=\frac{pR+qX}{U_N}=\frac{1380\times(5\times0.365)+1380\times(5\times0.34)}{10}=483\ (V)$$

线路的电压损耗百分值为

$$\Delta U\%=\Delta U/U_N=483/10=4.83\%$$

它小于 $\Delta U_{al}=5\%$，因此所选 LJ-95 型铝绞线满足电压损耗的要求。

项目四 某工厂变电站高压 10kV 母线上某点短路时，三相短路电流周期分量有效值 $I^{(3)}=2.86kA$，三相短路次暂态电流和稳态电流 $I''^{(3)}=I_{\infty}^{(3)}=2.86kA$，三相短路冲击电流及第一个周期短路全电流有效值分别为 7.29、4.32kA。已知该进线的计算电流为 350A，继电保护的动作时间为 1.1s，断路器的断路时间取 0.2s。试选择 10kV 进线侧高压少油断路器的规格。

解 根据已知条件，可初选 SN10-10Ⅰ/630-300 型断路器进行校验，见表 3-5，其技术参数查表 3-6。

由校验结果可知 SN10-10Ⅰ/630-300 型断路器是满足要求的。

表 3-5　断路器选择结果表

序号	装置地点的电气条件		SN10-10Ⅰ/630-300 型断路器		
	项目	数据	项目	数据	结论
1	U_N	10kV	U_N	10kV	合格
2	I_{30}	350A	I_N	630A	合格
3	$I_k^{(3)}$	2.86kA	I_{∞}	16kA	合格
4	$i_{sh}^{(3)}$	7.29kA	i_{max}	40kA	合格
5	$I_{\infty}^{(3)2}t_{ima}$	2.86×(1.1+0.2)=10.6	$I_2^2\times2$	$16^2\times2=512$	合格

表 3-6　少油断路器的技术参数

型号	电压/kV		额定电流/A	额定断流容量/MVA			额定开断电流/kA			额定动稳定电流/kA		热稳定电流/kA				固有分闸时间/s	合闸时间/s
	额定	最大		3kV	6kV	10kV	3kV	6kV	10kV	峰值	有效值	1s	4s	5s	10s		
SN_2-10	10		400 600 1000	100	200	350	20	20	20	52	30	30		20	14	0.1	0.23
SN_4-10G	10	11.5	5000 6000			1800			105	300	173	173		120	85	0.15	0.65
SN_4-20G	20	23	6000 8000 12 000			(20kV) 3000			(20kV) 87	300	173	173		120	85	0.15	0.75

续表

型号	电压/kV		额定电流/A	额定断流容量/MVA			额定开断电流/kA			额定动稳定电流/kA		热稳定电流/kA				固有分闸时间/s	合闸时间/s
	额定	最大		3kV	6kV	10kV	3kV	6kV	10kV	峰值	有效值	1s	4s	5s	10s		
SN_3-10	10	11.5	2000 8000		400 400	400 400			23 24	75	43.5	43.5		30	21	0.14	0.5
SN_{10}-10Ⅰ	10	11.5	630 1000					20	16	40			16 (2s)			0.06	0.2
SN_{10}-10Ⅱ			1000						31.5	80			31.5 (2s)				
SN_{10}-10Ⅲ			1250 2000 3000						40	125		40 (4s)				0.07 0.07	
SN_{11}-10	10	11.5	600 1000			350			20	50	30	30		20	14	0.05	0.23
SN_{10}-15	15	17.5	1000						25 (15kV)	62.5			25			≤0.06	
SN_{10}-35	35	40.5	1250					16 (35kV) 20 (95kV)		40 50			16 20			≤0.06	0.25
SW_3-35	35		600 1000		1500			6.6		17	9.8		6.6			0.06	0.12
SW_2-35 SW_2-35C	35	40	1000 1500		1000 1500			15.5 24.8		63.4	39.2		16.5 24.8			0.06	0.4
SW_4-35			1250					16.5		42			16.5			0.08	0.35

项目五　选择某10kV母线上测量用电压互感器。电压互感器及仪表接线如图3-57所示，负荷分配见表3-7。

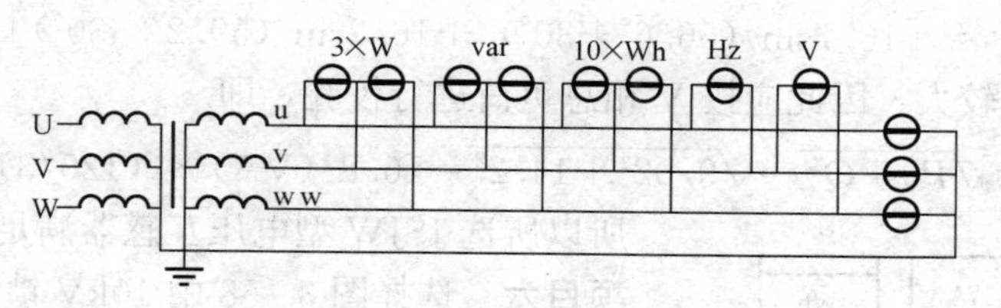

图3-57　电压互感器与仪表接线

表3-7　**电压互感器各项负荷分配（不完全星形负荷部分）**

仪表名称及型号	每线圈消耗功率/VA	仪表电压线圈		仪表数目	uv相		vw相	
		cosφ	sinφ		P_{uv}	Q_{uv}	P_{vw}	Q_{vw}
有功功率表46D1（W）	0.6	1		3	1.8		1.8	
无功功率表46D1（VA）	0.5	1	0.925	1	0.5	13.9	0.5	13.9
有功电能表DS1	1.5	0.38		10	5.7		5.7	

续表

仪表名称及型号	每线圈消耗功率/VA	仪表电压线圈		仪表数目	uv 相		vw 相	
		cosφ	sinφ		P_{uv}	Q_{uv}	P_{vw}	Q_{vw}
频率表 46L1（Hz）	1.2	1		1	1.2	13.9		
电压表 L1（V）	0.3	1	0.925	1			0.3	13.9
总　计					9.2	13.9	8.3	13.9

解　鉴于 10kV 系统为中性点不接地系统，电压互感器除用于测量仪表外，还可用作交流电网绝缘监视，因此，查附录 E，选用 JSJW-10 型三相五柱式电压互感器（或选用带接地保护的 3 只单相 JDZJ-10 型浇注绝缘的电压互感器）。由于回路接有计费用电能表，所以选用 0.5 准确度级的电压互感器，三相总的额定容量为 120VA；电压互感器联结组别为 YNynd。

根据表 3-5，可求出不完全星形部分负荷为

$$S_{uv}=\sqrt{P_{uv}^2+Q_{uv}^2}=\sqrt{9.2^2+13.9^2}=16.7\ (VA)$$

$$S_{vw}=\sqrt{P_{vw}^2+Q_{vw}^2}=\sqrt{8.3^2+13.9^2}=16.2\ (VA)$$

$$\cos\varphi_{uv}=P_{uv}/S_{uv}=9.2/16.7=0.55,\ \varphi_{uv}=56.6°$$

$$\cos\varphi_{vw}=P_{vw}/S_{vw}=8.3/16.2=0.51,\ \varphi_{vw}=59.2°$$

由于每相上有绝缘监视电压表（$P=0.3W$，$Q=0$），所以 U 相负荷为

$$P_U=[S_{uv}\cos(\varphi_{uv}-30°)]/\sqrt{3}+P_u=[16.7\cos(56.6°-30°)]/\sqrt{3}+0.3=8.62\ (W)$$

$$Q_U=[S_{uv}\sin(\varphi_{uv}-30°)]/\sqrt{3}=[16.7\cos(56.6°-30°)]/\sqrt{3}=4.3\ (W)$$

V 相负荷为

$$P_V=[S_{uv}\cos(\varphi_{uv}+30°)+S_{vw}\cos(\varphi_{vw}-30°)]/\sqrt{3}+P_v$$
$$=[16.7\cos(56.6°+30°)+16.2\cos(59.2°-30°)]/\sqrt{3}+0.3=9.04\ (W)$$

$$Q_V=[S_{uv}\cos(\varphi_{uv}+30°)+S_{vw}\cos(\varphi_{vw}-30°)]/\sqrt{3}$$
$$=[16.7\sin(56.6°+30°)+16.2\sin(59.2°-30°)]/\sqrt{3}=14.2\ (W)$$

显然 V 相负荷较大，因此应按 V 相总负荷进行校验，即

$$S_V=\sqrt{P_V^2+Q_V^2}=\sqrt{9.02^2+14.2^2}=16.8\ (VA)<(120/3)\ VA$$

所以所选 JSJW 型电压互感器满足要求。

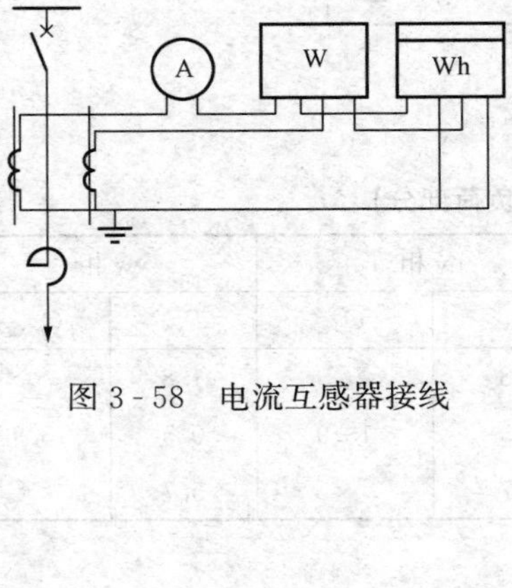

项目六　选择图 3-58 中 10kV 馈线上的电流互感器。已知电抗器后短路时，$i_{sh}=22.6kA$，$Q_k=78.7kA^2\cdot s$，出线相间距离 $a=0.4m$，电流互感器至最近绝缘子的距离 $L=1m$，电流互感器回路的仪表及接线如图 3-58 所示，电流互感器与测量仪表相距 40m。

A W Wh

图 3-58　电流互感器接线

解　(1) 电流互感器的负荷统计见表 3-8，其最大负荷为 1.45VA。

表 3-8　电流互感器负荷　VA

仪表电流线圈名称	U相	W相
电流表（46L1-A）	0.35	
功率表（46D1-W）	0.6	0.6
电能表（DS1）	0.5	0.5
总计	1.45	1.1

（2）选择电流互感器。根据电流互感器安装处的电网电压、最大工作电流和安装地点的要求，查表 3-9，初选户内型电流互感器。互感器变比为 400/5，由于是供给计费电能表用，所以应选 0.5 级。其二次负荷额定阻抗为 0.8Ω，动稳定倍数 $K_{es}=130$，热稳定倍数 $K_t=75$。

表 3-9　部分电流互感器技术数据

LJ-ϕ75 型零序电流互感器	穿电缆根数	二次阻抗	整定电流/A	灵敏度	二次不平衡电压/MV
LJ-1	1	1	0.1	10	
LJ-2	1～2	10	0.03	1.3	40
LJ-4	3～4	10	0.03	1.3	40
LJ-7	5～7	10	0.03	1.8	40

注　本系列为电缆式零序电流互感器，ϕ759 窗口直径，供电中性点不直接接地系统的接地保护，配继电器 DD11/0.2。

（3）选择互感器连接导线的截面。互感器二次额定阻抗 $Z_{N2}=0.8\Omega$，最大相负荷阻抗

$$r_a = P_{max}/I_{N2}^2 = 1.45/25 = 0.058(\Omega)$$

电流互感器接线为两相 V 形接线，连接线的计算长度 $L_c=\sqrt{3}L$，则

$$S \geqslant \rho L_c [Z_{N2} - (r_a + r_c)] = 1.83\ (\mathrm{mm}^2)$$

选用标准截面为 2.5mm² 的铜线。

（4）校验所选电流互感器的热稳定和动稳定。按照规定，应按电抗器后短路校验。

热稳定校验为

$$(K_t I_{N1})^2 = (7.5\times0.4)^2 = 900\mathrm{kA}^2\cdot\mathrm{s} > 78.7\mathrm{kA}^2\cdot\mathrm{s}$$

内部动稳定校验为

$$\sqrt{2}I_{N1}K_{es} = \sqrt{2}\times0.4\times130 = 73.5\mathrm{kA}^2\cdot\mathrm{s} > 22.6\mathrm{kA}$$

由于 LFZJ1 型电流互感器为浇注式绝缘，所以不需要校验外部动稳定。

任务考核

（一）判断题

1. 10kV 及以下高压线路和低压动力线路，因其负荷电流较小，一般先按发热条件选择导线和电缆截面，然后校验电压损失和机械强度。（　）

2. 低压照明线路对电压的要求较低，一般先按机械强度选择导线和电缆截面，然后按发热条件和允许电压损耗进行校验。（　）

3. 35kV 及以上的高压线路及 10kV 以下的长距离、大电流线路，其导线（含电缆）截面先按经济电流密度选择，再校验发热条件、电压损失和机械强度。（　）

4. 对于电缆，由于具有高强度的内、外护套，可不必校验其机械强度，但需校验其短路热稳定度。(　　)

5. 母线则应校验其短路时的动稳定度和热稳定度。(　　)

6. 两相三线制线路及单相线路的中性线截面，由于其中性线电流与相线电流不相等，因此其中性线截面应与相线截面不相同。(　　)

7. 对于全年负荷利用小时数较大，母线较长（长度超过 20m），传输容量较大的回路，均应按经济电流密度选择导线截面。(　　)

8. 带有均匀分布负荷的线路，在计算其电压损耗时，可将其分布负荷集中于分布线段的中点，按集中负荷来计算。(　　)

9. 高压断路器在电路正常工作时用来接通和开断负载电流，在发生短路时通过继电保护装置的作用将故障线路的短路电流开断。(　　)

10. 多油断路器中油量多，起相间绝缘和灭弧的双重作用。(　　)

11. 额定开断电流指断路器能断开的最大负载电流。(　　)

12. 高压断路器额定电压和电流不大于安装地点的线路电压和计算电流。(　　)

13. 高压隔离开关除开断很小的电流外，不能用来开断负荷电流。(　　)

14. 高压隔离开关的额定电压应大于或等于安装处的线路额定电压。(　　)

15. 高压隔离开关的额定电流应小于通过它的计算电流。(　　)

16. 高压负荷开关能开断正常负荷电流和过负荷电流，也能关合一定的短路电流，但不能开断短路电流。(　　)

17. 当电路发生短路或严重过负荷时，熔断器熔体熔断，从而切断故障电路使电气设备免受损坏。(　　)

18. 熔断器的作用主要是保护电气系统的过负荷。(　　)

19. 如果熔室内漆黑一片并有飞溅的金属小颗粒，则说明熔丝熔断是由过负荷造成的。(　　)

20. 如果熔室内只是熔丝的中间或与螺钉固定部位断开并有流滴金属液的痕迹，或只有较轻的黑痕，则说明熔丝熔断是由短路造成的。(　　)

21. 组合开关也叫转换开关。(　　)

22. 转换开关可作为 20kW 及以下电动机不频繁直接轻载启动的控制开关。(　　)

23. 低压断路器在正常情况下可用于接通和断开电路。当电路中发生短路、过负荷和失电压等故障时，能自动切断故障电路，保护线路和电气设备。(　　)

24. 电流互感器一次绕组串接在被测的一次电路中，而二次绕组则与仪表、继电器等的电流线圈并联。(　　)

25. 电流互感器的准确度级与二次负荷容量有关。(　　)

26. 电流互感器在工作时其二次侧不得开路。(　　)

27. 电流互感器的二次侧有一端必须接地。(　　)

28. 电压互感器工作时其二次侧不得断路。(　　)

29. 电压互感器的二次侧有一端不得接地。(　　)

（二）选择题

1. 在室外，环境温度一般取当地最热月平均最高气温。在室内，取当地最热月平均最高气温加（　）℃。

(A) 1　(B) 3　(C) 5　(D) 10

2. 一般三相四线制线路的中性线截面积应不小于相线截面积的（　）。

(A) 10%　(B) 25%　(C) 50%　(D) 75%

3. 由于线路存在阻抗，所以通过负荷电流时要产生电压损耗。一般线路的允许电压损耗不超过（　）。

(A) 1%　(B) 5%　(C) 8%　(D) 10%

4. SW3-110G/1200-3000 表示额定断流容量为（　）MVA。

(A) 3　(B) 110　(C) 1200　(D) 3000

5. GN6-10T/400 表示额定电压为（　）kV。

(A) 6　(B) 10　(C) 400　(D) 都不对

6. 高压隔离开关的额定电压应（　）安装处的线路额定电压。

(A) 大于　(B) 小于　(C) 等于　(D) 不小于

7. 高压隔离开关的额定电流应（　）通过它的计算电流。

(A) 大于　(B) 小于　(C) 等于　(D) 不小于

8. FN2-10R/400 的额定电流为（　）A。

(A) 2　(B) 10　(C) 400　(D) 都不对

9. 额定电流为（　）A 的熔断器用于电压互感器保护。

(A) 0.1　(B) 0.5　(C) 1　(D) 1.5

10. 额定电流为（　）A 的熔断器用于线路或电力变压器的过负荷与短路保护。

(A) 0.1～0.5　(B) 2～10　(C) 15～20　(D) 25～30

11. RW2-10 型熔断器的额定电压为（　）V。

(A) 2　(B) 10　(C) 2k　(D) 10k

12. 一般条件下，电动机直接启动时，其熔丝的额定电流可按（　）倍的额定电流选取。

(A) 1～3　(B) 4～8　(C) 10～15　(D) 15～20

13. 照明电路可按额定电流的（　）倍选取。

(A) 1.1～1.5　(B) 1.6～2　(C) 2.1～2.5　(D) 4～8

14. 低压负荷开关的选择，电动机电路可按电动机额定电流的（　）倍考虑。

(A) 1～1.5　(B) 2～2.5　(C) 3～3.5　(D) 4～4.5

15. 用于照明或电加热电路时，组合开关的额定电流可按负载计算电流的（　）倍考虑。

(A) 0.2～0.5　(B) 1.2～1.5　(C) 2.2～2.5　(D) 3.2～3.5

16. 用于电动机电路时，组合开关的额定电流是电动机额定电流的（　）倍。

(A) 0.2～0.5　(B) 1～1.5　(C) 2～2.5　(D) 3～3.5

17. 自动空气断路器的选择，用于电动机时，断路器的额定电流一般为电动机额定电流的（　）倍。

(A) 0.5～1.0　(B) 1.5～2.0　(C) 2.5～3.0　(D) 3.5～4.0

18. 前、后级两低压断路器之间的选择性配合前一级的动作电流应大于后一级动作电流的（ ）倍。

（A）1.1　　（B）1.2　　（C）1.3　　（D）1.5

19. 电流互感器二次绕组的额定电流一般为（ ）A。

（A）1　　（B）3　　（C）5　　（D）7

20. 当某一相接地时，开口三角形两端将出现近（ ）V 的零序电压，使电压继电器动作，发出信号。

（A）10　　（B）50　　（C）100　　（D）150

（三）技能考核

1. 考核内容

有一条采用 BLX-500 型铝芯橡皮线明敷的 220/380V 的 TN-S 线路，计算电流为 50A，当地最热月平均最高气温为＋30℃。试按发热条件选择此线路的导线截面。

如采用 BLV-500 型铝芯绝缘线穿硬塑料管埋地敷设，当地最热月平均最高气温为＋25℃。试按发热条件选择此线路的导线截面及穿线管内径。

2. 考核要求

（1）选择依据准确。

（2）TN-S 线路导线选择全面。

（3）导线型号完整清楚。

3. 考核要求、配分及评分标准

考核要求、配分及评分标准见表 3-10。

表 3-10　考核要求、配分及评分标准

考核项目	考核要求	配分	评分标准	考评结果	扣分	得分
选择依据	选择依据准确	8	查表不正确，每项扣 2 分			
相线、N 线及 PE 线	各线选择完整	6	各线缺一项扣 2 分			
导线型号选择	各线型号选择无误	16	型号不对，每项扣 1 分			
备注	超时操作扣分		超 5min 扣 1 分，不许超过 10min			
合计		30				

任务四　安装小型电力变压器

【知识目标】

(1) 了解变电站的有关概念。
(2) 掌握变电站的主接线方案。
(3) 了解变压器的结构。
(4) 掌握变电站站址选择的基本要求。

能力目标

(1) 熟悉选择变压器的方法。
(2) 掌握变压器的测试方法。
(3) 熟悉变压器的安装接线方法。

任务导入

图 4 - 1 所示为露天变电站变压器台布置图，从图中可以看出该变电站的组成。要求：

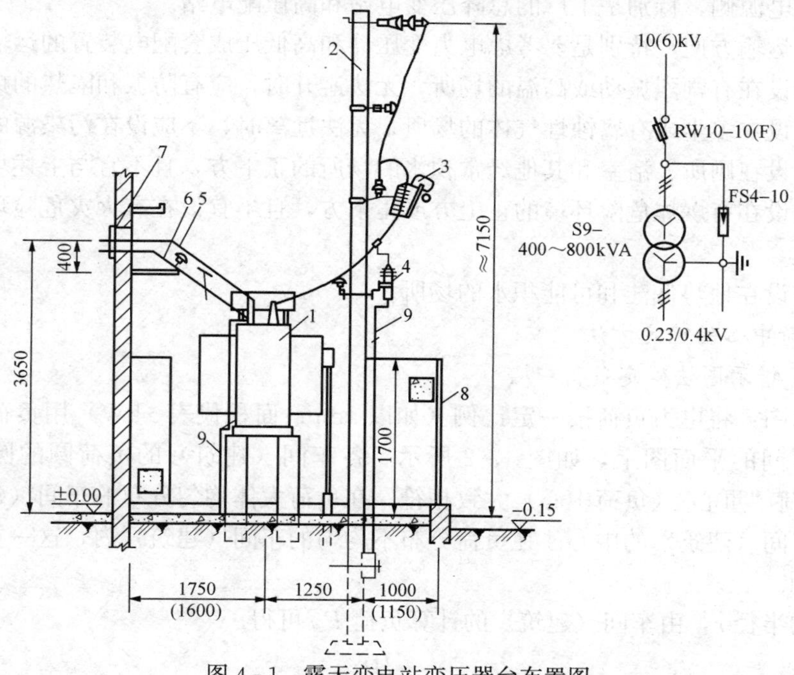

图 4 - 1　露天变电站变压器台布置图

1—变压器；2—水泥电杆；3—跌落式熔断器；4—避雷器；5—低压母线；6—中性母线；7—穿墙隔板；8—围墙；9—接地线

（1）找出该变电站由哪些设备组成。

（2）把这些设备按照工艺要求组装在一起，建成露天变电站。

任务分析

建成一个露天变电站，要做以下工作：

（1）选好所址，即变电站要建在什么地方是合适的。

（2）选好设备。要根据电路图，确定整个系统有哪些设备组成，准备好并检测。

（3）了解一些规范要求，严格按照操作规程操作。

（4）掌握一定的接线方法。

因此，要完成这项任务，需具备以下知识和技能。

相关知识

一、变电站站址的选择

变电站的作用是接受电能、变换电压和分配电能。用于升高电压的变电站称为升压变电站，用于降低电压的变电站称为降压变电站。

（一）变电站站址的选择原则

变电站站址的选择，应根据下列要求并经技术经济分析比较后确定。

（1）尽量接近负荷中心，以降低配电系统的电能损耗、电压损耗和有色金属消耗量。

（2）进出线方便，特别是要便于架空进出线。

（3）接近电源侧，特别是工厂的总降压变电站和高压配电站。

（4）设备运输方便，特别是要考虑电力变压器和高低压成套配电装置的运输。

（5）不应设在有剧烈振动或高温的场所，无法避开时，应有防振和隔热的措施。

（6）不宜设在多尘或有腐蚀性气体的场所，无法远离时，不应设在污染源的下风侧。

（7）不应设在厕所、浴室和其他经常积水的场所的正下方，且不宜与上述场所相邻。

（8）不应设在有爆炸危险环境的正上方或正下方，且不宜设在有火灾危险环境的正上方或正下方。

（9）不应设在地势低洼和可能积水的场所。

（二）负荷中心的确定方法

1. 按负荷指示图法确定负荷中心

负荷指示图：将电力负荷按一定比例（如以 1mm^2 面积代表 xkW）用负荷圆的形式标示在工厂或车间的平面图上，如图 4-2 所示。各车间（建筑）的负荷圆的圆心应与车间（建筑）的负荷“重心”（负荷中心）大致相符。在负荷大体均匀分布的车间（建筑）内，这一重心就是车间（建筑）的中心。在负荷分布不均匀的车间（建筑）内，这一重心应偏向负荷集中的一侧。

负荷圆的半径 r，由车间（建筑）的计算负荷 P_{30} 可得

$$r=\sqrt{\frac{P_{30}}{K\pi}} \tag{4-1}$$

式中 K——负荷圆的比例，kW/mm^2。

由图 4-2 所示的工厂负荷指示图可以直观地大致确定工厂的负荷中心，但还必须结合其他条件，综合分析比较几个方案，最后选择最佳方案来确定变配电站的站址。

2. 按负荷功率矩法确定负荷中心

设有负荷 P_1、P_2 和 P_3（均表示有功计算负荷），分布如图 4-2 所示。它们在任选的直角坐标系中的坐标分别为 $P_1(x_1, y_1)$、$P_2(x_2, y_2)$、$P_3(x_3, y_3)$。现假设总负荷 $P=P_1+P_2+P_3$ 的负荷中心位于坐标 $P(x, y)$ 处，则仿照力学中求重心的力矩方程可得

$$x\sum P_i=P_1x_1+P_2x_2+P_3x_3$$
$$y\sum P_i=P_1y_1+P_2y_2+P_3y_3$$

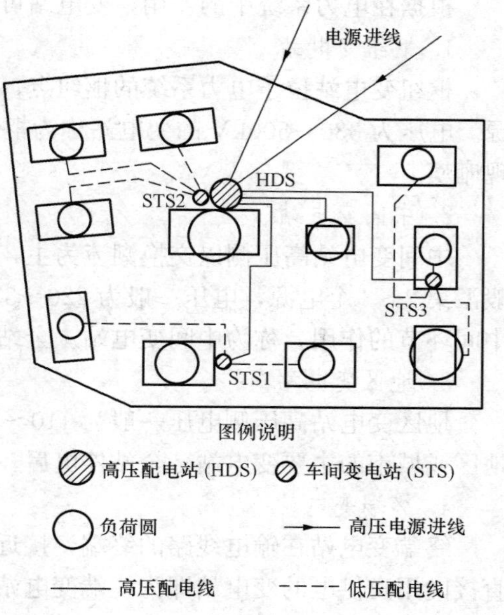

图例说明

高压配电站 (HDS)　车间变电站 (STS)

负荷圆　高压电源进线

高压配电线　低压配电线

图 4-2　负荷指示图

写成一般式为

$$x\sum P_i=\sum(P_ix_i)$$
$$y\sum P_i=\sum(P_iy_i)$$

因此可求得负荷中心的坐标为

$$\left.\begin{aligned} x&=\frac{\sum(P_ix_i)}{\sum p_i}\\ y&=\frac{\sum(P_iy_i)}{\sum p_i}\end{aligned}\right\} \tag{4-2}$$

负荷中心虽然是选择变配电站站址的重要因素，但不是唯一因素，而且负荷中心也不是固定不变的，因此负荷中心的计算并不要求十分精确。

二、变电站的类型

变电站是联系发电厂和用户的中间环节，起着变换和分配电能的作用。图 4-3 所示为各类变电站的类型示意图。

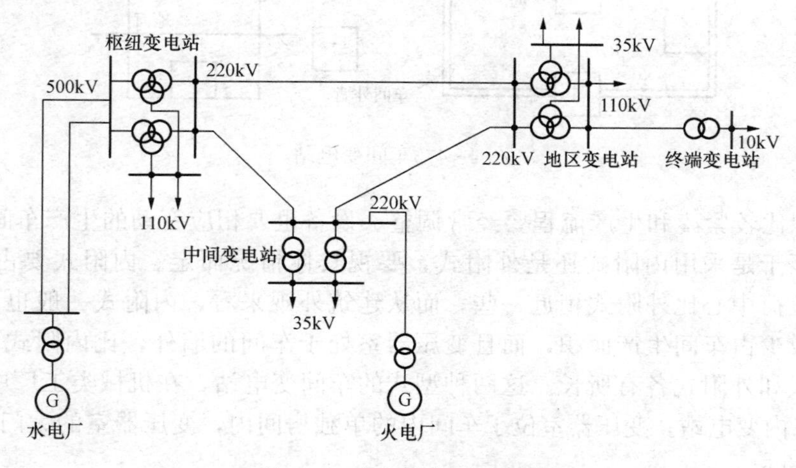

图 4-3　变电站类型示意图

根据在电力系统中的作用，变电站可分成下列几种类型。

1. 枢纽变电站

枢纽变电站位于电力系统的枢纽点，连接电力系统电压和中压的几个部分，汇集多个电源。电压为 330～500kV 的变电站称为枢纽变电站。全站停电后，将引起系统解列，甚至出现瘫痪。

2. 中间变电站

中间变电站高压侧以交换潮流为主，起系统交换功率的作用，或长距离输电线分段，一般汇集 2～3 个电源，电压一般为 220～330kV，同时又降压供给当地用电。这样的变电站起中间环节的作用，称为中间变电站。全站停电后，将引起区域网络解列。

3. 地区变电站

地区变电站高压侧电压一般为 110～220kV，对地区用户供电为主的变电站，这是一个地区或城市的主要变电站。全站停电后，仅使该地区中断供电。

4. 终端变电站

终端变电站在输电线路的终端，接近负荷点，高压侧电压一般为 35～110kV，经降压后直接向用户供电的变电站即为终端变电站。全站停电后，只是用户受到损失。一般企业变电站即属终端变电站。

企业变电站是大、中型企业的专用变电站，容量一般为 200～300MVA，1～2 回进线。企业变电站包括企业总降压变电站和车间变电站。

车间变电站按其主变压器的安装位置来分，有下列几种类型。

（1）车间附设变电站。变电站变压器室的一面墙或几面墙与车间建筑的墙共用，变压器室的大门朝车间外开。如果按变压器室位于车间的墙内还是墙外，还可进一步分为内附式（如图 4-4 中的 1、2）和外附式（如图 4-4 中的 3、4）。

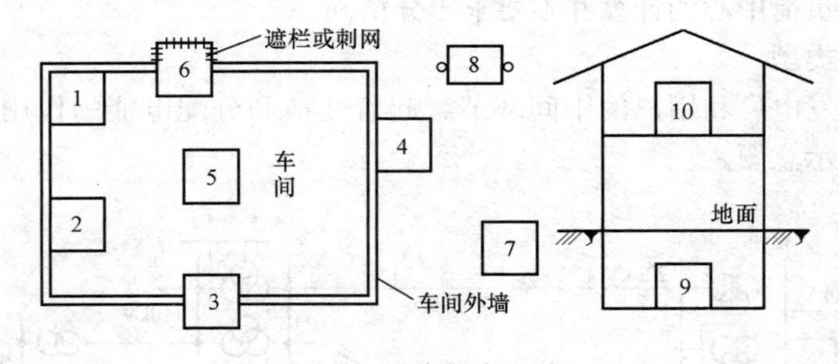

图 4-4　车间变电站

生产面积比较紧凑和生产流程要经常调整、设备也要相应变动的生产车间，宜采用附设变电站。至于是采用内附式还是外附式，要视具体情况而定。内附式要占一定的生产面积，但离负荷中心比外附式稍近一些，而从建筑外观来看，内附式一般也比外附式好。外附式不占或少占车间生产面积，而且变压器室处于车间的墙外，比内附式更安全一些。因此，内附式和外附式各有所长。这两种型式的车间变电站，在机械类工厂中比较普遍。

（2）车间内变电站。变压器室位于车间内的单独房间内，变压器室的大门朝车间内开，如图 4-4 中的 5。

在负荷较大的多跨厂房、负荷中心在厂房中央或环境许可时，可采用车间内变电站。车间内变电站位于车间的负荷中心，可以缩短低压配电距离，从而降低电能损耗和电压损耗，减少有色金属消耗量，因此这种变电站的技术经济指标比较好。但是变电站建在车间内部，要占一定的生产面积，因此对一些生产面积比较紧凑和生产流程要经常调整、设备也要相应变动的生产车间不太适合；而且其变压器室门朝车间内开，对生产的安全有一定的威胁。这种类型的变电站在大型冶金企业中较多。

(3) 露天（或半露天）变电站。变压器安装在车间外面抬高的地面上，如图4-4中的6。变压器上方没有任何遮蔽物的，称为露天式。变压器上方设有顶板或挑檐的，称为半露天式。

露天或半露天变电站比较简单经济，通风散热好，因此只要周围环境条件正常，无腐蚀性、爆炸性气体和粉尘的场所均可以采用。这种类型的变电站在小厂中较为常见，但是由于其安全可靠性较差，在靠近易燃易爆的厂房附近及大气中含有腐蚀性、爆炸性物质的场所不能采用。

(4) 独立变电站。整个变电站设在与车间建筑有一定距离的单独建筑物内，如图4-4中的7。

独立变电站，建筑费用较高，因此除非各车间的负荷相当小而分散，或需远离易燃易爆和有腐蚀性物质的场所可以采用外，一般车间变电站不宜采用。电力系统中的大型变配电站和工厂的总变配电站则一般采用独立式。

(5) 杆上变电站。变压器安装在室外的电杆上，如图4-4中的8。

杆上变电站最为简单经济，一般用于容量在315kVA及以下的变压器，而且多用于生活区供电。

(6) 地下变电站。整个变电站设置在地下，如图4-4中的9。

地下变电站的通风散热条件较差，湿度较大，建筑费用也较高，但相当安全，且不碍事。这种类型的变电站在一些高层建筑、地下工程和矿井中采用。

(7) 楼上变电站。整个变电站设置在楼上，如图3-4中的10。

楼上变电站适用于高层建筑。这种变电站要求结构尽可能轻型、安全，其主变压器通常采用无油的干式变压器，不少采用成套变电站。

(8) 成套变电站。由电器制造厂按一定接线方案成套制造、现场装配的变电站称为成套变电站。

(9) 移动式变电站。整个变电站装设在可移动的车上。移动式变电站主要用于坑道作业及临时施工现场供电。

上述的车间附设变电站、车间内变电站、独立变电站、地下变电站和楼上变电站，均属室内型（户内式）变电站。露天、半露天变电站和杆上变电站，则属室外型（户外式）变电站。成套变电站和移动式变电站，则室内型和室外型均有。

三、变电站的电气主接线

主接线即主电路，是表示系统中电能输送和分配路线的电路，又称一次电路。

对变电站主接线有下列基本要求：

(1) 安全。应符合有关国家标准和技术规范的要求，能充分保证人身和设备的安全。

(2) 可靠。应满足电力负荷特别是其中一、二级负荷对供电可靠性的要求。

(3) 灵活。应能适应必要的各种运行方式，便于切换操作和检修，且适应负荷的发展。

(4) 经济。在满足上述要求的前提下，尽量使主接线简单、投资少、运行费用低，并节约电能和有色金属消耗量。

变电站的电气主接线是汇集和分配电能的通路，应满足运行的灵活性和可靠性，以及操作简便、经济合理、便于扩建等基本条件。在选择主接线类型时，应根据变电站在系统中的地位、进出线回路数、设备特点、负荷性质等条件进行。目前，变电站配电装置的接线按有无母线分为有母线和无母线两种类型，其发展过程如下：

(1) 母线类：单母线→单母线分段→双母线→双母线带旁路→双母线分段带旁路。

(2) 无母线类：变压器线路接线（线路—变压器组）→桥形接线（内桥、外桥）→多角形接线。

变电站常用的主接线有8种，如图4-5～图4-14所示。

1. 双母线

双母线接线如图4-5所示。

每一回路都是通过一台断路器和两组隔离开关连接到两组（正/副）母线上。两组母线都是运行的母线，同时运行的母线、电源线和出线适当地分配在两组母线上，可以通过母联断路器并列运行。其优点是供电可靠性大，可以轮流检修母线而不使供电中断。当一组母线故障时，只要将故障母线上的回路倒换到另一组母线上，即可迅速恢复供电。另外，双母线接线还具有调度、扩建、检修方便的优点。

它的缺点是（与单母线相比）每个回路增加了一组母线隔离开关，使配电装置的构架及其占地面积、投资费用都相应增加，在改变运行方式倒闸操作时容易发生误操作。

2. 双母线带旁路

双母线带旁路接线如图4-6所示。它具有双母线的优点，由于增设了旁路母线，当线路（主变压器）断路器检修时，该线路（主变压器）仍能继续供电。但旁路的倒换操作比较复杂，投资费用也较大，为了节省断路器及配电装置间隔，当出线达到5个回路及以上时才装设专用旁路断路器，而出线少于5个回路时则采取母联兼旁路的接线方式。

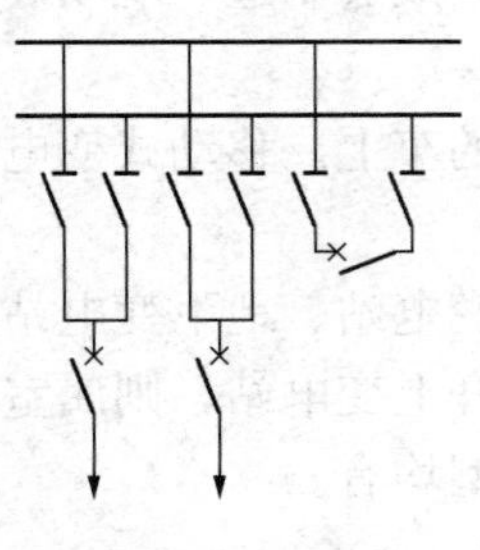

图4-5　双母线

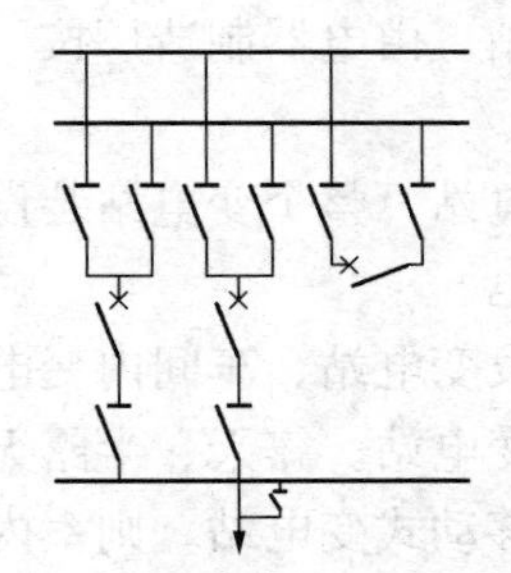

图4-6　双母线带旁路

3. 双母线分段带旁路母线

双母线分段带旁路接线如图4-7所示。它具有双母线带旁路的优点。一般规定采用此种接线方式的原则如下：

(1) 当配电装置连接的进出线总数为12～16回路时，在一组母线上设置分段断路器。

（2）当配电装置连接的进出线总数为 17 回路及以上时在二组母线上设置分段断路器。

4. 线路—变压器组

变电站在只有一路电源进线，只设一台变压器的情况下，常常用线路—变压器组接线。其主要特点是变压器高压侧无母线，低压侧通过开关接成单母线接线供电。

在变电站高压侧，即变压器高压侧可根据进线距离和系统短路容量的大小装设隔离开关 QS、高压熔断器 FU 或高压断路器 QF2，如图 4-8 所示。

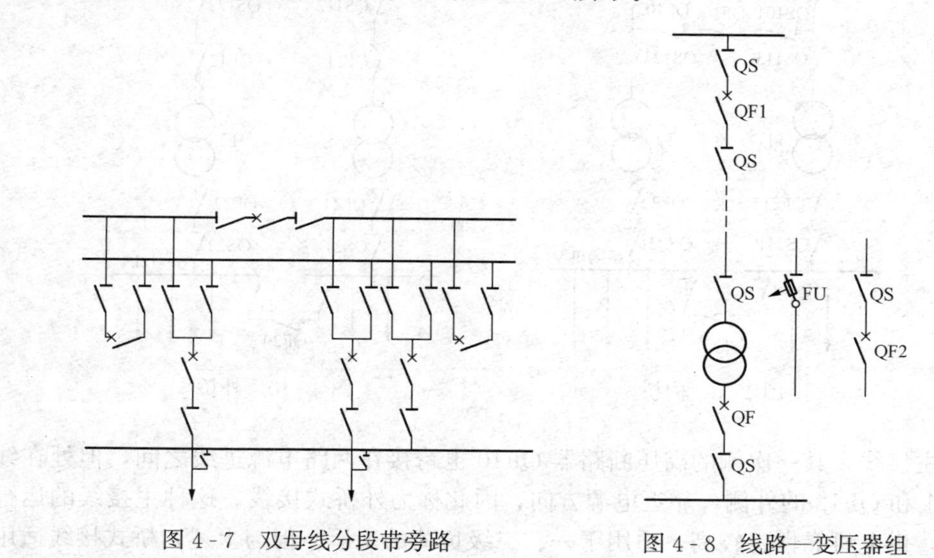

图 4-7　双母线分段带旁路　　图 4-8　线路—变压器组

当供电线路较短（小于 2～3km），电源侧继电保护装置能反应变压器内部及低压侧的短路故障，且灵敏度能满足要求时，可只设隔离开关。如系统短路容量较小，熔断器能满足要求时，可只设一组跌落式熔断器。当上述两种接线不能满足，同时又要考虑操作方便时，需采用高压断路器 QF2。

5. 桥形接线

桥形接线采用 4 个回路 3 台断路器，是接线中断路器数量较少，也是投资较节省的一种接线。根据桥形断路器的位置分为内桥和外桥两种接线。

图 4-9 所示为一次侧采用内桥式接线、二次侧采用单母线分段的主接线图。

这种主接线，其一次侧的高压断路器 QF10 跨接在两路电源进线之间，犹如一架桥梁，而且处在线路断路器 QF11 和 QF12 的内侧，靠近变压器，因此称为内桥式接线。这种主接线的运行灵活性较好，供电可靠性较高，适用于一、二级负荷的工厂。如果某路电源，如 WL1 线路停电检修或发生故障时，则断开 QF11，投入 QF10（其两侧 QS 先合），即可由 WL2 恢复对变压器 T1 的供电。这种内桥式接线多用于电源线路较长因而发生故障和停电检修的机会较多、且变压器不需经常切换的总降压变电站。

图4-10所示为一次侧采用外桥式接线、二次侧采用单母线分段的变电站主接线图。

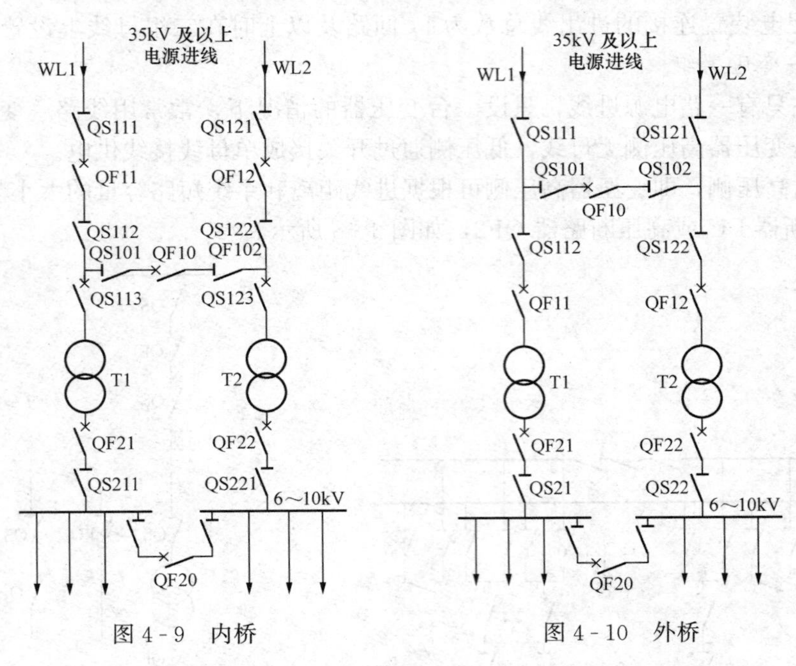

图4-9 内桥　　　　图4-10 外桥

这种主接线，其一次侧的高压断路器QF10也跨接在两路电源进线之间，但处在线路断路器QF11和QF12的外侧，靠近电源方向，因此称为外桥式接线。这种主接线的运行灵活性也较好，供电可靠性也较高，适用于一、二级负荷的工厂。但与上述内桥式接线适用的场合有所不同。如果某台变压器，如T1停电检修或发生故障时，则断开QF11，投入QF10（其两侧QS先合），使两路电源进线又恢复并列运行。这种外桥式接线适用于电源线路较短而变电站昼夜负荷变动较大、适于经济运行需经常切换变压器的总降压变电站。当一次电源线路采用环形接线时，也宜于采用内桥接线，使环形电网的穿越功率不通过断路器QF11、QF12，这对改善线路断路器的工作以及继电保护的整定都极为有利。

由于变压器的可靠性远大于线路，所以系统中应用内桥接线较多。为了在检修断路器时不影响线路和变压器的正常运行，有时在桥形外附设一组隔离开关，实际上是长期开环运行的四边形接线，如图4-11所示。

6. 多角形接线

多边形（四边形）接线方式如图4-12所示。该接线方式设备少、投资省、运行的可靠性和灵活性较好，正常情况下为双重连接，任何一台断路器检修都不影响输电。由于没有母线，所连接的任一部分故障对系统运行影响也较小。其最主要的缺点是回路数受到限制。因为当环形接线中有一台断路器检修时就要开环运行，此时当其他回路发生故障就要造成两个回路停电，扩大了故障停电范围。开环运行的时间越长这一缺点就越明显，而环中的断路器数量多，开环检修的机会就多，所以一般只采用四角形和五角形接线。同时为了可靠性，线路和变压器采用对角连接原则。四边形的保护接线比较复杂，一、二次回路倒换操作较多。

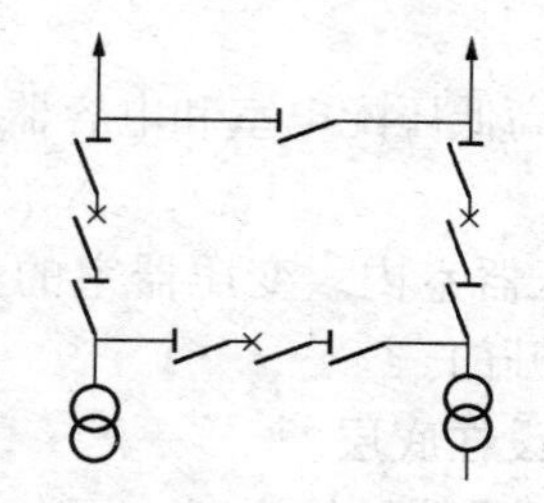

图 4-11　桥形（内桥）接线

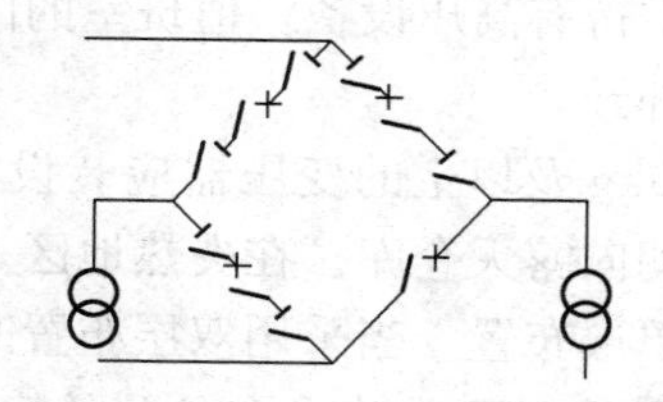

图 4-12　多边形（四边形）接线

7. 单母线分段

图 4-13 所示为一、二次侧均采用单母线分段的总降压变电站主接线图。

这种主接线兼有上述两种桥式接线运行灵活性的优点，但采用的高压开关设备较多，母线故障或检修时造成部分回路停电。可供一、二级负荷，适于一、二次侧进出线较多的变电站。

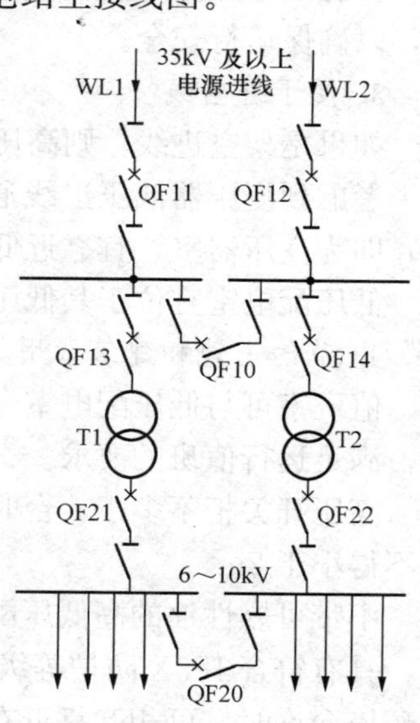

图 4-13　一、二次侧均采用单母线分段的总降压变电站主接线图

8. 3/2 断路器接线

3/2 断路器接线方式如图 4-14 所示。目前 500kV 主接线中应用得最多的是 3/2 断路器接线。

其主要优点是：

（1）运行高度灵活。正常运行时，两条母线和全部断路器运行，成多路环状供电。

（2）检修时操作方便。当一组母线停运时，回路不需切换，任何一台断路器检修各回路仍按原接线方式运行，也不需切换。

（3）运行可靠。每一回路由两台断路器供电，发生母线故障时，任何回路不停电。

其缺点是投资费用大，保护接线复杂。

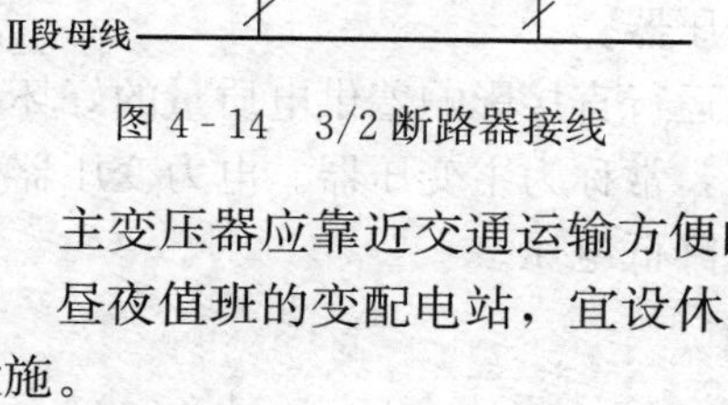

Ⅰ段母线

Ⅱ段母线

图 4-14　3/2 断路器接线

四、变电站的总体布置

1. 便于运行维护和检修

有人值班的变配电站，一般应设值班室。值班室应尽量靠近高低压配电室，且有门直通。如值班室靠近高压配电室有困难时，则值班室可经走廊与高压配电室相通。

值班室也可以与低压配电室合并，但在放置值班工作桌的一面或一端，低压配电装置到墙的距离不应小于 3m。

主变压器应靠近交通运输方便的马路侧。条件许可时，可单设工具材料室或维修间。

昼夜值班的变配电站，宜设休息室。有人值班的独立变配电站，宜设有厕所和给排水设施。

2. 保证运行安全

值班室内不得有高压设备。值班室的门应朝外开。高低压配电室和电容器室的门应朝值班室开，或朝外开。

油量为100kg及以上的变压器应装设在单独的变压器室内。变压器室的大门应朝马路开，但应避免朝向露天仓库。在炎热地区，应避免朝西开门。

变电站宜单层布置。当采用双层布置时，变压器应设在底层。

高压电容器组一般应装设在单独的房间内；但变压器数量较少时，可装设在高压配电室内。低压电容器组可装设在低压配电室内，但变压器数量较多时，宜装设在单独的房间内。

所有带电部分离墙和离地的尺寸以及各室维护操作通道的宽度等均应符合有关规程的要求，以确保运行安全。

3. 便于进出线

如果是架空进线，则高压配电室宜位于进线侧。

考虑到变压器低压出线通常是采用矩形裸母线，因此变压器的安装位置（户内式变电站）即为变压器室，宜靠近低压配电室。

低压配电室宜位于其低压架空出线侧。

4. 节约土地和建筑费用

值班室可与低压配电室合并，这时低压配电室面积应适当增大，以便安置值班桌或控制台，满足运行值班的要求。

高压开关柜不多于6台时，可与低压配电屏设置在同一房间内，但高压柜与低压屏的间距不得小于2m。

不带可燃性油的高低压配电装置和非油浸电力变压器，可设置在同一房间内。

具有符合IP3X防护等级外壳的不带可燃性油的高低压配电装置和非油浸电力变压器，当环境允许时，可相互靠近布置在车间内。

高压电容器柜数量较少时，可装设在高压配电室内。

周围环境正常的变电站，宜采用露天或半露天变电站。

高压配电站应尽量与邻近的车间变电站合建。

5. 适应发展要求

变压器室应考虑到扩建时有更换大一级容量变压器的可能。

高低压配电室内均应留有适当数量开关柜（屏）的备用位置。

既要考虑到变配电站留有扩展的余地，又要不妨碍工厂或车间今后的发展。

五、电力变压器的结构

电力变压器：用于电力系统中的变压器统称为电力变压器。

电力变压器是电力系统中的重要设备之一，它的安全运行直接影响着供电质量的好坏和供电可靠性的高低。电力变压器是变电站的关键一次设备，常称为主变压器。电力变压器由铁芯和绕组两个基本部分组成，根据电磁感应原理升高或降低电压。

（一）电力变压器的分类

电力变压器按相数分有单相和三相变压器。

电力变压器按容量系列分有R8和R10两个系列，R8系列的变压器容量按照

$\sqrt[8]{10}\approx1.33$的倍数递增，R10 系列的变压器容量按照$\sqrt[10]{10}\approx1.26$的倍数递增。

电力变压器按调压方式分为有载调压和无载调压两类。

电力变压器按绕组类型分为双绕组、三绕组和自耦变压器。

电力变压器按照绝缘和冷却方式分为油浸自冷式、干式、充气式（SF_6）变压器。

电力变压器按容量大小的分类如下：

（1）小型变压器：容量 10～630kVA，电压 10kV 以下。

（2）中型变压器：容量 800～6300kVA，电压 35kV 以下。

（3）大型变压器：容量 8000～63 000kVA，电压 35kV 以上。

（4）特大型变压器：容量 90 000kV 及以上。

（二）电力变压器的结构

电力变压器的结构如图 4－15 所示。电力变压器除铁芯、绕组外还包括绝缘套管、油箱、保护装置等。

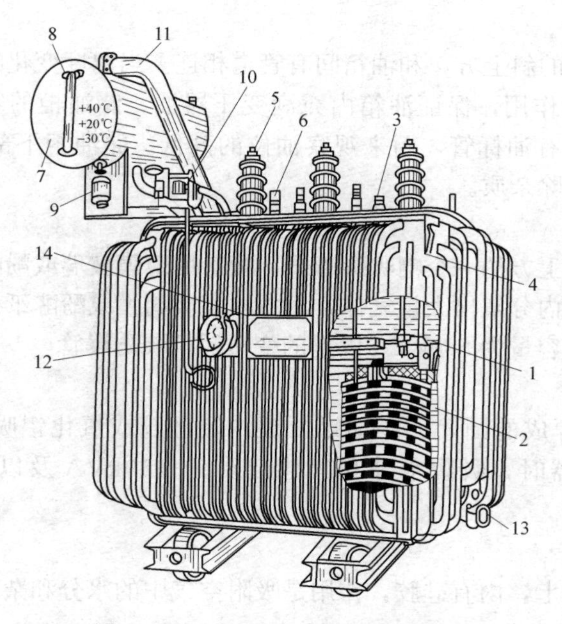

图 4－15　油浸电力变压器的结构图

1—铁芯；2—绕组；3—分接开关；4—油箱；5—高压套管；6—低压套管；7—储油柜；8—油位计；9—呼吸器；10—气体继电器；11—安全气道；12—信号式温度计；13—放油阀门；14—铭牌

1. 铁芯

变压器的铁芯构成了低磁阻的磁路，作用是使一、二次绕组的电磁感应增强。用 0.35～0.5mm的软磁性材料硅钢片涂 0.01～0.013mm 的绝缘漆，叠装在一起而成。用软磁性材料是为了减小磁滞损耗，用薄片涂绝缘漆叠成是为了减小涡流损耗。叠装后的铁芯用铁轭和夹紧装置加紧固定。变压器的一、二次绕组套装在铁芯柱上。

2. 绕组

变压器的绕组是组成变压器的最基本部分，起着建立磁场和传输电能的作用。一般低压绕组套装在铁芯柱上，高压绕组套装在低压绕组外面，绕组对地、绕组之间都有相应的绝缘，绕组的引线经绝缘套管引出。

3. 分接开关

变压器的分接开关也叫调压开关。通过调压开关可以调整一、二次绕组的使用匝数，达到调压的目的。调压开关有无励磁和有载调压两种。

4. 油箱和底座

油箱和底座都是变压器的支撑部件。油箱一般做成椭圆形的圆筒，外部有连通管。油箱内部装有用于绝缘和冷却的变压器油。油箱底部用槽钢或其他钢材做成底座，底座下装滚轮以便安装和运输。

5. 散热器

变压器运行过程中会不断产生热量，使其温度升高，这不仅容易使变压器过负荷，而且会加速绝缘老化，降低变压器的使用寿命，所以变压器都有散热器或冷却器。不带强油循环的称为散热器，带强油循环的称为冷却器。

6. 储油柜

储油柜安装在油箱的斜上方，和油箱间有管道相连。当温度变化时，油面跟着升降，储油柜起储油和补充油的作用，保证油箱内充满变压器油。储油柜的容积约为油箱的1/10，圆柱形储油柜的一端装有油标管，用来观察油位的高低。储油柜下部装有集泥器和排污阀门，用来沉淀杂质和排除杂质。

7. 防爆管

防爆管是装在油箱上方的一个喇叭形管子，管口用薄膜玻璃或酚醛纸封住。当变压器内出现故障时，变压器油内分解出大量气体，压力加大玻璃膜或酚醛纸破裂排除气体，防止变压器油箱爆炸或变形。容量为800kVA以上的变压器都装防爆管。

8. 净油器

净油器是用钢板焊成的圆筒形小油罐，罐内装硅胶或氧化铝吸附剂，油温变化使油上下流动，经过净油器时，吸附水分和其他杂质。3150kVA及以上的变压器需要装净油器。

9. 吸湿器

吸湿器装在储油柜上，内有硅胶，作用是吸附空气中的水分和杂质，保持变压器油的良好绝缘性能。

吸湿器中多用吸湿变色硅胶，如二氯化钴（$CoCl_2$）。二氯化钴中的结晶水数量不同时呈现出不同的颜色，二氯化钴分子不含结晶水时呈现蓝色，含2个结晶水时呈现紫红色，含6个结晶水时呈现粉红色。

10. 气体继电器

气体继电器安装在储油柜和油箱之间的管道上，作用是保护变压器。容量800kVA及以上的变压器都有气体继电器。

当变压器内出现故障时，根据故障的轻重发出报警信号或作用于断路器跳闸。故障轻时，发出报警信号，提示值班人员处理，防止故障扩大；故障重时，直接作用于断路器跳闸，将变压器从电源上切除。

11. 温度计

温度计用来监视变压器的运行温度，常用水银式、压力式或电阻式，安装在油的上层。

12. 绝缘套管

绝缘套管起着变压器绕组和油箱间的绝缘及引出线固定的作用。变压器绕组的引线必须穿过绝缘套管引出，绝缘套管高大导线较细的是高压侧，绝缘套管低矮导线较粗的为低压侧。

干式变压器的结构如图 4 - 16 所示。

（三）电力变压器的型号含义

变压器型号表示出变压器的特征、额定值等。变压器型号的表示方法如图 4 - 17 所示。

变压器型号含义见表 4 - 1。例如：SFSZ8 - 50000/110 表示三相风冷三绕组有载调压，第八次设计，高压绕组额定电压 110kV，额定容量50000kVA 的电力变压器。

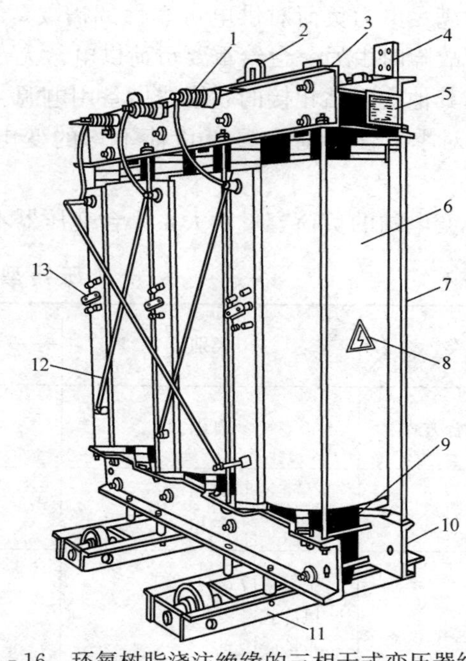

图 4 - 16　环氧树脂浇注绝缘的三相干式变压器结构图

1—高压出线套管；2—吊环；3—上夹件；4—低压出线接线端子；5—铭牌；6—环氧树脂浇注绝缘绕组（内低压，外高压）；7—上下夹件拉杆；8—警示牌；9—铁芯；10—下夹件；11—小车（底座）；12—高压绕组相间连接导杆；13—高压分接头连接片

六、变压器台数、容量的选择

（一）变压器台数的选择

变压器台数选择主要考虑以下几点。

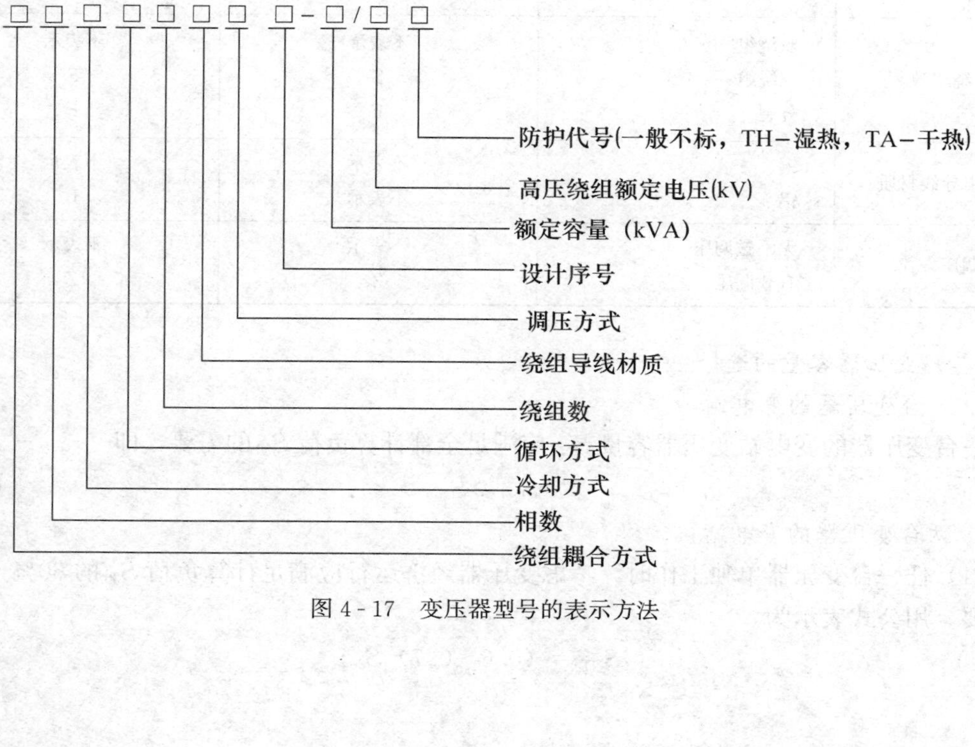

□□□□□□□ □-□/□ □

防护代号(一般不标，TH-湿热，TA-干热)
高压绕组额定电压(kV)
额定容量（kVA）
设计序号
调压方式
绕组导线材质
绕组数
循环方式
冷却方式
相数
绕组耦合方式

图 4 - 17　变压器型号的表示方法

(1) 满足电力负荷对供电可靠性的需要。有大量一级和二级负荷的变电站选两台变压器，一台故障时由另一台给重要负荷供电。无一级负荷仅有少量二级负荷的变电站用一台变压器，与其他变电站相接的联络线做备用电源。

(2) 对季节性负荷和昼夜负荷不均的变电站选两台变压器，以便采用经济运行方式工作。

(3) 变电站的负荷容量太大，一台变压器不能满足要求时选两台变压器。

表 4-1　　变压器型号含义

分类	类别	代表符号	
		新型号	旧型号
绕组耦合方式	自耦	O	O
相数	单相	D	D
	三相	S	S
冷却方式	空气自冷式	不表示	不表示
	风冷式	F	F
	水冷式	W	S
	强迫油循环	P	P
	油浸风冷	F	F
	油浸水冷	W	S
	强迫油循环风冷	EP	FP
	强迫油循环水冷	WP	SP
	干式空气自冷	G	K
	干式绕组绝缘	C	C
绕组数	双绕组	不表示	不表示
	三绕组	S	S
	分裂	F	F
绕组导线材质	铜	不表示	不表示
	铝	不表示	L
调压方式	无励磁调压	不表示	不表示
	有载调压	Z	Z

(二) 变压器容量的选择

1. 一台变压器的变电站

一台变压器的变电站变压器容量 S_{NT} 应满足全部计算负荷 S_{30} 的需要，即

$$S_{NT} \geqslant S_{30} \tag{4-3}$$

2. 两台变压器的变电站

(1) 任一台变压器单独工作时，考虑变压器经济运行应满足计算负荷 S_{30} 的 60%～70% 的需要。用公式表示为

$$S_{NT} = (0.6 \sim 0.7)\ S_{30} \tag{4-4}$$

（2）任一台变压器单独工作时，应满足全部一级和二级负荷的需要，即

$$S_{NT} \geqslant S_{30(\mathrm{I}+\mathrm{II})} \tag{4-5}$$

3. 车间变电站单台变压器的容量上限

车间变电站单台变压器的容量上限是1000kVA，这主要受开关设备的断流能力的限制；干式变压器容量一般不大于630kVA；居民小区内的油浸变压器容量同样不大于630kVA。

4. 留有容量余地

由于变压器是长期使用的设备，所以考虑5～10年的负荷发展余地。

电力变压器的额定容量S_{NT}是在一定条件（户外变压器年平均气温20℃）下得到的，当条件不符时变压器允许的实际容量S_T将低于额定容量。S_T可以用下式计算，其中θ_{av}为实际年平均温度。

$$S_T = \left(1 - \frac{\theta_{av} - 20℃}{100}\right) S_{NT} \tag{4-6}$$

户内变压器散热条件差，实际容量比户外的低约8%。变压器合理使用时寿命为20年，若过负荷140%则寿命降为2～3年，所以合理选择和使用变压器显得非常重要。

七、变压器的检查和测试

（1）油箱及所有附件应齐全，无锈蚀及机械损伤，密封良好，套管无裂纹及放电痕迹。油箱盖及顶盖封板连接的螺栓应齐全，紧固良好，无渗漏现象及渗漏痕迹。储油柜油位正常且油色清晰。防腐剂不变色。铭牌数据清晰齐全，额定电压与线路相符。容量符合设计要求。

（2）高压侧用2500V绝缘电阻表摇测相与外壳的20℃绝缘电阻应大于300MΩ。这里要注意变压器的绝缘电阻是随温度变化的量，其中，10℃时应大于450MΩ，20℃时应大于300MΩ，30℃时应大于200MΩ，40℃时应大于130MΩ，50℃时应大于90MΩ。

（3）低压侧用500V绝缘电阻表摇测相与外壳、相与相之间的绝缘电阻，应大于2MΩ；同时用500V绝缘电阻表测量高压绕组与低压绕组间的绝缘电阻，应大于500MΩ。

（4）用万用表×0.1Ω挡测量高压侧相与相之间的直流电阻，其阻值应相等，测量时应在分接开关的三个挡位上都进行。打开分接开关时应在无风且干燥条件下进行，先将分接开关处的污迹清除干净，再将其盖拧松两周，这时应用皮老虎或打气筒吹除，每拧松两周清除一次，以避免异物落入。为了加快测量速度，可在测量回路串联一只电位器（5kΩ），用以增加绕组电感线圈的直流成分，根据时间常数$\tau = L/R$中R增大后，τ减小了。

（5）变压器油的试验一般委托当地供电部门进行，并出示分析试验报告。取油样时应将放油阀处的污迹清除干净，并用变压器油冲洗，然后打开放油阀放掉最先流出来的油直到油样清澈为止，最后再用干净的有盖的并经烘干处理后的广口瓶取12L油。送检前应在瓶上注明日期和送检单位，以免混淆。

（6）请供电部门到现场进行耐压试验及其他试验，详见国家标准GB 50150—2006《电气装置安装工程　电气设备交接试验标准》，并出示试验报告，或者安装完毕正式输电前进行耐压试验及其他试验。

八、变压器的安装接线

变压器室内安装时应安装在基础的轨道上，轨距与轮距应配合；室外一般安装在平台上

或杆上组装的槽钢架上。轨道、平台、钢架应水平；有滚轮的变压器轮子应转动灵活，安装就位后应用止轮器将变压器固定；装在钢架上的变压器滚轮悬空并用镀锌铁丝将器身与杆绑扎固定；变压器的储油柜侧应有1%～1.5%的升高坡度。

（一）杆上变压器台的安装接线

杆上变压器台有三种类型，一种是双杆变压器台，即将变压器安装在线路方向上单独增设的两根杆的钢架上，再从线路的杆上引入10kV电源。如果低压是公用线路，则再把低压用导线送出去与公用线路并联或与其他变压器台并联；如果是单独用户，则再把低压用硬母线引入到低压配电室内的总柜上或低压母线上去，如图4-18所示。

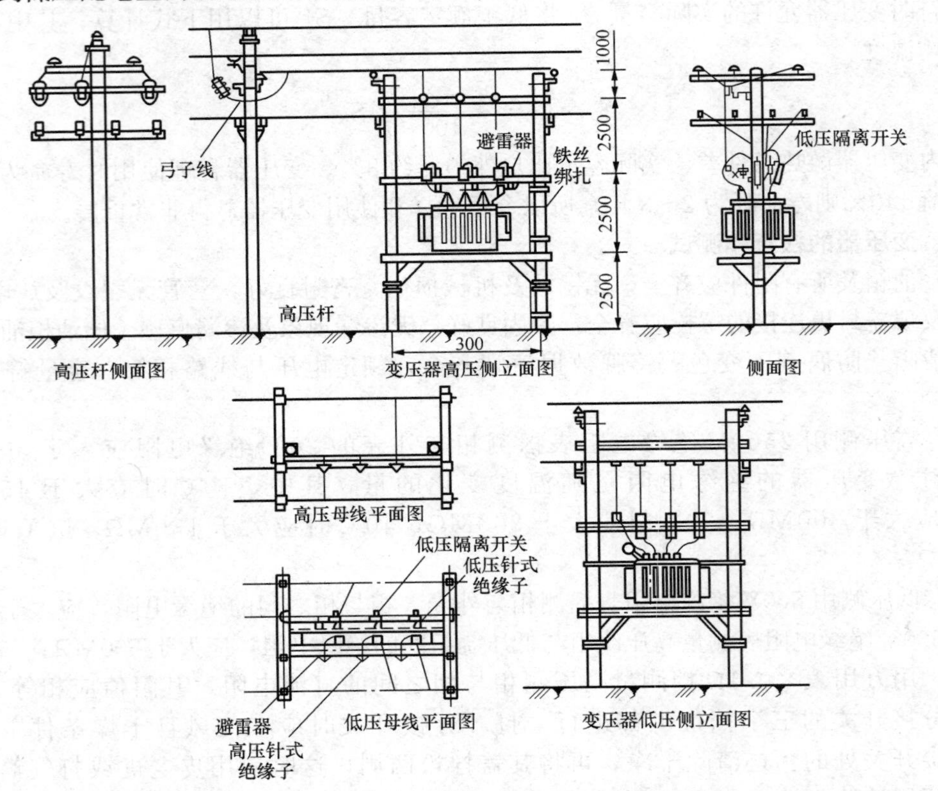

图4-18 双杆变压器台示意图

另外一种是借助原线路的电杆，在其旁再另立一根电杆，将变压器安装在这两根电杆间的钢架上，其他同上。因为只增加了一根电杆，所以称为单杆变压器台，如图4-19所示。

还有一种变压器台，容量在100kVA以下，将其直接安装在线路的单杆上，不需要增加电杆，又常设在线路的终端，为单台设备供电，如深井泵房或农村用电，如图4-20所示，称为本杆变压器台。

杆上变压器台安装方便、工艺简单，主要有立杆、组装金具构架及电气元件、吊装变压器、接线、接地等工序。

1. 变压器支架安装

变压器支架通常用槽钢制成，用U型抱箍与杆连接，变压器安装在平台横担的上

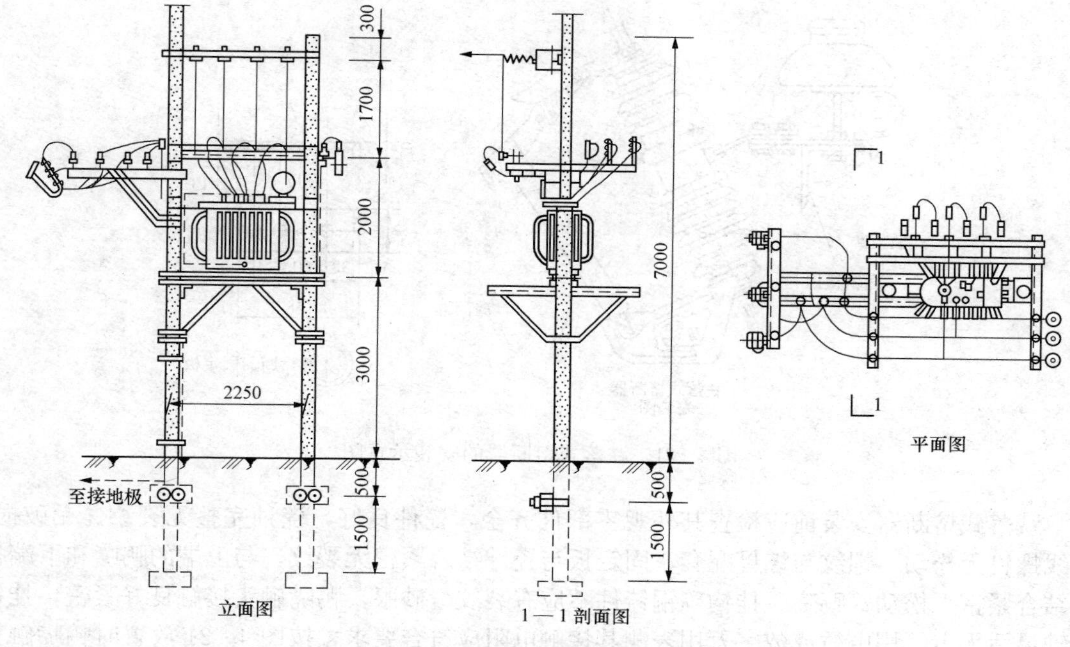

图 4-19　单杆变压器台示意图

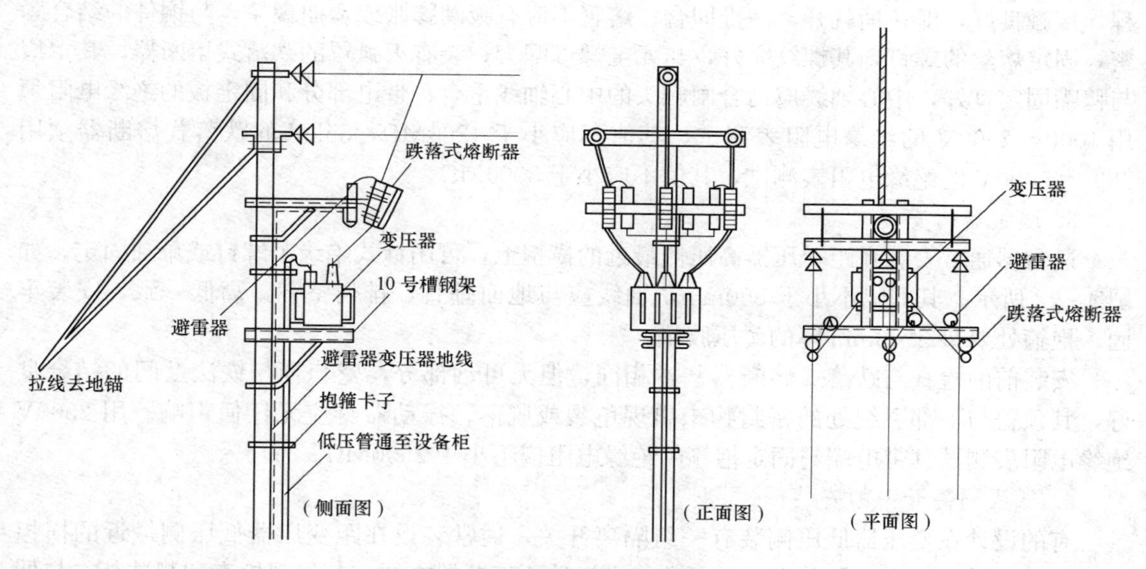

图 4-20　本杆变压器台示意图

面，应使储油柜侧偏高，有 1%～1.5%的坡度，支架必须安装牢固，一般钢架应有斜支撑。

2. 跌落式熔断器的安装

跌落式熔断器安装在高压侧丁字形的横担上，用针式绝缘子的螺杆固定连接，再把熔断器固定在连板上，如图 4-21 所示。其间隔不小于 500mm，以防弧光短路，熔管轴线与地面的垂线夹角为 15°～30°，排列整齐，高低一致。

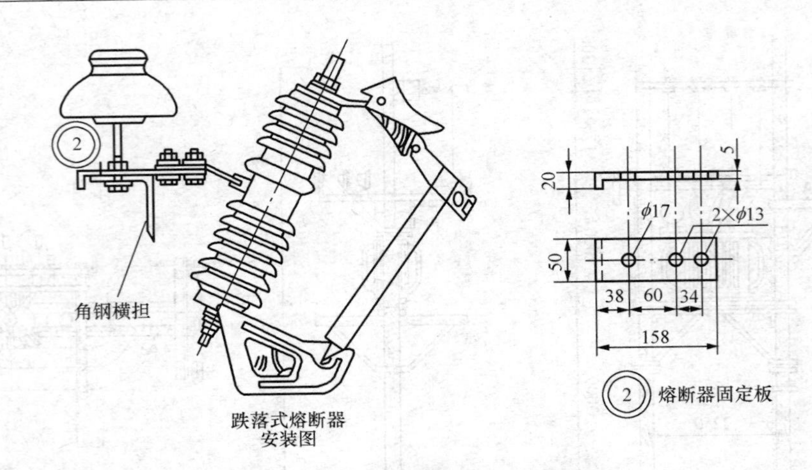

图 4-21 跌落式熔断器的安装示意图

跌落式熔断器安装前应检查其外观零部件齐全，瓷件良好，瓷釉完整无裂纹、无破损，接线螺钉无松动，螺纹与螺母配套，固定板与瓷件结合紧密无裂纹，与上端的鸭嘴和下端挂钩结合紧密无松动；鸭嘴、挂钩等铜铸件不应有裂纹、砂眼，鸭嘴触头接触良好紧密，挂钩转轴灵活无卡，用电桥或数字万用表测其接触电阻应符合要求，按图 4-21 放置时鸭嘴触头一经由下向上触动鸭嘴即断开，一推动熔管或上部合闸挂环即能合闸，且有一定的压缩行程，接触良好，即一捅就开，一推即合；熔管不应有吸潮膨胀或弯曲现象，与铜件的结合紧密，固定熔丝的螺钉，其螺纹完好，与元宝螺母配套；装有灭弧罩的跌落式熔断器，其罩应与鸭嘴固定良好，中心轴线应与合闸触头的中心轴线重合；带电部分和固定板的绝缘电阻须用 1000～2500V 的绝缘电阻表测试，其值不应小于 1200MΩ，35kV 的跌落式熔断器须用 2500～5000V 的绝缘电阻表测试，其值不应小于 3000MΩ。

3. 避雷器的安装

避雷器通常安装在距变压器高压侧最近的横担上，可用针式绝缘子螺钉或单独固定，如图 4-22 所示。其间隔不小于 350mm，轴线应与地面垂直，排列整齐，高低一致，安装牢固，抱箍处要垫 2～3mm 厚的耐压胶垫。

安装前的检查与跌落式熔断器基本相同，但无可动部分，瓷套管与铁法兰间的结合良好，其顶盖与下部引线处的密封物未出现龟裂或脱落，摇动器身应无任何声响。用 2500V 绝缘电阻表测试其带电端与固定抱箍的绝缘电阻应不小于 2500MΩ。

4. 低压隔离开关的安装

有的设计在变压器低压侧装有一组隔离开关，通常装设在距变压器低压侧最近的横担上，有三极的，也有三只单极的，目的是更换低压熔断器方便。其外观检查和测试基本与低压断路器相同，但要求瓷件良好，安装牢固，操动机构灵活无卡，隔离开关合闸后应接触紧密，分闸时有足够的电气间隙（≥200mm），三相联动动作同步，动作灵活可靠。用 500V 绝缘电阻表测试绝缘电阻应大于 2MΩ。

（二）变压器的安装

室外变压器的安装主要包括变压器的吊装、绝缘电阻的测试和接线等作业内容。

1. 变压器的简单检查与测试

变压器在接线前要进行简单的检查与测试，虽然变压器是经检查和试验的合格品，但要

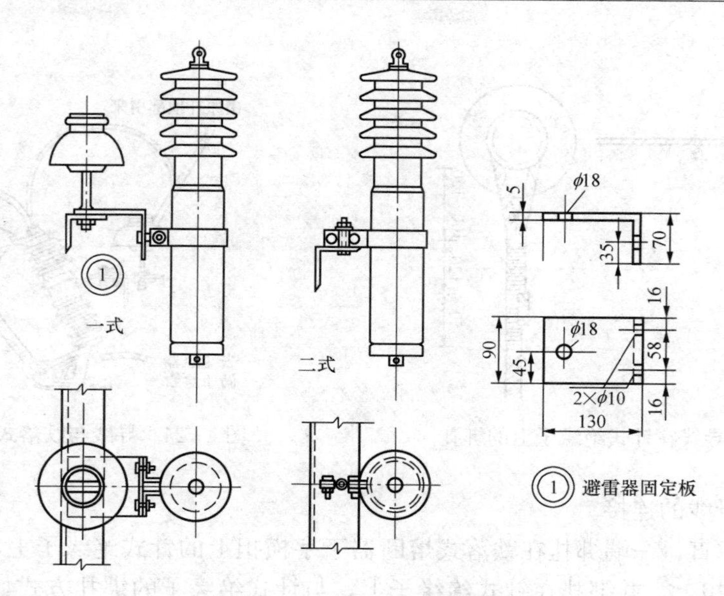

图 4-22　避雷器安装示意图

以防万一。

（1）外观无损伤，无漏油，油位正常，附件齐全，无锈蚀。

（2）高低压套管无裂纹、无伤痕，螺栓紧固，油垫完好，分接开关正常。

（3）铭牌齐全，数据完整，接线图清晰。高压侧的线电压与线路的线电压相符。

（4）10kV高压绕组用1000V或2500V绝缘电阻表测试绝缘电阻应大于300MΩ，35kV高压绕组用2500V或5000V绝缘电阻表测试绝缘电阻应大于400MΩ；低压220/380V绕组用500V绝缘电阻表测试绝缘电阻应大于2.0MΩ；高压侧与低压侧间的绝缘电阻可用500V绝缘电阻表测试，阻值应大于500MΩ。

2. 变压器的接线

（1）接线要求。

1）和电器连接必须紧密可靠，螺栓应有平垫圈及弹簧垫圈，其中与变压器和跌落式熔断器、低压隔离开关的连接，必须压接线鼻子过渡连接，与母线的连接应用T型线夹，与避雷器的连接可直接压接连接。与高压母线连接时，如采用绑扎法，绑扎长度不小于200mm。

2）导线在绝缘子上的绑扎必须按前述要求进行。

3）接线应短而直，必须保证线间及对地的安全距离，跨接弓子线在最大风摆时要保证安全距离。

4）避雷器和接地的连接线通常使用绝缘铜线，避雷器上引线不小于16mm²，下引线不小于25mm²，接地线一般为25mm²。若使用铝线，上引线不小于25mm²，下引线不小于35mm²，接地线不小于35mm²。

（2）接线工艺。以图4-18来说明接线工艺过程。

1）将导线撑直，绑扎在原线路杆顶横担上的针式绝缘子上和下部丁字横担的针式绝缘子上，与针式绝缘子的绑扎应采用终端式绑扎法，如图4-23所示。同时将下端压接线鼻子，与跌落式熔断器的上闸口接线柱连接拧紧如图4-24所示。导线的上端暂时团起来扎在杆上。

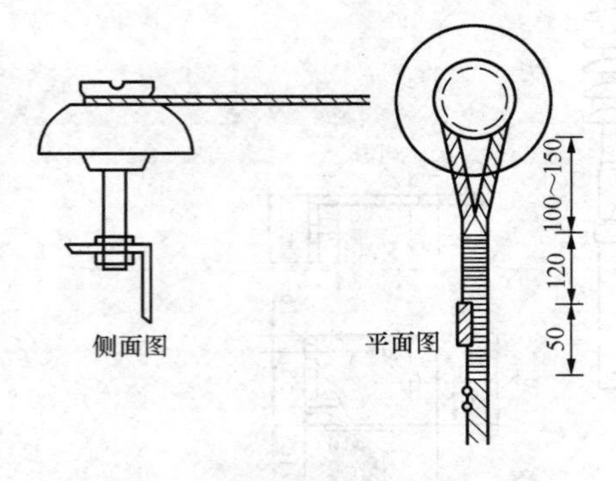

图 4 - 23　导线在针式绝缘子上的绑扎

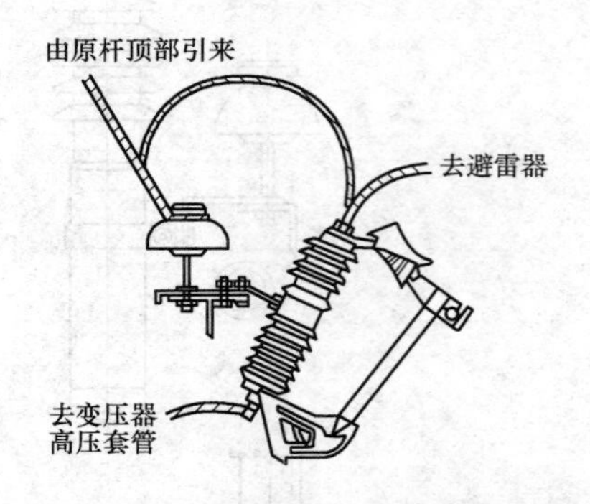

图 4 - 24　导线与跌落式熔断器的连接

2）高压软母线的连接。

a）将导线撑直，一端绑扎在跌落式熔断器丁字横担上的针式绝缘子上，另一端水平通至避雷器处的横担上，并绑扎在针式绝缘子上，与针式绝缘子的绑扎方式如图 4 - 23 所示。同时，丁字横担针式绝缘子上的导线按相序分别采用弓子线的形式接在跌落式熔断器的下闸口接线上。弓子线要做成铁链自然下垂的形式，见图 4 - 18 中的平面图，其中 U 相和 V 相直接由跌落式熔断器的下闸口由丁字横担的下方翻至针式绝缘子上用图 4 - 23 的方法绑扎，而 W 相则由跌落式熔断器的下闸口直接上翻至 T 型横担上方的针式绝缘子上，并按图 4 - 25 的方法绑扎。而软母线的另一侧均应上翻，接至避雷器的上接线柱，方法如图 4 - 26所示。

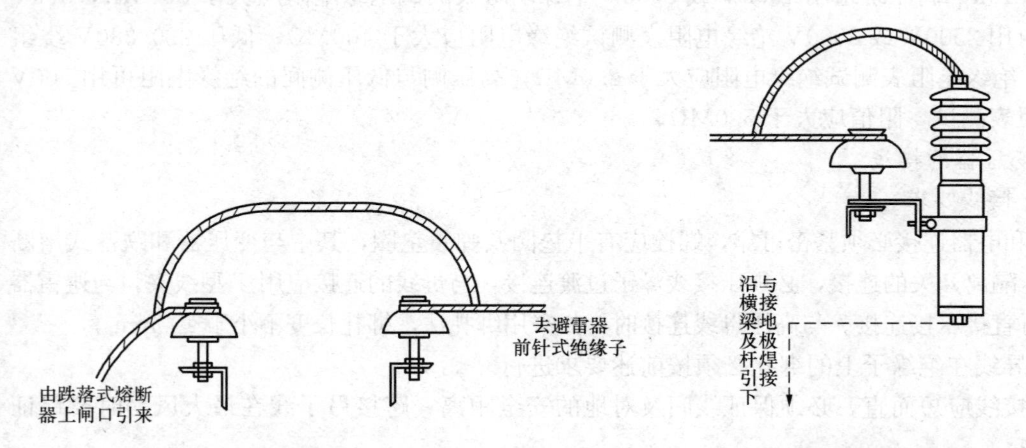

图 4 - 25　导线在变压器台上的过渡连接示意图　　图 4 - 26　导线与避雷器的连接示意图

b）将导线撑直，按相序分别用 T 型线夹与软母线连接，连接处应包缠两层铝包带，另一端直接引至高压套管处，压接线鼻子，按相序与套管的接线柱接好，这段导线必须撑紧。

3）低压侧的接线。将低压侧三只相线的套管直接用导线引至隔离开关的下闸口（注意，这样操作是为了接线的方便，操作时必须先验电后操作），将导线撑直，必须用线鼻子过渡。

将线路中低压的三根相线及一根零线经上部的针式绝缘子直接引至隔离开关上方横担的

针式绝缘子上，绑扎如图 4 - 23 所示。针式绝缘子上的导线与隔离开关上闸口的连接如图 4 - 27所示，其中跌落式熔断器与导线的连接可直接用上面的元宝螺栓压接，同时按变压器低压侧额定电流的 1.25 倍选择与跌落式熔断器配套的熔片，装在跌落式熔断器上。其中，零线直接压接在变压器中性点的套管上。

如果变压器低压侧直接引入低压配电室，则应安装硬母线将变压器二次侧引入配电室内。如果变压器专供单台设备用电，则应设管路将低压侧引至设备的控制柜内，如图 4 - 20所示。

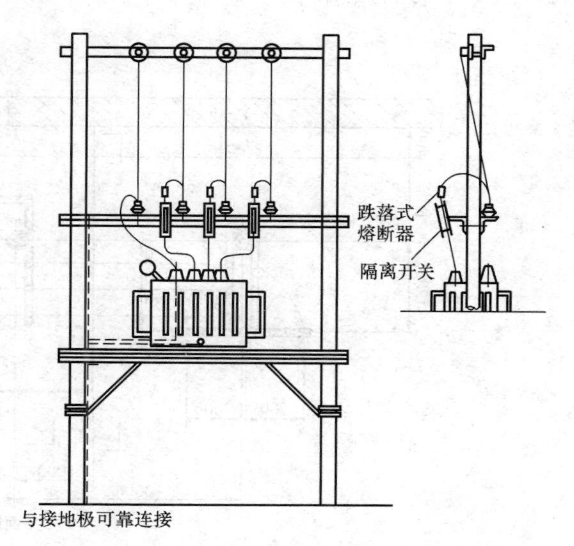

图 4 - 27　低压侧连接示意图

4）变压器台的接地。变压器台的接地共有三个点，即变压器外壳的保护接地，低压侧中性点的工作接地，另外则是避雷器下端的防雷接地，三个接地点的接地线必须单独设置，接地极则可设一组，但接地电阻应小于 4Ω。将接地极引至杆处上翻 1.20m 处，一杆一根，一根接避雷器，另一根接中性点和外壳。

接地引线应采用 $25mm^2$ 及以上的铜线或 4mm×40mm 的镀锌扁钢，其中，中性点接地应沿器身翻至杆处，外壳接地应沿平台翻至杆处，与接地线可靠连接；避雷器下端可用一根导线串接而后引至杆处，与接地线可靠连接，如图 4 - 28 所示；其他同架空线路。装有低压隔离开关时，其接地螺栓也应另外接线与接地体可靠连接。

5）变压器台的安装要求。变压器应安装牢固，水平倾斜不应大于构架根开的 1/100，且储油柜侧偏高，油位正常；一、二次接线应排列整齐，绑扎牢固；变压器完好，外壳干净，试验合格；可靠接地，接地电阻符合设计要求。

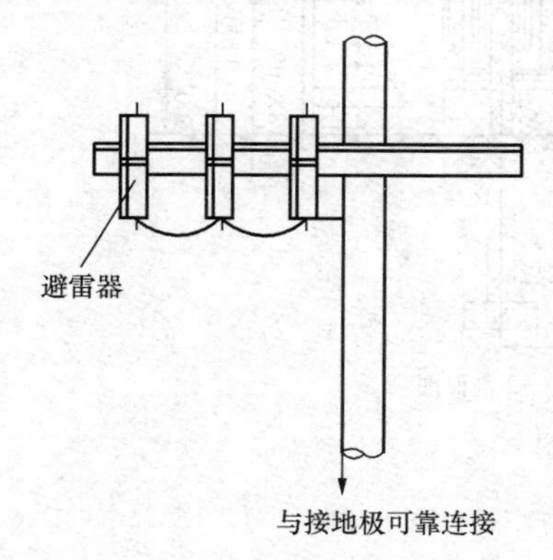

图 4 - 28　杆上变压器台避雷器的接地示意图

6）全部装好接线完毕后，应检查有无不妥，并把变压器顶盖、套管、分接开关等用棉丝擦拭干净，重新测试绝缘电阻和接地电阻应符合要求。将高压跌落式熔断器的熔管取下，按要求选择高压熔丝，并将其安装在熔管内。高压熔丝安装时必须伸直，且有一定的拉力，然后将其挂在跌落式熔断器下边的卡环内。

与供电部门取得联系，在线路停电的情况下，先挂好临时接地线，然后将三根高压电源线与线路连接，通常用绑扎或 T 型线夹的办法进行连接，要求同前。接好后再将临时接地线拆掉，并与供电部门联系，请求输电。

（三）落地变压器台

落地变压器台与杆上变压器台的主要区别是将变压器安装在地面上的混凝土台上，其标高应大于 500mm，上面装有与主筋连接的角钢或槽钢滑道，储油柜侧偏高。安装时将变压器的底轮取掉或装上止轮器。其他有关安装、接线、测试、输电合闸、运行等与杆上变压器台相同。

安装好后，应在变压器周围装设防护遮栏，高度不小于 1.7m，与变压器距离应大于或等于 2.0m 并悬挂警告牌，“禁止攀登、高压有电”。落地变压器台布置如图 4-29 所示。安装方法基本与前面相同。

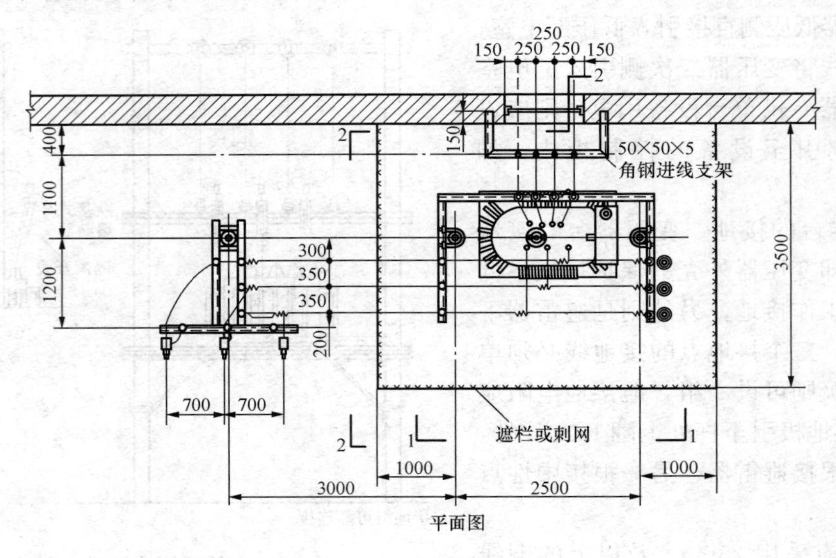

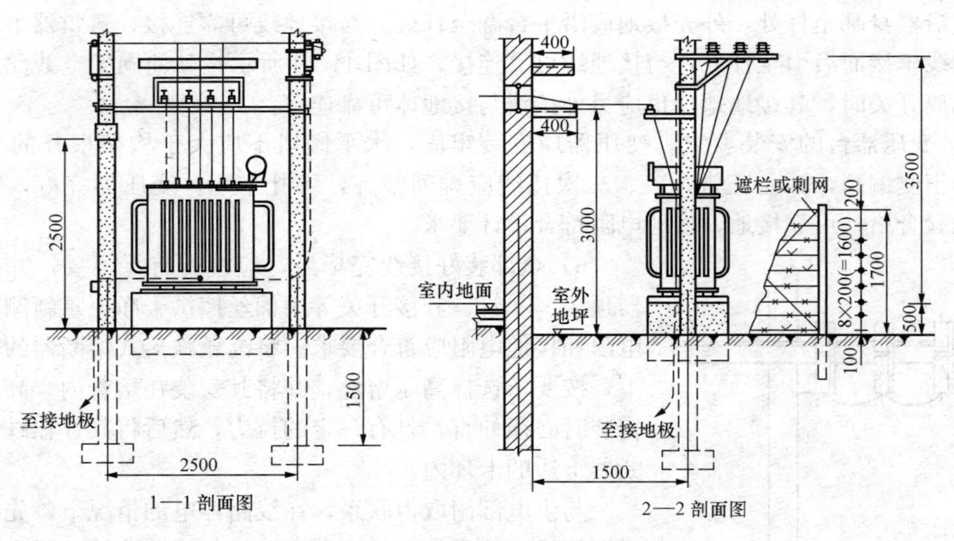

图 4-29　室外落地变压器台布置图

任务释疑

通过以上对于安装小型电力变压器的方法的学习，要完成以上任务，要做以下工作：

（1）认真读图 4-1，掌握图中的一些信息，如电气设备的型号、数量等。

（2）材料和设备的准备。按照图 4-1 中的信息，把变压器、熔断器、隔离开关、母线、接地线等按规定或选定的规格准备好。

（3）按要求检测设备，保证其是完好的。

（4）按照前边介绍的落地变压器台的方法，逐步安装变压器。

设想一下，在安装的过程中，会遇到哪些困难？即可能会有哪些技术问题，是你解决不了的？

基础训练

用文字、数字或公式使以下内容变得完整。

1. 变电站的作用是________、________和________。
2. 变电站站址应尽量接近________，以降低配电系统的________损耗、________损耗和有色金属消耗量。
3. 负荷指示图是指将________按一定比例用负荷圆的形式标示在工厂或车间的平面图上。
4. 枢纽变电站位于电力系统的________点，汇集________个电源，电压为________的变电站。
5. 中间变电站一般汇集________个电源，电压一般为________，同时又降压供给当地用电。
6. 地区变电站高压侧电压一般为________kV，对地区用户供电为主的变电站。
7. 终端变电站在输电线路的终端，接近________点，高压侧电压一般为________kV，经降压后直接向用户供电的变电站。
8. 车间附设变电站的变压器室的一面墙或几面墙与________的墙共用，变压器室的大门朝车间外开。
9. 车间内变电站的变压器室位于车间内的________，变压器室的大门朝车间内开。
10. 杆上变电台的变压器安装在室外的电杆上，也称________。
11. 对变电站主接线的基本要求是________、________、________、________。
12. 一次侧的高压断路器跨接在两路________之间，犹如一架桥梁，而且处在线路断路器的________，靠近变压器，因此称为内桥式接线。
13. 内桥式接线多用于电源线路________因而发生故障和停电检修的机会较多、且变压器________切换的总降压变电站。
14. 一次侧的高压断路器跨接在________进线之间，处在线路断路器的外侧，靠近________方向，因此称为外桥式接线。
15. 变配电站的值班室应尽量靠近________，且有门直通。
16. 如值班室靠近高压配电室有困难时，则值班室可经________与高压配电室相通。
17. 值班室可以与________合并，但在放置值班工作桌的一面或一端，低压配电装置到墙的距离不应小于________。
18. 值班室内不得有________设备。值班室的门应朝________开。
19. 高低压配电室和电容器室的门应朝________开，或朝外开。
20. 油量为________kg 及以上的变压器应装设在单独的变压器室内。

21. 变电站宜________层布置。当采用双层布置时，变压器应设在________层。

22. 高压开关柜不多于________台时，可与低压配电屏设置在同一房间内，但高压柜与低压屏的间距不得小于________m。

23. 高压电容器柜数量________时，可装设在高压配电室内。

24. 用于________中的变压器统称为电力变压器。

25. 电力变压器由________和________两个基本部分组成，根据________原理升高或降低电压。

26. R8 系列的变压器容量按照________的倍数递增。

27. R10 系列的变压器容量按照________倍数递增。

28. 变压器按照绝缘和冷却方式分为________、________、________。

29. 变压器的铁芯用________mm 的软磁性材料硅钢片涂________mm 的绝缘漆，叠装在一起而成。

30. 一般________套装在铁芯柱上，高压绕组套装在低压绕组________面。

31. 变压器的分接开关也叫________。

32. 储油柜又称________，当温度变化时，油面跟着升降，储油柜起________和________的作用，保证油箱内充满变压器油。

33. 储油柜的容积约为油箱的________。

34. 容量为________kVA 以上的变压器都装防爆管。

35. ________kVA 及以上的变压器需要装净油器。

36. 吸湿器中的变色硅胶不含水时呈现________色，含水时呈现________色，含水较多时呈现________色。

37. SFSZ8 - 50000/110 表示三相风冷三绕组有载调压，第八次设计，额定容量为________kVA，高压侧额定电压为________kV 的电力变压器。

38. 有大量一级和二级负荷的变电站选________变压器。

39. 无一级负荷仅有少量二级负荷的变电站用________变压器，但要有与其他变电站相接的联络线做备用电源。

40. 干式变压器容量一般不大于________kVA。

41. 居民小区内的油浸变压器容量不应大于________kVA。

42. 户内变压器散热条件差，实际容量比户外的低约________。

43. 用万用表________挡测量高压侧相与相之间的直流电阻，其阻值应相等。

44. 变压器的储油柜侧应有________的升高坡度。

45. 双杆变压器台，即将变压器安装在线路方向上________的两根杆的钢架上，再从线路的杆上引入 10kV 电源。

46. 跌落式熔断器安装时，其间隔不小于________mm，以防弧光短路，熔管轴线与地面的垂线夹角为________，排列整齐，高低一致。

47. 避雷器通常安装在距变压器高压侧最近的横担上，其间隔不小于________mm，轴线应与地面________，排列整齐，高低一致。

48. 避雷器和接地的连接线通常使用绝缘铜线，避雷器上引线不小于________mm^2，下引线不小于________mm^2，接地线一般为________mm^2。

49. 避雷器和接地的连接线若使用铝线，上引线不小于__________ mm^2，下引线不小于__________ mm^2，接地线不小于__________ mm^2。

50. 变压器台的接地共有三个点，即变压器外壳的__________、低压侧中性点的__________、避雷器下端的__________。

51. 变压器台的三个接地点的接地线必须__________设置，接地极则可设一组，但接地电阻应小于__________ Ω。

52. 变压器台接地时将接地极引至杆处上翻__________ m 处，一杆一根，一根接避雷器，另一根接中性点和外壳。

53. 变压器台的接地引线应采用__________ mm^2 及以上的铜线或__________镀锌扁钢。

54. 变压器台安装好后，应在变压器周围装设防护遮栏，高度不小于__________ m，与变压器距离应大于或等于__________ m 并悬挂警告牌，“禁止攀登、高压有电”。

技能训练

（一）训练内容

小型电力变压器的安装接线。

（二）训练目的

（1）掌握跌落式熔断器的安装方法。

（2）掌握避雷器的安装方法。

（3）掌握变压器的安装接线。

（三）器材准备

S9-400/10 变压器、RW10-10（F）跌落式熔断器、FS4-10 避雷器、隔离开关、25mm^2 铜线等。

（四）训练场地

露天变电站。

（五）训练步骤

（1）清理场地、检查器材数量。

（2）检查和测试变压器及各设备是否完好。

（3）变压器支架安装。

（4）跌落式熔断器的安装。

（5）避雷器的安装。

（6）低压隔离开关的安装。

（7）高压软母线的连接。

（8）低压侧的接线。

（9）变压器台的接地。

任务考核

（一）判断题

1. 变电站的作用是接受电能和分配电能。（　　）

2. 变电站站址应尽量远离负荷中心，以降低配电系统的电能损耗、电压损耗和有色金

属消耗量。(　　)

3. 车间附设变电站的变压器室的一面墙或几面墙与车间建筑的墙共用，变压器室的大门朝车间外开。(　　)

4. 车间内变电站的变压器室位于车间内的单独房间内，变压器室的大门朝车间内开。(　　)

5. 对变电站主接线的基本要求是安全、可靠、优质、经济。(　　)

6. 一次侧的高压断路器跨接在两路电源进线之间，犹如一架桥梁，而且处在线路断路器的内侧，靠近电源，因此称为内桥式接线。(　　)

7. 内桥式接线多用于电源线路较短因而发生故障和停电检修的机会较多、并且变压器需经常切换的总降压变电站。(　　)

8. 一次侧的高压断路器跨接在两路电源进线之间，处在线路断路器的外侧，靠近变压器方向，因此称为外桥式接线。(　　)

9. 变配电站的值班室应尽量远离高低压配电室。(　　)

10. 值班室可以与低压配电室合并。(　　)

11. 值班室内可以有高压设备。(　　)

12. 油量为20kg及以上的变压器应装设在单独的变压器室内。(　　)

13. 变电站宜单层布置。当采用双层布置时，变压器应设在二层。(　　)

14. 高压开关柜不多于10台时，可与低压配电屏设置在同一房间内。(　　)

15. 高压电容器柜数量较少时，可装设在高压配电室内。(　　)

16. R8系列的变压器容量按照1.26的倍数递增。(　　)

17. 一般低压绕组套装在铁芯柱上，高压绕组套装在低压绕组外面。(　　)

18. 容量为400kVA以上的变压器都装防爆管。(　　)

19. 吸湿器中的变色硅胶不含水时呈现粉红色。(　　)

20. 有大量一级和二级负荷的变电站选两台变压器，一台故障时由另一台给重要负荷供电。(　　)

21. 无一级负荷仅有少量二级负荷的变电站用一台变压器，但要有与其他变电站相接的联络线做备用电源。(　　)

22. 变压器的储油柜侧应有1%～1.5%的升高坡度。(　　)

23. 变压器台的接地共有两个点，即变压器外壳的保护接地和低压侧中性点的工作接地。(　　)

24. 变压器台的接地线接地电阻应小于10Ω。(　　)

25. 变压器台的接地引线应采用$25mm^2$及以上的铜线或4mm×40mm的镀锌扁钢。(　　)

26. 变压器台安装好后，应在变压器周围装设防护遮栏，高度不小于2.7m，与变压器距离应大于或等于3.0m并悬挂警告牌，“禁止攀登、高压有电”。(　　)

(二) 选择题

1. 枢纽变电站位于电力系统的枢纽点，汇集(　　)个电源，电压为330～500kV的变电站。

(A) 1　　(B) 2　　(C) 3　　(D) 多

2. 中间变电站一般汇集 2～3 个电源，电压一般为（　　）kV，同时又降压供给当地用电。

(A) 10～33　(B) 110～220　(C) 220～330　(D) 330～500

3. 地区变电站高压侧电压一般为（　　）kV，对地区用户供电为主的变电站。

(A) 10～33　(B) 110～220　(C) 220～330　(D) 330～500

4. 终端变电站在输电线路的终端，接近负荷点，高压侧电压一般为（　　）kV，经降压后直接向用户供电的变电站。

(A) 35～110　(B) 110～220　(C) 220～330　(D) 330～500

5. 值班室可以与（　　）合并。

(A) 低压配电室　(B) 高压配电室　(C) 电容器室　(D) 变压器室

6. 值班室可以与低压配电室合并，但在放置值班工作桌的一面或一端，低压配电装置到墙的距离不应小于（　　）m。

(A) 1　(B) 2　(C) 3　(D) 4

7. 值班室内不得有（　　）设备。

(A) 低压　(B) 高压　(C) 电子　(D) 电气

8. 油量为（　　）kg 及以上的变压器应装设在单独的变压器室内。

(A) 10　(B) 20　(C) 50　(D) 100

9. 高压开关柜不多于（　　）台时，可与低压配电屏设置在同一房间内。

(A) 2　(B) 4　(C) 6　(D) 8

10. 高压开关柜不多于 6 台时，可与低压配电屏设置在同一房间内，但高压柜与低压屏的间距不得小于（　　）m。

(A) 1　(B) 2　(C) 3　(D) 4

11. R8 系列的变压器容量按照（　　）的倍数递增。

(A) 0.5　(B) 1.0　(C) 1.26　(D) 1.33

12. R10 系列的变压器容量按照（　　）的倍数递增。

(A) 0.5　(B) 1.0　(C) 1.26　(D) 1.33

13. 变压器的铁芯用（　　）mm 的软磁性材料硅钢片叠装在一起而成。

(A) 0.1～0.2　(B) 0.35～0.5

(C) 0.53～0.65　(D) 0.65～0.8

14. 储油柜的容积约为油箱的（　　）。

(A) 1/2　(B) 1/3　(C) 1/5　(D) 1/10

15. 容量为（　　）kVA 以上的变压器都装防爆管。

(A) 100　(B) 500　(C) 800　(D) 1000

16. 吸湿器中的变色硅胶不含水时呈现（　　）色。

(A) 红　(B) 黄　(C) 蓝　(D) 绿

17. SFSZ8 - 50000/110 表示三相风冷三绕组有载调压，额定容量为（　　）kVA 的电力变压器。

(A) 10　(B) 50　(C) 100　(D) 500

18. 干式变压器容量一般不大于（　　）kVA。

(A) 220 (B) 330 (C) 630 (D) 800

19. 居民小区内的油浸变压器容量不应大于（　　）kVA。

(A) 220 (B) 330 (C) 630 (D) 800

20. 户内变压器散热条件差，实际容量比户外的低约（　　）。

(A) 2% (B) 4% (C) 5% (D) 8%

21. 用万用表（　　）Ω挡测量高压侧相与相之间的直流电阻，其阻值应相等。

(A) ×0.1 (B) ×1 (C) ×10 (D) ×100

22. 变压器的储油柜侧应有1%～1.5%的升高坡度。

(A) 0.1%～0.5% (B) 1%～1.5%

(C) 3%～5% (D) 6%～8.5%

23. 跌落式熔断器安装时其间隔不小于（　　）mm，以防弧光短路，熔管轴线与地面的垂线夹角为15°～30°，排列整齐，高低一致。

(A) 100 (B) 300 (C) 500 (D) 800

24. 避雷器通常安装在距变压器高压侧最近的横担上，其间隔不小于（　　）mm，轴线应与地面垂直，排列整齐，高低一致。

(A) 100 (B) 350 (C) 550 (D) 800

25. 避雷器和接地的连接线通常使用绝缘铜线，避雷器上引线不小于（　　）mm^2。

(A) 5 (B) 10 (C) 16 (D) 25

26. 变压器台的接地共有（　　）个点。

(A) 1 (B) 2 (C) 3 (D) 4

27. 变压器台的接地线必须单独设置，接地极则可设一组，但接地电阻应小于（　　）Ω。

(A) 1 (B) 2 (C) 3 (D) 4

28. 变压器台接地时将接地极引至杆处上翻（　　）m处，一杆一根。

(A) 0.5 (B) 1.0 (C) 1.2 (D) 1.7

29. 变压器台的接地引线应采用（　　）mm^2及以上的铜线。

(A) 16 (B) 25 (C) 35 (D) 50

30. 变压器台安装好后，应在变压器周围装设防护遮栏，高度不小于（　　）m。

(A) 1.0 (B) 1.2 (C) 1.7 (D) 2.0

（三）技能考核

1. 考核内容

(1) 跌落式熔断器的安装。

(2) 避雷器的安装。

2. 考核要求

(1) 检查熔断器、避雷器是否完好。

(2) 按要求接线，接线要正确。

(3) 安装接线过程中要遵守安全操作规程，不准损坏元器件。

3. 考核要求、配分及评分标准

考核要求、配分及评分标准见表4-2。

表 4-2　　考核要求、配分及评分标准

考核项目	考核要求	配分	评分标准	考评结果	扣分	得分
安全生产操作	按安全操作规程操作	5	违规操作，每违反一项扣 1 分； 作业完毕不清理现场，扣 1 分； 发生安全事故，本项不得分			
元件检查审核	正确检测元件质量并核对数量和规格	5	不使用仪器检测元件参数，扣 2 分； 元件质量检查和判断错误，扣 2 分； 元件数量和规格核对错误，扣 1 分；			
安装接线	正确接线，元件之间的距离符合技术要求	20	距离不合理，扣 2 分； 接线不符合要求，每处扣 1 分； 损坏元器件，每件扣 2 分			
备注	超时操作扣分		超 5min 扣 1 分，不许超过 10min			
合计		30				

任务五　安装室内配电线路

【知识目标】

(1) 理解电力线路的基本概念。
(2) 理解电力照明的有关概念。
(3) 掌握常用的照明装置标注方法。
(4) 熟悉照明施工图的含义。

能力目标

(1) 掌握照明装置的安装方法。
(2) 熟练绘制电气平面图。
(3) 掌握敷设室内电路的方法。
(4) 熟悉电气装置的选用方法。

任务导入

某住宅单元电气照明平面图如图 5 - 1 所示。

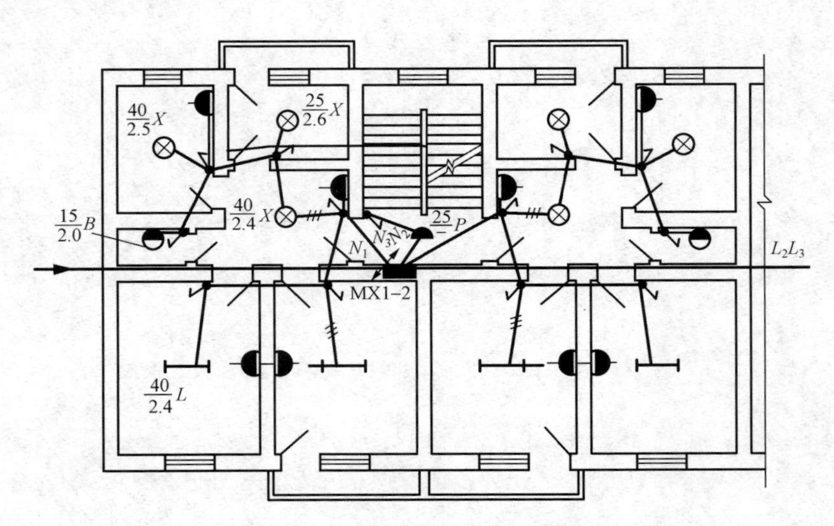

图 5 - 1　某住宅单元电气照明平面图

MX1 - 2 配电箱电路图如图 5 - 2 所示。

有关说明如下：

(1) 本工程采用交流 50Hz，380/220V 三相四线制电源供电，架空引入。

（2）MX1-2配电箱的外形尺寸［宽（mm）×高（mm）×厚（mm）］为500×400×125，为定型产品。箱内元件见系统图。箱底边距地1.4m，应在土建施工时预留孔洞。

电能表为单相电能表，开关为单相自动开关。

（3）开关距地1.3m，距门框0.3m。

（4）插座距地1.4m。

（5）支线均采用BLX-500V-2.5mm^{2}的导线穿直径为15mm的钢管暗敷。

根据以上资料进行室内配电线路的施工。

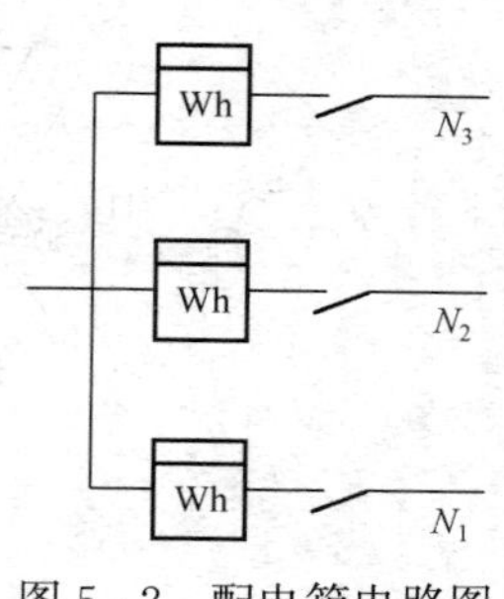

图5-2　配电箱电路图

任务分析

本项任务是室内线路的施工，要完成这样的任务，首先要能够看懂平面图和配电箱电路图，即其中的一些文字符号和图形符号要清楚它们的含义。其次，是要知道室内线路的施工要干什么。

室内线路的施工主要包括两项内容，即照明装置的安装和线路的敷设。照明装置的安装主要需知道各种灯具、开关和插座的接线方法，以及在安装过程中的注意事项。线路的敷设有两种方式可选择，即明敷和暗敷，选定敷设方式后，关键要掌握该种敷设方式的操作技能。

为完成以上任务应具备以下知识和技能。

相关知识

一、电力线路的结构类型

电力线路是用来传送和分配电能的。电力线路按结构分为架空线路、电缆线路和室内线路三种。

本节主要分析架空线路和电缆线路，从“电气照明的基本概念”开始主要分析室内线路及其安装。

（一）架空线路

1. 架空线路的结构

架空线路由导线、电杆、绝缘子和线路金具等主要元件组成，如图5-3所示。为了防雷，有的架空线路（35kV及以上线路）上还装设有避雷线（架空地线）。为了加强电杆的稳固性，有的电杆还安装有拉线或板桩。

2. 对架空线路导线的基本要求

导线是线路的主体，担负着输送电能的功能。它架设在电杆上边，要经受自身重量和各种外力的作用，并要承受大气中各种有害物质的侵蚀。因此，导线必须具有良好的导电性，同时要具有一定的机械强度和耐腐蚀性，尽可能地质轻而价廉。

3. 常用架空线路导线

导线材质有铜、铝和钢。

铜的导电性最好（电导率为53MS/m），机械强度也相当高（抗拉强度约为380MPa），

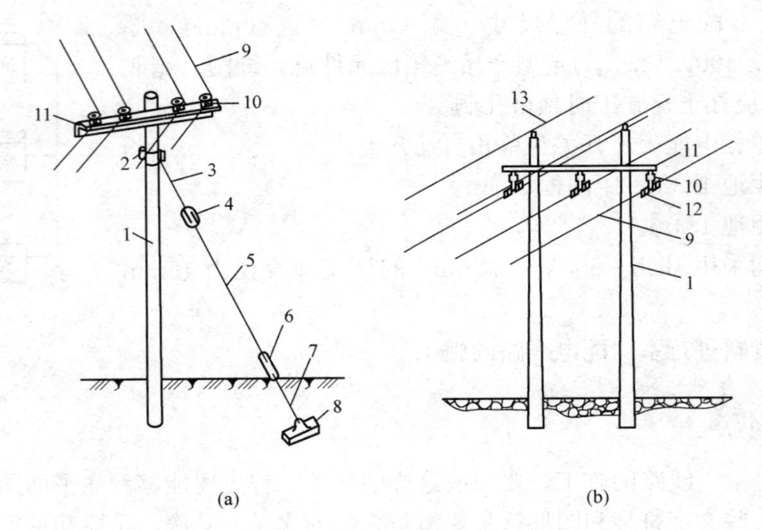

图 5-3 架空线路的结构图

(a) 低压架空线；(b) 高压架空线

1—电杆；2—拉线的抱箍；3—上把；4—拉线绝缘子；5—腰把；6—花篮螺钉；7—底把；8—拉线底盘；9—导线；10—绝缘子；11—横担；12—线夹；13—避雷线

然而铜是贵重金属，除特殊需要外，架空线一般不采用铜导线。

铝的机械强度较差（抗拉强度约为 160MPa），但其导电性较好（电导率为 32MS/m），且具有质轻、价廉的优点，广泛应用于 10kV 及以下的线路上。

钢的机械强度很高（多股钢绞线的抗拉强度达 1200MPa），而且价廉，但其导电性差（电导率为 7.52MS/m），功率损耗大，对交流电流来说还有磁滞涡流损耗（铁磁损耗），并且在大气中容易锈蚀，因此钢导线在架空线路上一般只作为避雷线使用，且使用镀锌钢绞线。

架空线路一般采用裸导线。其结构型式主要有单股线、多股绞线和钢芯铝绞线三种。由于多股绞线的性能优越于单股线，所以架空线路一般均采用多股绞线。但是，多股铝绞线的机械强度差，所以只有 10kV 及以下的线路因导线受力小而多使用铝绞线 LJ，而 35kV 及以上的线路因导线受力大，则广泛使用钢芯铝绞线 LGJ。钢芯铝绞线是将铝线绕在钢线的外层，由于集肤效应，电流主要从铝线部分通过，而导线的机械负荷则主要由钢线负担，目前在架空线路上应用最广，是架空线路导线的主要型式。

钢芯铝绞线按其机械强度的大小，可分为普通型、轻型和加强型三种。这三者在结构上的主要差别在于铝钢截面比。铝钢截面比越小，机械强度越大；反之，铝钢截面比越大，机械强度越小，导线就越轻。轻型钢芯铝绞线（LGJQ）的铝钢截面比为 7.6～8.3；普通型钢芯铝绞线（LGJ）的铝钢截面比为 5.3～6.1；加强型钢芯铝绞线（LGJJ）的铝钢截而比为4～4.5。

钢芯铝绞线型号中表示的截面积，就是其中铝线部分的截面积。例如，LGJ-120 中的 120 是指其铝线（L）部分截面积为 120mm^2。

为了防止电晕并减小线路感抗，超高压架空线路的导线一般采用扩径导线、空心导线和分裂导线。因为扩径导线和空心导线不易制作和安装，所以目前多采用分裂导线。分裂导线每一相由若干根钢芯铝绞线作为子导线（或称次导线）组成，子导线间用金属间隔棒支撑。

架空线路各种导线的截面结构如图 5-4 所示。

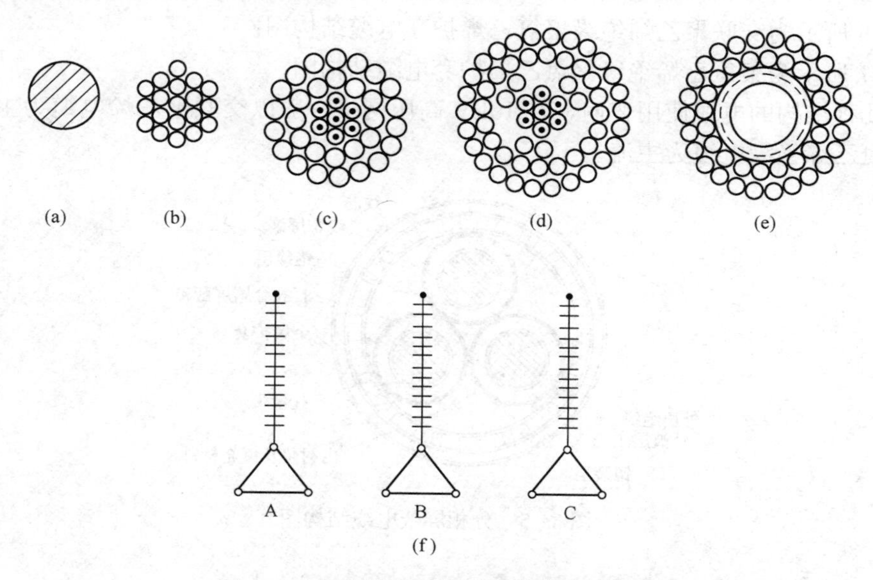

图 5-4　架空线路各种导线的截面结构图

（a）单股导线；（b）单金属多股导线；（c）钢芯铝绞线；
（d）扩径钢芯铝绞线；（e）空心导线；（f）分裂导线

对于工厂和城市中 10kV 及以下的架空线路，当安全距离难以满足要求、邻近高层建筑及在繁华街道或人口密集地区、空气严重污秽地段和建筑施工现场，可采用绝缘导线。

4. 架空线路的表示方法

架空线路的导线和避雷线型号用汉语拼音字母表示，见表 5-1。

表 5-1　　**架空线路表示方法举例**

代号	含　义
LJ-70	铝绞线，标称截面积为 $70mm^2$
TJJ-35	铜绞线，标称载面积为 $35mm^2$
LGJ-240/30	钢芯铝绞线，标称截面积铝线为 $240mm^2$，钢芯为 $30mm^2$
LGJJ-300/70	加强型钢芯铝绞线，标称截面积铝线为 $300mm^2$，钢芯为 $70mm^2$

（二）电缆线路

电缆线路与架空线路相比，具有成本高、投资大、维修不便等缺点，但它同时具备运行可靠、受外界影响小、不占地面等优点。

1. 电缆的结构

电缆基本由线芯、绝缘层和保护层三部分组成。线芯导体要有好的导电性，以减少线路损失；绝缘层的作用是将线芯导体间与保护层中的金属屏蔽带和金属护套隔离，因此必须有良好的绝缘性能、耐热性能；保护层又分为内保护层和外保护层两部分，是用来保护绝缘层，使电缆在运输、储存、敷设和运行中，电缆的绝缘层不受外力损伤和水分的侵入，所以保护层应有一定的机械强度。

图 5-5 所示为分相屏蔽电缆结构图。

图 5-6 所示为交联聚乙烯绝缘聚氯乙烯护套电缆结构图。

图 5-7 所示为聚氯乙烯绝缘聚氯乙烯护套电缆结构图。

以上几种结构的电缆使用普遍，在 10kV 高压网络一般以交联聚乙烯电缆为主流。低压网络以聚氯乙烯绝缘电缆为主流。

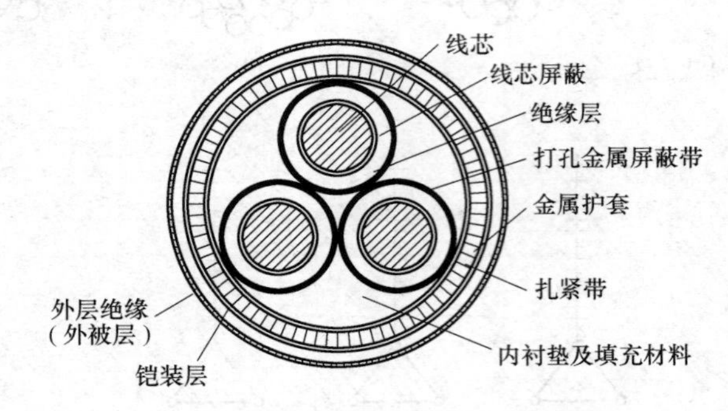

图 5-5 分相屏蔽电缆结构图

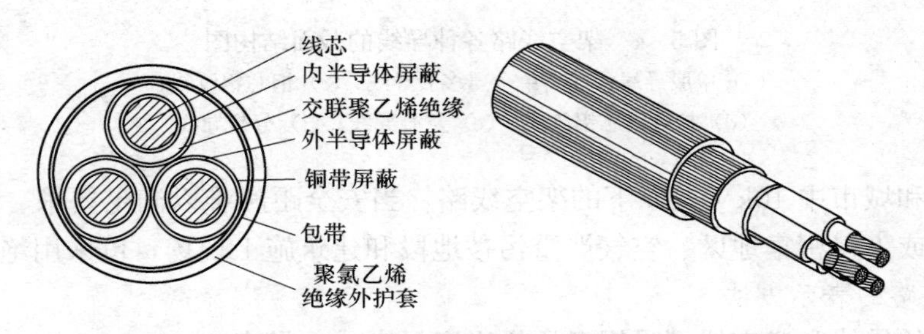

图 5-6 交联聚乙烯绝缘聚氯乙烯护套电缆结构图

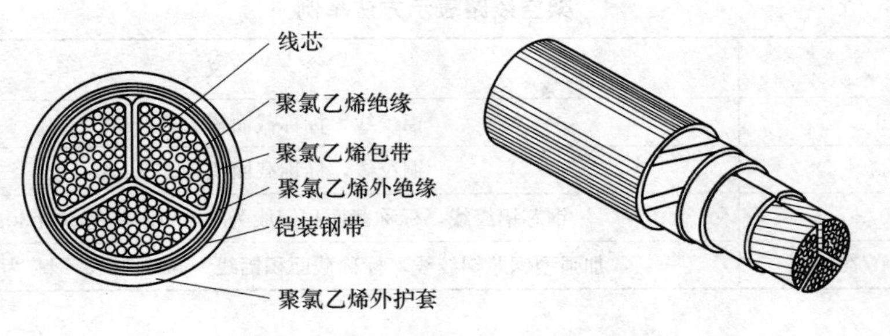

图 5-7 聚氯乙烯绝缘聚氯乙烯护套电缆结构图

2. 电缆的型号

我国电缆产品的型号及名称由汉语拼音字母和阿拉伯数字组成，用于表明电缆的类别特征、导体材料、绝缘种类、内护层材料、外护层材料及其他特征，其字母含义见表 5-2。电缆外护层代号的含义见表 5-3。

例如，YJLV23-3×120-10-300，即表示交联聚乙烯绝缘、聚氯乙烯护套、双钢带铠装、聚乙烯外护套，铝导体三芯 $120mm^2$，电压为 10kV 的、长度为 300m 的电力电缆。

表 5-2　　电缆型号中各字母含义

类　别	导　体	绝　缘	内护套	特　征
电力电缆（省略不表示）		Z—纸绝缘	Q—铅包	D—不滴流
K—控制电缆	T—铜线（省略不表示）	X—天然橡胶	L—铝包	P—分相金属护套
P—信号电缆	L—铝线	X（D）—丁基橡胶	H—橡套	P—屏蔽
B—绝缘电线		V—聚氯乙烯	V—聚氯乙烯	
R—绝缘软线		Y—聚乙烯	Y—聚乙烯	
Y—移动式软电缆		YJ—交联聚乙烯		

表 5-3　　电缆外护层代号的含义

第一个数字		第二个数字	
代号	铠装层类型	代号	外被层类型
0	无	0	无
1	—	1	纤维绕包
2	双钢带	2	聚氯乙烯护套
3	细圆钢丝	3	聚乙烯护套
4	粗圆钢丝	4	—

3. 电缆线路的敷设

（1）电缆直埋敷设。将电缆直接埋于地下，方法比较简单，成本低，适用于电缆根数不多（少于 6 根）、而敷设距离较长的电缆线路。直埋敷设地沟结构如图 5-8 所示，沟深一般为 800mm，沟宽视电缆根数而定。

电缆长度宜按实际线路长度考虑增加 5%～10%的裕量，以作为安装、检修时的备用。直埋电缆应做波浪形埋设。

（2）电缆沟敷设。当沿同一方向敷设的电缆数量较多时，可采用在电缆沟或电缆隧道内敷设，电缆沟或电缆隧道一般采用砖砌墙体和混凝土现浇结构，沟壁要求有足够的强度安放电缆支架。电缆沟敷设电缆情况如图 5-9 所示。高压电缆应放在最上层，低压电缆放在中层，控制电缆放在下层，放电缆时要有秩序，先放支架最下层里面的电缆，然后从里向外，从下层到上层依次展放。

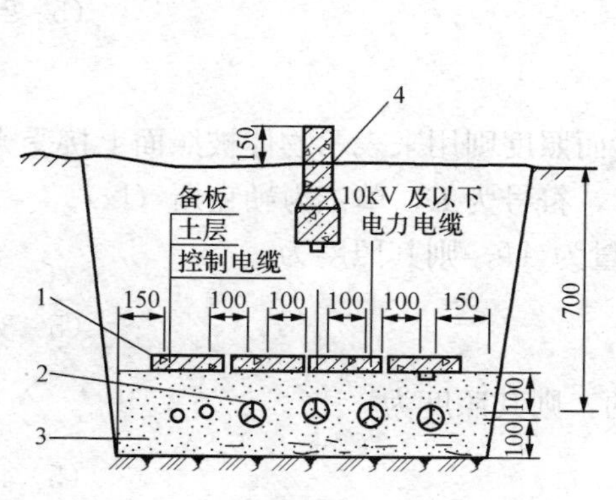

图 5-8　直埋敷设地沟结构图

1—盖砖或混凝土板；2—电缆；
3—细黄砂；4—方向桩

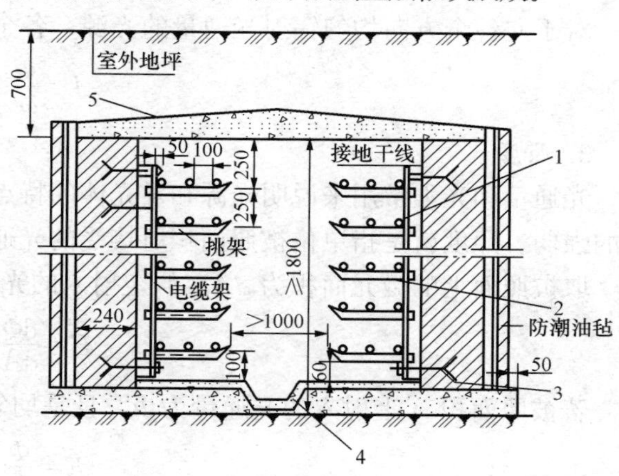

图 5-9　电缆沟敷设电缆情况图

1—电缆；2—支架；3—固定支架螺栓；
4—排水沟；5—盖板

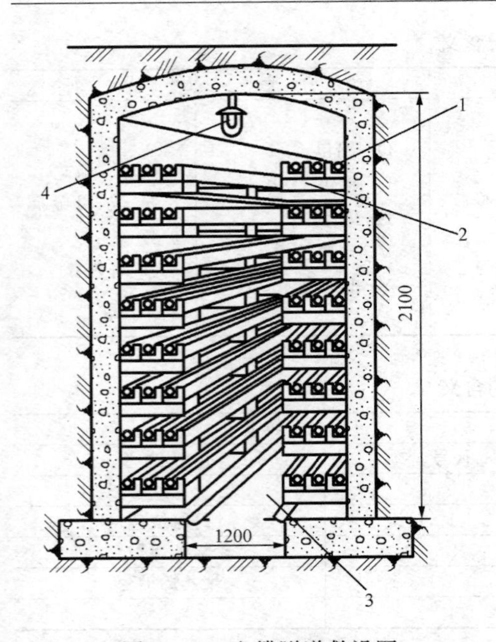

图 5-10 电缆隧道敷设图

1—电缆；2—支架；

3—维护走廊；4—照明灯具

（3）电缆隧道敷设。电缆隧道敷设如图 5-10 所示，隧道内电缆的敷设方法与电缆沟敷设基本相同。

二、电气照明的基本概念

（一）基本物理量

1. 光通量

一个光源不断地向周围空间辐射能量，在辐射的能量中，有一部分能量使人的视觉产生光感。光源在单位时间内向周围空间辐射并引起视觉的能量，称为光通量，符号为 Φ，单位是流明（lm）。

光源消耗 1W 电功率发出的光通量，称为电光源的发光效率，单位为流明/瓦（lm/W）。通常白炽灯的发光效率为 10～20lm/W，荧光灯为 50～60lm/W，高压汞灯为 40～60lm/W，高压钠灯为 80～140lm/W。发光效率是研究光源和选择光源的重要指标之一。

2. 发光强度

光源向周围空间辐射的光通量分布不一定均匀，因此需引入发光强度的概念。光源在某一方向上光通量的立体角密度称为光源在该方向的发光强度，简称光强，符号为 I，单位为坎德拉（cd）。

设光源在无穷小立体角 $d\omega$ 内辐射的光通量为 $d\Phi$，则在该立体角轴线方向的光强为

$$I=\frac{d\Phi}{d\omega} \tag{5-1}$$

单位关系是

$$1\text{ 坎德拉（cd）}=\frac{1\text{ 流明（lm）}}{1\text{ 球面度（Sr）}}$$

对于向各个方向均匀辐射光通量的光源，各个方向的光强相等，其值为

$$I=\frac{\Phi}{\omega} \tag{5-2}$$

3. 照度

光通量和光强常用来说明光源和发光体的特点，而照度则用来表示物体被照面上接受光照的强弱。照度就是指单位被照面积所接受的光通量，符号为 E，单位为勒克斯（lx）。

取被照面上的微元面积为 dA，假定射入的光通量为 $d\Phi$，则其照度为

$$E=\frac{d\Phi}{dA} \tag{5-3}$$

若被照面积 A 上射入的光通量为 Φ，且是均匀的，则其照度为

$$E=\frac{\Phi}{A} \tag{5-4}$$

4. 亮度

照度仅说明被照面接受光照的强弱，并不能说明被照面的明暗程度。例如将面积相同的黑板

与白纸放在同一光源照射下，它们的照度相同，但眼睛对它们明暗程度的感觉却完全不同。眼睛对发光体（既指光源，又指被光照射产生反射光的物体）明暗程度的感觉，用亮度来代表。

如图 5 - 11 所示，某一发光体面积 dS 在 θ 方向的光强为 dI_θ，眼睛所能见到的发光体外观面积 $dS'=dS\cos\theta$；则 θ 方向的亮度 L_θ 定义为该方向的光强 dI_θ 与发光面投影到该方向的面积 dS'之比，即

$$L_\theta=\frac{dI_\theta}{dS'}=\frac{dI_\theta}{dS\cos\theta} \tag{5-5}$$

式中　θ——发光面法线与眼睛视线之间的夹角。

亮度单位为尼特（nt），即

$$1\text{ 尼特（nt）}=\frac{1\text{ 坎德拉（cd）}}{1\text{ 平方米（m}^2\text{）}}$$

此外还常用熙提（sb）做亮度单位，即

$$1\text{ 熙提（sb）}=\frac{1\text{ 坎德拉（cd）}}{1\text{ 平方厘米（cm}^2\text{）}}=10^4\text{ 尼特（nt）}$$

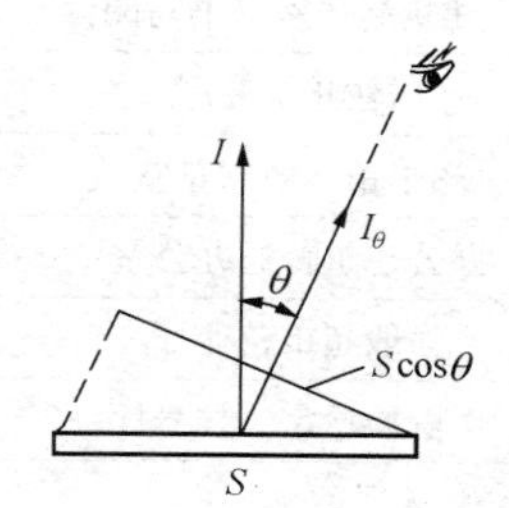

图 5 - 11　与亮度有关的概念示意图

（二）照明质量

照明设计是为了创造满意的视觉条件，它所追求的是力求照明质量良好，投资低，耗电省，便于维护和管理，使用安全可靠。衡量照明质量的好坏，主要有以下几个方面。

1. 照度合适

照度是影响视觉条件的间接指标，原则上应规定合适的亮度，但在计算过程中确定照度要比确定亮度简单得多，所以在照明设计规范中总是规定照度标准。为保证必要的视觉条件，提高工作效率，应根据建筑规模、空间尺寸、服务对象、设计标准等条件，选择适当的照度值。居住、公共和工业建筑的一般照度标准值见表 5 - 4，可供设计时参考。

2. 照度均匀

在工作环境中，如果被照面的照度不均匀，当人眼从一个表面转移到另一个表面时，就需要一个适应过程，从而导致视觉疲劳。因此，应合理地布置灯具，力求工作面上的照度均匀。

3. 照度稳定

照度不稳定主要由两个原因造成，即光源光通量的变化和灯具摆动。

电压波动会引起光源光通量的变化，尤其每分钟波动一次以上的周期性变化对人眼极为有害。应力求保证供电质量，避免这种现象。

灯具长时间连续摆动不仅会使照度不稳定，而且也影响光源寿命。所以灯具吊装应设置在无气流冲击处或固定安装。

4. 避免眩光

若光源的亮度太亮或有强烈的亮度对比，则会对人眼产生刺激作用，这种现象称为眩光。

一般可以采取限制光源的亮度，降低灯具表面的亮度，也可以通过正确选择灯具，合理布置灯具位置，并选择适当的悬挂高度来限制眩光。照明灯具的悬挂高度增加，眩光作用就可以减小。

5. 光源的显色性

同一颜色的物体在不同光源照射下能显出不同的颜色。光源对被照物体的颜色显现的性质，称为光源的显色性。光源的显色指数，是指在待测光源照射下物体的颜色与日光照射下该物体颜色相符合的程度，而将日光或与白光相当的参考光源的显色指数定为 100。因此，

光源的显色指数越高说明光源的显色性越好，物体颜色的失真度越小。

如白炽灯、日光灯是显色指数较高的光源，显色性较好，而高压水银灯的显色指数较低，显色性较差。为了改善光源的显色性，有时可以采用两种光源混合使用，即混光照明。由此可见，光源的显色性能也是衡量照明质量好坏的一个标准。

表 5-4　居住、公共和工业建筑的一般照度标准值

房间（场所）	参考平面及其高度	照度标准值（lx）	备注
居住建筑起居室（一般活动）	0.75m 水平面	100	—
居住建筑起居室（书写阅读）		300	宜用混合照明
居住建筑餐厅	0.75m 餐桌面	150	—
图书馆一般阅览室	0.75m 水平面	300	
办公建筑普通办公室			
一般超市营业厅			
医院候诊室、挂号厅		200	
学校教室	课桌面	300	
	黑板面	500	
公用场所普通走廊、流动区域	地面	50	
公用场所自动扶梯		150	
工业建筑机械加工粗加工	0.75m 水平面	200	应另加局部照明
工业建筑机械加工 一般加工公差≥0.1mm		300	
工业建筑机械加工 精密加工公差＜0.1mm		500	

6. 频闪效应的消除

气体放电光源（荧光灯、荧光高压汞灯等）在交流电源供电下，其光通量随电流一同作周期性变化。在其光照下观察到的物体运动显示出不同于实际运动的现象，称为频闪效应。例如，观察转动物体时如果每秒钟转数为灯光闪烁频率的整数倍，则转动物体看上去好像没有转动一样。频闪效应容易使人产生错觉而出事故。为消除频闪效应，对气体放电光源可采用两灯分接两相电路或三灯分接三相电路的办法。

（三）照明种类

电气照明种类可分为正常照明、事故照明、值班照明、警卫照明、障碍照明和气氛照明等。

1. 正常照明

正常照明是使室内、外满足一般生产、生活的照明。例如，在使用房间内以及工作、运输、人行的室外皆应设置正常照明。正常照明有以下 3 种方式。

（1）一般照明。一般照明是为整个房间、整个环境提供均匀的照度而设置的照明。

（2）局部照明。局部照明适用于对某一局部工作面需要高照度或对投光方向有特殊要求的场所。

(3) 混合照明。由一般照明和局部照明组成的照明方式称为混合照明。

2. 事故照明

当正常照明因故障而中断时，供事故情况下继续工作或人员安全疏散的照明，称为事故照明。

(1) 备用照明。供人们暂时继续工作的事故照明称为备用照明。

(2) 应急照明。供人员安全疏散用的事故照明称为应急照明。

3. 值班照明

值班照明是指在非生产时间内供值班人员用的照明。

4. 警卫照明

警卫照明设置在保卫区域或仓库等范围内。

5. 障碍照明

障碍照明设在特高建筑尖端或机场周围较高建筑上作为飞行障碍标志，或设在有船舶通行的航道两侧建筑物上作为航行障碍标志，障碍照明必须用透雾的红光灯具。

6. 气氛照明

指创造和渲染某种气氛和人们所从事的活动相适应的照明方式，一般采用彩灯照明。

三、常用电光源

(一) 常用电光源的类型

电光源按其发光原理可分为热辐射光源和气体放电光源两大类。

1. 热辐射光源

热辐射光源是利用物体加热时辐射发光的原理制成的光源，如白炽灯、卤钨灯等。

(1) 白炽灯。其结构如图 5-12 所示，灯泡的灯头有螺口式 [如图 5-12 (a) 所示] 和插口式 (卡口式) [如图 5-12 (b) 所示]。

灯泡的灯丝由钨丝制成，通电后被燃至白炽引起热辐射发光，灯丝温度高达 2400～3000℃。

它的结构简单，价格低廉，使用方便，而且显色性好，多用于室内一般照明、临时照明、开关频繁、需及时点亮或调光的场所。但是它的发光效率较低，只有 2%～3%的电能转换为可见光。使用寿命较短，平均寿命一般 1000h，且耐振性较差。

(2) 卤钨灯。其结构如图 5-13 所示。它实质是在白炽灯泡内充入含有微量卤族元素或卤化物的气体，利用卤钨循环原理来提高灯的发光效率和使用寿命，具有结构简单、发光效率高、体积小等优点。

卤钨循环原理：当灯管工作时，灯丝温度很高，要蒸发出钨分子，使之移向玻管内壁。一般白炽灯泡之所以会逐渐发黑也就是这一原因。而卤钨灯由于灯管内充有卤素 (碘或溴)，因此钨分子在管壁与卤素作用，生成气态的卤化钨，卤化钨就由管壁向灯丝迁移。当卤化钨进入灯丝的高温 (1600℃以上) 区域后，就分解为钨分子和卤素，钨分子就沉积在灯丝上。当钨分子沉积的数量等于灯丝蒸发出去的钨分子数量时，就形成相对平衡状态。这一过程就称为卤钨循环。由于存在卤钨循环，所以卤钨灯的玻管不易发黑，而且其发光效率也比白炽灯高，卤钨灯的灯丝损耗极少，使其使用寿命较白炽灯大大延长。

最常见的卤钨灯为碘钨灯。

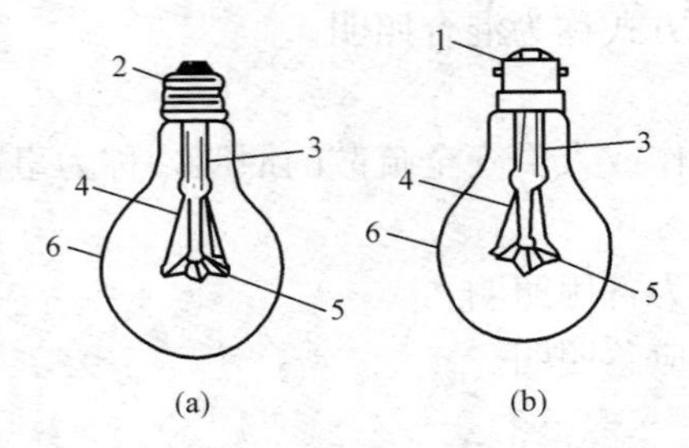

图 5-12 白炽灯泡构造图

(a) 螺口式；(b) 插口式

1—插口灯头；2—螺口灯头；3—玻璃支架；
4—引线；5—灯丝；6—玻璃壳

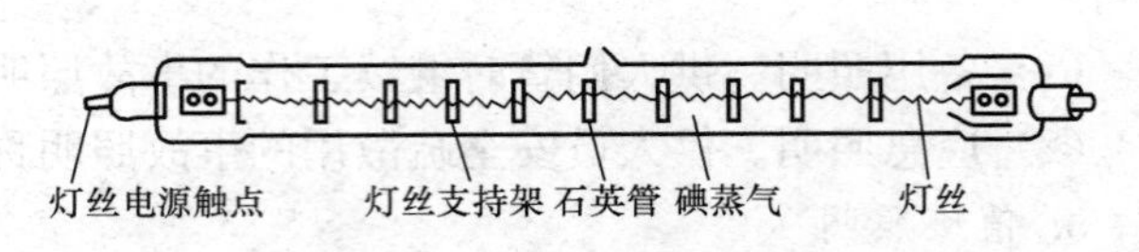

图 5-13 卤钨灯结构图

2. 气体放电光源

气体放电光源是利用气体放电时发光的原理所制成的光源，如荧光灯、高压汞灯、高压钠灯、金属卤化物灯和氙灯等。

(1) 荧光灯。其结构如图 5-14 所示。它是利用汞蒸气在外加电压作用下产生弧光放电，发出少许可见光和大量紫外线，紫外线又激励管内壁涂覆的荧光粉，使之再发出大量的可见光。由此可见，荧光灯的发光效率比白炽灯高得多，使用寿命也比白炽灯长得多。

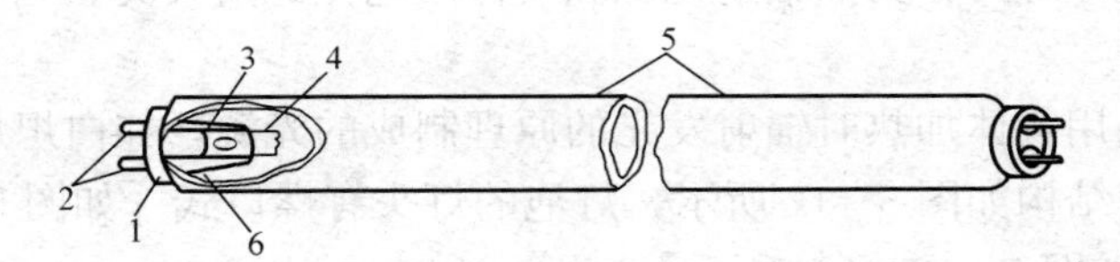

图 5-14 荧光灯管结构图

1—灯头；2—灯脚；3—玻璃芯柱；4—钨质灯丝（兼电极）；
5—玻管（内壁涂荧光粉，管内充惰性气体）；6—汞（少量）

荧光灯在工作时，其灯光将随着加在灯管两端电压的周期性交变而频繁闪烁，这就是“频闪效应”。频闪效应可使人眼发生错觉，使观察到的物体运动显现出不同于实际运动的状态，甚至可将一些由电动机驱动的旋转物体误认为不动的物体，这是安全生产不能允许的。因此，在有旋转机械的车间里不宜使用荧光灯；如要使用，则必须设法消除其频闪效应。消除频闪效应的方法有很多，最简便的方法是在一个灯具内安装两根或三根灯管，而各根灯管分别接到不同相的线路上。

(2) 高压汞灯。高压汞灯又称高压水银荧光灯，是上述荧光灯的改进产品，属于高气压（压强可达 10^5Pa 以上）的汞蒸气放电光源。其结构有三种类型：

1) GGY 型荧光高压汞灯—这是最常用的一种，其结构如图 5-15 所示。

2) GYZ 型自镇流高压汞灯—利用自身的灯丝兼做镇流器。

3) GYF 型反射高压汞灯—采用部分玻壳内壁镀反射层的结构，使光线集中均匀地定向反射。

高压汞灯不需要启辉器来预热灯丝，但它必须与相应功率的镇流器 L 串联使用（除 GYZ 型外），其接线如图 5-16 所示。工作时，其第一主电极与辅助电极（触发极）间首先击穿放电，使管内的汞蒸发，导致第一主电极与第二主电极间击穿，发生弧光放电，使管壁的荧光质受激，产生大量的可见光。高压汞灯的光效高，寿命长，但启动时间较长，显色性较差。多用于街道、车间、广场、车站等场所，悬挂高度在 4m 以上，高压汞灯启动时间长，需点燃 8～10min，当电压突降 5%时，灯会熄灭。

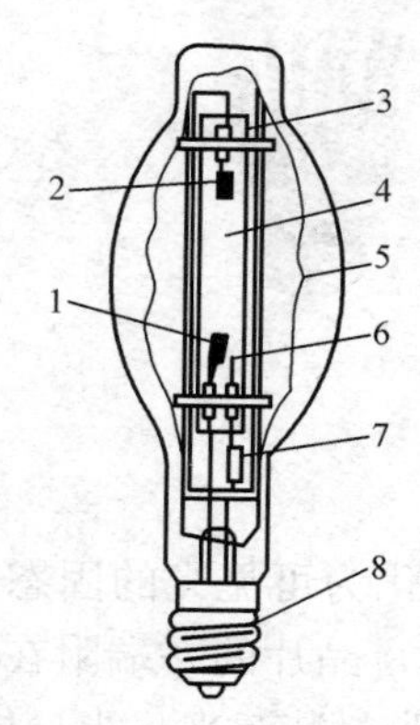

图 5-15　高压汞灯（GGY 型）结构图

1—第一主电极；2—第二主电极；3—金属支架；4—内层石英玻壳；5—外层石英玻壳；6—辅助电极；7—限流电阻；8—灯头

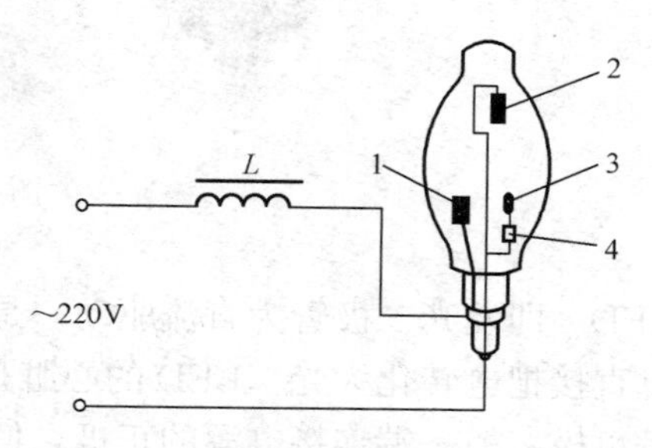

图 5-16　高压汞灯的接线图

1—第一主电极；2—第二主电极；3—辅助电极（触发极）；4—限流电阻

（3）高压钠灯。高压钠灯是发光效率高、透雾能力强的新型电光源，广泛应用于广场、车站、道路等大面积的照明场所，其结构如图 5-17 所示。

高压钠灯主要由灯丝、双金属热继电器、放电管—玻璃外壳组成。灯丝由钨丝绕成螺旋形或编织成能储存一定量的碱土金属氧化物的颗粒，当灯丝发热时碱土金属氧化物就成为电子发射材料。

高压钠灯的电路如图 5-18 所示。通电后，电流经过镇流器、热电阻、双金属片动断触点形成通路，此时放电管内无电流。随后热电阻发热，使热继电器动断触点断开，在断开瞬间镇流器线圈产生 3kV 的脉冲电压，与电源电压一起加到放电管两端，使管内氙气电离放电，从而使汞变成蒸气而放电，随温度上升，钠也变为气体，5min 左右开始放电，发射出较强的金黄色光。

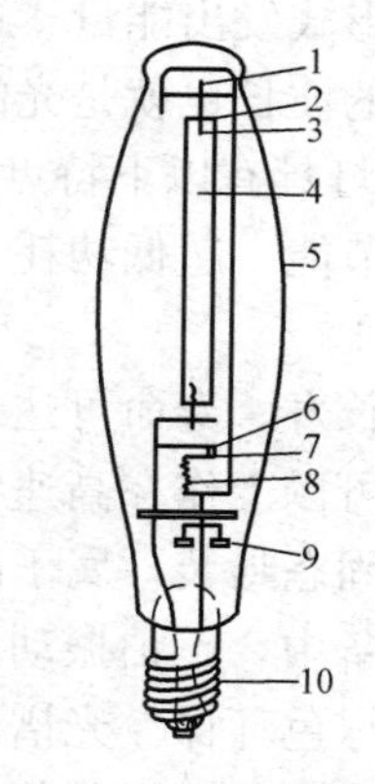

图 5-17　高压钠灯结构图

1—铌排气管；2—铌帽；3—钨丝电极；4—放电管；5—外泡壳；6—双金属片；7—触点；8—电阻；9—钡钛消气剂；10—灯帽

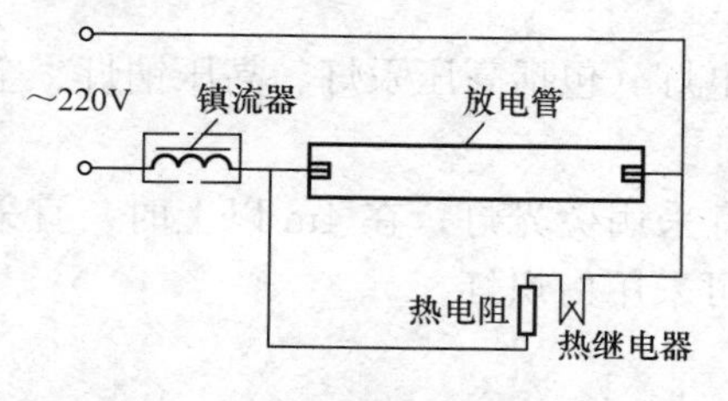

图 5-18　高压钠灯电路图

高压钠灯属于节能型新电光源，因紫外线少，不招飞虫，适用于户外大广场或马路上应用，但该灯不能用于要求迅速点亮的场所。当电源电压上升或下降 5%以上时，由于管内压力的变化，容易引起自灭。

另外还有一种新的电光源正在逐渐应用在照明中，即 LED 灯，如图 5-19 所示。

图 5 - 19 LED灯

LED（即发光二极管为直流驱动）是一种能够将电能转化为可见光的固态半导体器件，它可以直接把电转化为光。LED的心脏是一个半导体的晶片，晶片的一端附在一个支架上，一端是负极，另一端连接电源的正极，使整个晶片被环氧树脂封装起来。半导体晶片由两部分组成，一部分是P型半导体，在它里面空穴占主导地位；另一端是N型半导体，在它里边主要是电子。但这两种半导体连接起来的时候，它们之间就形成一个PN结。当电流通过导线作用于这个晶片的时候，电子就会被推向P区，在P区里电子跟空穴复合，然后就会以光子的形式发出能量，这就是LED灯发光的原理。

而光的波长也就是光的颜色，是由形成PN结的材料决定的。

LED灯具有以下特点：

（1）节能。超低功耗（单管0.03～0.06W），白光LED的能耗仅为白炽灯的1/10，节能灯的1/4。

（2）长寿。寿命可达10万h以上。

（3）可以工作在高速状态。节能灯如果频繁的启动或关断灯丝就会发黑，很快坏掉。

（4）固态封装，属于冷光源类型。所以它很方便运输和安装，可以被装置在任何微型和封闭的设备中，不怕振动，基本上不用考虑散热。

（5）绿色环保。光谱中没有紫外线和红外线，既没有热量也没有辐射；不含铅、汞等污染元素，对环境没有任何污染。

（6）无频闪。纯直流工作，消除了传统光源频闪引起的视觉疲劳。

（二）常用电光源的选择

电光源类型的选择，应依照明的要求和使用场所的特点而定，而且应尽量选择高效、长寿的光源。

（1）照明光源宜采用荧光灯、白炽灯、高强气体放电灯（包括高压汞灯、高压钠灯、金属卤化物灯）等，不推荐采用卤钨灯、长弧氙灯等。

为了节约电能，当灯具悬挂高度在4m及以下时，宜采用荧光灯；在4m以上时，宜采用高强气体放电灯；当不宜采用高强气体放电灯时，也可采用白炽灯。

（2）在下列工作场所，宜采用白炽灯照明：

1）局部照明的场所。由于局部照明通常需经常开关、移动和调节，采用白炽灯比较适合。

2）防止电磁波干扰的场所。气体放电灯因有高次谐波辐射，会产生电磁干扰，不宜采用。

3）频闪效应会影响视觉效果的场所。气体放电灯均有明显的频闪效应，不宜采用。

4）灯的开关频繁及需要及时点亮或需要调光的场所。气体放电灯启动较慢，频繁开关会影响其寿命，且不好调光。

5）照度不高，且照明时间较短的场所。如采用气体放电灯，低照度时照明效果不好。

（3）道路照明和室外照明的光源，宜优先选用高压钠灯。高压钠灯的光效比白炽灯和高压汞灯都高得多，因此采用高压钠灯较采用白炽灯或高压汞灯能大大节约电能，而且高压钠灯的使用寿命长，光色为黄色，分辨率高，透雾性好，很适于室外照明。高压钠灯的显色性虽然比较差，但在一般室外照明中对光源的显色性要求不高，因此可采用高压钠灯。

（4）应急照明应采用能瞬时可靠点亮的白炽灯或荧光灯。当应急照明作为正常照明的一部分经常点亮且不需要切换电源时，也可采用其他光源。

（5）在同一场所，如采用一种光源的显色性达不到要求时，可考虑采用两种或多种光源的混光照明。例如：采用高压汞灯与白炽灯的混光照明，既发挥了高压汞灯光视效能高的优点，又可显现出白炽灯显色性好的长处；采用高压汞灯与高压钠灯的混光照明，既可得到高照度，又比单纯使用高压汞灯省电，而且光色也比单纯使用高压钠灯好，钠灯发出的黄红色光正好与汞灯发出的蓝绿色光互补而产生较理想的光照效果。

四、常用照明装置

灯具即灯罩，主要是起固定光源（将光源的光线按照需要的方向进行分布）和保护光源（使光源不受外力损伤）的作用。

（一）常用灯具

1. 常用灯具的类型

（1）按灯具的配光特性分类。裸露的灯泡所发出的光线是射向四周的，为了充分利用光能，加装灯罩后使光线重新分配，称为配光。配光特性是为了表示光源加装灯罩后，光强在各个方向的分布情况而绘制在对称轴平面上的曲线，如图5-20所示。

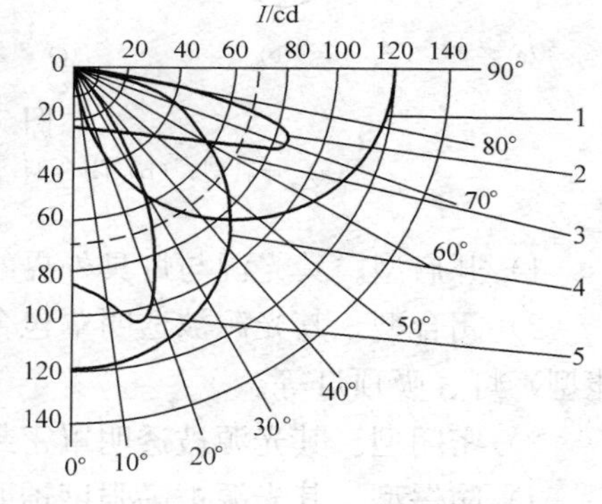

图5-20　配光曲线示意图

1—正弦分布型；2—广照型；3—漫射型；4—配照型；5—深照型

1）正弦分布型。光强是角度的正弦函数，且当$\theta=90°$时光强为最大。

2）广照型。最大光强分布在50°～90°之间，可在较广的面积上形成均匀的照度。

3）漫射型。各个角度的光强是基本一致的，如乳白色玻璃圆球灯。

4）配照型。光强是角度的余弦函数，且当$\theta=0°$时光强为最大。

5）深照型。光通量和最大光强值集中在0°～30°间的立体角内。

工厂常用的几种灯具的符号及适用场合见表5-5。

表5-5　工厂常用的几种灯具的符号及适用场合

外形	名称	结构类型及使用场合	符号	外形	名称	结构类型及使用场合	符号
	广照型工厂灯	开启型，适用于工厂小型车间、堆场、次要道路等处固定照明			配照型工厂灯	开启型，适用于工厂车间照明	

续表

外形	名称	结构类型及使用场合	符号	外形	名称	结构类型及使用场合	符号
	深照型工厂灯	开启型，适用于大型车间的照明			广照型防水防尘灯	密闭型、适用于多水多尘的操作场合	
	均照型圆球灯	闭合型，适用于办公室、阅览室、走廊等处照明			斜照灯	开启型，适用于作为中大型车间的壁灯	

(2) 按灯具的结构特点分类。常用灯具按灯具的结构特点分为五种类型，如图5-21所示。

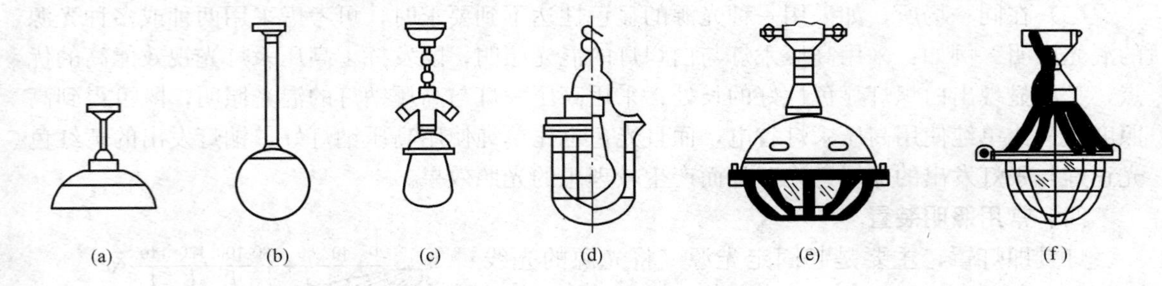

图5-21 灯具结构特点分类

(a) 开启型；(b) 闭合型；(c) 密闭型；(d) 增安型；(e) 安全型；(f) 隔爆型

1) 开启型。其光源与灯具外界的空间相通，如一般的配照灯、广照灯、探照灯等。

2) 闭合型。其光源被透明罩包合，但内外空气仍能流通，如圆球灯、双罩型（又称万能型）灯、吸顶灯等。

3) 密闭型。其光源被透明罩密封，内外空气不能对流，如防潮灯、防水防尘灯等。

4) 防爆型。其光源被高强度透明罩密封，且灯具能承受足够的压力，能安全地应用在有爆炸危险介质的场所（又称为增安型和安全型）。

5) 隔爆型。其光源被高强度透明罩封闭，但不是靠其密封性来防爆，而是在灯座的法兰与灯罩的法兰之间有一隔爆间隙。当气体在灯罩内部爆炸时，高温气体经过隔爆间隙被充分冷却，从而不致引起外部爆炸性混合气体爆炸，因此隔爆型灯也能安全地应用在有爆炸危险介质的场所。

(3) 按安装方式分类。根据安装方式的不同，大体上可将灯具分为悬吊式、吸顶式、壁式、嵌入式、半嵌入式、落地式、台式、庭院式、道路广场式。

2. 常用灯具类型的选择

照明灯具应选用效率高、利用系数高、配光合理、保持率高的灯具。在保证照明质量的前提下，应优先采用开启式灯具，并应少采用装有格栅、保护罩等附件的灯具。

根据工作场所的环境条件，应分别采用下列各种灯具：

(1) 空气较干燥和少尘的室内场所，可采用开启型的各种灯具。至于是采用配照型、广照型还是深照型或其他类型的灯具，则依室内高度、生产设备的布置及照明的要求而定。

(2) 特别潮湿的场所，应采用防潮灯或带防水灯头的开启式灯具。

（3）有腐蚀性气体和蒸汽的场所，宜采用耐腐蚀性材料制成的密闭式灯具。如果采用开启式灯具，则其各部分应有防腐蚀和防水的措施。

（4）在高温场所，宜采用带有散热孔的开启式灯具。

（5）有尘埃的场所，应按防尘的防护等级分类来选择合适的灯具。

（6）装有锻锤、重级工作制桥式吊车等振动、摆动较大场所的灯具，应有防振措施和保护网，防止灯泡自动松脱掉下。

（7）在易受机械损伤场所的灯具，应加保护网。

（8）有爆炸和火灾危险场所使用的灯具，应遵循有关规定。

3. 常用灯具的布置

（1）布置方案。

1）均匀布置。灯具在整个车间内均匀分布，其布置与设备位置无关，如图 5-22（a）所示。

2）选择性布置。灯具的布置与生产设备的位置有关，大多按工作面对称布置，力求使工作面获得最有利的光照并消除阴影，如图 5-22（b）所示。

室内灯具做一般照明用时，大部分采用均匀布置的方式，只在需要局部照明或定向照明时，才根据具体情况采用选择性布置。

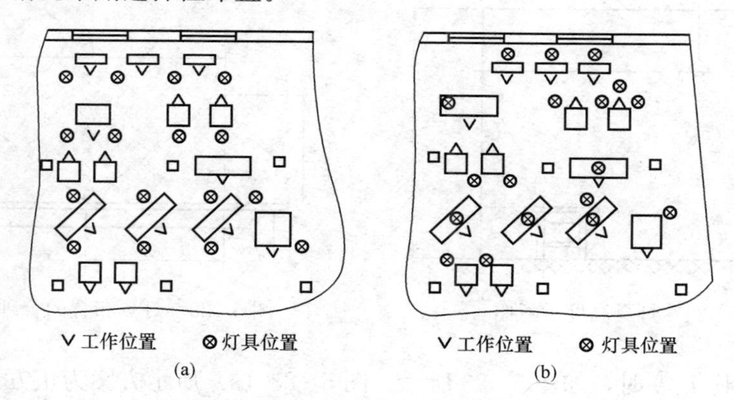

图 5-22　灯具布置方案

（a）均匀布置；（b）选择性布置

如图 5-23 所示，均匀布置方案通常为正方形、矩形和菱形。

（2）灯具的高度布置及要求。室内灯具不能悬挂过高。如果悬挂过高，一方面降低了工作面上的照度，另一方面运行维修（如擦拭或更换灯泡）也不方便。室内灯具也不能悬挂过低。如果悬挂过低，一方面容易被人碰撞，不安全；另一方面会产生眩光，容易降低人的视力。

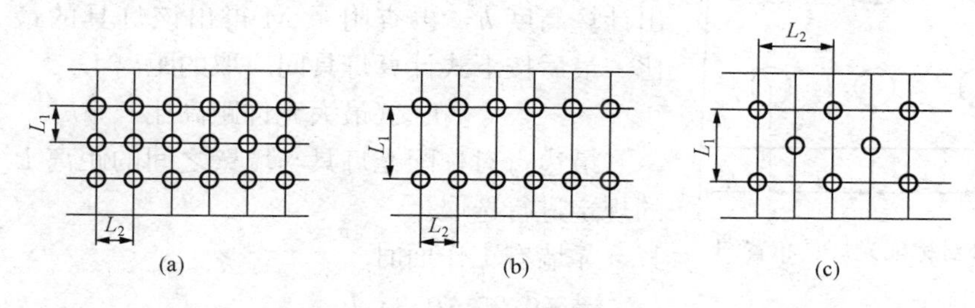

图 5-23　均匀布置方案

（a）正方形布置；（b）矩形布置；（c）菱形布置

图 5-24 所示为灯具高度示意图。图中 H 为房间高度，h 为计算高度，h_0 为灯具的垂度，h_p 为工作高度，h_s 为悬挂高度。垂度 h_0 一般为 0.3～1.5m，通常取 0.7m，吸顶式灯具的垂度为零。

《建筑电气设计技术规程》规定，照明灯具距地面最低悬挂高度见附录 L。此外，还要保证生产活动所需要的空间、人员的安全。

（3）灯具布置的合理性。灯具布置的是否合理，主要取决于灯具的间距 L 和计算高度 h（灯具至工作面的距离）的比值，该比值称为距高比，在高度 h 已定的情况下，L/h 值小，照度均匀性好，但经济性差；L/h 值大，照度均匀性差。

通常每种灯具都有一个最大允许距高比，见附录 M。它是根据灯具的配光曲线，并按平方反比法计算得出。

如图 5-25 所示，M、N 是两个相同的灯具，P 点是 M 在工作面上的垂足点，当工作面上 Q 点的照度等于 P 点的照度时，这两个灯具的距离 L 与计算高度 h 之比，即为这种灯具的最大允许距高比。对于非对称配光灯具（如荧光灯），则有纵向（沿高度方向）和横向（沿长度方向）的最大允许距高比。

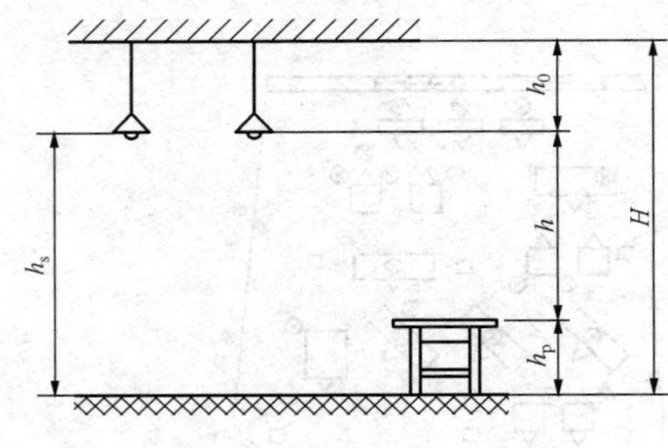

图 5-24　灯具高度示意图

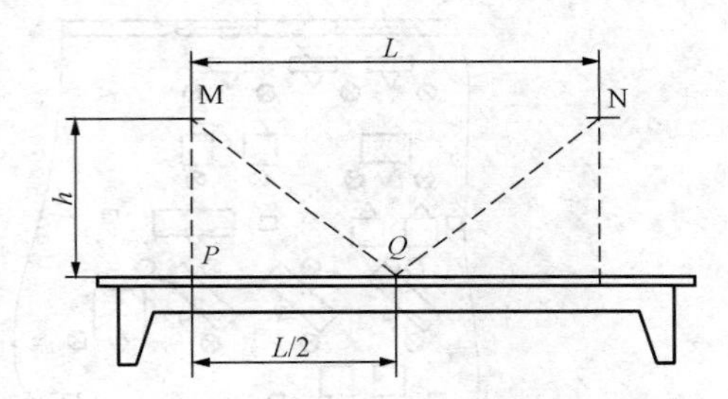

图 5-25　灯具布置的合理性校核

在校核距高比 L/h 时，如图 5-23 所示。图 5-23（a）所示方案为正方形布置，取 $L=L_1=L_2$；图 5-23（b）所示方案为矩形布置，取 $L=\sqrt{L_1L_2}$；图 5-23（c）所示方案为菱形布置，取 $L=\sqrt{L_1^2+L_2^2}$。

灯具的布置是否合理，除距高比恰当外，还要考虑灯具与墙的距离。对称配光灯具与非对称配光灯具有不同的要求。

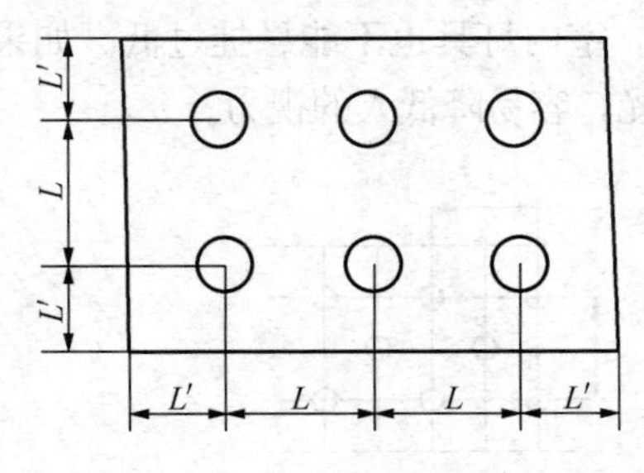

图 5-26　对称配光灯具布置图

图 5-26 所示为对称配光灯具布置图。在进行距高比计算时，根据房间的大小、用途选定合适的灯具后，先算出计算高度 h，再查附录 M 得出该灯具的最大允许距高比，最后按下式计算灯具间应取的距离 L

$$L\leqslant(\text{最大允许距高比})\times h \tag{5-6}$$

最边行对称配光灯具与墙壁之间的距离 L'，可按下式的规定进行选取。

靠墙有工作面时

$$L'=(0.25\sim0.3)L$$

靠墙为通道时

$$L'=(0.4\sim0.5)L$$

图 5-27 所示为非对称配光（如荧光灯）灯具布置图。其中，L_A 为灯具 $A-A$ 向的中心距离，L_B 为 B-B 向的中心距离。在确定计算高度后，查附录 M 得出所选用灯具 A-A 向和 B-B 向的最大允许距高比，然后按下式计算 L_A 和 L_B。

$$L_A \leqslant (\text{最大允许距高比})_{A-A} \times h \tag{5-7}$$

$$L_B \leqslant (\text{最大允许距高比})_{B-B} \times h \tag{5-8}$$

最边行灯具与墙壁的距离为

$$L'=\left(\frac{1}{3}\sim\frac{1}{4}\right)L_A \tag{5-9}$$

由于荧光灯两端部照度较低，并且有扇形光影，所以灯具两端与墙壁的距离不宜大于 500mm，一般取 300～500mm。

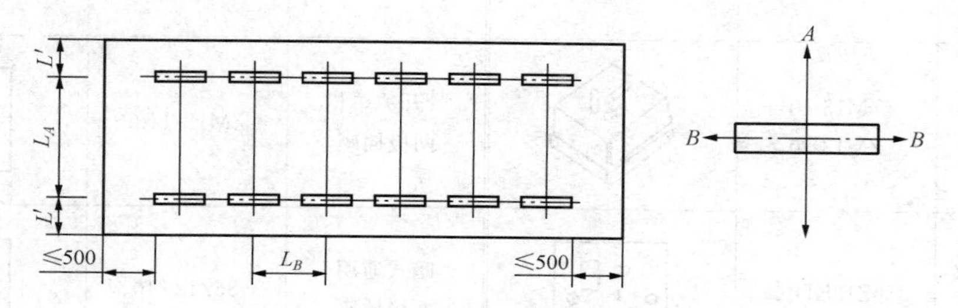

图 5-27　非对称配光灯具布置图

（二）常用开关和常用插座

开关的品种很多，常用开关见表 5-6，可按使用场所进行选择。常用插座见表 5-7。

表 5-6　　常用开关

名称	常用型号	外形	名称	常用型号	外形
拉线开关	FKLT-2Z		暗装单联单控开关	86K11-6	
平开关	PBG		暗装防溅型单联开关	86K11F10	
防水式拉线开关	HY		暗装双联单控开关	86K21-6	

续表

名称	常用型号	外形	名称	常用型号	外形
台灯开关	MTS-102		暗装带指示灯防溅型单联开关	86K11FD10	

表 5-7 常用插座

名称	常用型号	外形	名称	常用型号	外形
单相圆形两极插座	YZM12-10		双联单相两极、三极插座	ZM223-10	
单相矩形三极插座	ZM13-10 ZM13-20		带开关单相两极插座	ZM12-TK6	
带指示灯、开关暗式三极插座	86Z13KD10		暗式通用两极插座	86Z12T10	
单相矩形两极插座	ZM12-10		三相四极插座	ZM14-15 ZM14-25	

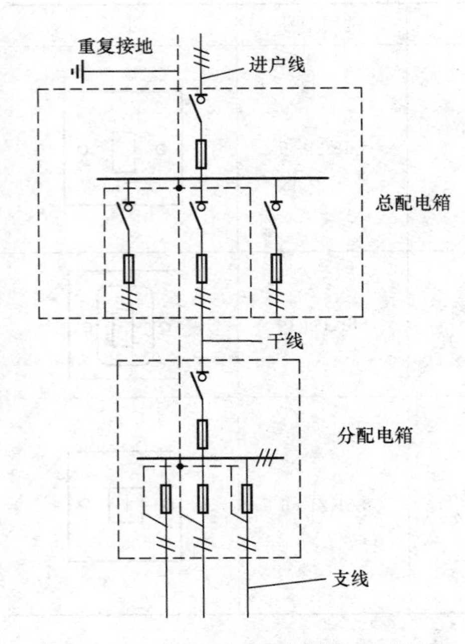

图 5-28 单线表示的照明供电系统图

五、电气照明施工图

电气照明施工图主要有电气照明系统图和电气平面图，另外还有设计说明、材料表等。

（一）电气照明系统图

电气照明系统图用来表明照明工程的供电系统、配电线路的规格、采用管径、敷设方式及部位、线路的分布情况、计算负荷和计算电流、配电箱的型号及其主要设备的规路等。

对建筑物的照明供电方式，应根据工程规模、设备布置、负荷容量等条件来确定。因为照明灯具的额定电压一般为220V，所以通常采用220V单相供电，对于用电量较大（超过30A）的建筑物应采用三相四线制供电。图5-28所示为单线表示的照明供电系统图。图5-29所示为某车间照明系统图。

1. 照明系统图表示的含义

（1）供电电源的种类及表示方法。应表明本照明

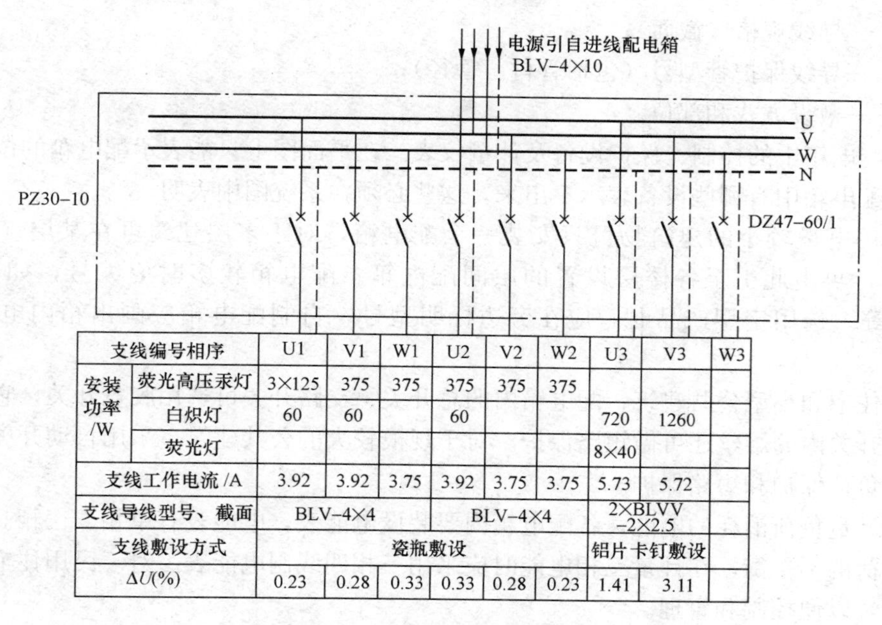

支线编号相序		U1	V1	W1	U2	V2	W2	U3	V3	W3
安装功率/W	荧光高压汞灯	3×125	375	375	375	375	375			
	白炽灯	60	60		60			720	1260	
	荧光灯							8×40		
支线工作电流/A		3.92	3.92	3.75	3.92	3.75	3.75	5.73	5.72	
支线导线型号、截面		BLV-4×4			BLV-4×4			2×BLVV-2×2.5		
支线敷设方式		瓷瓶敷设						铝片卡钉敷设		
ΔU(%)		0.23	0.28	0.33	0.33	0.28	0.23	1.41	3.11	

图 5-29　某车间照明系统图

工程由单相供电还是三相供电、电源的电压及频率。表示方法除在进户线上用/表示外，在图上还用文字按下述格式标注

$$m \sim fU$$

式中　m——相数；

f——电源频率；

U——电源电压。

例如：

$$3N \sim 50Hz \quad 380/220V$$

表示三相四线（N 表示零线）制供电，电源频率为 50Hz，电压为 380/220V。

（2）干线的接线方式。从图面上可以直接表示出从总配电箱到各分配电箱的接线方式是放射式、树干式还是混合式。一般多层建筑中，多采用混合式。

（3）进户线、干线及支线的标注方式。在系统图中要标注进户线、干线、支线的型号、规格、敷设方式和部位等，而支线一般均用 1.5mm² 的单芯铜线或 2.5mm² 的单芯铝线，所以可在设计说明中统一说明。但干线、支线采用三相电源的相线应在导线旁用 L1、L2、L3 明确标注。

配电线路的表示方式为

$$a-b\ (c \times d)\ e-f$$

或

$$a-b\ (c \times d + c \times d)\ e-f$$

式中　a——回路编号（回路少时可省略）；

b——导线型号；

c——导线根数；

d——导线规格（截面）；

e——导线保护管型号（包括管材、管径）；

f——敷设方式和部位。

（4）配电箱中的控制、保护设备及计量仪表。在平面图上只能表示配电箱的位置和安装方式，但配电箱中有哪些设备表示不出来，这些必须在系统图中表明。

对于用电量较小的建筑物可只安装一个配电箱，对于多层建筑可在某层（二层）设总配电箱，再由此引至各楼层设置的层间配电箱。配电箱较多时应编号，如 MX1-1、MX1-2 等。选用定型产品时，应在旁边标明型号，自制配电箱应画出箱内电气元件布置图。

一般住宅和小型公共建筑，配电箱内的总开关、支路开关可选用胶盖开关，它可以带负荷操作，开关内的熔丝还可做短路保护。对于规模较大的公共建筑多采用自动开关，对照明线路做过负荷保护和短路保护。

为了计量负荷消耗的电能，各配电箱内要装设电能表，电能表有单相、三相。考虑到三相照明负荷的不平衡，在计量三相电能时应采用三相四线制电能表。对于民用住宅，应采用一户一表，以便控制和管理。

在系统图中应注明配电箱内开关、保护和计量装置的型号、规格。

民用建筑中的插座，在无具体设备连接时，每个插座可按 100W 计算；住宅建筑中的插座，每个可按 50W 计算。在每一单相支路中，灯和插座的总数一般不宜超过 25 个，但花灯、彩灯、大面积照明等回路除外。

2. 照明配电线路的布置

（1）接户线、进户线、干线及支线。接户线是指当低压架空线向建筑物内部供电时，由架空配电线路引到建筑物外墙的第一个支持点（如进户横担）之间的一段线路，或由一个用户接到另一个用户的线路叫做接户线。其要求如下：

1）接户线应由供电线路电杆处接出，档距不宜大于 25m，超过 25m 时应设接户杆，在档距内不得有接头。

2）接户线应采用绝缘线，导线截面积应根据允许载流量选择，但不应小于表 5-8 所列数值。

表 5-8　低压接户线的最小截面积

接户线架设方式	档距	最小截面积	
		绝缘铜线	绝缘铝线
自电杆上引下	10 以下	2.5	4.0
	10～25	4.0	6.0
沿墙敷设	6 及以下	2.5	4.0

3）接户线距地高度不应小于下列数值：通车街道为 6m，通车困难街道、人行道为 3.5m，胡同为 3m，最低不得小于 2.5m。

4）低压接户线的线间距离不应小于表 5-9 所列数值。低压接户线的零线和相线交叉处应保持一定的距离或采取绝缘措施。

表 5-9　　低压接户线的线间距离

架设方法	档距/m	线间距离/cm
自电杆上引下	25 及以下	15
	25 以上	20
沿墙敷设	6 及以下	
	6 以上	

5）进户线进墙应穿管保护，并应采取防雨措施，室外端应采用绝缘子固定。进户线是指由进户点到室内总配电箱的一段导线。选择进户位置时，应综合考虑建筑物的美观、供电安全、工程造价等问题。尽量从建筑物的背面或侧面引入，且尽可能靠近架空线路电杆。对于多层建筑物采用架空引入时，进户线一般由二层进户。进户线需做重复接地，接地电阻应小于 10Ω，如图 5-28 所示。图中虚线代表零线。

干线是指从总配电箱到分配电箱的一段线路，如图 5-28 所示。照明供电的干线常有 3 种连接方式，即树干式、放射式和混合式，如图 5-30 所示。可根据负荷分布情况、负荷的重要性等条件来选择。通常，放射式的可靠性优于树干式，而树干式的经济性优于放射式，在实际设计时，需进行具体的技术、经济比较后方能做出最后结论。

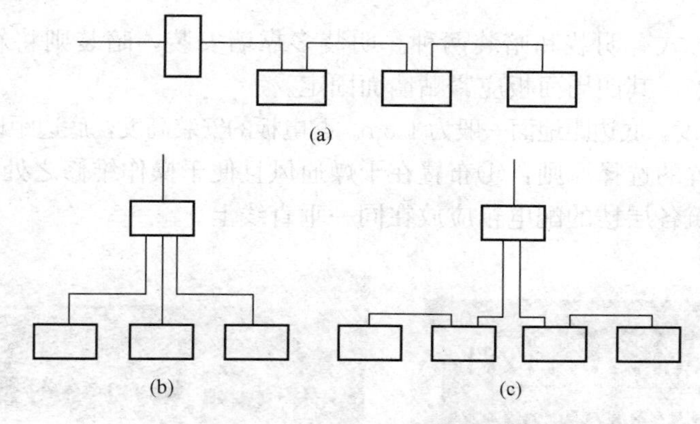

图 5-30　照明干线的 3 种配电方式

(a) 树干式；(b) 放射式；(c) 混合式

支线是指从分配电箱引至负载的一段线路。支线多为单相双线制。在荧光灯供电线路下，有的场所要求消除频闪效应，则支线应向灯管分相供电，有两相三线（双管荧光灯—两根相线，一根零线）、三相四线（三管荧光灯—三根相线，一根零线）。单相支线电流不宜超过 15A，每一支线所接负载数（灯和插座总数）不宜超过 20 个（特殊情况最多不得超过 25 个）。如需安装较多的插座，可专设插座支线，目前的趋势是照明和插座分开供电。其中，带接地插孔的单相插座还需有专门的接地保护线。

由三相电源供电时，各相负荷应尽量平衡分配。

（2）照明配电箱。配电箱是接受和分配电能的装置，配电箱内的主要电器是开关、熔断器，有的还装有电能表。图 5-31 所示为照明配电箱的盘面布置图和对应的线路图。其中有自动开关 DZ10-250 型一只，胶盖闸刀开关 HK1-60 三只，瓷插式熔断器 RC1A-30 六只，RC1A-10 三只。由于零线不允许断开，所有熔断器都必须接在相线上。零线接在配电箱内的接线板上，接线板是固定在箱内的一个金属条。每一单相回路所需零线都可从零线板上引出。从线路图中还可看出，除向外引出 3 路干线外，还向外引出六路支线，进线由总开关（自动空气开关）控制。

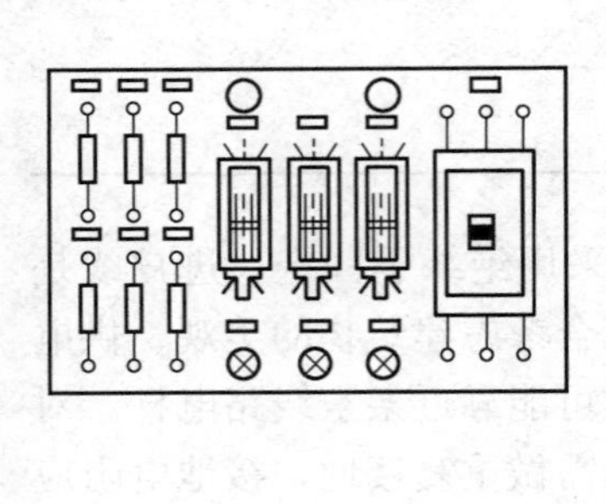
(a)

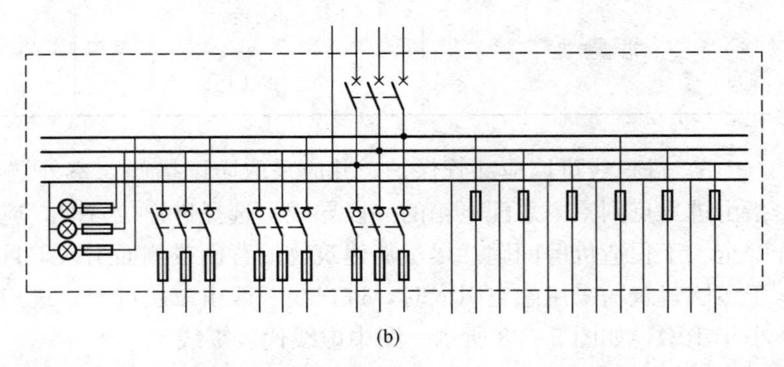
(b)

图 5-31 照明配电箱及其系统图
（a）盘面布置图；（b）系统图

现在应用的新型配电箱，一般都采用模数化小型断路器等元件进行组合，其外形如图 5-32所示。

配电箱的安装方式有明装和暗装两种。明装多靠墙安装，暗装则将箱体嵌入建筑物墙内，箱门与墙面取平，其四周面板应紧贴墙面固定。

配电箱的安装高度，底边距地面一般为 1.5m。配电板的安装高度，底边距地面不应低于 1.8m。

配电箱安装位置的选择原则：①布置在干燥通风且便于操作维修之处；②尽可能位于负荷中心；③高层建筑各层楼的配电箱应放在同一垂直线上。

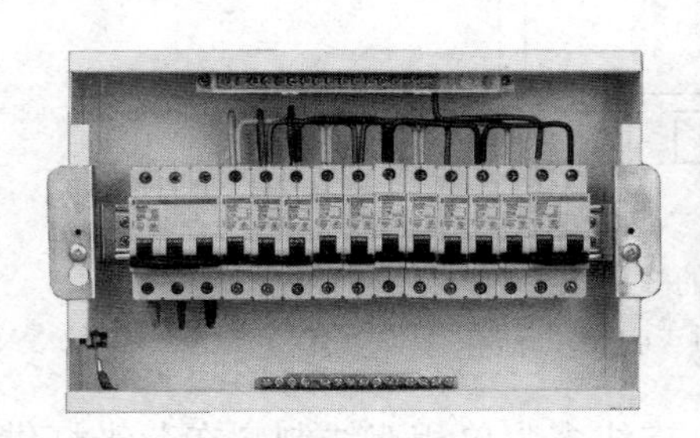

图 5-32 照明配电箱

（二）电气照明平面图

电气照明平面图是用来表示进户点、配电箱、灯具、开关、插座等电气设备平面位置和安装要求的。同时还表明配电线路的走向和导线根数。当建筑为多层时，应逐层画出照明平面图。当各层或各单元均相同时，可只画出标准层的照明平面图。图 5-33 所示为某办公室第 6 层电气照明平面图。

在平面图中应表明：

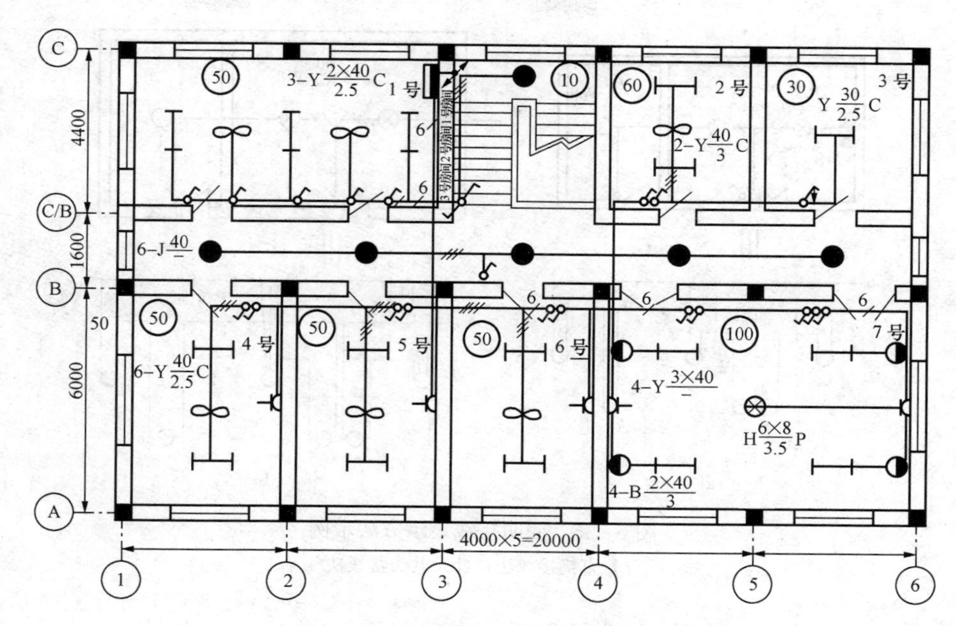

图 5-33　某办公室第 6 层电气照明平面图

（1）进户线、配电箱位置。

（2）干线、支线的走向。

（3）灯具、开关、插座的位置。

各灯具的开关，一般情况下不必在图上标注哪个开关控制哪个灯具。安装时，只要根据图中的导线走向、导线根数，结合一般电气常识和规律，就能正确判断出来。图 5-34 所示为分支线路的单线表示及展开成实际的接线图。

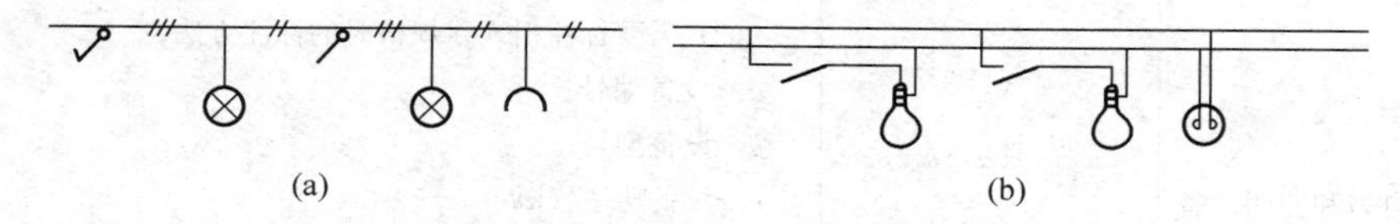

图 5-34　分支线路的单线表示及展开成实际的接线图

（a）单线表示法；（b）实际接线图

1. 照明接线的表示方法

在一个建筑物内，灯具、开关、插座等很多，通常采用两种方法互相连接：一是直接接线法，即各设备从线路上直接引接，导线中间允许有接头的接线方法；二是共头接线法，即导线的连接只能通过设备接线端子引接，导线中间不允许有接头的接线方法。采用不同的方法，在平面图上，导线的根数是不同的。例如，图 5-35 所示的某房间照明平面图，若采用直接接线法，其导线根数如图 5-35（a）所示；若采用共头接线法，导线的根数如图 5-35（b）所示。从工作可靠性出发，照明接线通常采用共头接线法。

2. 常用电气照明图例符号和文字标注

在建筑电气安装平面图上，设备和线路一般需要标注设备的编号、型号、规格、安装和

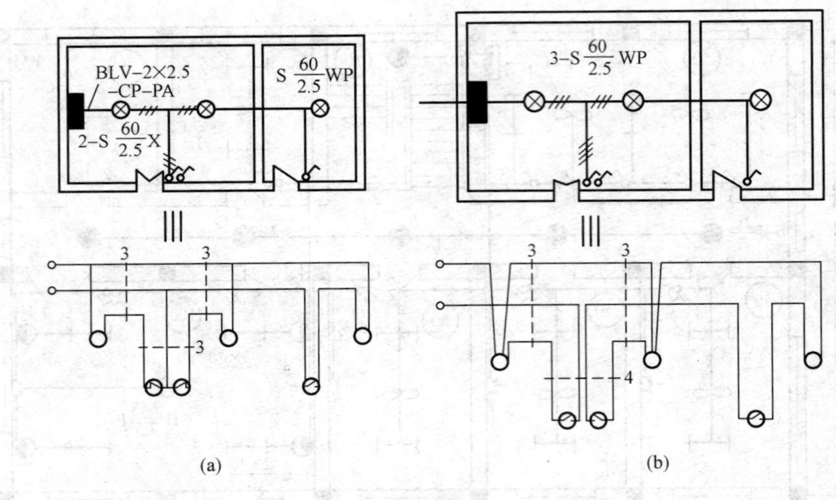

图 5 - 35 照明接线表示方法示例

(a) 直接接线法；(b) 共头接线法

敷设方式等。

（1）线路和设备的一般标注方法。设备和线路的一般标注方法见表 5 - 10。

表 5 - 10 **设备和线路的一般标注方法**

序号	类 别	标 注 方 式	说 明
1	用电设备	$\frac{a}{b}$或$\frac{a}{b}\frac{c}{d}$	a—设备编号； b—额定功率（kW）； c—线路首端熔断片或自动开关释放器的电流（A）； d—标高（m）
2	电力和照明设备	（1） $a\frac{b}{c}$或$a-b-c$ （2） $a\frac{b-c}{d\ (e\times f)\ -g}$	（1）一般标注方法。 （2）需要标注引入线规格时的标注方法： a—设备编号； b—设备型号； c—设备功率（kW）； d—导线型号； e—导线很数； f—导线截面（mm^2）； g—导线敷设方式及部位
3	开关及熔断器	（1） $a\frac{b}{c/i}$或$a-b-c/i$ $a\frac{b-c/i}{d\ (e\times f)\ -g}$	（1）一般标注方法。 （2）需要标注引入线规格时的标注方法： a—设备编号； b—设备型号； c—额定电流（A）； i—整定电流（A）； d—导线型号； e—导线根数； f—导线截面积（mm^2）； g—导线敷设方式

续表

序号	类 别	标注方式	说 明
4	照明灯具	(1) $a-b\frac{c\times d\times L}{e}f$ (2) $a-b\frac{c\times d\times L}{-}$	(1) 一般标注方法。 (2) 灯具吸顶安装时的标注方法： a—灯数； b—型号或编号； c—每盏照明灯具的灯泡数； d—灯泡容量（W）； e—灯泡安装高度（m）； f—安装方式； L—光源种类
5	导线根数	(1) ———/ / /——— (2) ———/ 3——— (3) ———/ n———	当用单线表示一组导线时，若需要示出导线数，可用加小短斜线或画一短斜线加数字表示。 (1) 表示 3 根。 (2) 表示 3 根。 (3) 表示 n 根
6	导线型号规格或敷设方式改变	(1) $\underline{3\times16}\times\underline{3\times10}$ (2) $-\times\underline{d20}$	(1) $3\times16mm^2$ 导线改为 $3\times10mm^2$。 (2) 无穿管敷设改为导线穿管（$d20$）敷设

(2) 线路安装和敷设信息的标注方法。在电力和电信平面布置图上，一般还应标注线路特征、功能、敷设方式、敷设部位的有关信息，分别见表 5-11～表 5-13。常用电气照明图形符号见表 5-14。

表 5-11　　表示线路特征和功能的文字符号

序号	名称	英文含义	文字方法		备注
			单字母	双字母	
1	控制线路	Control line	W	WC	
2	直流线路	Direct-current line	W	WD	
3	照明线路	Lighting line	W	WL	
4	动力线路	Power line	W	WP	
5	应急照明线路	Emergency Lighting line	W	WE	或 WEL
6	电话线路	Telephone line	W	WF	
7	广播线路	Broadcasting line	W	WB	或 WS
8	电视线路	TV line	W	WV	或 TV
9	插座线路	Socket line	W	WX	

表 5-12 表示线路敷设方式的文字符号

序号	名称	英文含义	文字方法		备注
			新符号	旧符号	
1	暗敷	Concealed	C	A	
2	明敷	Exposed	E	M	
3	铝线卡	Aluminum clip	AL	QD	
4	电缆桥架	Cable tray	CT	—	
5	金属软管	Flexible metallic conduit	F	—	
6	水煤气管	Gas tube（pipe）	RC	G	
7	瓷绝缘子	Porcelain insulator（knob）	K	CP	
8	钢索	Supported by messenger	M	S	
9	金属线槽	Metallic raceway	MR	XC	
10	电线管	Electrical metallic tubing	MT	DG	
11	塑料管	Plastic conduit	PC	VG	
12	塑料线卡	Plastic clip	PL	XQ	含尼龙线卡
13	塑料线槽	Plastic raceway	PR	XC	
14	钢管	Steel conduit	SC	G	

表 5-13 表示线路敷设部位的文字符号

序号	名称	英文含义	文字方法		备注
			新符号	旧符号	
1	梁	Beam	B	L	
2	顶棚	Ceiling	CE	P	
3	柱	Column	C	Z	
4	地面（板）	Floor	F	D	
5	构架	Rack	R	GJ	
6	吊顶	Suspended ceiling	SC	DD	
7	墙	Wall	W	Q	

表 5-14 常用电气照明图例符号

图形符号	名称	图形符号	名称
	多种电源配电箱（屏）		灯或信号灯的一般符号
	动力或动力—照明配电箱		防水防尘灯
	信号板信号箱（屏）		壁灯
	照明配电箱（屏）		球形灯

续表

图形符号	名　称	图形符号	名　称
	单相插座（明装）		花灯
	单相插座（暗装）		局部照明灯
	单相插座（密闭、防水）		天棚灯
	单相插座（防爆）		荧光灯一般符号
	带接地插孔的三相插座（明装）		三管荧光灯
	带接地插孔的三相插座（暗装）		避雷器
	带接地插孔的三相插座（密闭、防水）		避雷针
	带接地插孔的三相插座（防爆）		风扇一般符号
	单极开关（明装）		接地一般符号
	单极开关（暗装）		多极开关一般符号单线表示
	单极开关（密闭防水）		多线表示
	单极开关（防爆）		分线盒一般符号
	开关一般符号		室内分线盒
	单极拉线开关		电铃
	动合触点（本符号也可用作开关一般符号）	Wh	电能表

3. 电力和照明线路的表示方法

电力和照明线路在平面图上采用图线和文字符号相结合的方法表示出线路的走向，以及导线的型号、规格、根数、长度、线路配线方式、线路用途等，如图 5-36 所示。

线路各符号含义举例：

（1）WL1-BLV-3×6+1×2.5-K-WE 含义：第 1 号照明分干线（WL1）；导线是铝芯塑料绝缘线（BLV），共有 4 根导线，其中 3 根为 $6mm^2$，另一根中性线为 $2.5mm^2$；配线方式为绝缘子配线（K）；敷设部位为沿墙明敷（WE）。

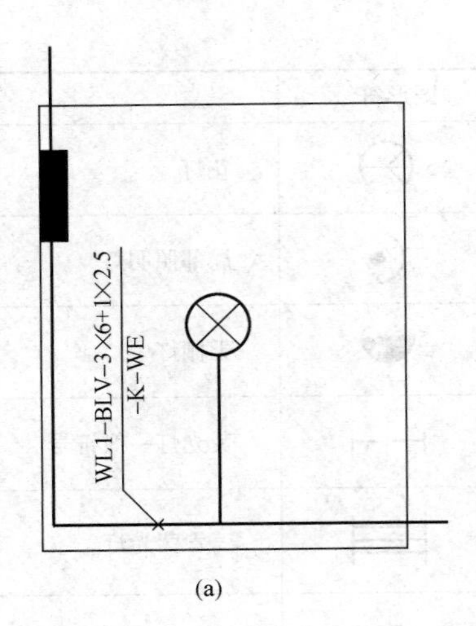

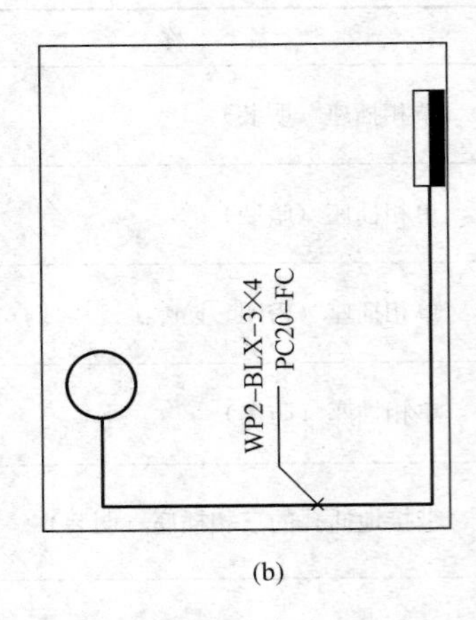

图 5-36 线路表示方法示例

(a) 照明线路；(b) 电力线路

(2) WP2-BLX-3×4-PC20-FC 含义：2 号动力分干线（WP2）；导线是铝芯橡皮绝缘线（BLX），3 根导线，均为 $4mm^2$；穿直径（外径）为 20mm 的硬塑料管（PC）；沿地暗敷（FC）。

4. 照明器具的表示方法

照明器具采用图形符号和文字标注相结合的方法表示。文字标注的内容通常包括电光源种类、灯具类型、安装方式、灯具数量、额定功率等。

表示电光源种类的代号见表 5-15。表示灯具类型的符号见表 5-16。表示灯具安装方式的符号说明见图 5-37，表示安装方式的符号见表 5-17。

表 5-15　电光源种类的代号

序号	电光源种类	代号	序号	电光源种类	代号
1	氖灯	Ne	7	电发光灯	EL
2	氙灯	Xe	8	弧光灯	ARC
3	钠灯	Na	9	荧光灯	FL
4	汞灯	Hg	10	红外线灯	IR
5	碘钨灯	I	11	紫外线灯	UV
6	白炽灯	IN	12	发光二极管	LED

表 5-16　常用灯具类型的符号

序号	灯具名称	代号	序号	灯具名称	符号
1	普通吊灯	P	8	工厂一般灯具	G
2	壁灯	B	9	荧光灯灯具	Y
3	花灯	H	10	隔爆灯	G（或代号）
4	吸顶灯	D	11	水晶底罩灯	J
5	柱灯	Z	12	防水防尘灯	F
6	卤钨探照灯	L	13	搪瓷伞罩灯	S
7	投光灯	T	14	无磨砂玻璃罩万能灯	Ww

表 5-17　**灯具安装方式的符号**

序号	名称	英文含义	文字符号		备注
			新符号	旧符号	
1	链吊	Chain pendant	C	L	
2	管吊	Pipe（conduit）erected	P	G	
3	线吊	Wire（CORD）pendant	WP	X	
4	吸顶	Ceiling mounted（adsorbed）	—	—	不注高度
5	嵌入	Recessed in	R	Q	
6	壁装	Wall mounted	Y	B	

灯具标注的一般格式为

$$a-b\frac{cd}{e}f$$

式中　a——某场所同类型照明器的个数；

b——灯具类型代号；

C——照明器内安装灯泡或灯管的数量；

d——每个灯泡或灯管的功率，W；

e——照明器底部至地面或楼面的安装高度，m；

f——安装方式代号。

例如

$$6-\mathrm{S}\frac{1\times 100}{2.5}\mathrm{C}$$

上式表示，该场所安装 6 盏这种类型的灯，灯具的类型是搪瓷伞罩（铁盘罩）灯（S），每个灯具内装一个 100W 的白炽灯，安装高度为 2.5m，采用链吊式（C）方法安装。

又如

$$4-\mathrm{Y}\frac{2\times 40}{—}$$

上式表示 4 盏荧光灯（Y），双管（2×40W），吸顶安装，安装高度不表示，即用符号“—”表示。

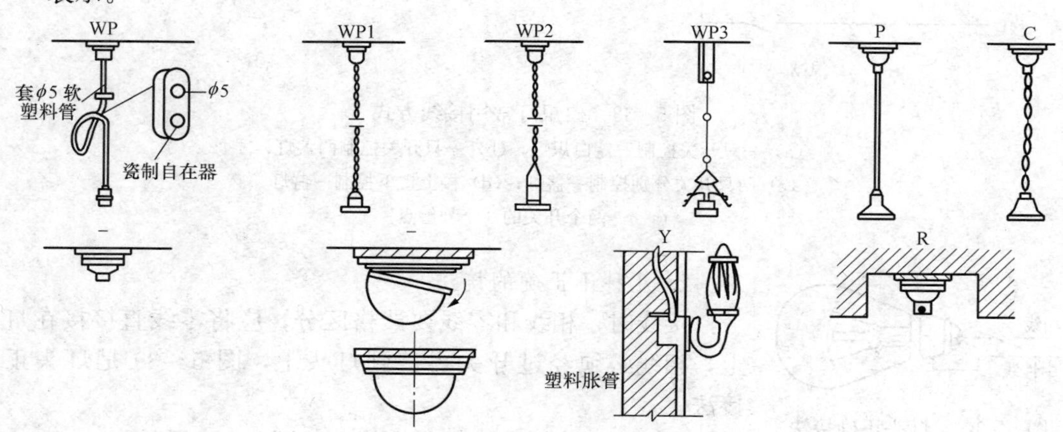

图 5-37　灯具安装方式说明

（三）设计说明

在系统图和平面图中未能表明而又与施工有关的问题，可在设计说明中予以补充。如进户线的距地高度，配电箱尺寸及安装高度、灯具开关及插座安装高度均需说明。又如进户线重复接地的具体做法以及其他需要说明的问题均须在设计说明中表达清楚。

六、照明装置的安装

（一）白炽灯的接线方式

1. 白炽灯常用接线方式

白炽灯常用接线方式如图 5-38 所示。

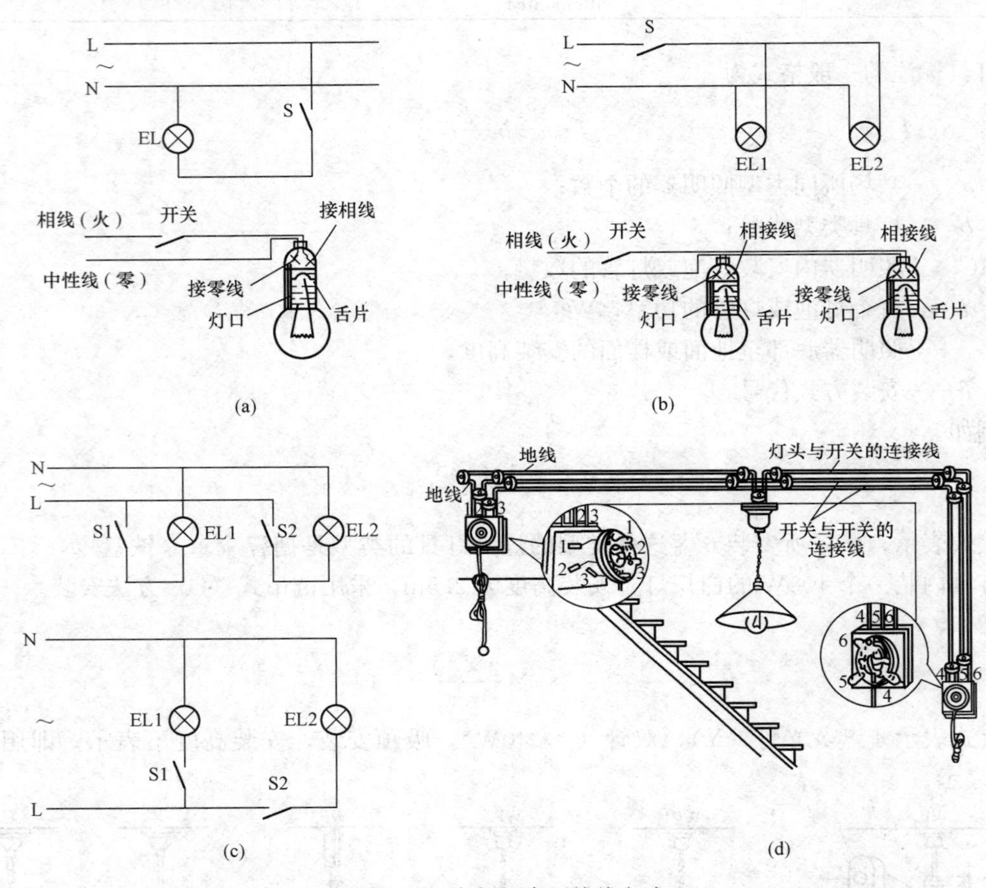

图 5-38 白炽灯常用接线方式

(a) 一只开关控制一盏白炽灯；(b) 一只开关控制两盏灯；
(c) 两只开关分别控制一盏灯；(d) 楼上楼下控制一盏灯
1～6—两个开关的 3 个静触点

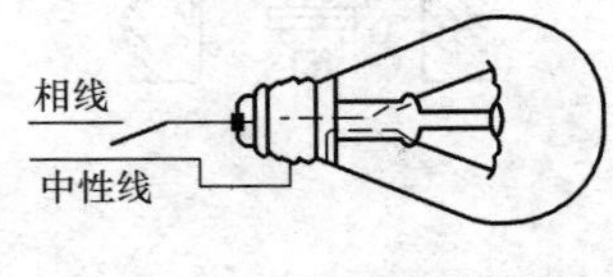

图 5-39 灯头正确接法

2. 几种不正确的接法

接线时，相线和零线要严格区分，应将零线直接接在灯头上，相线必须经过开关再接到灯头上，图 5-39 是灯头正确接法。

螺口灯头常见的几种错误接法如图 5-40 所示。

图 5-40（a）相线错接在螺纹上，没有接在灯头中心弹簧片上，使灯头金属螺纹外露部分总是带电，使操作者有触电危险。

图 5-40（b）虽然相线接在灯头中心弹簧片上是对的，但没有串接开关，开关接在中性线上，即使开关断开，灯头金属螺纹外露部分仍带电，所以仍不安全。

图 5-40（c）相线虽然接上开关，但它接在螺口金属螺纹上，而中性线却接在灯头的中心弹簧片上，如合上开关，灯头金属外露部分带电，也不安全。

为了接线安全，请注意下面事项：

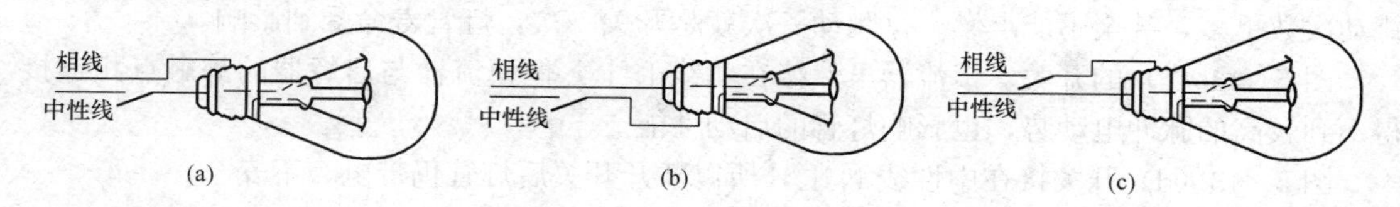

图 5-40　灯头错误接法示意图

（a）相线不进开关，不接灯头中心；（b）开关错接在中性线上；
（c）相线进开关，但相线不进灯头中心

（1）尽量采用插入式灯头和灯座，不使用螺口灯头。

（2）安装螺口灯头时，必须按图 5-39 接线。

（3）建议采用安全螺口灯座，使金属螺口不外露，如图 5-41 所示，图 5-42 是螺口灯头有触电危险。

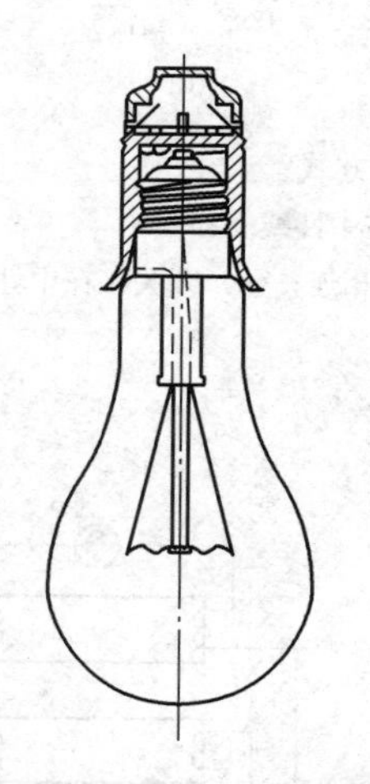
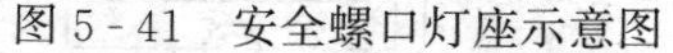

图 5-41　安全螺口灯座示意图

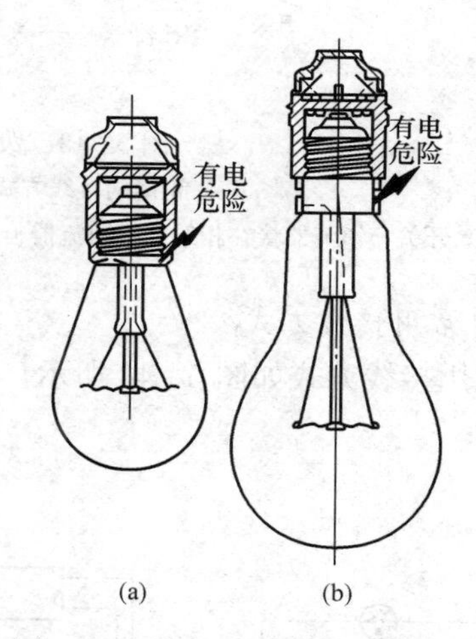

图 5-42　螺口灯头易触电示意图

（4）更换螺口灯泡时，应先拉断开关，并戴手套和站在干燥的木凳上操作。

（5）更换灯泡前要检查灯头中心舌头位置是否在正中，有无移动现象，固定螺钉是否松动，必须处理好再更换使用。

（二）荧光灯的接线

在荧光灯照明的电路中，灯管、镇流器和启辉器之间的相互位置，以及启辉器动、静触点接线位置，对荧光灯的启动性能、寿命、安全性有很大影响。

1. 荧光灯 4 种接线方式的比较

图 5-43 所示为荧光灯的 4 种接线方式。

图 5-43（a）所示为正确的接线方式，开关接在相线 L 上，可控制灯管的电压，镇流器也接在相线内，并与启辉器的动触点连接，可以得到较高的脉冲电动势，接上电源后，跳动一次便可燃亮。由于开关接在 L 线上，对安全也有保障。

图 5-43（b）的开关接在中性线（零线）上，开关断开后，荧光灯仍有电，不安全，另外镇流器接在启辉器的静触点上，启动时灯管要跳动 2～4 次才能点燃，如果处于严冬季节，跳动次数更多，甚至不能点燃。每跳动一次就是开关一次，灯管寿命受到影响。

图 5-43（c）的开关、镇流器虽然接在相线 L 上，但镇流器与启辉器的静触点相连接，得不到较高的脉冲电动势，也影响灯管的启动性能。

图 5-43（d）开关接在中性线 N 上，所以断开开关后灯管仍带电，不安全。

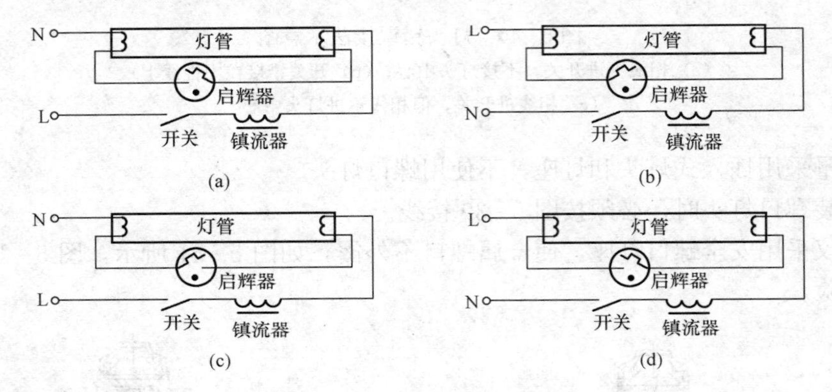

图 5-43 荧光灯四种接线方式

（a）正确的接线方式；（b）开关接在中性线上；

（c）开关、镇流器接在相线上，镇流器与启辉器的静触点相连；（d）开关接在中性线 N 上

2. 荧光灯常用接线方式

荧光灯常用接线方式如图 5-44 所示。

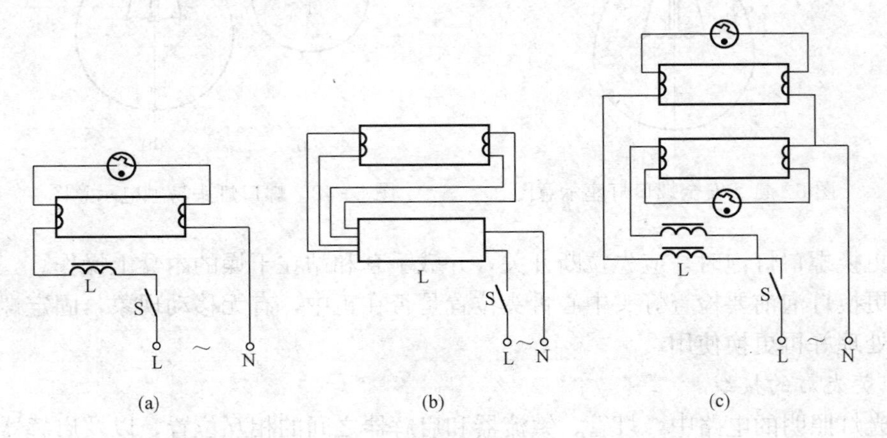

图 5-44 荧光灯常用接线方式（一）

（a）一般镇流器荧光灯线路；（b）电子镇流器荧光灯线路；（c）双灯管的荧光灯线路

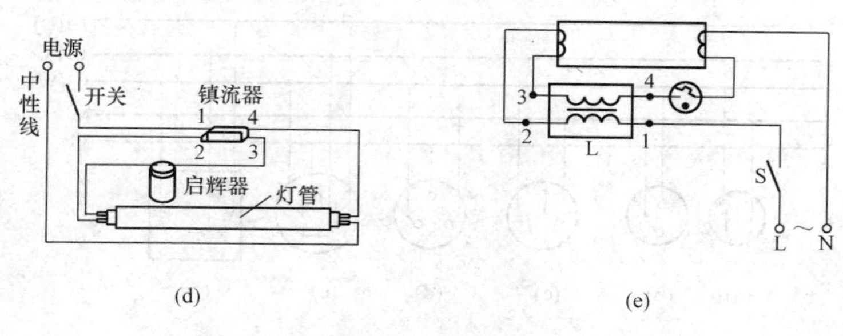

图 5-44 荧光灯常用接线方式（二）

（d）四线头镇流器荧光灯线路；（e）双绕组镇流器荧光灯线路

（三）照明开关的安装

（1）刀开关的安装，上闸口接电源，下闸口接负载。刀开关必须与熔丝配合使用，熔丝的额定电流不得超过刀开关的额定电流。

（2）拉盒（拉线开关）、按键开关及翘板式单极开关的安装，分明装线路和暗装线路两种。

1）明装线路或槽板安装线路时，拉盒应安装在圆木上，而圆木则应用膨胀螺钉或胀塞安装在墙上，固定用的膨胀螺钉或胀塞要用两颗，以免圆木转动。然后在圆木上刻出两道5mm深的小槽，将导线从拉盒的进线孔引到接线端子。

暗装线路时，拉盒装在预先埋设好的接线盒上。先把盒内清扫干净，将导线从圆木（或盒盖）的穿线孔引出，然后用螺钉将圆木固定在盒上，螺钉应穿入盒上设定的螺孔并拧紧，同时圆木应将盒盖严并与墙面贴紧。

拉盒的安装应位于圆木的中心上，其标高应距屋顶 200～300mm 且应一致。接线时应将相线（俗称火线）接在静触头上，出相线接在动触头上。任何时候工作零线不得与开关连接，它只是从盒内经过，在这里不得连接或断开。

2）按键开关或翘板开关必须装设在设定的盒上，如果没有预埋，则应在墙上测定好的位置凿一个与接线盒体积相应的洞，当盒放入后应与墙面取平，周边缝隙不得大于 1mm，然后用膨胀螺钉或胀塞将盒固定在洞内。选定的接线盒必须与开关配套，最后用随开关配套的螺钉将开关固定好，其面板应与墙面贴紧。其安装接线要求同拉盒，必须保证开关板的水平和竖直。所不同的是标高应在 1.2～1.4m，距门口边水平距离应在 0.15～0.20m。

（四）插座的安装

插座的安装基本与拉盒及翘板开关相同，明装用圆木，暗装用盒。如果插座不与盒配套，则应在盒上装设圆木。

（1）当交流、直流或不同电压等级的插座安装在同一场所时，应有明显的区别，且必须选择不同结构、不同规格和不能互换的插座。配套的插头应按交流、直流或不同电压等级区别使用。

（2）单相两孔插座，面对插座的右孔或上孔与相线连接，左孔或下孔与零线连接［如图 5-45（a）、（b）所示］；单相三孔插座，面对插座的右孔与相线连接，左孔与零线连接［如图 5-45（c）所示］。

（3）单相三孔、三相四孔及三相五孔插座的接地（PE）或接零（PEN）线应接在上孔，如图 5-42（d）、（e）、（f）所示。插座的接地端子不与零线端子连接，同一场所的三相插

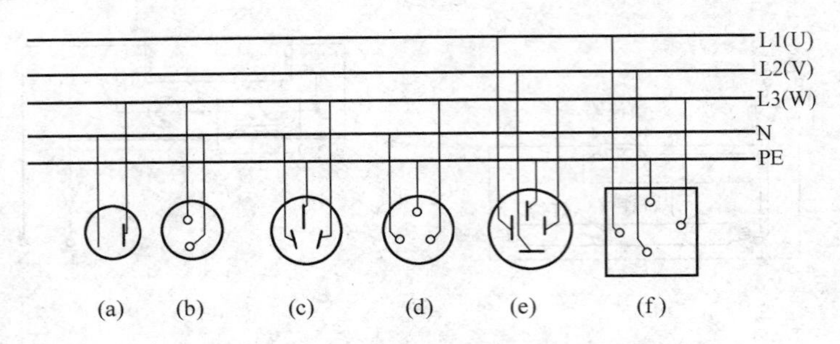

图 5-45 在 TN－S 系统中插座的连接

（a）左中性线右相；（b）上相下中性线；（c）左中性线右相中 PE；
（d）上孔接 PE；（e）左 U 右 W 中间 V；（f）左 U 右 W 中间 V

座，接线的相序应一致。

（4）接地（PE）或接零（PEN）线，在插座间不能串联连接。

（5）当接插有触电危险的电源时，采用能断开电源的带开关插座，开关断开相线。

（6）潮湿场所采用密封型并带保护地线触点的保护型插座，其安装高度不低于 1.5m。

（7）当不采用安全型插座时，托儿所、幼儿园及小学等儿童活动的场所，插座的安装高度不小于 1.8m。

（8）暗装的插座面板紧贴墙面，四周无缝隙，安装牢固，表面光滑整洁、无碎裂、无划伤，装饰帽齐全。

（9）车间及试（实）验室的插座安装高度距地面不小于 0.3m，特殊场所暗装插座不小于 0.15m，同一室内插座安装高度应一致。

（10）地插座面板与地面齐平或紧贴地面，盖板固定牢靠，密封应良好。

（11）三相四孔插座［如图 5-45（e）、（f）所示］，保护接地在上孔，其余三孔按左、下、右分别为 L1、L2、L3 的三相线。

（12）圆形单相三孔等距插座均已淘汰，由于不具备必要的安全性，一律禁止使用。

（13）不能使两个或几个电器合用一个插头，或两副插头共同插在一个插座内，以免发生短路或烧坏电器。

（14）严禁将电器的两根电源引线的线头直接插在插座的插孔内，以防止发生短路或触电。

（15）插销损坏后，应及时更换，不能凑合使用。

（16）插头插入插座要插到底，不能外露，以防止触电。

（17）经常检查插销是否完好，插头或插座接线端的接头有无松动现象。

（18）对功率较大的用电设备，应使用单独安装的专用插座，不能与其他电器共用一个多联插座。

（19）不准吊挂使用多联插座，以免导线受到拉力或摆动，造成压接螺钉松动，插头与插座接触不良。

（20）不准将多联插座长期置于地面、金属物品或桌上使用，以免金属粉末或杂物掉入插孔而造成短路事故。

（五）各种灯具的安装

1. 白炽灯安装的要求

（1）相线和零线应严格区分，将零线直接接在灯座上，相线经过开关再接到灯头上。

（2）用双股棉织绝缘软线时，有花色的一根导线接相线，没有花色的导线接零线。

（3）导线与接线螺钉连接时，先将导线的绝缘层剥去合适的长度后，再将导线拧紧以免松动，最后环成圆扣，而圆扣的方向应与螺钉拧紧的方向一致，如图 5-46 所示。

（4）螺口灯安装程序。

1）首先将木台（圆木）固定在墙壁上，如图 5-47 所示，再将相线 L 和中性线 N 穿过木台的两个孔。

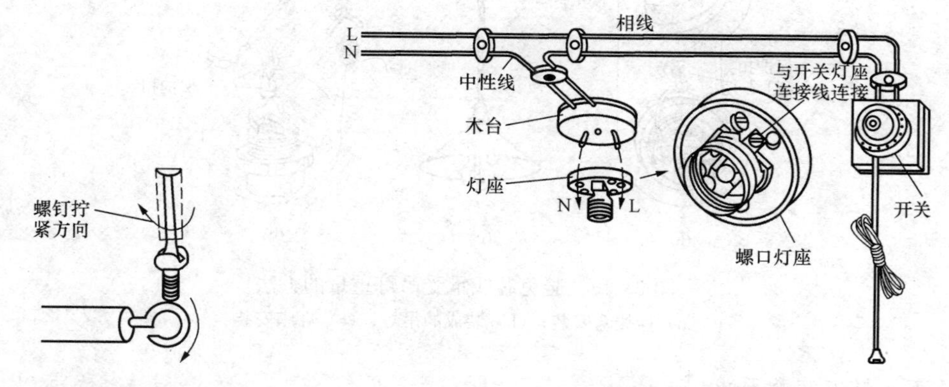

图 5-46　环成圆扣的方向

图 5-47　螺口灯安装程序

2）将灯座用螺钉固定在木台上。

3）把两根导线头 L、N 固定在灯座上。一般都是采用螺钉平压式，如图 5-48（b）所示，用旋具拧紧固定。对于针孔固定式，可按图 5-48（a）所示拧紧。

4）最后把接线盒全部装配好。

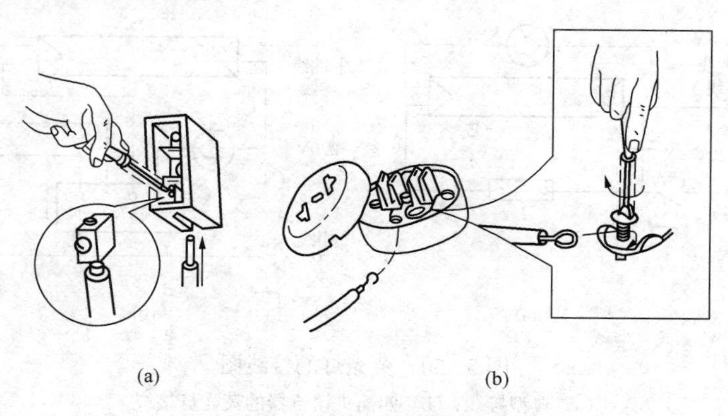

(a)　(b)

图 5-48　接线柱结构

（a）针孔式；（b）螺钉平压式

（5）相线 L 接在灯泡中心点的端子上，零线（中性线）N 应接在灯泡螺纹的端子上（如图 5-49 所示）。

（6）灯头的绝缘外壳不应有破损和漏电。

（7）对带开关的灯头，开关手柄不应有裸露的金属部分。

（8）吊链灯具的灯线不应受力，灯线应与吊链编叉在一起。

（9）软线吊灯的软线两端应做保护扣，如图5-49所示，两端芯线应搪锡。

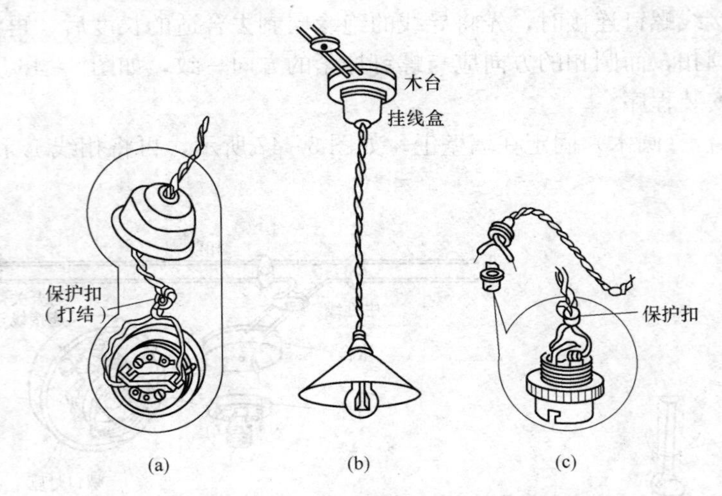

图5-49 避免芯线承受吊灯重量的方法

（a）拴线盒安装；（b）装成的吊灯；（c）灯座安装

2. 荧光灯安装的要求

（1）镇流器、启辉器和荧光灯的规格应相符配套，不同功率不能互相混用。当使用附加绕组的镇流器时，接线应正确，不能搞错。

（2）接线时应使相线通过开关，经镇流器到灯管。为了提高功率因数，在荧光灯的电源两端并联一只电容器，对常用的40、30、20W荧光灯配用的电容器分别为4.75、3.75、2μF，如图5-50所示。

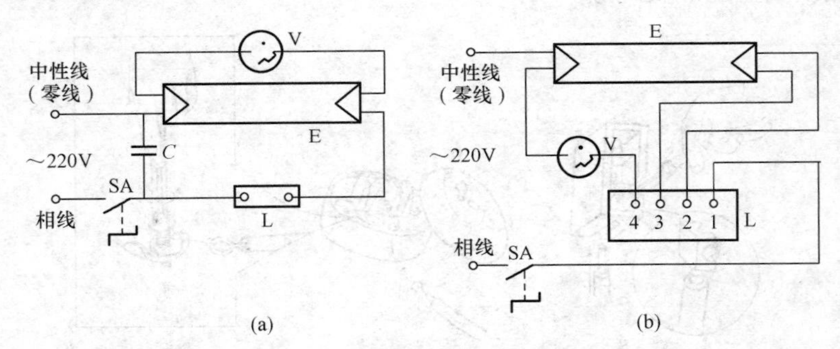

图5-50 荧光灯的接线图

（a）典型接线；（b）四插头镇流器的荧光灯接线

E—荧光灯管；L—镇流器；V—启辉器；SA—开关

（3）荧光灯由灯管、启辉器、镇流器、灯架和灯座组成，如图5-51所示。

3. 高压汞灯的安装要求

（1）安装接线时一定要分清楚高压汞灯是外接镇流器还是自镇流，而带镇流器的高压汞灯必须使镇流器与汞灯相匹配。

（2）高压汞灯应垂直安装，若水平安装时其亮度要减少7%，并容易自灭。

（3）由于高压汞灯的外玻璃壳温度很高，可达150～250℃，因此，必须使用散热良好

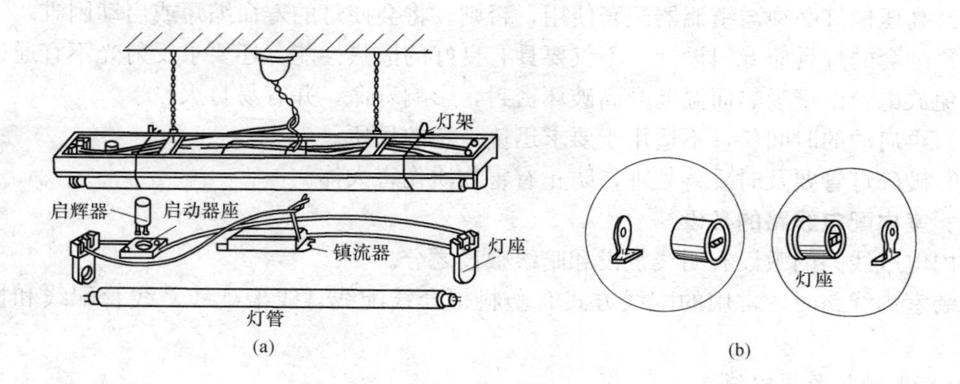

图 5-51 荧光灯
(a) 组成部件和布线；(b) 弹簧式灯座

的灯具。

(4) 电源电压要尽量保持稳定，若电压降比额定电压低 5%，灯泡就可能自灭，而再次启动点燃时间又很长，因此高压汞灯不应接在电压波动较大的线路上。当作为路灯、厂房照明灯时，应采取调压或稳定措施。

4. 碘钨灯的安装要求

(1) 灯管应保持水平状态，其倾斜角不应大于 4°。

(2) 电源电压的变化一般不应超过±2.5%，当电源电压超过额定电压的 5%时，灯管寿命将缩短一半。

(3) 灯管要配用专用灯罩，在室外使用时应注意防雨（雪）。

(4) 由于碘钨灯工作时管壁温度很高，可达 600℃左右，因此应注意散热，要与易燃物保持一定的距离。安装使用前应用酒精擦去灯管外壁的油污，否则会在高温下形成污斑而影响亮度。

(5) 灯脚引线必须采用耐高温的导线，或用裸导线连接，并在裸导线上加穿耐高温的小瓷管，不得随意改用普通导线。电源线与灯线的连接应用良好的瓷接头，靠近灯座的导线应套耐高温的瓷套管。连接处必须接触良好，以免灯脚在高温下氧化并引起灯管封接处炸裂。

5. 金属卤化物灯的安装要求

(1) 灯具安装高度宜大于 5m，导线应经接线柱与灯具连接，并不得靠近灯具表面。电源电压的波动控制在±5%范围内。

(2) 灯管必须与触发器和限流器配套使用。

(3) 落地安装的反光照明灯具，应采取保护措施，防止紫外线辐射伤人。

(4) 无外玻璃壳的金属卤化物灯，悬挂高度应不低于 14m。

(5) 安装时必须认清方向标记，正确安装，而灯轴中心的偏离不应大于±15°。

6. 高压钠灯的安装要求

(1) 电源电压的变化不宜大于±5%，由于高压钠灯的管压、功率、光通量随电源电压的变化而引起的变化比其他气体放电灯大。电压升高时，管压降的增大容易引起灯自灭；电压降低时，光通量减少将使光色变差。

(2) 高压钠灯在任何位置启动时，光电参数基本保持不变。

（3）高压钠灯必须与镇流器配套使用，否则，将会使灯的寿命缩短或启动困难。

（4）配套的灯具应专门设计，不仅要具有良好的散热性能，还要求反射光不宜通过放电管，以免放电管由于吸热而温度升高破坏密封，影响寿命，并容易自灭。

（5）再启动的时间长，不适用于要求迅速点燃的场所。

（6）破碎灯管要及时妥善处理，防止有害物质伤害人体。

七、室内配电线路的敷设

室内电气线路的敷设有明线敷设和暗线敷设之分。

安装室内线路时，常用的配线方式有塑料护套线配线、线槽配线、线管配线和桥架配线等。

（一）塑料护套线配线

护套线有塑料护套线、橡套线和铅包线三种，目前普遍使用物美价廉的塑料护套线进行电气线路配线。

塑料护套线是一种具有塑料保护层的双芯或多芯绝缘导线，具有耐潮、抗腐蚀能力强、线路整齐美观、线路造价较低等优点，广泛应用于照明线路和小容量配电线路。

1. 配线方法

安装导线时，使用金属线卡或塑料线卡作为导线的固定物，金属线卡的规格有 0、1、2、3 号和 4 号等，其槽口形状有方形、圆形等。其固定方式有小铁钉固定的和用黏接剂固定两种。

（1）定位划线。确定线路方向和各电器的安装位置。用弹线袋划线，每隔 150～200mm 划出固定卡的位置，在距开关、插座和灯具圆木 50～100mm 处要设置线卡固定点，如图 5-52所示。

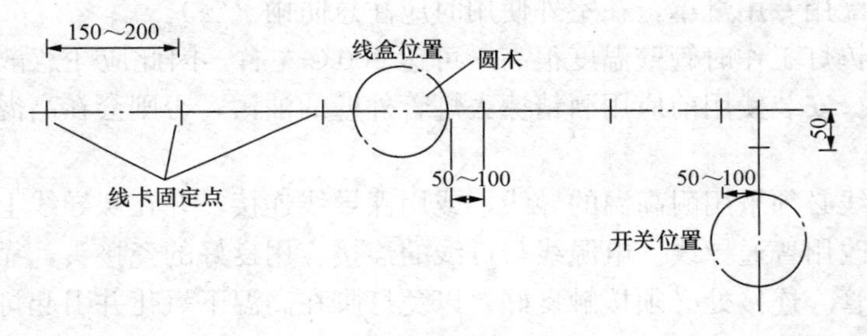

图 5-52　定位划线

（2）钻孔安装木榫。用电锤或手电钻在墙上的划线位置钻出 10mm 的小孔，深度为木榫的长度，然后把削好的木榫用手锤轻轻敲入孔内，要求木榫与墙孔表面垂直，松紧合适，如图 5-53 所示。

（3）固定线卡。在砖墙和混凝土墙上，可用小铁钉固定线卡，也可用环氧树脂黏接。在抹灰浆的墙上用铁钉在木榫上固定线卡，如图 5-54 所示。

（4）敷设导线。敷设导线前，先将导线顺盘绕方向放线，如图 5-55 所示，以防把整盘线搞乱、打结。一边放线一边把导线勒直，如图 5-56 所示。金属线卡固定导线的方法如图 5-57所示。

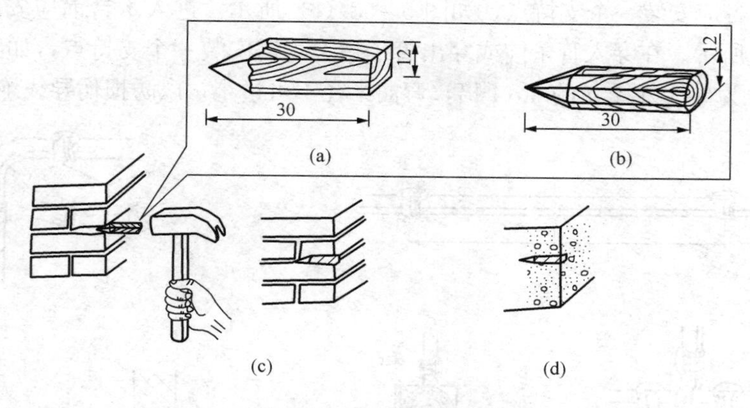

图 5-53 钻孔安装木榫

(a) 矩形木榫；(b) 八角形木榫；(c) 在砖墙上装矩形木榫；(d) 在水泥墙上装八角木榫

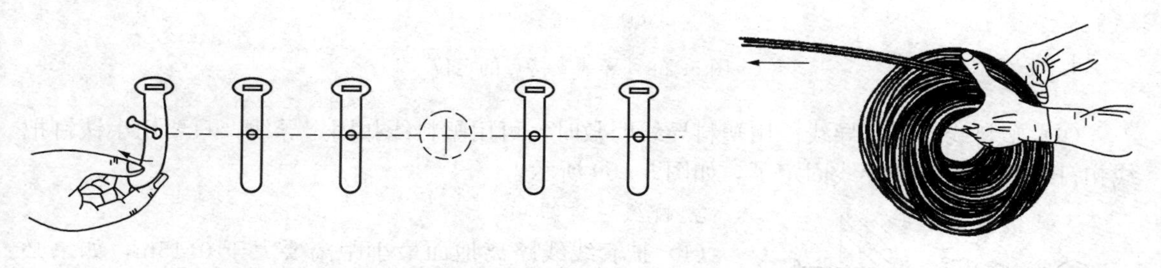

图 5-54 固定线卡的方法　　图 5-55 敷设导线的放线方法

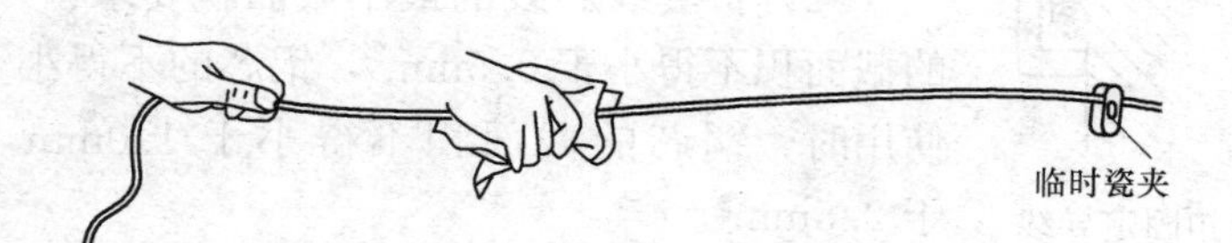

图 5-56 敷设导线的勒直方法

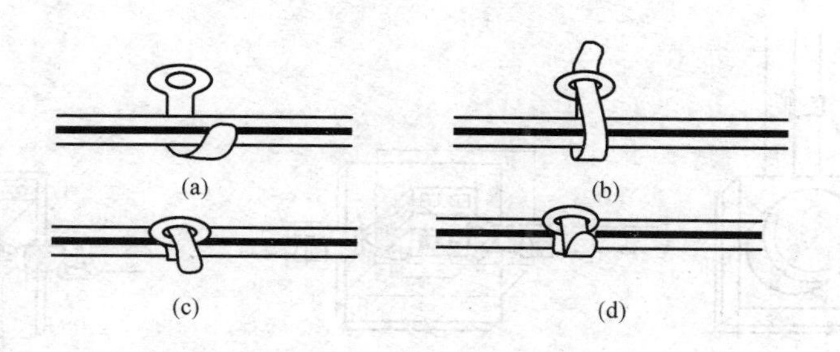

图 5-57 金属线卡固定导线的方法

(a) 将钢精扎头两端撬起；(b) 把钢精扎头的尾端从另一端孔中穿过；

(c) 用力拉紧使其紧紧地卡住导线；(d) 将尾部多余部分折回

(5) 导线支持点的定位规定。直线部分，两支持点间距离为 200mm，如图 5-58 (a) 所示。转角部分，转角前后应各安装一个支持点，如图 5-58 (b) 所示。两根导线十字交叉时，在岔口处的四边各应安装一个支持点，如图 5-58（c）所示。进入木台前应安装一个支持点，如图 5-58（d）所示。在穿入管子前或穿出管子后，均需安装一个支持点，如图5-58（e）所示。转角半径 R 为导线外径 d 的 3～4 倍，弯曲半径不可过小，以防损伤导线绝缘。

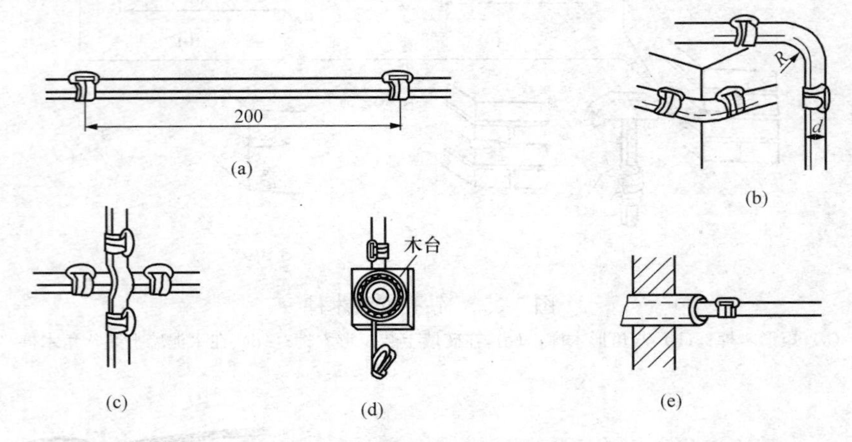

图 5-58　导线支持点的定位

（6）塑料线扣固定导线。用塑料导线明敷时，可用塑料线扣固定导线，只要用小铁钉把线扣钉在墙上，就把导线固定了，如图 5-59 所示。

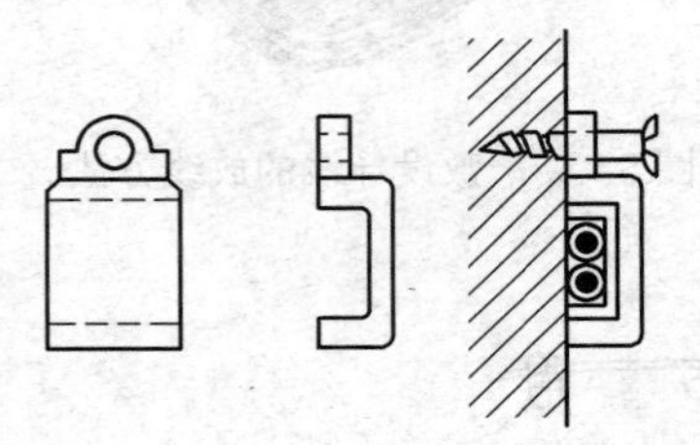

图 5-59　塑料线扣固定导线

2. 配线注意事项

（1）护套线线路离地面最小距离要大于 0.15m，如果必须低于 0.15m，应加塑料管或钢管保护。

（2）护套线芯线的最小截面积要求：户内使用时，铜芯的截面积不得小于 $0.5mm^2$，铝芯的不得小于 $1.5mm^2$；户外使用时，铜芯的截面积不得小于 $1.0mm^2$，铝芯的不得小于 $2.5mm^2$。

（3）在线路上的护套线敷设时，不可将线与线直接连接，要通过接线盒或其他电气装置的接线柱来连接，具体连接方法如图 5-60 所示。

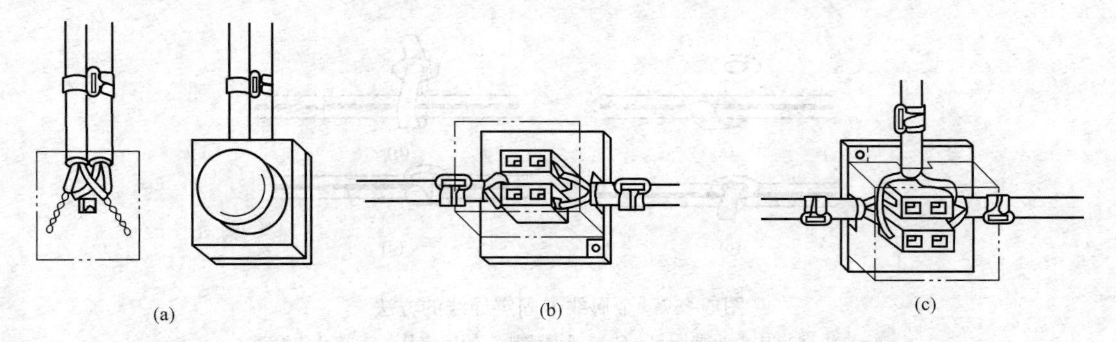

图 5-60　护套线接头的连接方法

（a）在电气装置上进行中间或分支接头；（b）在接线盒上进行中间接头；（c）在接线盒上进行分支接头

（二）线管配线

把绝缘导线穿在管内敷设称为线管配线。线管配线具有防潮、耐腐、导线不受机械损伤等优点，适用于室内外照明和动力线路的配线。

线管配线按施工方法分为明管配线和暗管配线两种。明管配线是把线管敷设在墙上及其他明处；暗管配线是把线管埋设在墙内、楼板或地坪内及其他看不见的地方。

电线或电缆常用管有焊接钢管（水煤气管）、电线管（黑皮管）、硬质和软质塑料管、蛇皮软管等。

明管配线要求线管横平竖直、整齐美观；暗管配线要求管路短、弯头少，便于施工和穿线，暗管配线示意图如图 5-61 所示。

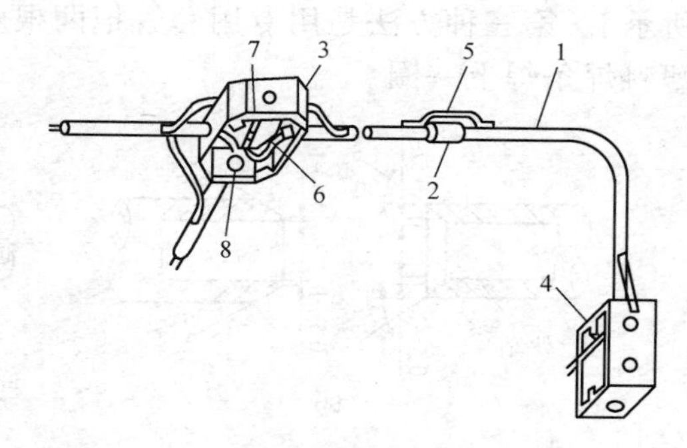

图 5-61 暗管配线示意图

1—线管；2—管箍；3—灯位盒；4—开关盒；5—跨接接地线；6—导线；7—接地导线；8—锁紧螺母

1. 线管的选择

线管的选择主要选择线管类型和管径。黑铁电线管一般用于照明；水煤气管一般用于有腐蚀性气体的场所；硬塑料管的耐腐蚀性好，但机械强度差，一般用于暗敷，当用于明敷时，支撑点要多，为了阻燃可考虑选用 PVC 工程管。

管内导线的总截面积（包括绝缘）不超过线管内孔截面积的 40%，按此选取管径。

2. 线管加工

按所需长度下料，对于钢、铁管，在锯削下料后为了连接，要进行套螺纹，有的弯管则要用弯管器或弯管机进行弯管工作。对于塑料管可直接配置合适的管接头，不需弯管和套螺纹。

3. 线管连接

（1）钢管与钢管之间连接，可用图 5-62 所示的管箍连接，在接口处用聚氯乙烯密封带缠在螺纹扣处，用管钳拧紧。

（2）钢管与接线盒的连接，采用薄形螺母拧紧线管，如图 5-63 所示。

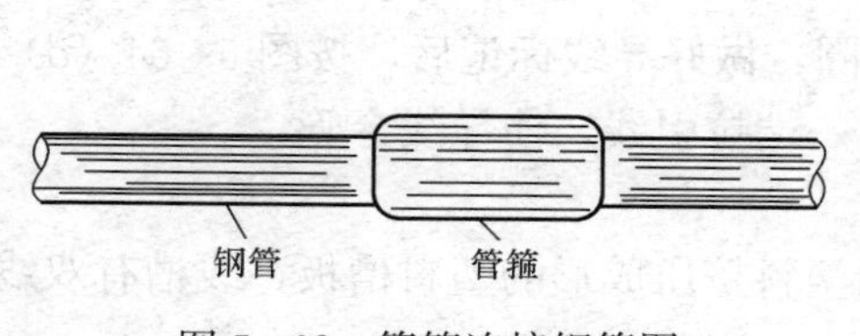

图 5-62 管箍连接钢管图

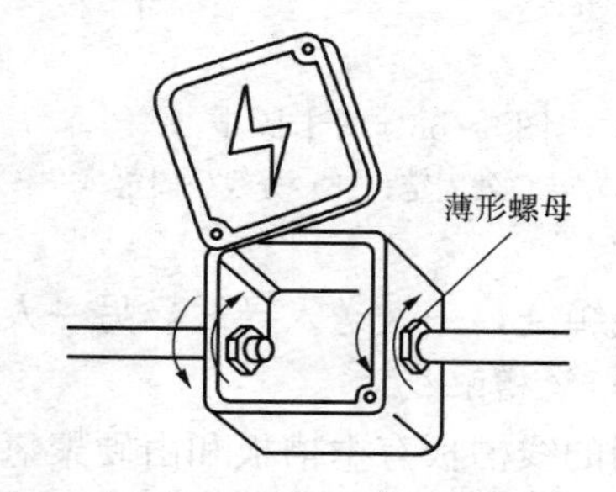

图 5-63 线管与接线盒的连接

（3）硬塑料管的连接。直径为 50mm 及以下的塑料管，连接前按图 5-64（a）所示将管口倒角，然后用喷灯或电炉加热后插入外管，并趁热将两管的轴心调成一致，最后浸湿冷却硬化［如图 5-64（b）所示］。除上述加热法之外，还常用模具胀管方法，对于直径为

65mm及以上的塑料管连接常用此法，图5-65（a）是趁塑料管加热软化后，将加热的金属模具插入外管头部，然后用50℃左右的冷水冷却，退出模具，把黏合剂涂在配合的表面后，将两个管插入，最后在接口处用塑料焊条焊上一圈密封［如图5-65（b）所示］。第三种方法是用专用套管把两根塑料管套上［如图5-65（c）所示］，最后可用塑料焊条焊上一圈。

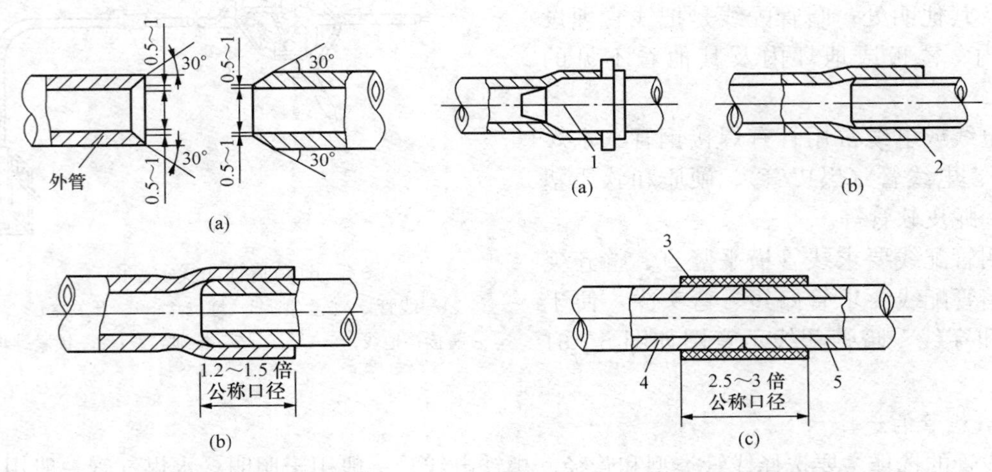

图5-64 塑料管的直接加热连接
（a）塑料管口倒角；（b）塑料管的直接插入

图5-65 塑料管的连接
（a）胀管插接；（b）接口焊接；（c）套管连接
1—成形模；2—焊缝；3—套管；4、5—接管

（4）线管的固定。线管明线采用管卡固定，如图5-66所示。

线管在墙内暗线敷设，一般在土建砌砖时预埋，留出槽，打木榫后用铁钉固定。

（5）线管穿线。穿线前要清理线管内壁，清除杂质和水分。

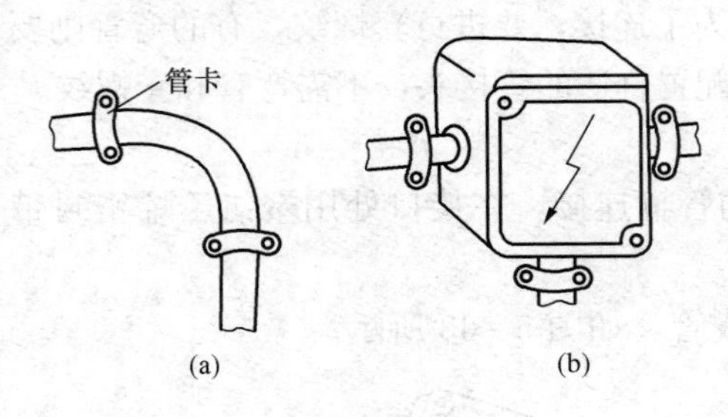

图5-66 管卡固定
（a）转角处固定；（b）分线处固定

选用直径为1.2mm的铜线作为引线，当线管短时，可把引线拴好导线直接由线管的一端拉向另一端，如图5-67（a）所示。如果线管较长或弯头多，可将引线从两头伸入线管，在管中央使两个引线的小钩钩在一起，可把导线牵引入线管，如图5-67（b）所示。导线与引线的缠绕方法如图5-67（c）所示。导线穿入线管前，轴线管口套上护圈，做好导线标记后，按图5-64（d）所示将导线与引线缠绕，一人送入导线，另一人在另一端拉引线，使导线穿管。

（三）线槽配线

常用的线槽板有木槽板和由硬聚氯乙烯塑料挤压成形的塑料槽板，线槽有双线和三线之分，其外形及尺寸如图5-68所示。

线槽配线是先把槽底固定，再把导线敷设于槽内，最后扣上槽盖。

1. 固定槽底板

为了固定槽底板，应把塑料胀管事先埋入墙内（如图5-69所示），固定槽底板时，用铁钉将槽底板固定在塑料胀管孔中。中间固定点距不应大于500mm，且要均匀，起点和终点的固定点应在距起点和终点的 30mm 处固定。

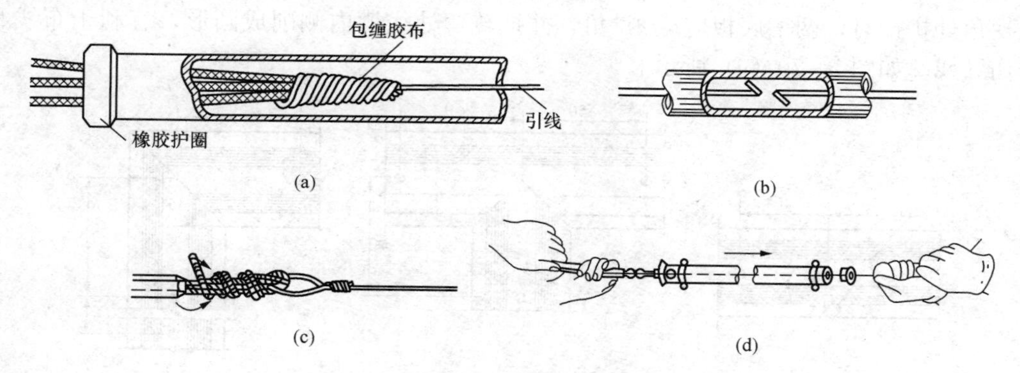

图 5 - 67　线管穿线方法

(a) 短线管穿线法；(b) 从管两端穿入引线法；
(c) 导线与引线的缠绕方法；(d) 导线穿入线管的方法

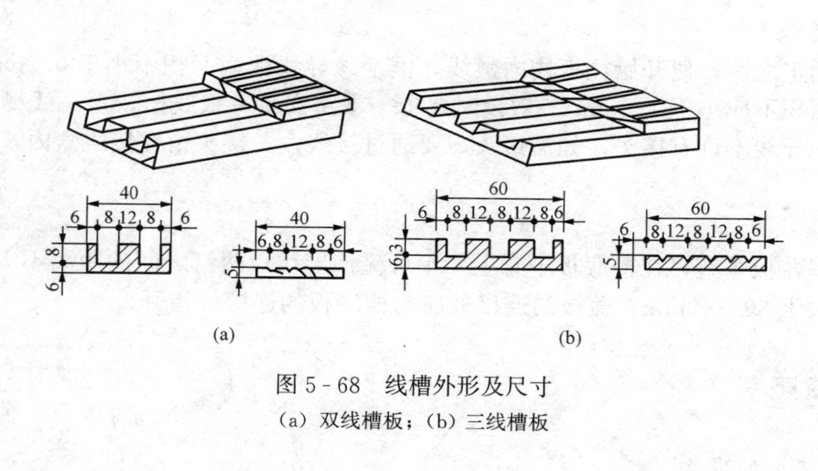

图 5 - 68　线槽外形及尺寸

(a) 双线槽板；(b) 三线槽板

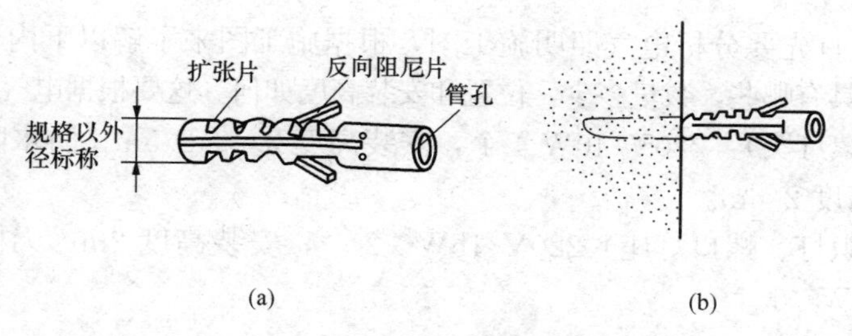

图 5 - 69　塑料胀管的结构和安装

(a) 塑料胀管的结构；(b) 塑料胀管的安装

2. 槽板的拼接

槽板的拼接与固定底板同时进行，两块槽板直接对接时，应把端口锯成 45°角 [如图 5 - 70 (a) 所示]，拼接时线槽要对齐、对正，底板和盖板的接口要错开不小于 30mm 的距离。

槽板分支 T 型拼接时，可垂直拼接或尖角拼接，但要去掉槽板的中脊 [如图 5 - 70 (b)

所示]。

拐角处拼接时，两槽底板应成45°角，并把转弯处线槽内侧削成圆形，有利于布线和防止碰伤导线［如图5-70（c）所示］。

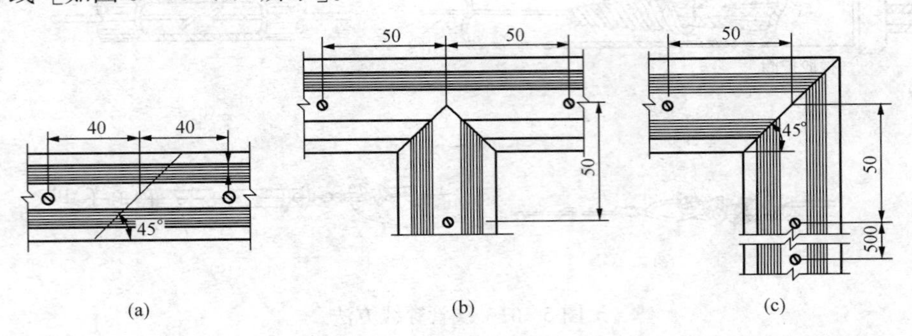

图5-70　槽板配线连接

（a）对接做法；（b）分支接头做法；（c）拐角做法

3. 敷设导线

槽底板固定之后，便开始往板槽内敷线，铜绝缘导线裸截面积不小于0.2mm²，铝绝缘导线的裸截面积不应小于1.5mm²。敷设时要求一支路安装一根线槽，每一线槽只敷设一根导线。槽内的导线不许有接头，如需接头，要通过接线盒，接头留在接线盒内，槽板则不许导线相交。

4. 固定盖板

用铁钉将盖板垂直钉在槽底板中脊上，不可碰伤导线，两钉之间的距离不大于300mm，端部盖板不大于30～40mm，盖板的连接处应与槽底板的连接处错开。

任务释疑

（一）施工前的准备

在施工之前，首先要分析电气照明施工图，根据施工图来了解以下内容。

（1）光源和灯具有哪些，数量多少，位置和安装高度如何。这要根据电气平面图来确定。

1）白炽灯（螺灯头）：220V/40W 4个，安装高度2.4～2.5m；防水防雾白炽灯220V/25W 2个，安装高度2.6m。

2）壁灯（白炽灯、螺口灯座）220V/15W　2个，安装高度2m；天棚灯（白炽灯、螺口灯座）220V/25W　1个。

3）单相插座（暗装）220V/10A　8个。

4）翘板开关（暗装）220V/6A　13个。

5）带罩日光灯　220V/40W　4套，安装高度2.4m。

6）配电箱　1套。

（2）导线均为橡皮绝缘铝线，导线截面为2.5mm²，敷设方式为穿钢管暗敷，钢管直径为20mm。准备以上材料及必需的施工工具。

（二）施工

一般对于暗装的元件在楼房建筑时要预留孔洞，并预埋钢管。

安装室内电路实际上主要任务就是安装灯具、插座、开关以及穿线、接线。

1. 线管穿线

穿线前要清理线管内壁，清除杂质和水分。

(1) 选用直径为1.2mm的铜线作为引线。

(2) 导线与引线的缠绕方法如图5-67 (c) 所示。

(3) 对于短线管，把引线拴好导线直接由线管的一端拉向另一端，如图5-67 (a) 所示。如果线管较长或弯头多，可将引线从两头伸入线管，在管中央使两个引线的小钩钩在一起，把导线牵引入线管，如图5-67 (b) 所示。

(4) 导线穿入线管前，轴线管口套上护圈，做好导线标记后，按图5-67 (d) 所示将导线与引线缠绕，一人送入导线，另一人在另一端拉引线，使导线穿管。

2. 安装灯具

(1) 白炽灯的安装。

1) 白炽灯的接线。白炽灯的正确接线如图5-39所示。

2) 白炽灯的安装。

a. 将零线直接接在灯座上，相线经过开关再接到灯头上。

b. 使用双股棉织绝缘软线，有花色的一根导线接相线，没有花色的导线接零线。

c. 导线与接线螺钉连接，先将导线的绝缘层剥去合适的长度，再将导线拧紧以免松动，最后环成圆扣，圆扣的方向应与螺钉拧紧的方向一致，如图5-46所示。

d. 螺口灯的安装。

a) 首先将木台（圆木）固定在墙壁上，如图5-47所示，再将相线L和中性线N穿过木台的两个孔。

b) 将灯座用螺钉固定在木台上。

c) 把两根导线头L、N固定在灯座上。

d) 最后把接线盒全部装配好。

e) 相线L接在灯泡中心点的端子上，零线（中性线）N应接在灯泡螺纹的端子上（图5-49）。

f) 吊灯的软线两端应做保护扣，如图5-49所示，两端芯线应搪锡。

(2) 荧光灯的安装。

1) 荧光灯的接线。荧光灯的正确接线如图5-43 (a) 所示。

2) 荧光灯安装。荧光灯由灯管、启辉器、镇流器、灯架和灯座组成，如图5-51所示。

3. 安装开关

翘板开关装设在预埋设定的盒上，接线盒要与开关配套，最后用随开关配套的螺钉将开关固定好，其面板应与墙面贴紧，要保证开关板的水平和竖直。开关位置高1.4m，距门口边水平距离为0.20m。

4. 安装插座

(1) 单相两孔插座，面对插座的右孔或上孔与相线连接，左孔或下孔与零线连接［如图5-45 (a)、(b) 所示］；单相三孔插座，面对插座的右孔与相线连接，左孔与零线连接［如图5-45 (c) 所示］。

(2) 单相三孔插座的接地（PE）或接零（PEN）线应接在上孔［如图5-45 (d) 所示］，插座的接地端子不与零线端子连接。

基础训练

用文字、数字或公式使以下内容变得完整。

1. 电力线路是用来_________和分配电能的。电力线路按结构的不同分为_________、_________和_________三种。

2. 架空线路由_________、_________、_________和_________等主要元件组成。

3. 钢的机械强度_________，但其导电性_________，功率损耗_________，对交流电流来说还有_________，并且在大气中容易锈蚀，因此钢导线在架空线路上一般只作为_________使用，且使用镀锌钢绞线。

4. 钢芯铝线型号中表示的截面积就是其中_________部分的截面。

5. 电缆基本由_________、_________和_________三部分组成。

6. 电缆直埋敷设适用于电缆根数少于_________根、而敷设距离_________的电缆线路，沟深一般为_________ mm。

7. 光源在单位时间内向周围空间辐射并引起_________的能量，称为光通量，符号为_________，单位是_________。

8. 照度就是指单位被照面积所接受的_________，符号为_________，单位为_________。

9. 衡量照明质量的好坏由_________、_________、_________、_________、_________来决定。

10. 在气体放电光源光照下观察到的物体运动显示出不同于实际运动的现象，称为_________。

11. 为消除频闪效应，对气体放电光源可采用两灯分接_________电路或三灯分接_________电路的办法。

12. _________照明是为整个房间、整个环境提供均匀的照度而设置的照明。

13. _________照明是设在特高建筑尖端或机场周围较高建筑上作为飞行障碍标志，或设在有船舶通行的航道两侧建筑物上作为航行障碍标志，_________照明必须用透雾的_________灯具。

14. 消除频闪效应的方法很多，最简便的方法是在一个灯具内安装两根或三根灯管，而各根灯管分别接到_________的线路上。

15. 高压钠灯不能用于要求_________的场所。

16. 为了节约电能，当灯具悬挂高度在_________ m及以下时，宜采用荧光灯；在_________ m以上时，宜采用高强气体放电灯。

17. 应急照明应采用能_________的白炽灯或荧光灯。

18. 在同一场所，如采用一种光源的显色性达不到要求时，可考虑采用两种或多种光源的_________照明。

19. 垂度一般为0.3～1.5m，通常取_________ m，吸顶式灯具的垂度为_________。

20. 灯具布置的是否合理，主要取决于灯具的间距 L 和计算高度 h 的比值，该比值称为_________。

21. 在高度 h 已定的情况下，L/h 值小，照度均匀性_________；L/h 值大，照度均匀性________。

22. 由于荧光灯两端部照度较低，并且有扇形光影，所以灯具两端与墙壁的距离不宜大于________mm。

23. 电气照明施工图主要有________和________，另外还有________、________等。

24. 因为照明灯具的额定电压一般为220V，所以通常采用________V单相供电，对于超过________A的建筑物应采用三相四线制供电。

25. 支线一般均用________mm^2的单芯铜线或________mm^2的单芯铝线。

26. 民用建筑中的插座，在无具体设备连接时，每个插座可按________W计算；住宅建筑中的插座，每个可按________W计算。在每一单相支路中，灯和插座的总数一般不宜超过________个。

27. 接户线是指当低压架空线向建筑物内部供电时，由架空配电线路引到建筑物外墙的________支持点之间的一段线路。

28. 接户线应由供电线路电杆处接出，档距不宜大于________m，超过________m时应设接户杆，在________不得有接头。

29. 在通车街道的接户线距地高度不应小于________m。

30. 在通车困难街道、人行道的接户线距地高度不应小于________m。

31. 在胡同的接户线距地高度不应小于________m，最低不得小于________m。

32. 对于多层建筑物采用架空引入时，进户线一般由________层进户。

33. 进户线需做________接地，接地电阻应小于________Ω。

34. 干线是指从________到________的一段线路。

35. 支线是指从________引至________的一段线路。

36. 配电箱的安装高度，底边距地面一般为________m。配电板的安装高度，底边距地面不应低于________m。

37. WL1-BLV-3×6+1×2.5-K-WE含义：第1号照明分干线（WL1）；导线是________，共有________根导线，其中________根为________mm^2，另一根中性线为________mm^2；配线方式为________；敷设部位为________。

38. WP2-BLX-3×4-PC20-FC含义：2号动力分干线（WP2）；导线是________，________根导线，均为________mm^2；穿直径（外径）为________mm的________；________暗敷。

39. 6-S $\frac{1\times100}{2.5}$C表示该场所安装________盏这种类型的灯，灯具的类型是________灯，每个灯具内装一个________W的白炽灯，安装高度为________m，采用________式方法安装。

40. 4－Y $\frac{2\times40}{—}$表示________盏________灯，双管________W，________安装，安装高度________。

41. 白炽灯接线时，相线和零线要严格区分，应将零线________接在灯头上，相线必须经过________再接到灯头上。

42. 日光灯的正确的接线方式是开关接在________线上，可控制灯管的电压，镇流器也接在________线内，并与启辉器的________连接，可以得到较高的脉冲电动势。

43. 刀开关的安装，上闸口接________，下闸口接________。

44. 单相两孔插座，面对插座的________孔或________孔与相线连接，________孔或________孔与零线连接。

45. 单相三孔插座，面对插座的________孔与相线连接，________孔与零线连接。

46. 单相三孔、三相四孔及三相五孔插座的接地（PE）或接零（PEN）线应接在________孔。

47. 插座的接地端子不与零线端子连接，同一场所的三相插座，接线的相序应________。

48. 当不采用安全型插座时，托儿所、幼儿园及小学等儿童活动的场所，插座的安装高度不小于________m。

49. 车间及实验室的插座安装高度距地面不小于________m，特殊场所暗装插座不小于________m，同一室内插座安装高度应________。

50. 白炽灯安装用双股棉织绝缘软线时，有花色的一根导线接________线，没有花色的导线接________线。

51. 高压汞灯应________安装。

52. 碘钨灯安装时灯管应保持________状态，其倾斜角不应大于________。

53. 金属卤化物灯安装时灯具安装高度宜大于________m。

54. 定位划线时，每隔________mm划出固定卡的位置，在距开关、插座和灯具圆木________mm处要设置线卡固定点。

技能训练

（一）训练内容

（1）确定灯具的布置方案。

（2）绘制电气照明施工图。

（3）解读车间电气平面布置图。

（二）训练目的

（1）掌握选择灯具的方法。

（2）掌握电气平面图等的绘制方法。

（三）器材准备

纸、笔、绘图工具、日光灯、导线、电工工具等。

（四）训练场地

供配电实训教室。

（五）训练项目

项目一 确定灯具的布置方案。

有这样一个教室：长7.2m，宽5.4m，高3.6m，工作面高度0.8m。工作人员应如何选择灯具，以及如何确定灯具的布置方案及灯的功率？

1）选择灯具类型。由于教室为学习场所，要求照度均匀，光线柔和，所以选用简易带反射罩的荧光灯，吊链安装较为合适。查表5-4，教室的推荐照度值为75～150lx，计算时

取 $E=100\text{lx}$。

2）灯具布置。根据附录 M，简易 YG2 - 1 型荧光灯的最大距高比值（l/h）在 $A—A$ 方向为$\frac{l_A}{h}=1.46$，在 $B—B$ 方向为$\frac{L_B}{h}=1.28$。工作面的高度$h_2=0.8\text{m}$，取灯具的垂吊高度 $h_3=0.8\text{m}$。所以计算高度为

$$h=3.6-0.8-0.8=2\ (\text{m})$$

A - A 方向的灯距为

$$L_A=1.46\times2=2.92\ (\text{m})$$

$B—B$ 方向的灯距为

$$L_B=1.28\times2=2.56\ (\text{m})$$

灯与墙之间的距离为

$$L_1=(0.4\sim0.5)\times2.56=1\sim1.3\ (\text{m})$$

$$L_2=(0.4\sim0.5)\times2.92=1.2\sim1.5\ (\text{m})$$

由计算结果和房间尺寸，取 $L_A=1.8\text{m}$，$L_B=2.5\text{m}$，$L_1=1.1\text{m}$，$L_2=0.9\text{m}$，并确定为 9 盏荧光灯，即 $n=9$。灯具布置如图 5 - 71 所示。

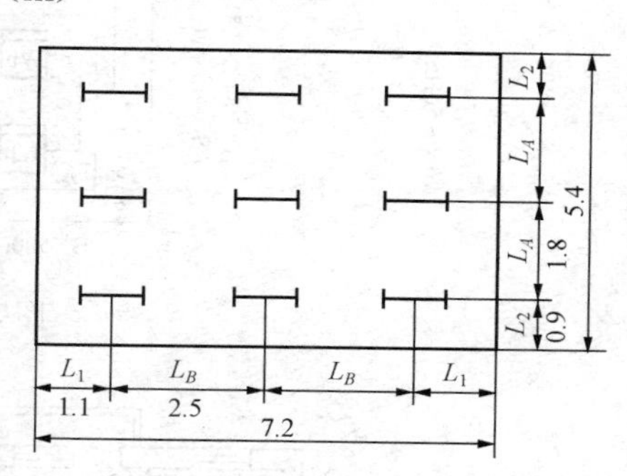

图 5 - 71　灯具布置平面图

项目二　绘制电气照明施工图。

电气照明施工图是设计方案的集中体现，是工程施工的主要依据。根据图 5 - 72 所示的一栋三层三单元居民住宅楼的一单元二层平面图，来绘制电气照明施工图。

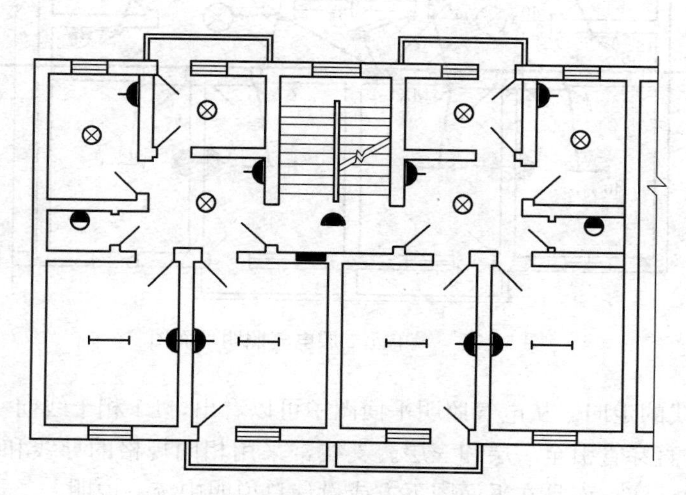

图 5 - 72　居民住宅楼的一单元二层平面图

1）根据电气照明系统图的相关要求，以及低压配电系统的接线方式，绘制系统图如图 5 - 73 所示。因为支线与干线采用同一相线，所以支线标注省略。

2）根据电气照明平面图的相关要求，绘制电气照明平面图如图 5 - 74 所示。

a）进户线、配电箱位置。由图 5 - 74 可知，进户线沿二层地板从建筑物侧面引至一单元二层的总配电箱，且配电箱为暗装。

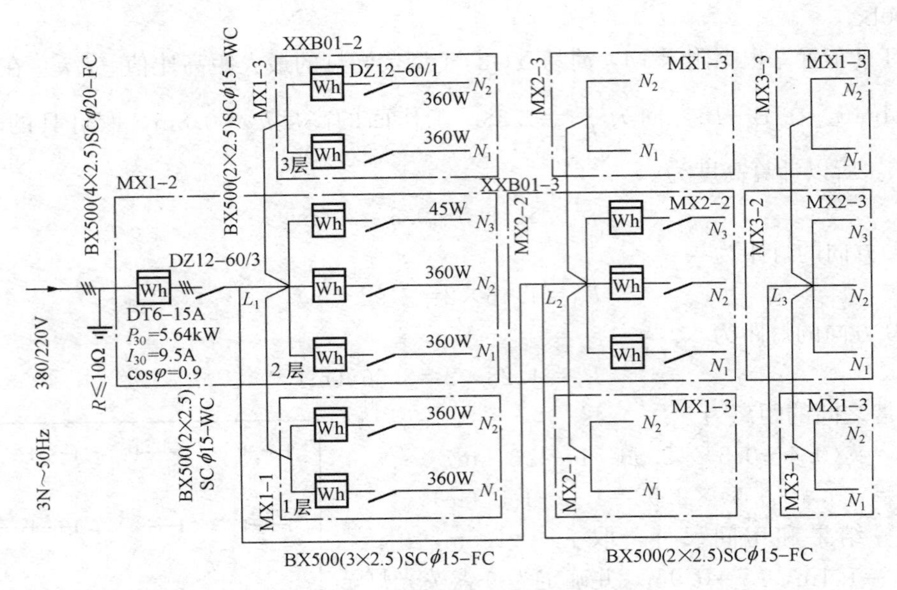

图 5-73 电气照明系统图

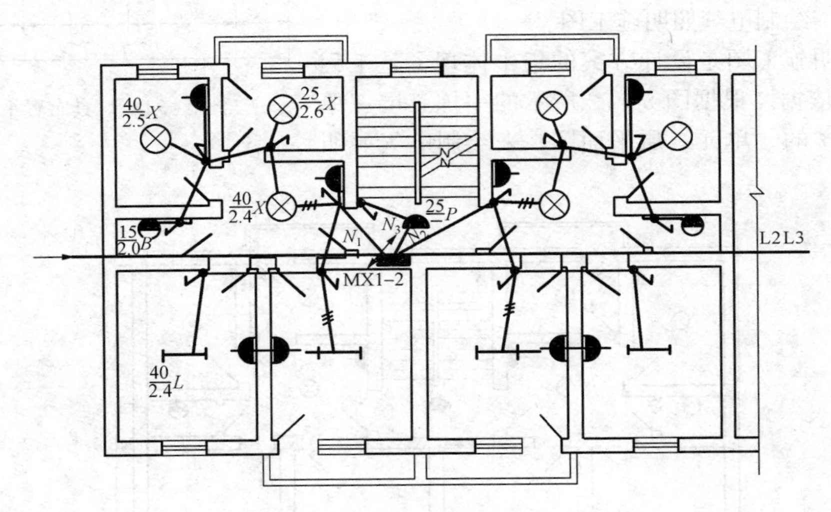

图 5-74 一单元二层电气照明平面图

b）干线、支线的走向。从电气照明平面图中可以看出，L1 相干线向一单元供电，不仅供给二层，还要垂直穿管引至一层和三层。支线常采用相同规格的导线和相同的敷设方式，一般不在平面图中标注，而是在平面图下方或设计总说明中统一说明。

3）设计说明如下：

a）本工程采用交流 50Hz，380/220V 三相四线制电源供电，架空引入。进户线沿一单元二层地板穿钢管暗敷引至总配电箱。进户线距室外地面高度大于 3.6m（在设计中是根据工程立面图的层高确定的）。进户线重复接地电阻 $R<10\Omega$。

b）配电箱外形尺寸为［宽（mm）×高（mm）×厚（mm）］：

MX1-1：350×400×125。

MX2-2：500×400×125。

上述均为定型产品。箱内元件见系统图。箱底边距地 1.4m，应在土建施工时预留孔洞。

c）开关距地 1.3m，距门框 0.3m。

d）插座距地 1.4m。

e）支线均采用 BLX-500V-2.5mm^2 的导线穿直径为 15mm 的钢管暗敷。

f）施工做法参见 GB 50169—2006。

4）材料表。材料表应将电气照明施工图中各电气设备、元件的图例、名称、型号及规格、数量、生产厂家等表示清楚。它是保证电气照明施工质量的基本措施之一，也是电气工程预算的主要依据。

设备部分材料见表 5-18。

表 5-18　　图 5-73 和图 5-74 住宅楼部分材料

材 料 表

序号	图例	名称	型号及规格	数量	单位	生产厂家	备注
1	⊗	白炽灯（螺灯头）	220V/40W	36	个		当地购买
2		壁灯（螺口灯座）	22V/15W	18	个		当地购买
3	⊗	防水防尘白炽灯	220V/25W	18	个		当地购买
4		天棚白炽灯	220V/40W	9	个		当地购买
5		带罩日光灯	220V/40W	36	套		当地购买
6		单相插座	220V/10A	72	个		当地购买
7		跷板开关	220V/6A	117	个		当地购买
8		总配电箱		1	套		订做
9		分配电箱	XXB01-2	6	套	××电器开关厂	（建-集）JD3-50
10		分配电箱	XXB01-3	2	套	××电器开关厂	（建-集）JD3-50
11	Wh	三相电能表		1	块		装于配电箱内
12	Wh	单相电能表		21	块		装于配电箱内
13		三相自动开关		1	个		装于配电箱内
14		单相自动开关		21	个		装于配电箱内
15	——	铜芯橡皮绝缘线	BX500V-2.5mm^2		m		
16	——	铝芯橡皮绝缘线	BLX500V-2.5mm^2		m		
17	——	水、煤气钢管	ϕ20、ϕ15		m		

项目三　解读车间电力平面布置图。

图 5-75 所示为××车间电力平面布置图。这一平面图是在建筑平面图上绘制出来的。

该建筑物（车间）主要由3个房间组成，建筑物采用尺寸数字定位。

这三个房间的建筑面积分别为：

$$8m\times19m=152m^2；32m\times19m=608m^2；10m\times8m=80m^2。$$

线缆配置图如图5-76所示，线缆配置表见表5-19。

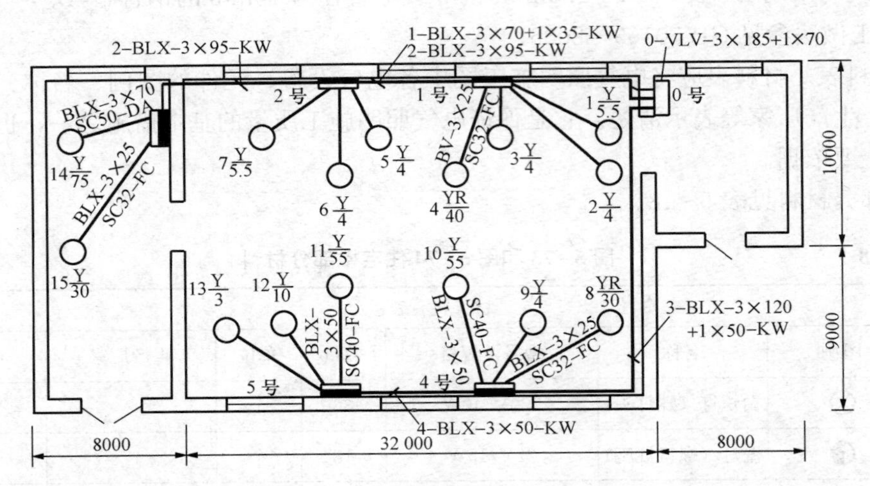

图5-75 ××车间电力平面布置图

注：1. 进线电缆引自室外380V架空线路第42号杆。

2. 各电动机配线除注明者外，其余均为BLX-3×2.5-SC15-FC。

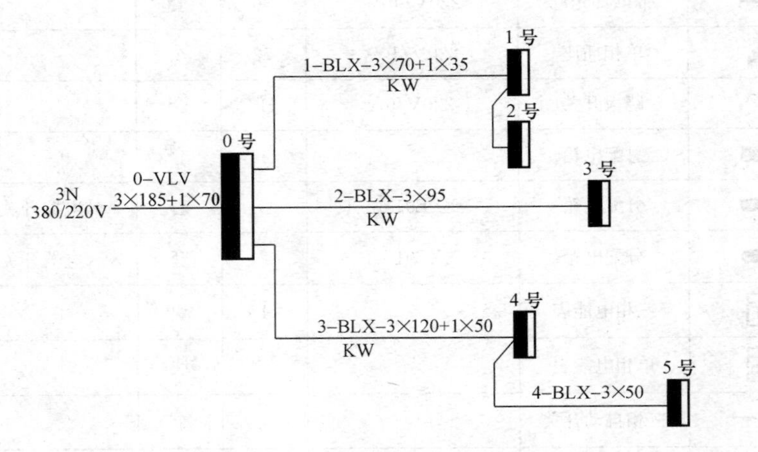

图5-76 ××车间电力干线配置图

表5-19 **某车间电力干线配置表**

线缆编号	线缆型号及规格	连接点		长度/m	敷设方式
		Ⅰ	Ⅱ		
0	VLV-3×185+1×70	42号杆	0号配电柜	150	电缆沟
1	BLX-3×70+1×35	0号配电柜	1、2号配电箱	18	kW

续表

线缆编号	线缆型号及规格	连接点		长度/m	敷设方式
		Ⅰ	Ⅱ		
2	BLX-3×95	0号配电柜	3号配电箱	25	kW
3	BLX-3×120+1×50	0号配电柜	4号配电箱	40	kW
4	BLX-3×50	4号配电箱	5号配电箱	50	kW

任务考核

（一）判断题

1. 电力线路按结构分为架空线路、电缆线路两种。（　　）

2. 架空线路由导线、电杆和线路金具等主要元件组成。（　　）

3. 钢导线在架空线路上一般只作为避雷线使用，且使用镀锌钢绞线。（　　）

4. 钢芯铝绞线型号中表示的截面积，就是其中铝线部分的截面积。（　　）

5. 电缆的基本结构由线芯和保护层组成。（　　）

6. 在光照下观察到的物体运动显示出不同于实际运动的现象，称为频闪效应。（　　）

7. 为消除频闪效应，对气体放电光源可采用两灯分接一相电路的办法。（　　）

8. 一般照明是为局部房间、局部环境提供均匀的照度而设置的照明。（　　）

9. 障碍照明必须用透雾的红光灯具。（　　）

10. 消除频闪效应的方法很多，最简便的方法，是在一个灯具内并联安装两根或三根灯管。（　　）

11. 高压钠灯可以用于要求迅速点亮的场所。（　　）

12. 应急照明不能采用白炽灯或荧光灯。（　　）

13. 在同一场所，如采用一种光源的显色性达不到要求时，可考虑采用两种或多种光源的混光照明。（　　）

14. 灯具布置的是否合理，主要取决于灯具的间距 L 和计算高度 h 的比值。（　　）

15. 在高度 h 已定的情况下，L/h 值小，照度均匀性差。（　　）

16. 因照明灯具的额定电压一般为220V，故通常采用220V单相供电，对于超过10A的建筑物应采用三相四线制供电。（　　）

17. 支线一般均用2.5mm^2 的单芯铜线或1.5mm^2 的单芯铝线。（　　）

18. 接户线应由供电线路电杆处接出，档距不宜大于15m，超过15m时应设接户杆，在档距内不得有接头。（　　）

19. 在通车街道的接户线距地高度不应小于3m。（　　）

20. 在通车困难街道、人行道的接户线距地高度不应小于6m。（　　）

21. 在胡同的接户线距地高度不应小于5m。（　　）

22. 对于多层建筑物采用架空引入时，进户线一般由一层进户。（　　）

23. 进户线需做重复接地，接地电阻应小于4Ω。（　　）

24. 白炽灯接线时，相线和零线要严格区分，应将零线直接接在灯头上，相线必须经过开关再接到灯头上。（　　）

25. 日光灯正确的接线方式，开关接在零线上，可控制灯管的电压。（ ）

26. 刀开关的安装，上闸口接负载，下闸口接电源。（ ）

27. 单相两孔插座，面对插座的右孔或上孔与零线连接，左孔或下孔与相线连接。（ ）

28. 单相三孔插座，面对插座的右孔与相线连接，左孔与零线连接。（ ）

29. 单相三孔、三相四孔及三相五孔插座的接地（PE）或接零（PEN）线应接在左孔。（ ）

30. 插座的接地端子不与零线端子连接，同一场所的三相插座，接线的相序应一致。（ ）

31. 白炽灯安装用双股棉织绝缘软线时，有花色的一根导线接零线，没有花色的导线接相线。（ ）

32. 高压汞灯应水平安装。（ ）

33. 碘钨灯安装时灯管应保持水平状态，其倾斜角不应大于40°。（ ）

（二）选择题

1. 电力线路是用来传送和分配电能的。电力线路按结构分为（ ）种。

(A) 1　(B) 2　(C) 3　(D) 4

2. 电缆直埋敷设适于电缆根数少于（ ）根而敷设距离较长的电缆线路。

(A) 3　(B) 6　(C) 8　(D) 10

3. 电缆直埋敷设的沟深一般为（ ）mm。

(A) 100　(B) 300　(C) 500　(D) 800

4. 光源在单位时间内向周围空间辐射并引起视觉的能量，称为光通量，符号为Φ，单位是（ ）。

(A) 勒克斯　(B) 流明　(C) 伏特　(D) 千瓦

5. 照度就是指单位被照面积所接受的光通量，符号为E，单位为（ ）。

(A) 勒克斯　(B) 流明　(C) 伏特　(D) 千瓦

6. 为消除频闪效应，对气体放电光源可采用三灯接（ ）相电路的办法。

(A) 1　(B) 2　(C) 3　(D) 4

7. 障碍照明必须用透雾的（ ）光灯具。

(A) 白　(B) 蓝　(C) 红　(D) 绿

8. 为了节约电能，当灯具悬挂高度在（ ）m及以下时，宜采用荧光灯。

(A) 2　(B) 4　(C) 6　(D) 8

9. 为了节约电能，当灯具悬挂高度在（ ）m以上时，宜采用高强气体放电灯。

(A) 1　(B) 2　(C) 3　(D) 4

10. 垂度一般为0.3～1.5m，通常取（ ）m。

(A) 0.3　(B) 0.5　(C) 0.7　(D) 1.5

11. 由于荧光灯两端部照度较低，并且有扇形光影，所以灯具两端与墙壁的距离不宜大于（ ）mm。

(A) 200　(B) 300　(C) 400　(D) 500

12. 因为照明灯具的额定电压一般为220V，所以通常采用220V单相供电，对于超过（ ）A的建筑物应采用三相四线制供电。

(A) 10　(B) 20　(C) 30　(D) 40

13. 支线一般均用（　）mm^2 的单芯铜线或（　）mm^2 的单芯铝线。

(A) 0.5　(B) 1.5　(C) 2.5　(D) 3.5

14. 民用建筑中的插座，在无具体设备连接时，每个插座可按（　）W 计算。

(A) 20　(B) 50　(C) 100　(D) 150

15. 在每一单相支路中，灯和插座的总数一般不宜超过（　）个。

(A) 5　(B) 15　(C) 25　(D) 35

16. 接户线应由供电线路电杆处接出，档距不宜大于（　）m，在档距内不得有接头。

(A) 10　(B) 25　(C) 30　(D) 40

17. 在通车街道的接户线距地高度不应小于（　）m。

(A) 2　(B) 4　(C) 6　(D) 8

18. 在通车困难街道、人行道的接户线距地高度不应小于（　）m。

(A) 2.5　(B) 3.5　(C) 5　(D) 6

19. 在胡同的接户线距地高度不应小于（　）m。

(A) 1　(B) 2　(C) 3　(D) 4

20. 对于多层建筑物采用架空引入时，进户线一般由（　）层进户。

(A) 1　(B) 2　(C) 3　(D) 4

21. 进户线需做重复接地，接地电阻应小于（　）Ω。

(A) 4　(B) 6　(C) 10　(D) 30

22. 配电箱的安装高度，底边距地面一般为（　）m。配电板的安装高度，底边距地面不应低于（　）m。

(A) 1　(B) 1.5　(C) 1.8　(D) 2

23. 当不采用安全型插座时，托儿所、幼儿园及小学等儿童活动的场所，插座的安装高度不小于（　）m。

(A) 1.2　(B) 1.5　(C) 1.8　(D) 2.0

24. 车间及实验室的插座安装高度距地面不小于（　）m。

(A) 0.1　(B) 0.3　(C) 0.6　(D) 1.0

25. 碘钨灯安装时灯管应保持水平状态，其倾斜角不应大于（　）。

(A) 2°　(B) 4°　(C) 8°　(D) 12°

26. 金属卤化物灯安装时灯具安装高度宜大于（　）m。

(A) 3　(B) 5　(C) 10　(D) 12

27. 定位划线时，每隔（　）mm 划出固定卡的位置，在距开关、插座和灯具圆木（　）mm 处要设置线卡固定点。

(A) 50～100　(B) 150～200　(C) 200～250　(D) 250～300

28. 白炽灯接线（　）是正确的。

相线 中性线 (A)　相线 中性线 (B)　相线 中性线 (C)　相线 中性线 (D)

29. 日光灯接线（　　）是正确的。

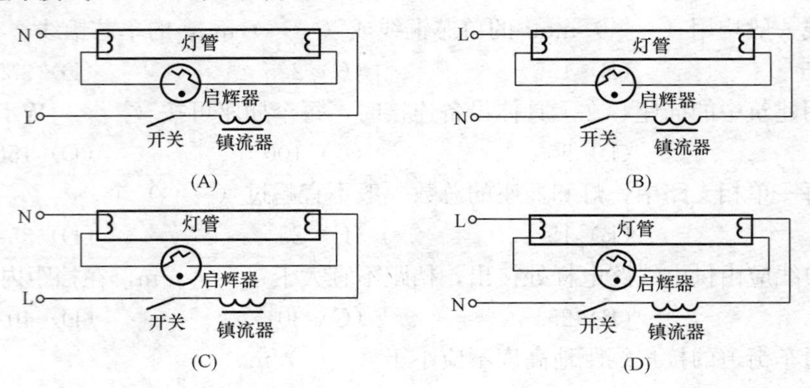

（三）技能考核

1. 考核内容

安装日光灯。

2. 考核要求

（1）绘出日光灯电路图，并列出材料表。

（2）根据材料表准备并检查材料。

（3）绘出电气平面图。

（4）安装过程中要遵守安全操作规程，不准损坏元器件。

3. 考核要求、配分及评分标准

考核要求、配分及评分标准见表5-20。

表5-20　考核要求、配分及评分标准

考核项目	考核要求	配分	评分标准	考评结果	扣分	得分
安全生产操作	按安全操作规程操作	5	违规操作，每违反一项扣1分； 作业完毕不清理现场，扣1分； 发生安全事故，本项不得分			
元件检查审核	正确检测元件质量并核对数量和规格	5	不使用仪器检测元件参数，扣2分； 元件质量检查和判断错误，扣2分； 元件数量和规格核对错误，扣1分			
电气平面图	正确绘制电气平面图，符合技术要求	15	图中每处错误扣2分			
安装接线	根据要求正确接线	5	接线不符合要求，每处扣1分； 损坏元器件，每件扣2分			
备注	超时操作扣分		超5min扣1分，不许超过10min			
合计		30				

任务六　绘制二次回路安装接线图

【知识目标】

(1) 掌握二次电路的有关概念。
(2) 熟悉接线图的绘制原则。
(3) 掌握绝缘监察的工作原理。

能力目标

(1) 熟练绘制各种类型的接线图。
(2) 熟悉高压断路器的控制原理。

任务导入

图 6-1 所示为某供电线路过电流保护电路图，根据电路的情况分析并绘制出安装接线图。

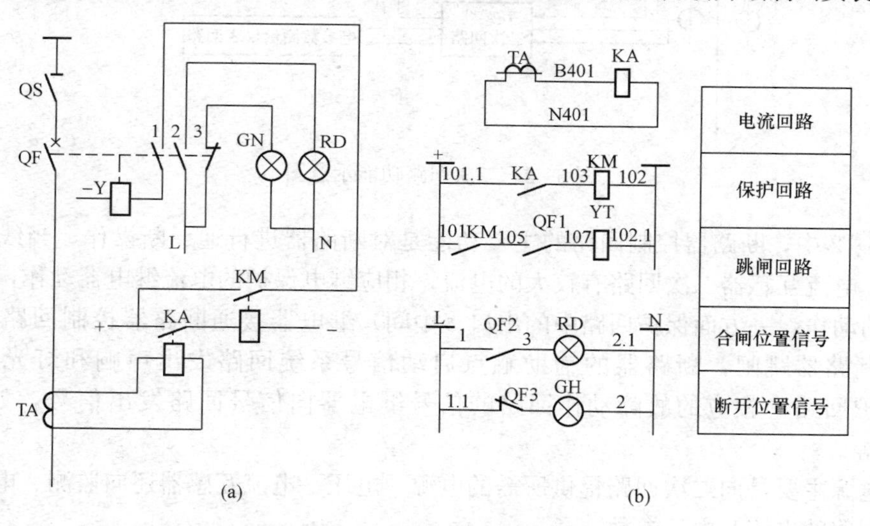

图 6-1　供电线路过电流保护电路图
(a) 集中式；(b) 分开式

任务分析

要绘制出安装接线图，首先要读懂电路图，分清图 6-1 (a) 和图 6-1 (b) 的关系；其次要知道图中各元件的彼此关系及作用；同时还要了解安装接线图的一些绘制原则。为此，需要掌握以下知识和技能。

一、二次回路概述

二次回路（又称二次系统）是指用来控制、指示、监测和保护一次电路运行的电路。二次回路的任务是反映一次系统的工作状态，控制和调整一次设备，并在一次系统发生事故时使故障部分退出运行。

二次回路按功能可分为断路器控制回路、信号回路、保护回路、监测回路和自动化回路，为保证二次回路的用电，还有相应的操作电源回路等。

供电系统的二次回路功能示意图如图 6-2 所示。

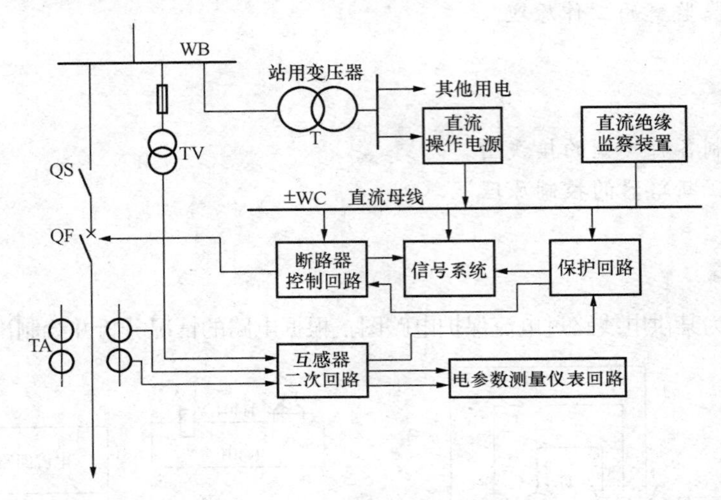

图 6-2 二次回路功能示意图

在图 6-2 中，断路器控制回路的主要功能是对断路器进行通、断操作，当线路发生短路故障时，电流互感器二次回路有较大的电流，相应继电保护的电流继电器动作，保护回路做出相应的动作，一方面保护回路中的出口（中间）继电器接通断路器控制回路中的跳闸回路，使断路器跳闸，断路器的辅助触点启动信号系统回路发出声响和灯光信号；另一方面保护回路中相应的故障动作回路的信号继电器向信号回路发出信号，如光字牌、信号掉牌等。

操作电源主要是向二次回路提供所需的电源。电压、电流互感器还向监测、电能计量回路提供主回路的电流和电压参数。

二、二次回路的操作电源

变配电站的控制、信号、保护及自动装置以及其他二次回路的工作电源，称为操作电源。操作电源分为直流操作电源和交流操作电源。

（一）对操作电源的基本要求

（1）在正常情况下，提供信号、保护、自动装置、断路器跳、合闸以及其他设备的操作控制电源。

（2）在事故状态下，电网电压下降甚至消失时，应能提供继电保护跳闸及应急照明电源，避免事故扩大。

(3) 供电给特别重要的负荷或变压器总容量超过 5000kVA 的变电站，宜选用直流操作电源。

(4) 小型配电站宜采用弹簧储能合闸和去分流分闸的全交流操作方式，或 UPS 电源供电的交流操作方式，因此宜选用交流操作电源。

操作电源按电压等级可分为 220、110、48V 和 24V 操作电源。

(二) 直流操作电源

发电厂一般采用 220V，变电站宜采用 110V，也可采用 220V。当变配电站中装有电磁合闸的断路器时，应选用 220V 直流操作电源。

1. 蓄电池直流操作电源

蓄电池直流操作电源是一种与电力系统运行方式无关的独立电源系统。即使在变电站完全停电的情况下，仍能在一定的时间内（通常为 2h）可靠供电，因此它具有很高的供电可靠性。在以往大中型变配电站中多采用铅酸蓄电池作为操作电源和事故照明电源，其可靠性高，如图 6-3 所示为 GGF 型铅酸蓄电池结构图。铅酸蓄电池的缺点是装置庞大，占地面积大，价格昂贵，施工周期长，充电时有腐蚀性气体产生，需装设在单独的通风耐酸的蓄电池室内，运行、维护复杂。近年来，碱性镉镍蓄电池直流电源成套装置已广泛应用于 10kV 以下的变配电站，大有替代铅酸蓄电池之势。

碱性隔镍蓄电池是由氢氧化镍作为正极板，氢氧化铝作为负极板，氢氧化钠或氢氧化钾作为电解液组成的一种蓄电池。单只蓄电池的额定电压为 1.2V，充电终止电压为 1.5～1.6V，放电终止电压为 1V。蓄电池组电压有 220、110、48V 等。

碱性隔镍蓄电池与铅酸蓄电池比较具有体积小、寿命长、腐蚀性小的优点，而且只是装在专用柜内，无需设置蓄电池室，且运行维护简便，但事故放电时电流较小。现在大中型工厂变配电站广泛采用此类电池。图 6-4 所示为碱性隔镍蓄电池结构图。

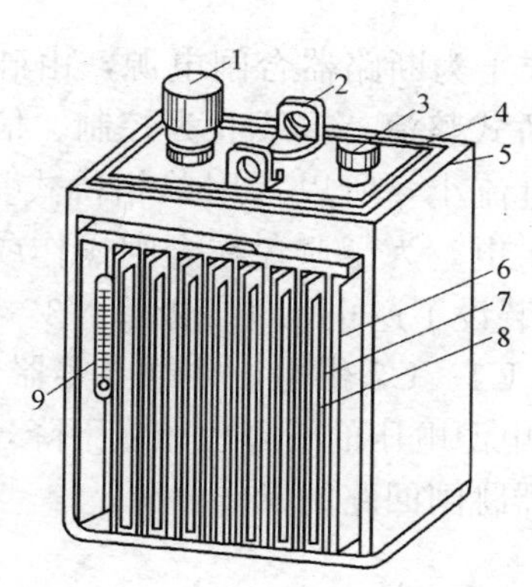

图 6-3　GGF 型铅酸蓄电池结构图

1—防酸帽；2—接线柱；3—液孔塞；4—封口剂；5—槽；6—负极板；7—隔板；8—管式正极板；9—温度计

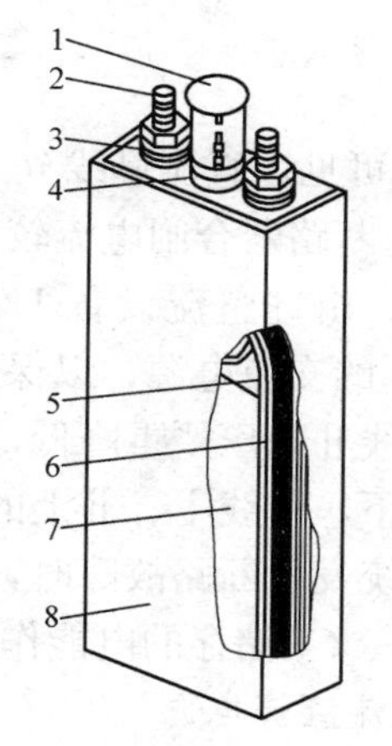

图 6-4　碱性隔镍蓄电池结构图

1—运行气塞；2—极柱；3—红蓝垫圈；4—盖子；5—隔膜；6—负极板；7—正极板；8—外壳

2. 硅整流电容器储能的直流电源

硅整流电容器储能的直流电源装置，由硅整流设备和储能电容器组构成，硅整流设备将所用的交流电源变为直流用的操作电源。此种电源为了在交流系统发生短路故障时，仍能使继电保护及断路器可靠动作，装设了储能电容器。交流系统正常工作时，由硅整流设备向直流母线上的直流负荷供电的同时给储能电容器进行充电；当交流系统出现故障或停电时，电容器即放电释放出能量供继电保护装置和断路器跳闸使用。由于受到储能电容器容量的限制，这种操作电源在交流电源断路后，只能在短时间内向继电保护、自动装置以及断路器跳闸回路供电。由于这种直流系统具有投资少、便于维护等特点，因此广泛应用于容量较大的35kV以下的工厂变配电站中。硅整流电容器储能的直流系统如图6-5所示。

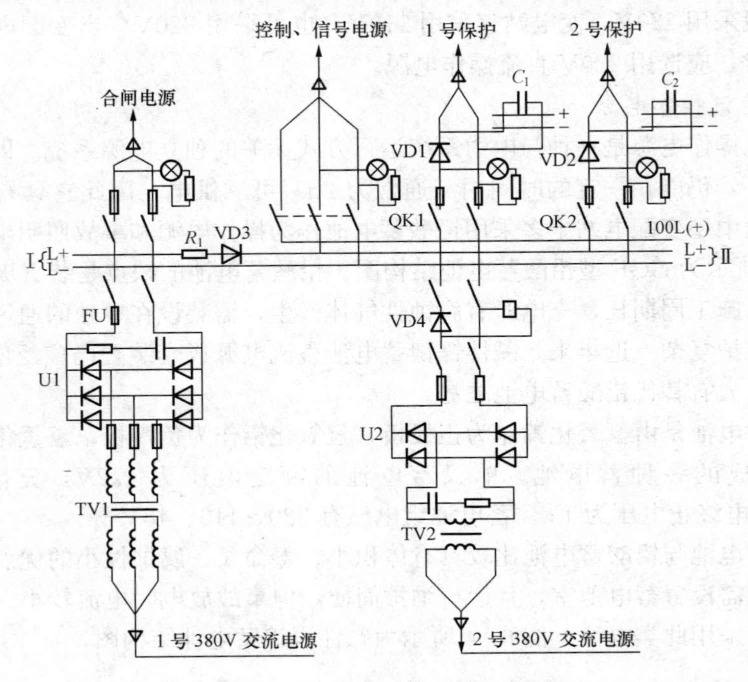

图6-5 硅整流电容器储能的直流系统

由图6-5可见，直流母线分Ⅰ、Ⅱ两部分，母线Ⅰ为断路器合闸电源，由硅整流设备U1供电，因为断路器合闸电流较大，所以采用三相桥式整流。母线Ⅱ为控制、信号及断路器的跳闸电源，由硅整流设备U2供电，由于所需电流小，所以采用单相桥式整流。U1、U2应取自不同的交流电源，以保证直流电源的可靠供电。为了避免在合闸操作或母线Ⅰ短路时，引起母线Ⅱ电压严重降低，在母线Ⅰ、Ⅱ之间装设了逆止元件二极管V3。

正常情况下，母线Ⅰ、Ⅱ上的所有直流负荷均由U1、U2供电，并给电容器C_1、C_2充电；在电力系统发生断路故障时，其直流电压因交流电源电压的下降也相应下降，此时就要利用电容器C_1、C_2储存的电能作为继电保护和断路器跳闸回路的操作电源。

3. 复式整流直流电源

复式整流直流电源是一种以变配电站自用交流电源、电压互感器二次电压、电流互感器二次电流等为输入量的复合式整流设备，如图6-6所示。在正常情况下，由所用变压器T的输出电压经由整流装置U1整流后供电，也就是主要由电压源供电。当线路出现故障的时候，电压源输出电压降低或者消失，此时一次系统将流过较大的短路电流，由电流互感器的二次电流通过铁磁谐振稳压器TS变换为交流电压，再经整流装置U2得到具有稳定电压输出的直流电压。这种电源用电流源来补偿电压源的衰减，使控制母线的电压保持在合适的范围内，保证了继电保护装置和断路器跳闸回路等重要负荷的可靠动作。其结构简单、运行维护工作量小，并能在故障状态下输出较大的直流电流，因此广泛用于具有单电源的中小型工厂变配电站。

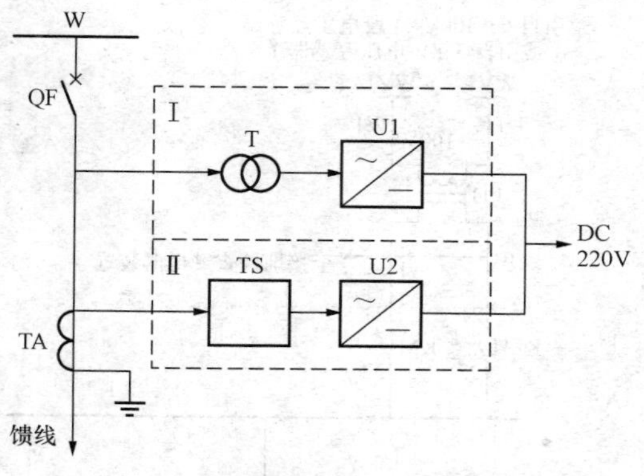

图 6-6　复式整流直流电源框图

4. 电源变换式直流系统

电源变换式直流系统是一种独立式直流电源，其原理框图如图 6-7 所示。这种电源是由输入可控整流装置 U1、48V 蓄电池组 GB、逆变装置 U2 和输出整流装置 U3 组成。

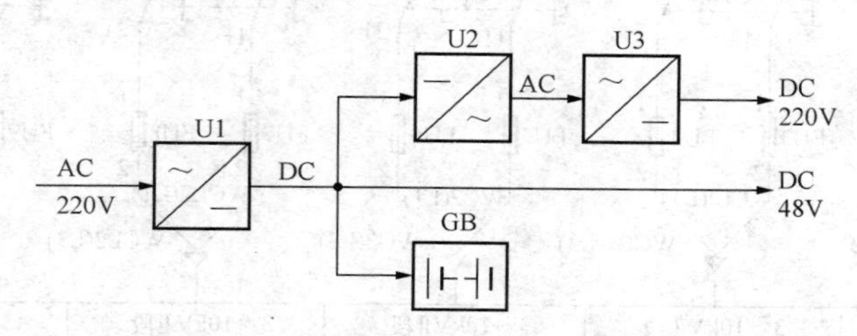

图 6-7　电源变换式直流电源原理框图

正常运行时，由 220V 交流电源给整流装置 U1 供电，经 U1 可控整流后，输出 48V 的直流电，同时还向蓄电池组 GB 充电或浮充电，此电流经逆变装置 U2 变换成交流，再由输出整流装置 U3 输出 220V 的直流电，作为供电直流电源。当交流系统故障时，由蓄电池组 GB 直接向 48V 的直流负荷供电，同时经 U2 逆变和 U3 整流后维持向 220V 的支流负荷持续供电。这种电源在工厂中小型变电站中得到了广泛的应用。

（三）交流操作电源

交流操作电源就是直接使用交流电源做二次回路系统的工作电源，可分为电流源和电压源两种。电流源取自电流互感器，主要供给继电保护装置和跳闸回路。电压源取自变配电站的变压器或电压互感器，因互感器容量小，通常以站用变压器为正常电源，供电给控制与信号设备。

交流操作的电源为交流 220V，它有如下两种类型。

1. 常用的交流操作电源

常用的交流操作电源接线如图 6-8 所示。图中两路电源（工作和备用）可以进行切换，其中一路由电压互感器经 100/220V 变压器供给电源，而另一路由站用变压器或其他低压线路经 220/220V 变压器（也可由另一段母线电压互感器经 100/220V 变压器）供给电源。两路电源中的任一路均可作为工作电源，另一路作为备用电源。

2. 带 UPS 的交流操作电源

由于上述方式获得的电源是取自系统电压，当被保护元件发生短路故障时，短路电流很大，而电压却很低，断路器将会失去控制、信号、合闸及分励脱扣的电源，所以交流操作的电源可靠性较低。随着交流不间断电源技术的发展和成本的降低，使交流操作应用交流不间断电源（UPS）成为可能。这样就增加了交流操作电源的可靠性。由

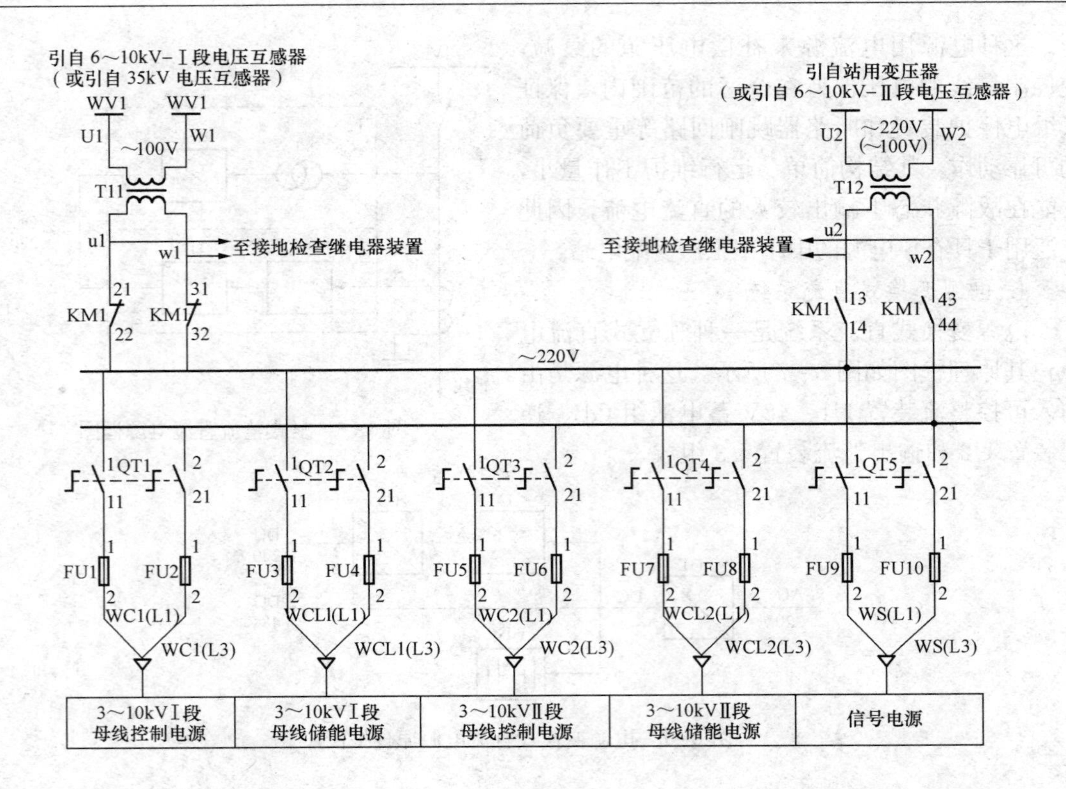

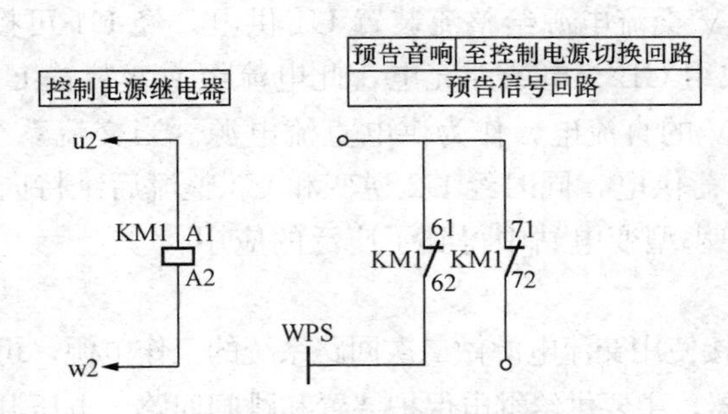

图 6-8　交流操作电源接线图

T11、T12—中间变压器，BK-400 型；KM1—中间继电器，CA2-DN122MLA1-D22 型；
QT1～QT5—组合开关，HZ15-10/201 型；FU1～FU10—熔断器，RL6-25/10 型

于操作电源比较可靠，继电保护则可以采用分励脱扣器线圈跳闸的保护方式，不再用电流脱扣器线圈跳闸的保护方式，从而可免去交流操作继电保护两项特殊的整定计算，即继电器强力切换触点容量检验和脱扣器线圈动作可靠性校验。带 UPS 的交流操作电源接线如图 6-9 所示。

从图中可以看到，当系统电源正常时，由系统电源小母线向储能回路、控制及信号回路（通过 UPS 电源）供电，同时可向 UPS 电源进行充电或浮充电。当系统发生故障时，外电源消失，由 UPS 电源向控制回路及信号回路供电，使断路器可靠跳闸并发出信号。

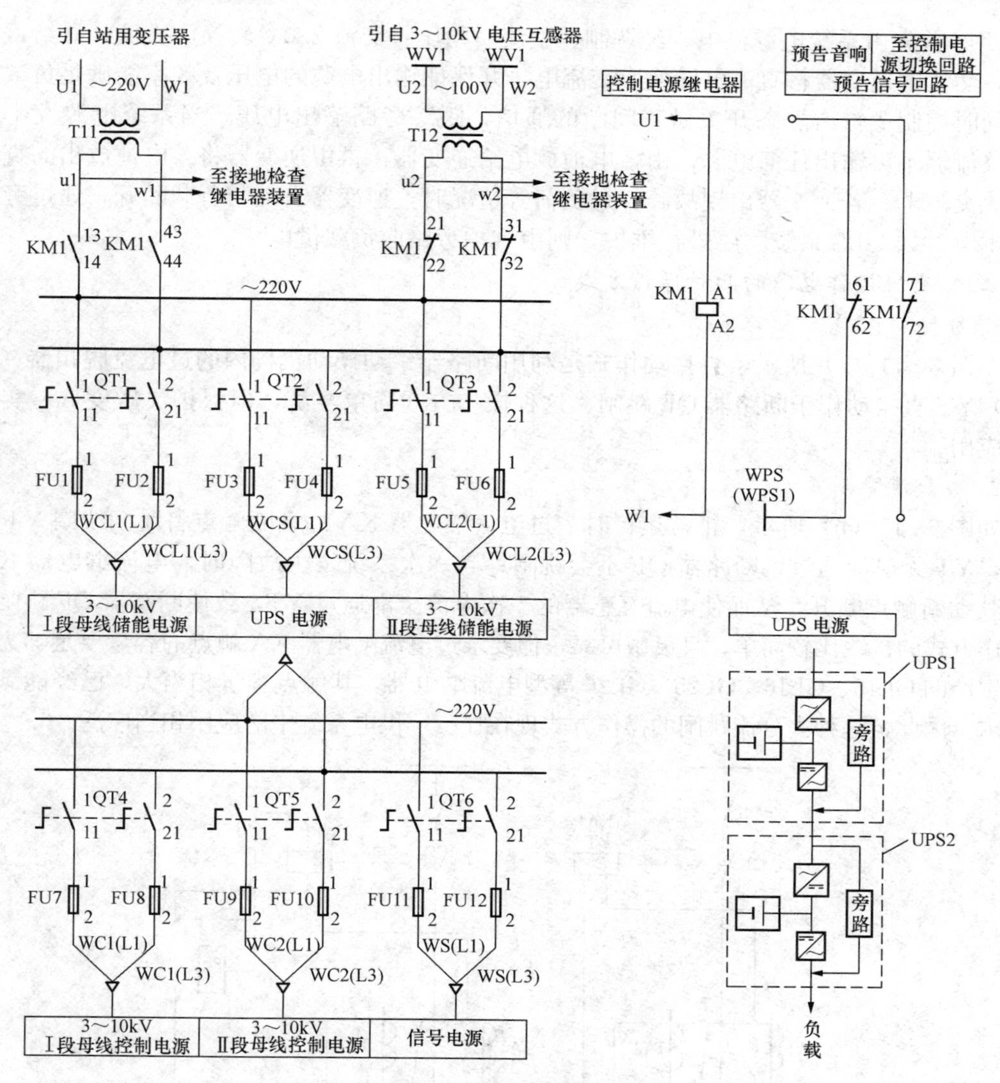

图 6-9　带 UPS 的交流操作电源接线图

T11，T12—中间变压器，BK-400 型；KM1—中间继电器，CA2-DN122MLA1-D22 型；

QT1～QT6—组合开关，HZ15-10/201 型；FU1～FU12—熔断器，RL8-25/10 型

小容量（5kVA 以下）的 UPS 电源分为后备式和在线式两种。作为交流操作的控制、保护、信号电源应选用在线式 UPS 电源，其工作原理框图如图 6-10 所示。

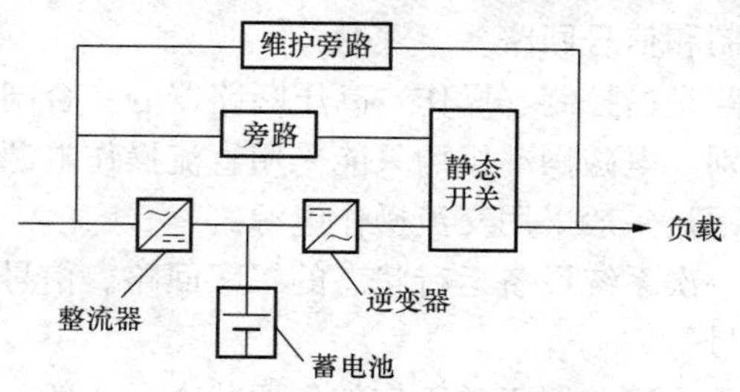

图 6-10　在线式 UPS 电源原理框图

UPS首先由系统电源供电，经调制、整流、稳压将交流220V转换为直流，并给蓄电池充电，然后由逆变器将直流电转换成交流电，并保证输出电源的电压及频率能满足负载的要求，同时控制逻辑与静态开关做不间断的通信，跟踪旁路输出电压。当系统电源发生故障时，整流器不再输出任何电源，由蓄电池放电给逆变器，再由逆变器将蓄电池放出的直流电转换成交流电。若逆变器出现故障、过负荷等情况时，逆变器自动与负载断开，通过旁路向负载供电。如UPS系统需要进行维护，则由维护旁路向负载供电。

（四）交流操作电源的两种操作方式

1. 直接动作式

如图6-11（a）所示，直接动作式是利用断路器手动操动机构内的过电流脱扣器（跳闸线圈）YT直接动作于断路器QF跳闸。这种操作方式简单经济，但保护灵敏度低，实际上较少应用。

2. 去分流跳闸式

如图6-11（b）所示，正常运行时，过电流继电器KA的动断触点将跳闸线圈YT短路分流，YT无电流通过，断路器QF不会跳闸；当一次系统发生故障时，电流继电器KA动作，其动断触点断开，从而使电流互感器的二次电流全部通过YT，致使断路器QF跳闸。这种操作方式的接线比较简单，且灵敏可靠，但要求过电流继电器KA触点的容量要足够大。而现在生产的GL15、GL16、GL25、GL26等型电流继电器，其触点容量相当大，已经能满足控制要求。因此，这种去分流跳闸的操作方式现在在工厂供电系统中的应用相当广泛。

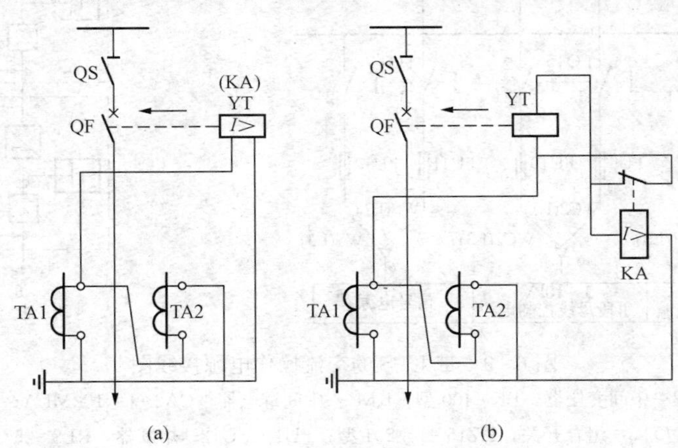

图6-11 交流操作回路

（a）直接动作式；（b）去分流跳闸式

三、高压断路器的控制和信号回路

高压断路器的控制回路是指控制（操作）高压断路器分、合闸的回路。它取决于断路器操动机构和操作电源的类别。电磁操动机构只能采用直流操作电源，弹簧操动机构和手动操动机构可交、直流两用，不过一般采用交流操作电源。

信号回路是用来指示一次系统设备运行状态的二次回路。信号按用途可分为断路器位置信号、事故信号和预告信号等。

断路器位置信号用来显示断路器正常工作的位置状态。一般，红灯亮表示断路器处在合闸位置，绿灯亮表示断路器处在分闸位置。

事故信号用来显示断路器在一次系统事故情况下的工作状态。一般，红灯闪光表示断路器自动合闸，绿灯闪光表示断路器自动跳闸。此外，还有事故音响信号和光字牌等。

预告信号是在一次系统出现不正常工作状态时或在故障初期发出的报警信号。例如，变压器过负荷或者轻瓦斯动作时，就发出区别于上述事故音响信号的另一种预告音响信号，同时光字牌亮，指示出故障的性质和地点，值班员可根据预告信号及时处理。

（一）对断路器控制和信号回路的要求

（1）应能监视控制回路的保护装置（如熔断器）及其分、合闸回路的完好性，以保证断路器的正常工作，通常采用灯光监视的方式。

（2）合闸或分闸完成后，应能使命令脉冲解除，即能切断合闸或分闸的电源。

（3）应能指示断路器正常合闸和分闸的位置状态，并在自动合闸和自动跳闸时有明显的指示信号。通常用红、绿灯的平光来指示断路器的正常合闸和分闸的位置状态，而用红、绿灯的闪光来指示断路器的自动合闸和跳闸。

（4）断路器的事故跳闸信号回路，应按“不对应原理”接线。当断路器采用手动操动机构时，利用操动机构的辅助触头与断路器的辅助触头构成“不对应”关系，即操动机构手柄在合闸位置而断路器已经跳闸时，发出事故跳闸信号。当断路器采用电磁操动机构或弹簧操动机构时，则利用控制开关的触头与断路器的辅助触头构成“不对应”关系，即控制开关手柄在合闸位置而断路器已经跳闸时，发出事故跳闸信号。

（5）对有可能出现不正常工作状态或故障的设备，应装设预告信号。预告信号应能使控制室或值班室的中央信号装置发出音响或灯光信号，并能指示故障地点和性质。通常预告音响信号用电铃，而事故音响信号用电笛，两者有所区别。

（二）采用手动操作的断路器控制和信号回路

图6-12所示为手动操作的断路器控制和信号回路的原理图。

合闸时，推上操动机构手柄使断路器合闸。这时断路器的辅助触头QF（3—4）闭合，红灯RD亮，指示断路器QF已经合闸。由于有限流电阻R_2，跳闸线圈YT虽有电流通过，但电流很小，不会动作。红灯RD亮，还表示跳闸线圈YT回路及控制回路的熔断器FU1、FU2是完好的，即红灯RD同时起着监视跳闸回路完好性的作用。

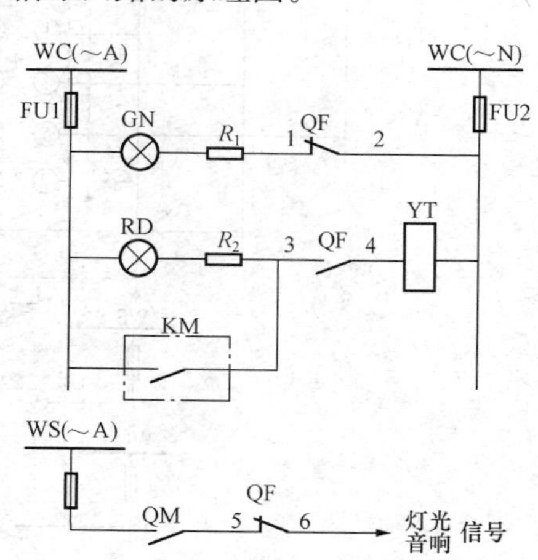

图6-12　手动操作的断路器控制和信号回路
WC—控制小母线；WS—信号小母线；GN—绿色指示灯；
RD—红色指示灯；R—限流电阻；YT—跳闸线圈（脱扣器）；
KM—继电保护中间继电器触点；QF1～6—断路器QF的辅助触头；
QM—手动操动机构辅助触头

分闸时，扳下操动机构手柄使断路器分闸。这时断路器的辅助触头QF（3—4）断开，切断跳闸回路，同时辅助触头QF（1—2）闭合，绿灯GN亮，指示断路器QF

已经分闸。绿灯 GN 亮，还表示控制回路的熔断器 FU1、FU2 是完好的，即绿灯 GN 同时起着监视控制回路完好性的作用。

在正常操作断路器分、合闸时，由于操动机构辅助触头 QM 与断路器的辅助触头 QF（5—6）是同时切换的，总是一开一合，所以事故信号回路总是不通的，因而不会错误地发出事故信号。

当一次电路发生短路故障时，继电保护装置动作，其中间继电器 KM 的触点闭合，接通跳闸线圈 YT 的回路［触头 QF（3—4）原已闭合］，使断路器 QF 跳闸。随后触头 QF（3—4）断开，使红灯 RD 灭，并切断 YT 的跳闸电源。与此同时，触头 QF（1—2）闭合，使绿灯 GN 亮。这时操动机构的操作手柄虽然仍在合闸位置，但其黄色指示牌掉下，表示断路器已自动跳闸。同时事故信号回路接通，发出音响和灯光信号。这里事故信号回路正是按“不对应原理”来接线的：由于操动机构仍在合闸位置，其辅助触头 QM 闭合，而断路器因已跳闸，其辅助触头 QF（5—6）返回闭合，因此事故信号回路接通。当值班员得知事故跳闸信号后，可将操作手柄扳下至分闸位置，这时黄色指示牌随之返回，事故信号也随之解除。

控制回路中分别与指示灯 GN 和 RD 串联的电阻 R_1 和 R_2，主要用来防止指示灯的灯座短路时造成控制回路短路或断路器误跳闸。

（三）采用电磁操动机构的断路器控制和信号回路

图 6 - 13 所示为采用电磁操动机构的断路器控制和信号回路原理图。控制开关采用双向自复式并具有保持触头的 LW5 型万能转换开关，其手柄正常为垂直位置（0°）。顺时针扳转 45°，为合闸（ON）操作，手松开即自动返回（复位），保持合闸状态；反时针扳转 45°，为分闸（OFF）操作，手松开也自动返回，保持分闸状态。图中虚线上打黑点（·）的触头，表示在此位置时触头接通；而虚线上标出的箭头（→），表示控制开关 SA 手柄自动返回的方向。

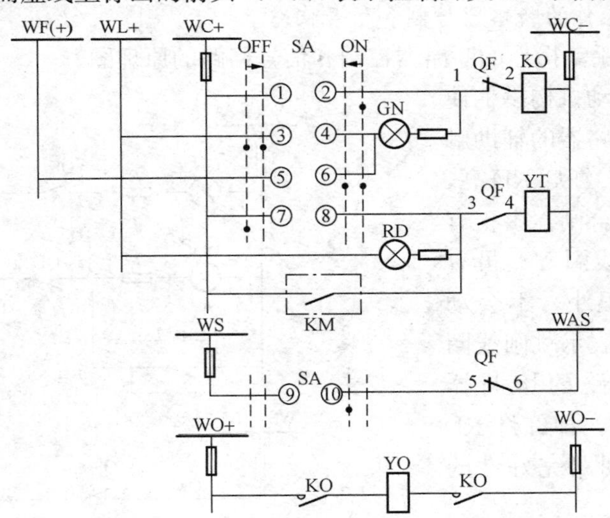

图 6 - 13　采用电磁操动机构的断路器控制和信号回路原理图

WC—控制小母线；WL—灯光信号小母线；WF—闪光信号小母线；WS—信号小母线；
WAS—事故音响信号小母线；WO—合闸小母线；SA—控制开关；KO—合闸接触器；YO—电磁合闸线圈；
YT—跳闸线圈；KM—继电保护中间继电器触点；QF1～6—断路器 QF 的辅助触头；
GN—绿色指示灯；RD—红色指示灯；ON—合闸操作方向；OFF—分闸操作方向

合闸时，将控制开关SA手柄顺时针扳转45°，这时其触头SA（1—2）接通，合闸接触器KO通电［回路中触头QF（1—2）原已闭合］，其主触头闭合，使电磁合闸线圈YO通电，断路器QF合闸。断路器合闸完成后，SA自动返回，其触头SA（1—2）断开，QF（1—2）也断开，切断合闸回路；同时QF（3—4）闭合，红灯RD亮，指示断路器已经合闸，并监视着跳闸线圈YT回路的完好性。

分闸时，将控制开关SA手柄反时针扳转45°，这时其触头SA（7—8）接通，跳闸线圈YT通电［回路中触头QF（3—4）原已闭合］，使断路器QF分闸。断路器分闸后，SA自动返回，其触头SA（7—8）断开，QF（3—4）也断开，切断跳闸回路；同时SA（3—4）闭合，QF（1—2）也闭合，绿灯GN亮，指示断路器已经分闸，并监视着合闸接触器KO回路的完好性。

由于红、绿指示灯兼起监视分、合闸回路完好性的作用，长时间运行，因此耗电较多。

为了减少操作电源中储能电容器能量的过多消耗，因此另设灯光指示小母线WL（+），专门用来接入红绿指示灯，储能电容器的能量只用来给控制小母线WC供电。

当一次电路发生短路故障时，继电保护动作，其中间继电器触点KM闭合，接通跳闸线圈YT回路［回路中触头QF（3—4）原已闭合］，使断路器QF跳闸。随后QF（3—4）断开，使红灯RD灭，并切断跳闸回路，同时QF（1—2）闭合，而SA在合闸位置，其触头SA（5—6）也闭合，从而接通闪光电源WF（+），使绿灯闪光，表示断路器QF自动跳闸。由于QF自动跳闸，SA在合闸位置，其触头SA（9—10）闭合，而QF已经跳闸，其触头QF（5—6）也闭合，因此事故音响信号回路接通，又发出音响信号。当值班员得知事故跳闸信号后，可将控制开关SA的操作手柄扳向分闸位置（反时针扳转45°后松开），使SA的触头与QF的辅助触头恢复对应关系，全部事故信号立即解除。

四、中央信号回路

在供配电系统中，每一路供电线路或母线、变压器等都配置继电保护装置或监测装置，在保护装置或监测装置动作后都要发出相应的信号提醒或提示运行人员，这些信号（主要是中央信号）都是通过同一个信号系统发出的。这个信号系统称为中央信号系统，装设在控制室内。

信号的类型有以下几种。

1. 事故信号

断路器发生事故跳闸时，启动蜂鸣器（或电笛）发出较强的声响，以引起运行人员注意，同时断路器的位置指示灯发出闪光及事故型光字牌点亮，指示故障的位置和类型。

2. 预告信号

当电气设备发生故障（不引起断路器跳闸）或出现不正常运行状态时，启动警铃发出声响信号，同时标有故障性质的光字牌点亮，如对变压器过负荷、控制回路断线等发出预告信号。

3. 位置信号

位置信号包括断路器位置（如灯光指示或操动机构分合闸位置指示器）和隔离开关位置信号等。

通常，把事故信号和预告信号称为中央信号。

（一）对中央信号回路的要求

（1）中央事故信号装置应保证在任一断路器事故跳闸时，能立即（不延时）发出音响信号和灯光信号或其他指示信号。

（2）中央事故音响信号与预告音响信号应有区别。一般事故音响信号为电笛或蜂鸣器，预告音响信号用电铃。

（3）中央预告信号装置应保证在任一个电路发生故障时，能按要求（瞬时或延时）准确发出信号，并能显示故障性质和地点。

（4）中央信号装置在发出音响信号后，应能手动或自动复归（解除）音响，而灯光信号及其他指示信号应保持到消除故障为止。

（5）接线应简单、可靠，对信号回路的完好性应能监视。

（6）对事故信号、预告信号及其光字牌应能进行是否完好的试验。

（7）企业变配电站的中央信号一般采用能重复动作的信号装置；当变配电站主接线比较简单或一般企业配电站可采用不能重复动作的中央信号装置。

（二）中央复归不重复动作的事故信号回路

图6-14中，QF1和QF2分别代表两台断路器的动断辅助触点，在正常工作时，断路器合上，控制开关的1—3和19—17触点是接通的，但QF1和QF2动断辅助触点是断开的，若某台断路器（设QF1）因事故跳闸，则QF1闭合，回路+WS→HAU→KM动断触点→SA的1—3及17—19→QF1→－WS接通，蜂鸣器HAU发出声响。按SB2复归按钮，KM线圈通电，KM动断触点打开，蜂鸣器HAU断电，由于KM动合触点闭合，松开SB2后，继电器KM已自锁，KM动断触点打开。若此时QF2也发生了事故跳闸，蜂鸣器将不会发出声响，这就叫做“不能重复动作”。

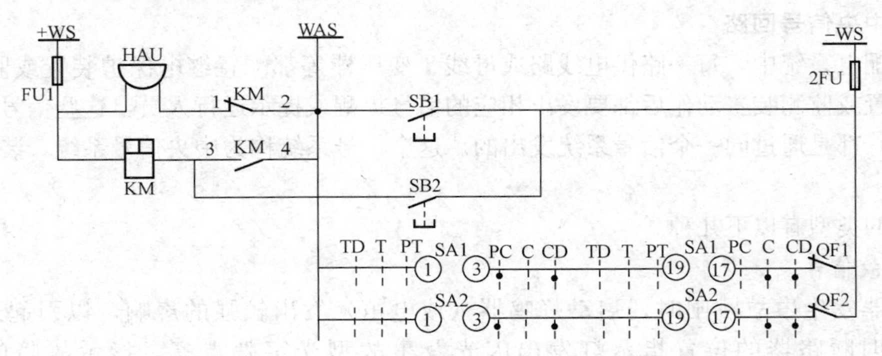

图6-14 不能重复动作的中央复归式事故信号回路

WS—信号小母线；WAS—事故音响信号小母线；SA1、SA2—控制开关；

SB1—试验按钮；SB2—音响解除按钮；KM—中间继电器；HAU—蜂鸣器

（三）重复动作的中央复归式事故音响信号回路

图6-15所示为重复动作的中央复归式事故音响信号回路，该信号装置采用信号冲击继电器（又叫信号脉冲继电器）KI。当QF1、QF2断路器合上时，其辅助触点QF1、QF2均打开，各对应回路的（1—3）、（19—17）均接通，当断路器QF1事故跳闸后，辅助触点QF1闭合，冲击继电器（8—16）间的脉冲变流器一次绕组电流突增，在其二次侧绕组中产

生感应电动势使干簧继电器 KRD 动作。KRD 的动合触点（1—9）闭合，使中间继电器 KM 动作，其动合触点 KM（7—15）闭合自锁，另一对动合触点 KM（5—3）闭合，使蜂鸣器 HAU 通电发出声响，同时时间继电器 KT 动作，其动断触点延时打开，KM 失电，使音响解除。此时当另一台断路器 QF2 又因事故跳闸时，同样会使 HAU 发出声响，这就叫做能“重复动作”的音响信号装置，冲击继电器中 C 和 V2 用于抗干扰。TA 二次侧的 V1 起旁路作用，当一次电流减少时，二次绕组中感应电流（从左到右）经 V1 旁路而不经过 KRD 线圈。

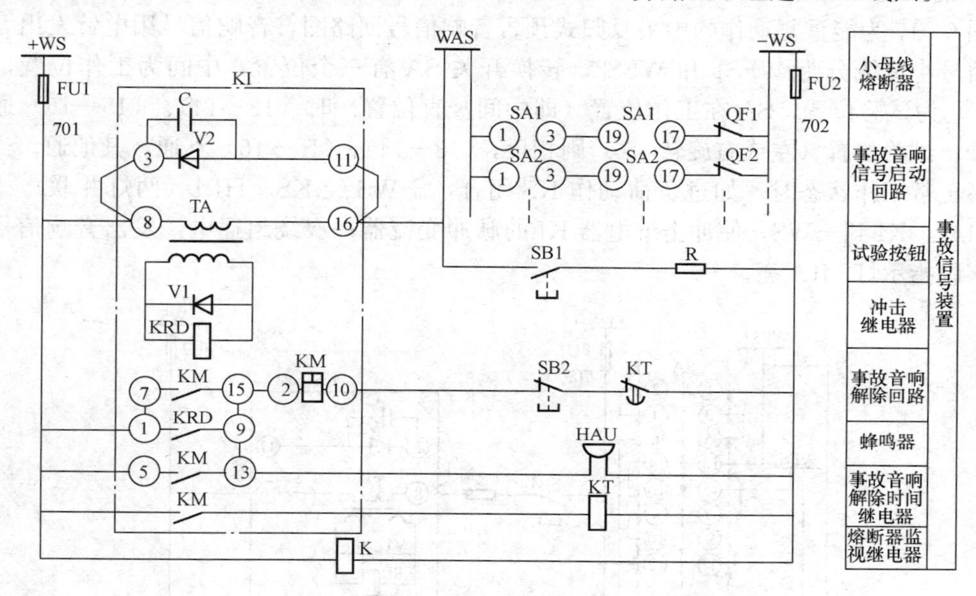

图 6-15　重复动作的中央复归式事故音响信号回路

KI—冲击继电器；KRD—干簧继电器；KM—中间继电器；

KT—自动解除时间继电器；HAU—蜂鸣器

（四）中央预告信号回路

中央预告信号是指在供电系统中，发生故障和不正常工作状态而不需跳闸的情况下发出预告音响信号。常采用电铃发出声响，并利用灯光和光字牌来显示故障的性质和地点。

1. 不能重复动作的中央复归式预告音响信号回路

图 6-16 中，KS 为反映系统不正常状态的继电器动合触点，当系统发生不正常工作状态时，如变压器过负荷，经一定延时后，KS 触点闭合，回路＋WS→KS→HL→WFS→KM（1—2）→HA→－WS 接通，电铃 HA 发出音响信号，同时 HL 光字牌亮，

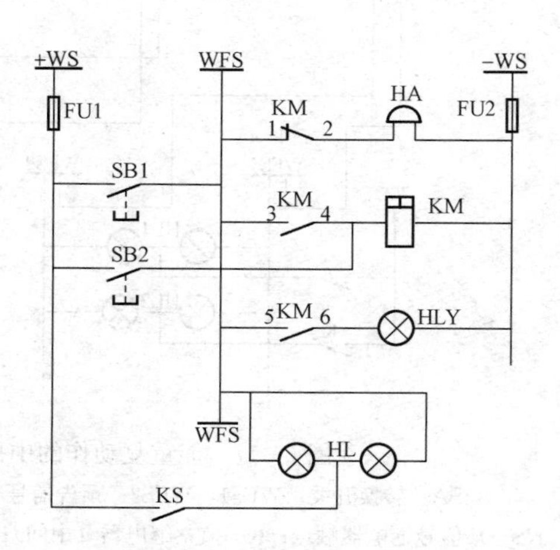

图 6-16　不能重复动作的中央复归式预告音响信号回路图

WFS—预告音响信号小母线；SB1—试验按钮；

SB2—音响解除按钮；HA—电铃；KM—中间继电器；

HLY—黄色信号灯；HL—光字牌指示灯；

KS—（跳闸保护回路）信号继电器触点

表明变压器过负荷。SB1 为试验按钮，SB2 为音响解除按钮。SB2 被按下时，KM 得电动作，KM (1—2)打开，电铃 HA 断电，音响被解除，KM（3—4）闭合自锁，在系统不正常工作状态未消除之前 KS、HL、KM（3—4)、KM 线圈一直是接通的，当另一个设备发生不正常工作状态时，不会发出音响信号，只有相应的光字牌亮。这是“不能重复”动作的中央复归式预告音响信号回路。

2. 能重复动作的中央复归式预告音响信号回路

图 6 - 17 为能重复动作的中央复归式预告音响信号回路图，音响信号用电铃发出。图中预告信号小母线分为 WFS1 和 WFS2，转换开关 SA 有三个位置，中间为工作位置，左右（±45°）为试验位置，SA 在工作位置（即中间竖直位置）时（13—14)、(15—16）通，其他断开；试验位置（左或右旋转 45°）则相反，(13—14)、(15—16）不通，其他通。当系统发生不正常工作状态时，如过负荷动作 KS 闭合，＋WS 经 KS、HL1（两灯并联)，SA 的(13—14)，KI 到－WS，使冲击继电器 KI 的脉冲变流器一次绕组通电，发出音响信号，同时光字牌指示灯 HL1 亮。

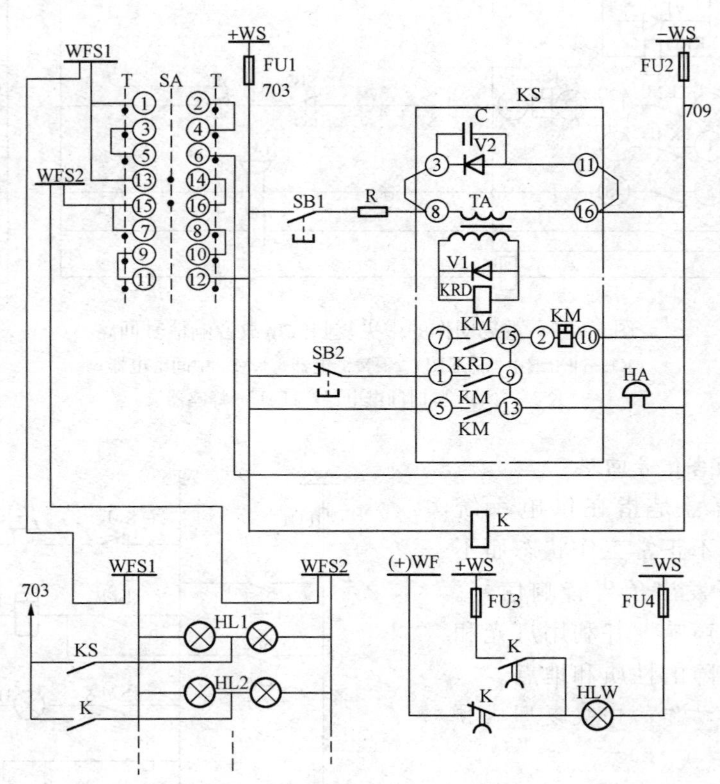

图 6 - 17 能重复动作的中央复归式预告音响信号回路

SA—转换开关；WFS1、WFS2—预告信号小母线；SB1—试验按钮；SB2—解除钮钮；
KS—某信号继电器触点；K—监察继电器（中间）；HL1、HL2—光字牌指示灯；HLW—白色信号灯

为了检查光字牌中灯泡是否亮，而又不引起音响信号动作，将预告音响信号小母线分为 WFS1 和 WFS2，SA 在试验位置时，试验回路为＋WS→12→11→9→10→8→7→WFS2→HL 光字牌（两灯串联）→WFS1→1→2→4→3→5→6→－WS，所有光字牌指示灯亮，如有

不亮则更换灯泡。

五、绝缘监察回路

在变电站中，为了监视交、直流系统的绝缘状况，通常都设有绝缘监察装置。绝缘监察分为直流绝缘监察和交流绝缘监察两种。

变电站的直流系统一般分布较广，系统复杂并且外露的部分较多，工作环境多样，且易受外界环境因素的影响。直流系统发生一点接地时，没有短路电流流过，并不影响正常工作。但是在一点接地后，又在同一极或在另一极发生接地，将形成两点接地，可能造成直流电源短路使熔断器熔断，或使断路器、继电保护及自动装置拒动或误动，给二次系统的工作带来很大的危害。例如，在图 6 - 18 所示的控制回路中，当正极 m 点发生接地故障后，又在 n 点发生接地故障时，断路器的跳闸线圈 YT 中将有电流流过，使断路器误跳闸；若接地故障点为 n 和 b，当系统发生故障，保护动作触点 K 闭合时，由于断路器的跳闸线圈 YT 被 n 和 b 两个接地故障点短接，就会使断路器拒动，造成熔断器熔断。可见，为了有效监视直流系统的绝缘状况，在直流系统中装设绝缘监察装置是十分必要的。

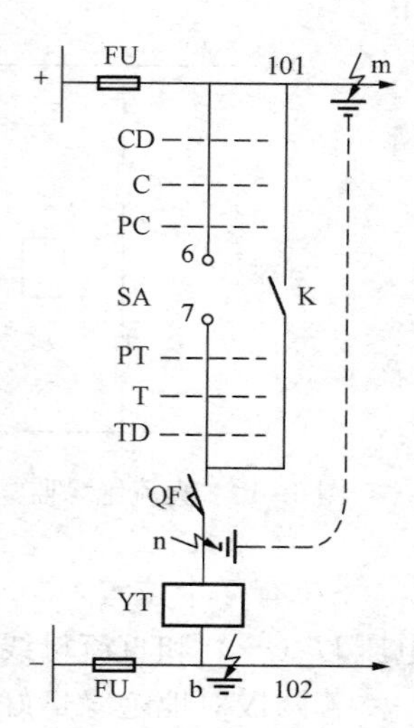

图 6 - 18　两点接地引起的不正确动作

直流绝缘监察装置的作用，就是当发生一点接地时能发出信号，以便及时处理，避免发生两点接地故障，使事故扩大造成损失。

在企业变电站中都需要装设电气测量仪表，以监视变电站电气设备的运行状况、电压质量等。

（一）直流绝缘监察装置

1. 对直流绝缘监察装置的基本要求

（1）应能正确反映直流系统的任一极绝缘电阻的下降。

（2）应能测量绝缘电阻下降的极性，以及绝缘电阻的大小。

（3）应有助于绝缘电阻下降点的查找。

2. 直流绝缘监察装置的原理

直流绝缘监察装置种类很多，在这里以电磁型绝缘监察装置为例加以说明。这种装置包括了信号电路和测量电路两部分，都是根据直流电桥原理构成的。

（1）直流绝缘监察装置的信号电路。如图 6 - 19 所示，R_1、R_2 与正极绝缘电阻 R（+）和负极绝缘电阻 R（−）组成电桥的四个桥臂，继电器 1K 接在电桥的对角线上，相当于电桥的检流计。

直流系统正常时，电桥平衡，1K 中无电流，因此 1K 不动作。当某一极绝缘电阻下降时，电桥将失去平衡，1K 流过较大的电流。当绝缘电阻下降到 15～20kΩ 时，1K 动作，发出灯光和音响信号。

（2）绝缘电阻下降的极性测量电路。当信号电路发出预告信号以后，值班人员应该利用该电路来判断是哪一极绝缘电阻下降了，如图 6 - 20 所示，该测量电路由转换开关 SA 和高内阻电压表 PV1 组成。

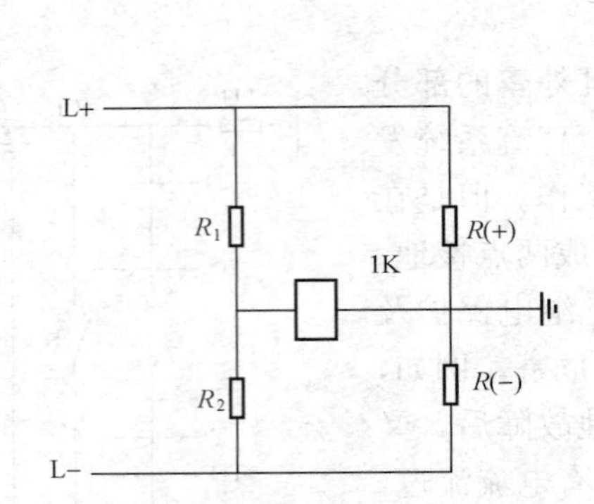

图 6-19 直流绝缘监察装置的信号电路

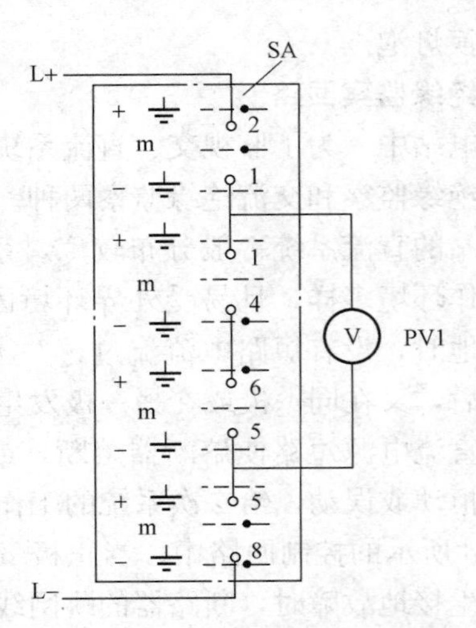

图 6-20 绝缘电阻下降的极性测量电路

SA 有三个位置，"＋""－""m"，PV1 对应可测量出正极对地电压 U（＋）、负极对地电压 U（－）和直流母线电压 U（m）。

若两极对地绝缘良好，则 U（＋）＝U（－）＝0；

若正极接地，则 U（＋）＝0，U（－）升高；

若负极接地，则 U（－）＝0，U（＋）升高。

（3）绝缘电阻的测量电路。如图 6-21 所示，R_3、R_4、R_5 和 R（＋）、R（－）构成直流电桥，PV 是双刻度电压（兼电阻）表，有电压刻度和欧姆刻度，用于测量绝缘电阻。SA1 为转换开关，通常位于 S 位置。R_3 为可调电阻器，正常情况下位于中间位置，电桥平衡，欧姆刻度指向∞。当某一极绝缘下降时，将 SA1 切换到相应的位置，调整 R_3，读取 PV2 的读数，即可换算出对地的绝缘电阻值。

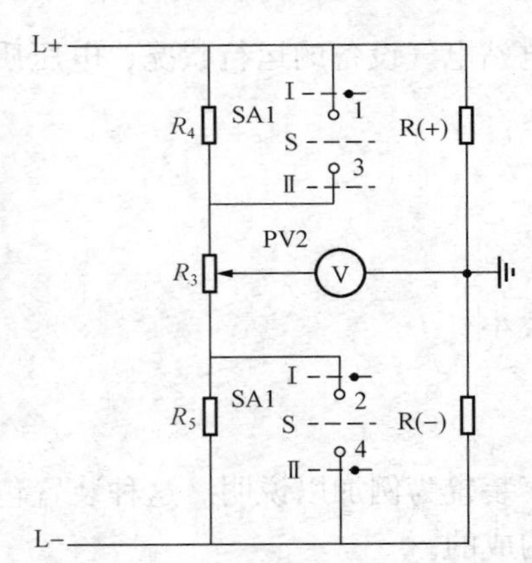

图 6-21 绝缘电阻的测量电路

3. 直流绝缘监视装置回路图

图 6-22 所示为直流绝缘监视装置回路图。图中 $R_1=R_2=R_3=1000\Omega$，SA1 和 SA2 为两个转换开关。整个装置可分为信号部分和测量部分。母线电压表转换开关 SA2 有三个位置，不操作时，其手柄在竖直的"母线"位置，接点（9—11）、（2—1）和（5—8）接通，电压表 2V 可测量正、负母线间电压。若将 SA2 手柄逆时针方向旋转 45°，置于"负对地"位置时，ST 接点（5—8）、（1—4）接通，则电压表 2V 接到负极与地之间；若将手柄顺时针旋转 45°（相对竖直位置）时，SA2 接点（1—2）和（5—6）接通，电压表 2V 接到正极与地之间。若两极绝缘良好，则正极对地和负极对地时电压表 2V 指示 0V，因为电压表 2V 的线圈没有形成回路，如果正极接地，则正极对地电压为 0V，而负极对地指示 220V，反之，当负极接地时，情况与之相似。绝缘监视转换开关 SA1 也有三个位置，即"信号"、"测量位置 1"、"测量位置 2"。一般情况下，其手柄置于"信号"位置，SL1 的接点（5—7）和（9—11）

接通，使电阻R_3被短接（SA2 应置于“母线”位置，9—11）。接地信号继电器 KSE 在电桥的检流计位置上，当母线绝缘电阻下降，造成电桥不平衡，继电器 KSE 动作，其常开触点闭合，光字牌亮，同时发出音响信号。

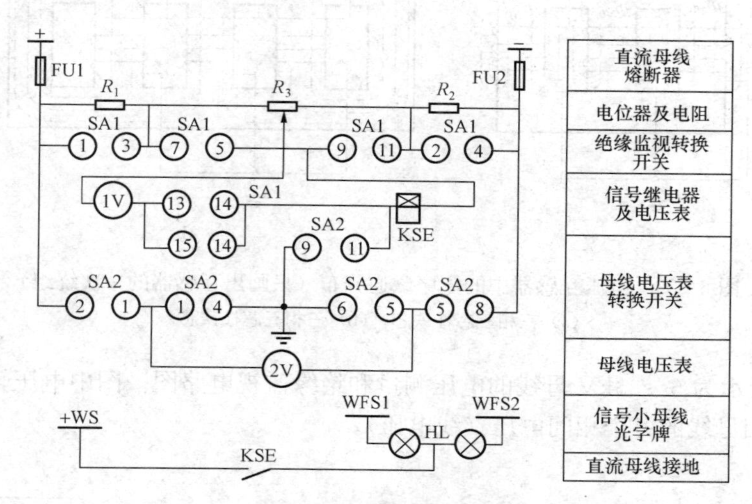

图 6 - 22　直流绝缘监视装置回路图

KSE—接地信号继电器；SA1—绝缘监视转换开关；SA2—母线电压表转换开关；R_1、R_2—平衡电阻；R_3—电位器

（二）交流绝缘监视装置

6～35kV 系统的绝缘监视装置，可采用三个单相电压互感器接成如图 3 - 56（c）所示的接线，也可采用三个单相三绕组电压互感器或一个三相五芯柱三绕组电压互感器，接成如图 3 - 56（d）所示的接线。接成 YN 的二次绕组，其中三只电压表均接各相的相电压。

当一次电路某一相发生接地故障时，电压互感器二次侧的对应相的电压表读数指零，其他两相的电压表读数则升高到线电压。由指零电压表的所在相即可得知该相发生了单相接地故障。但是这种绝缘监视装置不能判明具体是哪一条线路发生了故障，所以它是无选择性的，只适用于出线不多的系统及作为有选择性的单相接地保护的一种辅助指示装置。图 3 - 56（d）中电压互感器接成开口三角（⊔）的辅助二次绕组，构成零序电压过滤器，给一个过电压继电器供电。在系统正常运行时，开口三角（⊔）的开口处电压接近于零，继电器不动作。当一次电路发生单相接地故障时，将在开口三角（⊔）的开口处出现近 100V 的零序电压，使电压继电器动作，发出报警的灯光信号和音响信号。

必须注意：三相三芯柱的电压互感器不能用来作为绝缘监视装置。因为在一次电路发生单相接地时，电压互感器各相的一次绕组均将出现零序电压（其值等于相电压），从而在互感器铁芯内产生零序磁通。如果互感器是三相三芯柱的，由于三相零序磁通是同相的，不可能在铁芯内闭合，只能经附近气隙或铁壳闭合，如图 6 - 23（a）所示，因此这些零序磁通不可能与互感器的二次绕组及辅助二次绕组交链，也就不能在二次绕组和辅助二次绕组内感应出零序电压，从而它无法反应一次电路的单相接地故障。如果互感器采用如图 6 - 23（b）所示的三相五芯柱铁芯，则零序磁通可经两个边芯柱闭合，这样零序磁通就能与二次绕组和辅助二次绕组交链，并在其中感应出零序电压，从而可实现绝缘监视功能。

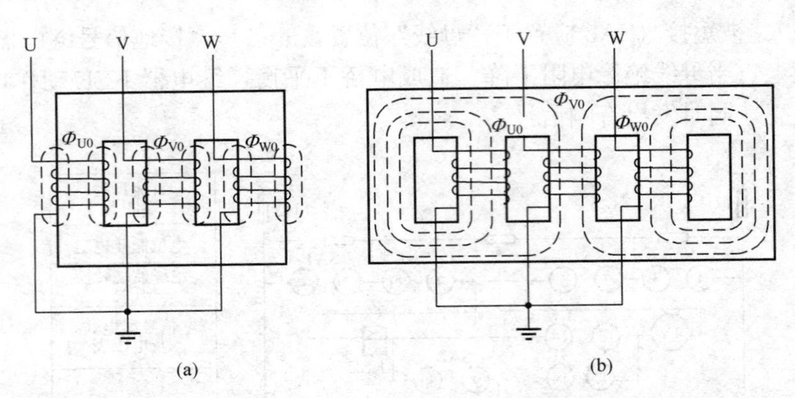

图 6-23 电压互感器中的零序磁通分布（只画出互感器的一次绕组）
(a) 三相三芯柱铁芯；(b) 三相五芯柱铁芯

图 6-24 所示为 6～35kV 母线的电压测量和绝缘监视电路图。图中电压转换开关 SA 用于转换测量三相母线的各个相间电压（线电压）。

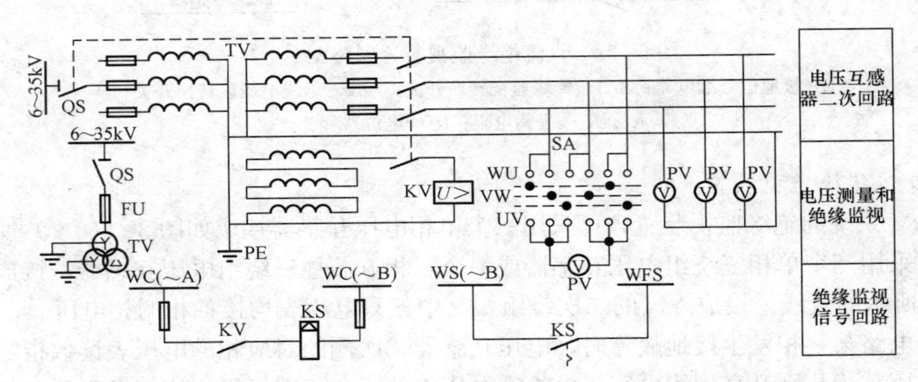

图 6-24 6～35kV 母线的电压测量和绝缘监视电路图
TV—电压互感器；QS—高压隔离开关及其辅助触头；SA—电压转换开关；PV—电压表；
KV—电压继电器；KS—信号继电器；WC—控制小母线；WS—信号小母线；WFS—预告信号小母线

六、二次回路的接线图

反映二次回路工作原理及设备连接关系的图样称为二次回路图。

二次回路图按用途分可分为原理接线图、展开接线图和安装接线图。

（一）原理接线图

原理接线图简称原理图，是用来表示二次回路各元件之间的连接关系及工作原理的图纸。6～10kV 线路过电流保护电路原理图如图 6-25 所示。

在原理图中，二次回路及与一次回路有关的部分画在一起。各元件以整体形式绘出。从原理图上能够清楚地表明二次设备中各元件的结构、数量、电气联系和动作原理，有整体概念。缺点是对一些细微的部分并未表示清楚，对直流操作电源也仅表明极性，尤其当线路的支路数多、二次回路比较复杂时，对回路中的缺陷更不易发现和寻找。因此，仅有原理图是不能对二次回路进行安装和布线的，需有展开图和安装图配合使用。

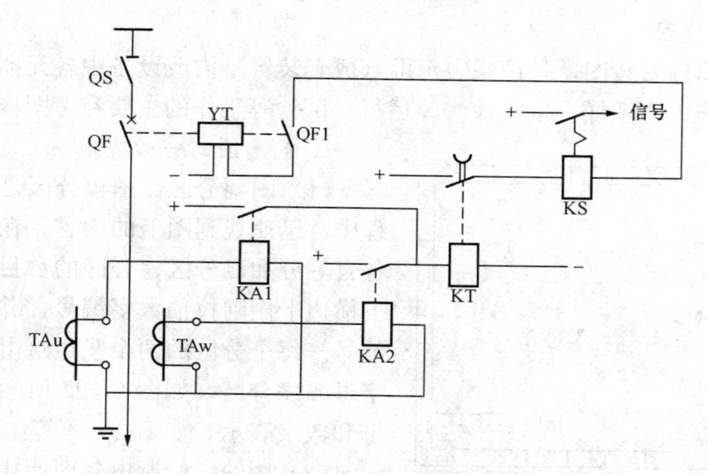

图 6-25　6～10kV 线路过电流保护电路原理图

（二）展开接线图

展开接线图简称展开图，展开图是以回路为基础，将二次回路元件的线圈和触点分画在不同的回路中。为了避免混淆，属于同一元件的触头和线圈应标注相同的文字符号。

图 6-26 所示为 6～35kV 线路过电流保护展开图。展开图中各独立回路是按照回路性质进行划分的，分为交流电流回路、交流电压回路、直流操作回路和信号回路几部分。绘制展开图应遵循下列原则：

（1）按照回路的排列次序，一般是先交流电流回路、交流电压回路、后直流操作回路和信号回路分别进行绘制。

（2）每一回路又分成许多行，各行的排列顺序，对于交流回路是按 U、V、W 的相序排列，直流回路则按动作顺序自左至右，自上而下排列。

（3）每一行中各元件的线圈和触点是按实际连接顺序排列的。

识读展开图应遵循“自左往右看，自上往下看”，“先看交流回路，后看直流回路以及分、合闸回路”等原则。

比较图 6-25 和图 6-26 可见，展开图层次分明，便于识读，对照很方便，在生产中展开图应用广泛。

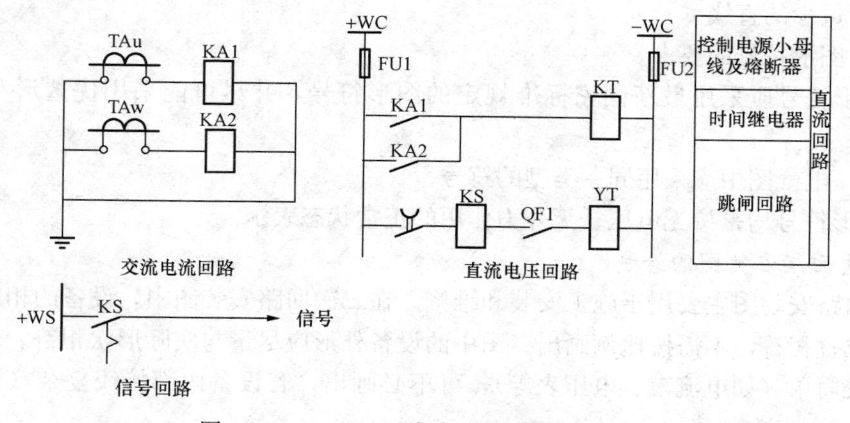

图 6-26　6～35kV 线路过电流保护展开图

（三）安装接线图

安装接线图简称安装图，是用来表示屏（成套装置）内或设备中各元器件之间连接关系的一种图形，是施工用图样，也是检修、运行、试验等工作的主要参考图样。

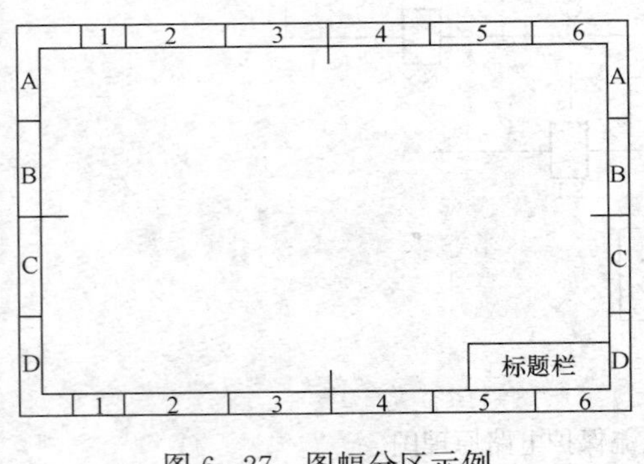

图 6-27　图幅分区示例

1. 电气图的一般规则

（1）图幅分区。图幅分区是为了在读图的过程中，迅速找到图上的内容。在图中，将两对边各自等分加以分区，分区的数目应为偶数。在上下横边上用阿拉伯数字编号，并且从左至右顺序编号。每个分区的两个竖边从上到下用大写英文字母顺序分区，如图 6-27 所示，分区代号用字母和数字表示，如 B3、C4 等。

（2）图线。绘制电气图所用的各种线条统称为图线，图线的宽度有 0.25、0.35、0.5、0.75、1.0、1.4mm 几种，通常在图上用两种宽度的图线绘图，粗线为细线的两倍，如 0.5mm 和 1.0mm，或 0.35mm 和 0.7mm，也可为 0.7mm 和 1.4mm。图线的类型主要有四种，见表 6-1。

表 6-1　　图 线 类 型

图线名称	图线形式	一般应用
实线	————————	基本线，可见轮廓线、导线
虚线	------------------	辅助线，屏蔽线，不可见轮廓线，不可见导线，计划扩展线
点划线	——·——·——	分界线，结构框线，功能围框线，分组围框线
双点划线	——··——··——	辅助围柜线

（3）对图形布局的要求。

1）图中各部分间隔均匀。

2）图线应水平布置或垂直布置，一般不应画成斜线。表示导线或连接线的图线都应是交叉和折弯最少的直线。

（4）对图形符号的要求。

1）图形符号应采用最新国家标准规定的图形符号，并尽可能采用优选形和最简单的类型。

2）同一电气图中应采用同一类型的符号。

3）图形符号均是按无电压、无外力作用的正常状态表示。

2. 二次回路安装图的绘制

二次回路安装图主要用于施工安装和维修。在二次回路安装图中，设备的相对位置与实际的安装位置相符，不需按比例画出。图中的设备外形应尽量与实际形状相符。若设备的内部接线比较简单（如电流表、电压表等），可不必画出，若设备内部接线复杂（如各种继电器等），则要画出内部接线。

（1）项目代号。为了表示屏内设备或某一系统的隶属关系，一般都要用项目代号来表示。项目是指一个实物，如设备、屏或一个系统，项目可大可小，小到电容器、熔断器、继电器，大到一个系统，都可称为项目。

一个完整的项目代号包括四个代号段，见表 6-2。

表 6-2　项目代号的构成

段　别	名　称	前缀符号	示　例
第一段	高层代号	＝	＝S1
第二段	位置代号	＋	＋3
第三段	种类代号	－	－K1
第四段	端子代号	：	：2

1）高层代号。高层代号是指系统或设备中较高层次的项目，用前缀“＝”加字母代码和数字表示，如“＝S1”表示较高层次的装置 S。

2）位置代号。按规定，位置代号以项目的实际位置（如区、室等）编号表示，用前缀“＋”加数字或字母表示，可以由多项组成，如＋3＋A＋5，表示 3 号室内 A 列第 5 号屏。

3）种类代号。一个电气装置一般有多种类型的电器元件组成，如继电器，熔断器、端板等，为明确识别这些器件（项目）的所属种类，设置了种类代号，用前缀“－”加种类代号和数字表示，如“－K1”表示顺序编号为 1 的继电器。常用种类代号见表 6-3。

表 6-3　项目种类字母代号表

项目种类	字母代码（单字母）	项目种类	字母代码（单字母）
开关柜	A	测量设备（仪表）	P
电容器	C	开关器件	Q
保护器件如避雷器、熔断器等	F	电阻	R
		变压器、互感器	T
指示灯	H	导线、电线、母线	W
继电器、接触器	K	端子、接线栓、插头等	X
电动机	M	电烙铁（线圈）	Y

注　以上所列为本书常用的种类代号，字母代码只列出单字母。

4）端子代号。用来识别电器、器件连接端子的代号。用前缀“：”加端子代号字母和端子数字编号表示，如“－Q1：2”表示开关（隔离）Q1 的第 2 端子，“X1：2”则表示端子排 X1 的第二个端子。

（2）安装单位和屏内设备。为了区分同一屏中两个以上分别属于不同一次回路的二次设备，设备上必须标以安装单位的编号，安装单位的编号用罗马数字Ⅰ、Ⅱ、Ⅲ等来表示，如图 6-28 所示。当屏中只有一个安装单位时，直接用数字表示设备编号。

对同一个安装单位内的设备应按从左到右、从上到下的顺序编号如Ⅰ1、Ⅰ2、Ⅰ3等。当屏中只有一个安装单位时，直接用数字编号如1、2、3等。设备编号应放在圆圈的上半部。设备的种类代号放在圆圈的下半部，对相同型号的设备加以区分，如电流继电器有3只时，则可分别以1KA、2KA、3KA表示。

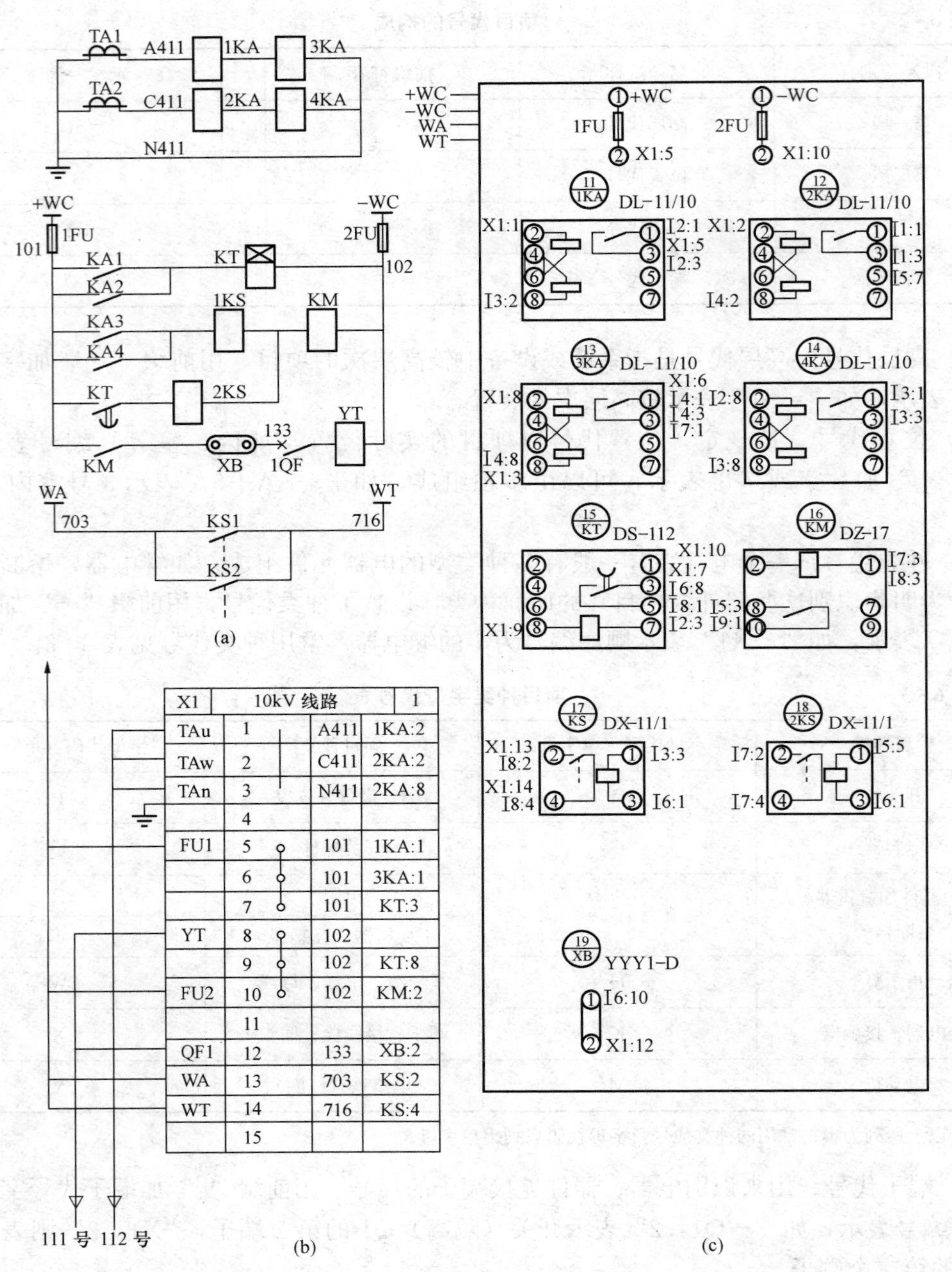

图6-28　10kV出线过电流二次安装图

(a) 展开图；(b) 端子排图；(c) 安装图

1KA、2KA—过电流保护电流继电器；3KA、4KA—速断保护电流继电器

（3）接线端子（排）。在屏内与屏外二次回路设备的连接或屏内不同安装单位设备之间，以及屏内与屏顶设备之间的连接都是通过端子排来连接的。若干个接线端子组合在一起构成端子排，端子排通常垂直布置在屏后两侧。

端子按用途分类有以下几种：

1）一般端子。适用于屏内、外导线或电缆的连接，如图 6-29（a）所示。

2）连接端子。与一般端子的外形基本一样，不同的是中间有一缺口，通过缺口可以将相邻的连接端子或一般端子用连接片连为一体，提供较多的接点供接线使用，如图 6-29（b）所示。

3）试验端子。用于需要接入试验仪器的电流回路中。通过它来校验电流回路中仪表和继电器的准确度，其外形图和接线图如图 6-29（c）、图 6-29（d）所示。

4）其他端子。如连接型试验端、终端端子、标准端子、特殊端子等。

（4）端子排的排列顺序。各种回路在经过端子排转接时，应安排端子的排列顺序为：①交流电流回路；②交流电压回路；③信号回路；④控制回路；⑤转接回路；⑥其他回路。

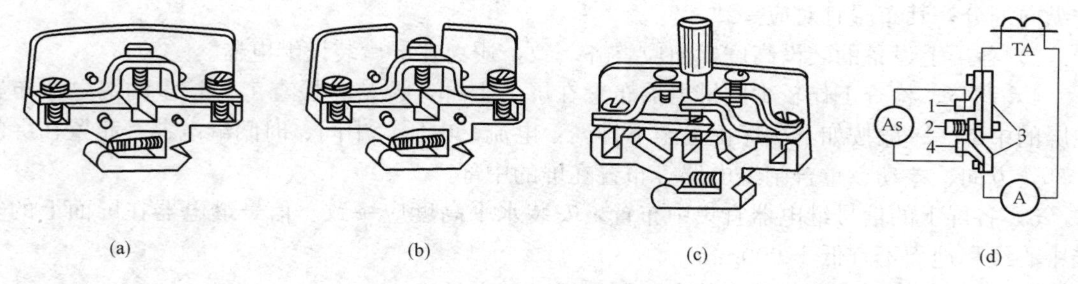

图 6-29　端子外形图

（a）一般端子；（b）连接端子；（c）试验端子；（d）试验端子接线

1、2、4—螺钉；3—底座

（5）二次回路接线表示方式。

1）连续线。连续线在图中表示设备之间的连接线的是用连续的图线画出的，当图形复杂时，图线的交叉点太多，显得很乱。

2）中断线。中断线画法又叫相对编号法，就是甲、乙两个设备需要连接时，在设备的接线柱上画一个中断线并标明接线的去向，没有标号的接线柱，表示空着不接。相对编号法的表示方式如图 6-28（c）所示。

3. 屏面布置图的绘制

屏面布置图是生产、安装过程的参考依据。屏面布置图中设备的相对位置应与屏上设备的实际位置一致，在屏面布置图中应标定屏面安装设备的中心位置尺寸，屏面布置的原则如下：

（1）控制屏的屏面布置原则。

1）控制屏屏面布置应满足监视和操作调节方便、模拟接线清晰的要求。相同的安装单位，其屏面布置应一致。

2）测量仪表应尽量与模拟接线对应，U、V、W 相按纵向排列，同类安装单位中功能相同的仪表，一般布置在相对应的位置。

3）每列控制屏的各屏间，其光字牌的高度应一致，光字牌宜放在屏的上方，要求上部取齐。也可放在中间，要求下部取齐。

4）操作设备宜与其安装单位的模拟接线相对应。功能相同的操作设备，应布置在相对应的位置上，全变电站的操作方向必须一致。

采用灯光监视时，红、绿灯分别布置在控制开关的右上侧和左上侧。屏面设备的间距应满足设备接线及安装的要求。800mm 宽的控制屏上，每行控制开关不得超过 5 个（强电小开关及弱电开关除外）。二次回路端子排布置在屏后两侧。

5）操作设备（中心线）离地面一般不得低于 600mm，经常操作的设备宜布置在离地面 800～1500mm 处。

（2）继电保护屏的屏面布置原则。

1）继电保护屏的屏面布置应在满足试验、检修、运行、监视方便的条件下，适当紧凑。

2）相同安装单位的屏面布置宜对应一致，不同安装单位的继电器装在一块屏上时，宜按纵向划分，其布置宜对应一致。

3）各屏上设备的装设高度横向应整齐一致，避免在屏后装设继电器。

4）调整、检查工作较少的继电器布置在屏的上部，调整、检查工作较多的继电器布置在屏的中部。一般按如下次序由上至下排列：电流、电压、中间、时间继电器等布置在屏的上部，方向、差动、重合闸继电器等布置在屏的中部。

5）各屏上的信号继电器宜集中布置，安装水平高度应一致。信号继电器在屏面上的安装中心线离地面不宜低于 600mm。

6）试验部件与连接片的安装中心线离地面不宜低于 300mm。

7）继电器屏下面离地 250mm 处宜设有孔洞，供试验时穿线用。

（3）信号屏的屏面布置原则。

1）信号屏的屏面布置应便于值班人员监视。

2）中央事故信号装置与中央预告信号装置一般集中布置在一块屏上，但信号指示元件及操作设备应尽量划分清楚。

3）信号指示元件（信号灯、光字牌、信号继电器）一般布置在屏正面的上半部，操作设备（控制开关、按钮）则布置在它们的下方。

4）为了保持屏面的整齐美观，一般将中央信号装置的冲击继电器、中间继电器等布置在屏后上部（这些继电器应采用屏前接线式）。中央信号装置的音响器（电笛、电铃）一般装于屏内侧的上方。

图 6-30 所示为 35kV 变电站主变压器控制屏、信号屏和保护屏的屏面设备布置图。

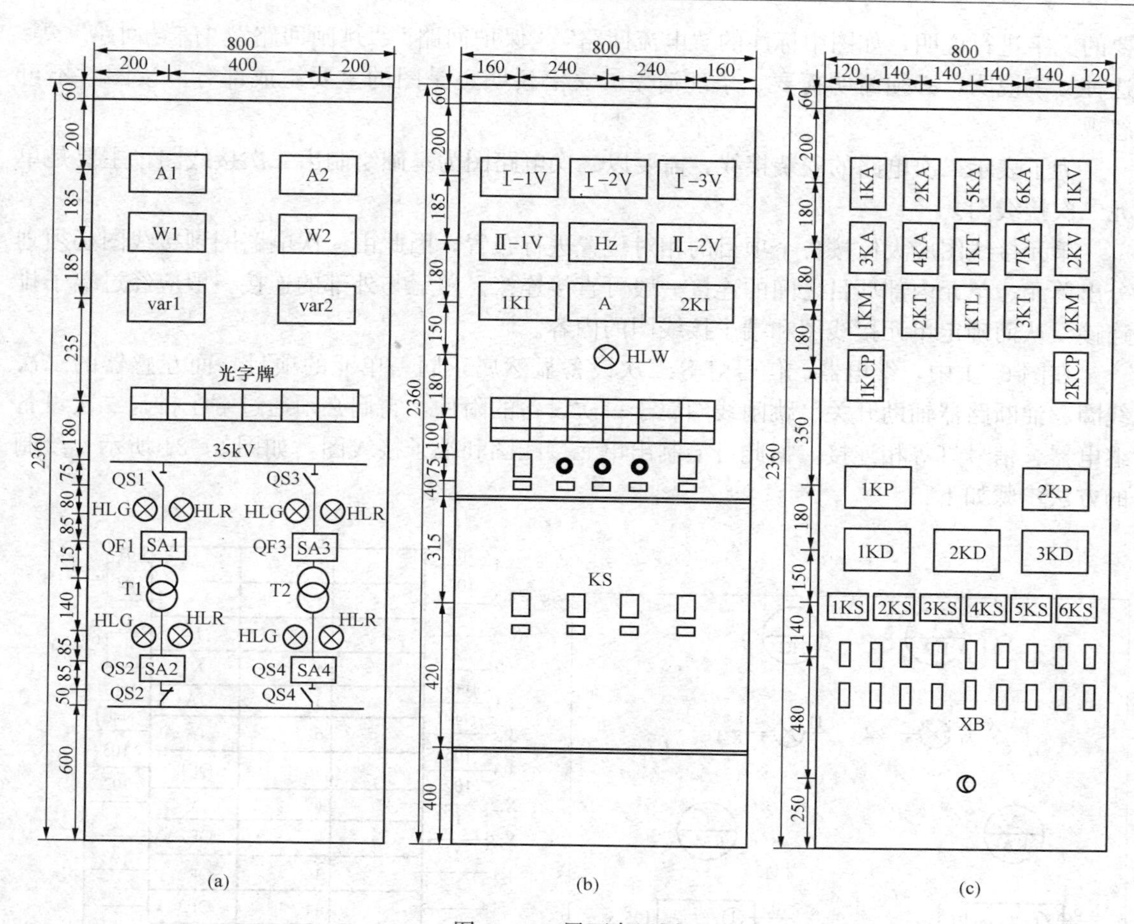

图 6-30　屏面布置图

(a) 35kV 主变压器控制屏；(b) 信号屏；(c) 继电保护屏

任务释疑

分析图 6-1 可知，图 6-1（a）为原理接线图，图 6-1（b）为其展开接线图。展开接线图通常具有以下特点：

（1）展开接线图是以回路为中心绘制的，各个元件不管属于哪一个项目，只要是同一个回路，都要画在一个回路中。例如，图中继电器 KA、KM 的线圈和触点就分开画在不同的回路中。

（2）为了区别各个回路的性质以便于接线，各个回路中的连接线一般都要按规定标号。例如，图中交流电流回路分别标以 B401、N401，直流电压回路分别标以 101（101.1）、103、105、107 和 102（102.1），交流电压回路分别标以 1（1.1）、3、5 和 2（2.1）。

（3）各回路的电源除电流互感器外，通常都是经过电源小母线引入的，母线应按种类、特征标注一定的文字符号，如“＋”“－”“L”“N”等。

（4）为了说明回路的特征、功能，以加深对图的原理的理解，通常在回路的一侧标注简要的文字进行说明，如图中标注的“电流回路”“保护回路”“跳闸回路”“信号回路”等。这种文字说明，必须简明扼要、条理清楚。文字说明也是图的重要组成部分，读图时不可忽视。

为了表示二次电路的安装接线，需要以二次电路图为基础绘制出二次接线图，主要是单元二次接线图。

单元接线图应大体按各个项目的相对位置进行布置，因此由二次电路图到接线图必须划分出单元。单元内部项目之间的连接一般可直接连接，单元与外部的连接一般应经过端子排连接，从而确定单元接线图和端子接线图的内容。

在图 6-1 中，继电器、信号灯等二次设备显然属于同一单元的项目，而互感器的二次线圈、油断路器辅助开关、跳闸线圈属于一次设备的附件，它们必须通过端子排与二次设备继电器、信号灯等相连接。据此可绘制出单元接线图和端子接线图，如图 6-31 所示。绘制的方法步骤如下：

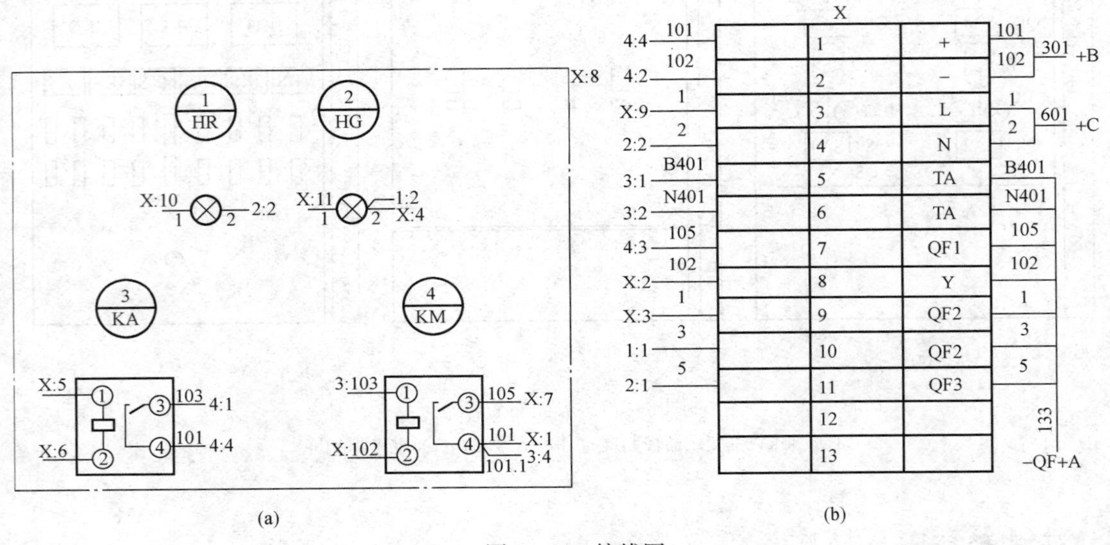

图 6-31　接线图

(a) 单元接线图；(b) 端子接线图

(1) 按项目的实际相对位置布置项目的图形符号和端子符号。图形符号一般用框形符号，不必画出项目的内部结构。本图为了清楚起见，画出了继电器内部结构的示意图。信号灯也用一般符号画出。

(2) 将各项目按一定顺序编号，并标注与电路图相同的文字符号，如 1/RD、2/GN、3/KA、4/KM 等。

(3) 确定连接线的表示方法，如中断线、连续线、单线、多线等类型。本图采用中断线表示。

(4) 确定导线的标记方式。本图采用独立标记和从属远端标记相结合的方式标记。

(5) 端子接线图与单元接线图作为一个整体来设计。绘制端子接线图的关键是确定哪些外部连接线应与端子相接。在本图中，电流互感器的二次出线 B401、N401，断路器各辅助触点和跳闸线圈的连接线，如 105、102（与 YT 相连）、1、3、5 号线。这里应注意的是，外部设备内部可以连接的线，通常应在外部设备连接好以后，再确定引出线根数，如 QF1 和 YT 之间的连接线 107，在内部可直接连接，不需要引出，辅助触点 QF2 和 QF3 的连接线（1 号）在内部连接好以后，只需引出一根线至端子。

（6）根据电路图，按照各回路中元件的连接关系，用图形符号画出其连接关系。例如，图中的跳闸回路在接线图上是这样表示的：直流电源“+”极，即线号 101，接入端子 X 的 1 号，从 X 引出，标号 4：4，即 4/KM（中间继电器）的 4 号端子，经过 KM 的触点 3—4，线号为 105 在此端子 3 上标号 X：7，即接至端子 X 的 7 号端子，而 7 号端子的另一端与辅助开关 QF1 一端相连。QF1 的另一端子显然与跳闸线圈 YT 的一端子在其内部相接，而 YT 的另一端子的引线 102 接在 8 号端子上，8 号端子的另一端标 X：2 即与电源“—”极相接，构成一个完整的跳闸回路。

基础训练

用文字、数字或公式使以下内容变得完整。

1. 二次回路是指用来控制、指示、监测和保护__________运行的电路。
2. 二次回路的任务是反映__________的工作状态。
3. 断路器控制回路的主要功能是对断路器进行__________操作，当线路发生__________故障时，相应的保护回路做出相应的动作。
4. 操作电源主要是向__________提供所需的电源。
5. 变配电站的控制、信号、保护及自动装置以及其他二次回路的工作电源，称为__________。
6. 操作电源分为__________和__________。
7. 给特别重要的负荷或变压器总容量超过 5000kVA 的变电站供电的操作电源，宜选用__________电源。
8. 小型配电站的操作电源，宜选用__________电源。
9. 发电厂一般采用__________V 的直流操作电源，变电站宜采用__________V 的直流操作电源。
10. 当变配电站中装有电磁合闸的断路器时，应选用__________V 直流操作电源。
11. 蓄电池直流操作电源是一种与电力系统运行方式__________的独立电源系统。
12. 交流操作电源可分为__________和__________两种。
13. 交流操作电流源取自__________。交流操作电压源取自__________。
14. 交流操作电源的操作方式有__________和__________。
15. 断路器的控制回路就是控制断路器__________的电路。
16. 控制开关的动触点有__________种基本类型。
17. 控制开关手柄转动角度的自由行程有__________、__________、__________三种。
18. 断路器的控制回路中小型发电厂和变电站的断路器，多采用__________的控制回路。大型发电厂和变电站的断路器，多采用__________的控制回路。
19. 红灯发平光，表明断路器已__________。
20. 中央信号装置由__________和__________两部分组成。
21. 事故信号装置装__________，预告信号装置装__________。

22. 绝缘监察分为________和________两种。

23. 电磁型直流绝缘监察装置包括________和________两部分。

24. 在电力系统和工厂供配电系统中，进行电气测量的目的有________个。

25. 计量仪表对准确度的要求________，其他测量仪表的准确度要求________。

26. 供配电系统每一条电源进线上，必须装设________用的有功电能表和无功电能表及反映电流大小的电流表。

27. 在变配电站的每一段母线上，必须装设电压表 4 只，其中一只测量________，其他三只测量________。

28. 低压动力线路上应装________只电流表。

29. 照明和动力混合供电的线路上，照明负荷占总负荷的________以上时，应在每相上装一只电流表。

30. 交流电流表、电压表、功率表可选用________级，直流电路中电流表、电压表可选用________级，频率表可选________级。

31. 仪表的测量范围和电流互感器电流比的选择，宜满足当电力装置回路以额定值运行时，仪表的指示在标度尺的________处。

32. 二次回路图按用途分可分为________、________和________。

33. 绘制展开图按照回路的排列次序，一般是先________、________，后________和________分别进行绘制。

34. 绘制展开图时每一回路又分成许多行，各行的排列顺序，对于交流回路是按________的相序排列，直流回路则按动作顺序________，________排列。每一行中各元件的线圈和触点是按________排列的。

35. 识读展开图应遵循"自________往________看，自________往________看"，"先看________回路，后看________回路以及________回路"等原则。

36. 通常绘制电气图用两种宽度的图线绘图，粗线为细线的________倍。

37. 项目是指一个________，如设备或屏或一个系统，项目________，小到电容器、熔断器、继电器，大到一个系统。

38. 一个完整的项目代号包括________个代号段。

39. 高层代号用前缀"________"加字母代码和数字表示，位置代号用前缀"________"加数字或字母表示，种类代号用前缀"________"加种类代号和数字表示，端子代号用前缀"________"加端子代号字母和端子数字编号。

40. 为了区分同一屏中两个以上分别属于不同一次回路的二次设备，设备上必须标以________的编号。

41. 在屏内与屏外二次回路设备的连接或屏内不同安装单位设备之间，以及屏内与屏顶设备之间的连接都是通过________来连接的。

42. 端子排通常________布置在屏后两侧。

43. 二次回路接线的表示方式有________和________。

44. 每列控制屏的各屏间，其光字牌的高度应________，光字牌宜放在屏的________，要求________取齐。

45. 光字牌宜放在屏的________，要求________取齐。

46. 采用灯光监视时，红、绿灯分别布置在__________的右上侧和左上侧。

47. 各屏上的信号继电器宜__________布置，安装水平高度应__________。

48. 信号继电器在屏面上的安装中心线离地面不宜低于__________mm。

技能训练

（一）训练内容

绘制二次电路安装接线图。

（二）训练目的

（1）熟练掌握二次电路的三种方式。

（2）掌握绘制安装接线图的方法。

（三）训练项目

图 6-32 所示为高压线路二次回路展开式原理电路图。根据该图绘制出其二次电路接线图。

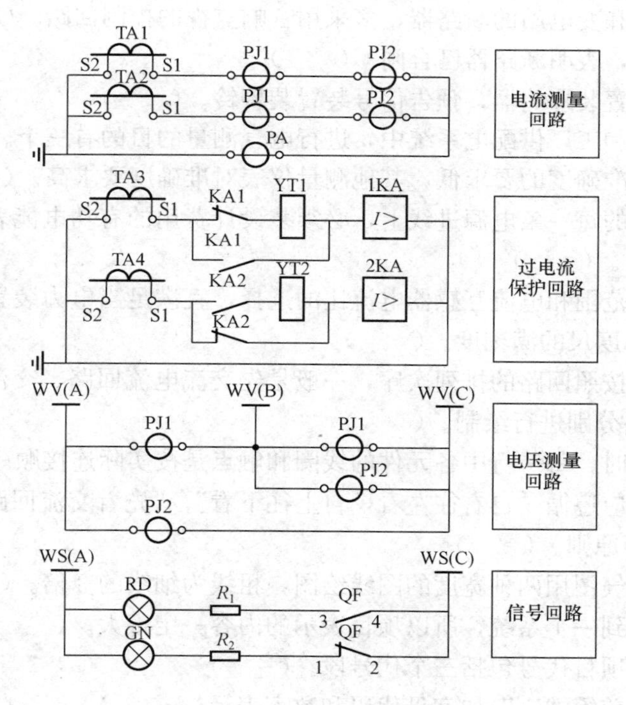

图 6-32　高压线路二次回路展开式原理电路图

任务考核

（一）判断题

1. 二次回路是指用来控制、指示、监测和保护一次电路运行的电路。（　　）

2. 二次回路的任务是反映二次系统的工作状态。（　　）

3. 断路器控制回路的主要功能是对断路器进行通、断操作，当线路发生短路故障时，

相应的保护回路做出相应的动作。（ ）

4. 操作电源主要是向一次回路供电的电源。（ ）

5. 供电给特别重要的负荷或变压器总容量超过5000kVA的变电站的操作电源，宜选用交流操作电源。（ ）

6. 小型配电所的操作电源，宜选用直流操作电源。（ ）

7. 发电厂一般采用110V的直流操作电源，变电站宜采用220V的直流操作电源。（ ）

8. 当变配电站中装有电磁合闸的断路器时，应选用110V直流操作电源。（ ）

9. 交流操作电流源取自电压互感器。（ ）

10. 交流操作电压源取自电压互感器。（ ）

11. 控制开关手柄转动角度的自由行程有90°、135°两种。（ ）

12. 断路器的控制回路中，小型发电厂和变电站的断路器，多采用灯光监视的控制回路。（ ）

13. 大型发电厂和变电站的断路器，多采用音响监视的控制回路。（ ）

14. 红灯发闪光，表明断路器已合闸。（ ）

15. 事故信号装置装蜂鸣器，预告信号装置装警铃。（ ）

16. 在电力系统和工厂供配电系统中，进行电气测量的目的有三个。（ ）

17. 计量仪表对准确度的要求低，其他测量仪表对准确度要求高。（ ）

18. 供配电系统的每一条电源进线上，必须装设计费用的有功电能表和无功电能表及反映电流大小的电流表。（ ）

19. 仪表的测量范围和电流互感器电流比的选择，宜满足当电力装置回路以额定值运行时，仪表的指示在标度尺的满刻度。（ ）

20. 绘制展开图按照回路的排列次序，一般是先交流电流回路、交流电压回路、后直流操作回路和信号回路分别进行绘制。（ ）

21. 绘制展开图时，每一行中各元件的线圈和触点是按实际连接顺序排列的。（ ）

22. 识读展开图应遵循“自右往左看，自上往下看”，“先看交流回路，后看直流回路以及分、合闸回路”等原则。（ ）

23. 通常绘制电气图用两种宽度的图线绘图，粗线为细线的3倍。（ ）

24. 项目可以大到一个系统，所以项目表示的内容一定很大。（ ）

25. 一个完整的项目代号包括三个代号段。（ ）

26. 高层代号用前缀“－”加字母代码和数字表示。（ ）

27. 在屏内与屏外二次回路设备的连接或屏内不同安装单位设备之间，以及屏内与屏顶设备之间的连接都是通过端子排来连接的。（ ）

28. 端子排通常水平布置在屏后两侧。（ ）

29. 每列控制屏的各屏间，其光字牌的高度应一致，光字牌宜放在屏的上方，要求下部取齐。（ ）

30. 各屏上信号继电器宜集中布置，安装水平高度应一致。（ ）

（二）选择题

1. 操作电源主要是向（　　）回路提供所需的电源。

（A）一次　（B）二次　（C）主　（D）辅助

2. 供电给特别重要的负荷或变压器总容量超过（　　）kVA 的变电站的操作电源，宜选用直流操作电源。

（A）500　（B）1000　（C）1500　（D）5000

3. 发电厂一般采用（　　）V 的直流操作电源。

（A）50　（B）110　（C）220　（D）380

4. 变电站宜采用（　　）V 的直流操作电源。

（A）50　（B）110　（C）220　（D）380

5. 当变配电站中装有电磁合闸的断路器时，应选用（　　）V 的直流操作电源。

（A）50　（B）110　（C）220　（D）380

6. 控制开关的动触点有（　　）种基本类型。

（A）1　（B）2　（C）3　（D）4

7. 控制开关手柄转动角度的自由行程有 45°、90°、（　　）三种。

（A）100°　（B）115°　（C）135°　（D）180°

8. 在电力系统和工厂供配电系统中，进行电气测量的目的有（　　）个。

（A）1　（B）2　（C）3　（D）4

9. 在变配电站的每一段母线上（3～10kV）必须装设电压表（　　）只。

（A）1　（B）2　（C）3　（D）4

10. 照明和动力混合供电的线路上，照明负荷占总负荷（　　）以上时，应在每相上装一只电流表。

（A）5%～10%　（B）15%～20%

（C）25%～30%　（D）45%～50%

11. 交流电流表、电压表、功率表可选用（　　）级。

（A）0.5～1.0　（B）1.5～2.5　（C）3　（D）5

12. 直流电路中电流、电压表可选用（　　）级。

（A）0.5　（B）1.0　（C）1.5　（D）3

13. 仪表的测量范围和电流互感器电流比的选择，宜满足当电力装置回路以额定值运行时，仪表的指示在标度尺的（　　）处。

（A）1/3　（B）1/2　（C）2/3　（D）4/5

14. 通常绘制电气图用两种宽度的图线绘图，粗线为细线的（　　）倍，

（A）1　（B）2　（C）3　（D）4

15. 信号继电器在屏面上的安装中心线离地面不宜低于（　　）mm。

（A）200　（B）400　（C）600　（D）800

（三）技能考核

1. 考核内容

某供电线路上，装有一只无功电能表和三只电流表，如图 6-33 所示。试按中断线表示方法在图 6-32（b）上标出图 6-32（a）的仪表和端子排的端子标号。

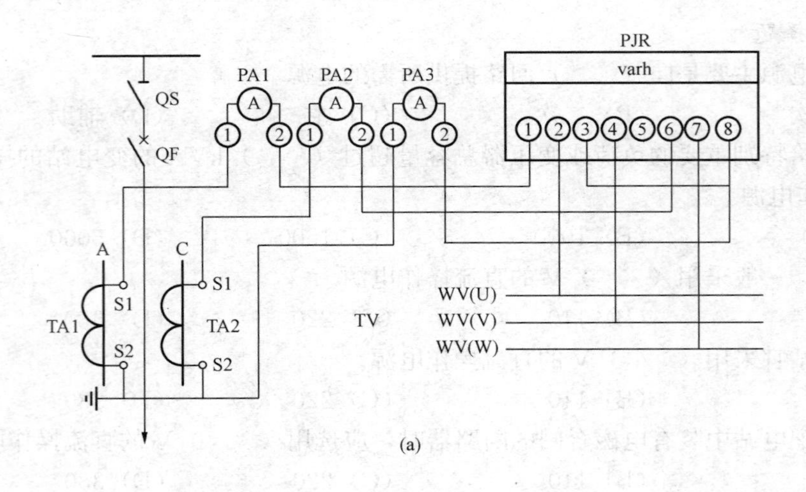

(a)

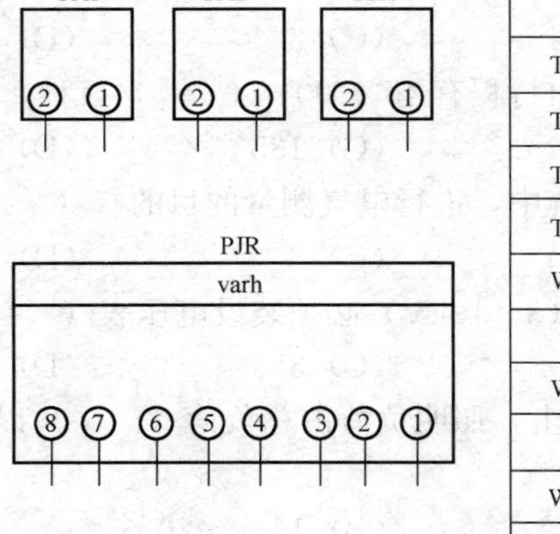

X	端子排	
TA1:S1	1	
TA2:S1	2	
TA1:S2	3	
TA2:S2	4	
WV(U)	5	
	6	
WV(V)	7	
	8	
WV(W)	9	
	10	

(b)

图 6-33 供电线路

(a) 原理电路图；(b) 安装接线图（待标号）

2. 考核要求

(1) 项目代号要清楚。

(2) 端子标号要正确。

3. 考核要求、配分及评分标准

考核要求、配分及评分标准见表 6-4。

表 6-4 **考核要求、配分及评分标准**

考核项目	考核要求	配分	评分标准	考评结果	扣分	得分
项目代号	项目代号标注正确	15	错误一处扣 1 分			
端子标号	端子去向标注正确	15	错误一处扣 1 分			
备注	超时操作扣分		超 2min 扣 1 分，不许超过 10min			
合计		30				

任务七　安装低压成套配电装置

【知识目标】

(1) 掌握成套配电装置的有关概念。
(2) 熟悉成套配电装置的主接线方案。
(3) 了解配电装置的基本结构。

能力目标

(1) 熟悉低压成套配电装置的安装方法。
(2) 掌握二次线路的接线方法。
(3) 掌握成套配电装置的配线方法。

任务导入

图 7-1 所示为一低压配电柜面板图，由一总配电柜和两分配电柜组成。总配电柜的电源线引自变压器的二次侧输出端，输出线分别接到每个分配电柜上。

总配电柜为一条总路，动力线路分柜有四条动力分路，照明分柜为四条分路。图 7-2 所示为一次接线线路图，元件明细见表 7-1。

根据图 7-1 和图 7-2，按照规范要求安装接线。

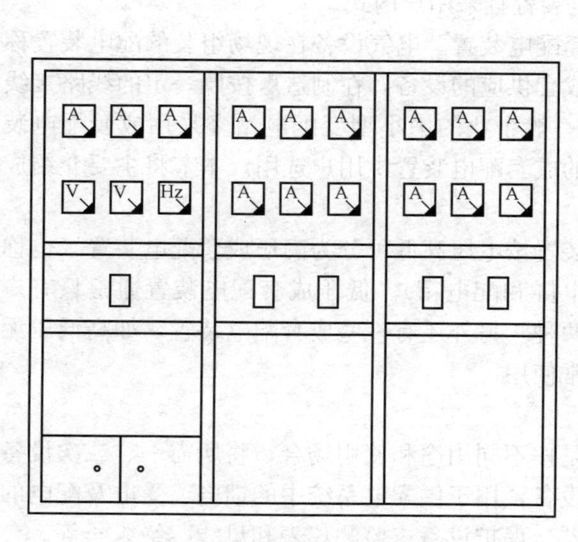

图 7-1　低压配电柜面板图

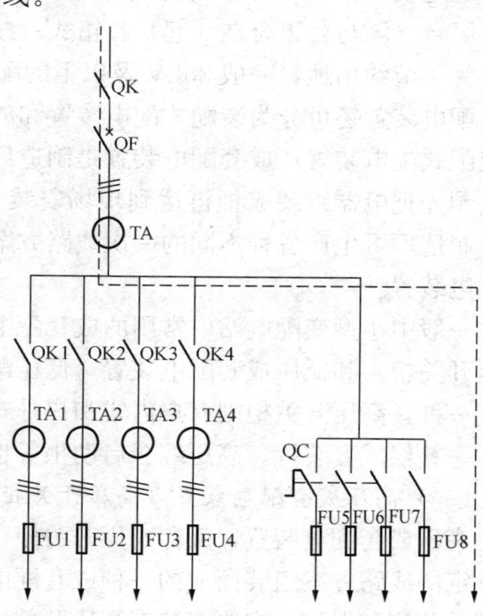

图 7-2　低压配电柜一次接线线路图

表 7-1　低压配电柜一次接线线路图中的元件明细表

序号	符号	名称	型号	规格	数量
1	QK	刀开关	HD13-200/3	500V，200A	1
2	QF	自动断路器	DW10-200/3	500V，200A	1
3	TA1～TA4	电流互感器	LQG-0.5	100/5	8
4	TA	电流互感器	LQG-0.5	200/5	2
5	QK1～QK4	刀开关	HD13-100/3	500V，100A	4
6	QC	转换开关	HZ10-10/4	500V，10A	1
7	FU1～FU4	熔断器	RT0-100	500V，100A	12
8	FU5～FU8	熔断器	RL1-15	配 5A 熔芯	4

任务分析

配电装置是按电气主接线的要求，把一、二次电气设备（如开关设备、保护电器、监测仪表、母线和必要的辅助设备）组装在一起构成的在供配电系统中进行接受、分配和控制电能的总体装置。

要完成低压配电柜的安装接线，要看懂原理图，绘出接线图；了解接线的一些规范要求；了解电气元件的安装方法。为此，需掌握以下知识和技能。

一、配电装置

配电装置按电压等级可分为高压配电装置和低压配电装置；按结构型式，可分为屏、台、屏台（屏与台组合在一起）和箱式；按安装的地点，可分为户内配电装置和户外配电装置。为了节约用地，一般 35kV 及以下的配电装置宜采用户内式。

配电装置还可分为装配式配电装置和成套配电装置。电气设备在现场组装的配电装置称为装配式配电装置；成套配电装置是制造厂成套供应的设备，在制造厂按照一定的线路接线方案预先把电器组装成柜再运到现场安装。一般企业的中小型变配电站多采用成套配电装置。制造厂可生产各种不同的一次线路方案的成套配电装置供用户选用。本节将主要介绍成套配电装置。

一般中小型变配电站中常用的成套配电装置按电压高低可分为高压成套配电装置（也称高压开关柜）和低压成套配电装置（低压配电屏和配电箱）。低压成套配电装置通常只有户内式一种，高压开关柜则有户内式和户外式两种。另外还有一些成套配电装置，如高低压无功功率补偿成套装置，高压综合启动柜等也常使用。

（一）高压成套配电装置（高压开关柜）

高压成套配电装置，又称高压开关柜，是按不同用途和使用场合，将所需一、二次设备按一定的线路方案组装而成的一种成套配电设备，用于供配电系统中的馈电、受电及配电的控制、监测和保护，主要安装有高压开关电器、保护设备、监测仪表和母线、绝缘子等。

高压成套配电装置按主要设备的安装方式分为固定式和移开式（手车式）；按开关柜隔

室的构成方式分，有铠装式、间隔式、箱型、半封闭型等；按其母线系统分，有单母线型、单母线带旁路母线型和双母线型；根据一次电路安装的主要元器件和用途分，有断路器柜、负荷开关柜、高压电容器柜、电能计量柜、高压环网柜、熔断器柜、电压互感器柜、隔离开关柜、避雷器柜等。

开关柜在结构设计上要求具有“五防”功能，即防止误操作断路器、防止带负荷拉合隔离开关（防止带负荷推拉小车）、防止带电挂接地线（防止带电合接地开关）、防止带接地线（接地开关处于接地位置时）输电、防止误入带电间隔。

新系列高压开关柜型号的含义如图 7-3 所示。

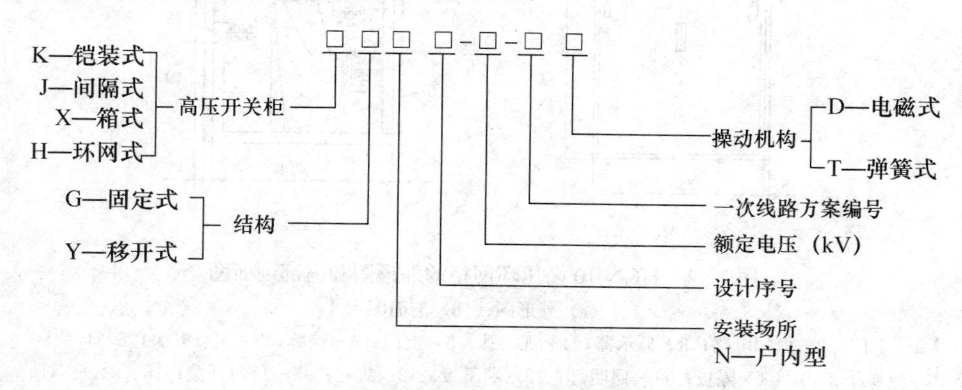

图 7-3　新系列高压开关柜型号的含义

1. 固定式高压开关柜

固定式高压开关柜的柜内所有电器部件（包括其主要设备，如断路器、互感器和避雷器等）都固定安装在不能移动的台架上。固定式开关柜具有构造简单、制造成本低、安装方便等优点；但内部主要设备发生故障或需要检修时，必须中断供电，直到故障消失或检修结束后才能恢复供电，因此固定式高压开关柜一般用在企业的中小型变配电站和负荷不是很重要的场所。

近年来，我国设计生产的一系列符合 IEC（国际电工委员会）标准的新型固定式高压开关柜得到越来越广泛的应用。下面以 HXGN 系列的固定式高压环网柜为例来说明固定式高压开关柜的结构和特点。

HGN 系列的固定式高压环网柜是为适应高压环形电网的运行要求设计的一种专用开关柜。高压环网柜主要采用负荷开关和熔断器的组合方式，正常电路通断操作由负荷开关实现，而短路保护由具有高分断能力的熔断器来完成。这种负荷开关＋熔断器的组合柜与采用断路器的高压开关柜相比，体积和重量都明显减少，价格也便宜很多。而一般 6～10kV 的变配电站，负荷的通断操作较频繁，短路故障的发生却是个别的，因此，采用负荷开关＋熔断器的环网柜更为经济合理。所以，高压环网柜主要适用于环网供电系统、双电源辐射供电系统或单电源配电系统，可作为变压器、电容器、电缆、架空线等电器设备的控制和保护装置，也适用于箱式变电站，作为高压电器设备。

图 7-4 所示为 HGN-10 高压环网柜的外形图和内部剖面图。它由电缆进线间隔、电缆出线间隔、变压器回路间隔三个间隔组成。主要电气设备有高压负荷开关、高压熔断器、高压隔离开关、接地开关、电流和电压互感器、避雷器等，具有可靠的防误操作设施，有“五防”功能，在我国城市电网改造和建设中得到广泛的应用。

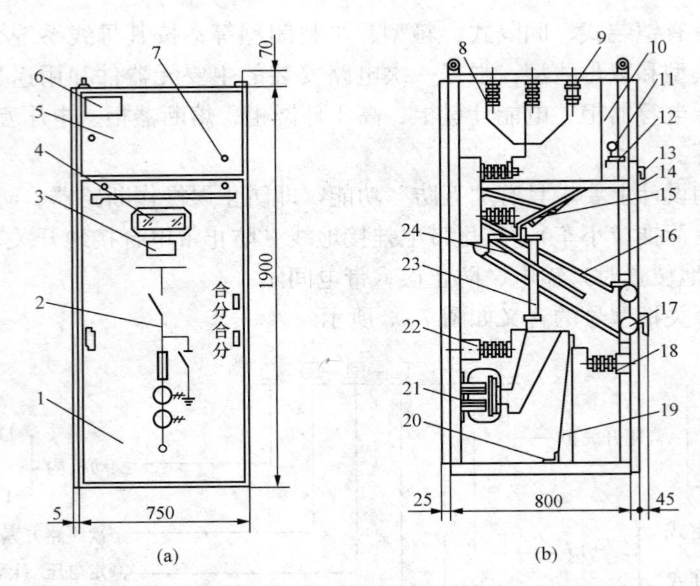

图 7-4 HGN-10 高压环网柜的外形图和内部剖面图

(a) 外形图；(b) 剖面图

1—下门；2—模拟电路；3—显示器；4—观察孔；5—上门；6—铭牌；7—组合开关；8—母线；9—绝缘子；10、14—隔板；11—照明灯；12—端子板；13—旋钮；15—负荷开关；16、24—连杆；17—负荷开关操动机构；18、22—支架；19—电缆；20—固定电缆支架；21—电流互感器；23—高压熔断器

2. 手车式（移开式）高压开关柜

手车式高压开关柜是将成套高压配电装置中的某些主要电器设备（如高压断路器、电压互感器和避雷器等）固定在可移动的手车上，另一部分电器设备则装置在固定的台架上。当手车上安装的电器部件发生故障或需检修、更换时，可以随同手车一起移出柜外，再把同类备用手车（与原来的手车同设备、同型号）推入，就可立即恢复供电，相对于固定式开关柜，手车式高压开关柜的停电时间大大缩短。因为可以把手车从柜内移开，又称之为移开式高压开关拒。这种开关柜检修方便安全，恢复供电快，供电可靠性高，但价格较高，主要用于大中型变配电站和负荷较重要、供电可靠性要求较高的场所。

手车式高压开关柜的主要新产品有 KYN 系列、JYN 系列等。

KYN 系列户内金属铠装移开式开关柜是消化吸收国内外先进技术，根据国内特点设计研制的新一代开关设备，用于接受和分配高压、三相交流 50Hz 单母线及母线分段系统的电能，并对电路实行控制、保护和监测的户内成套配电装置，主要用于发电厂、中小型发电机输电，工矿企业配电，以及电业系统的二次变电站的受电、输电及大型高压电动机启动及保护等。

图 7-5 所示为 KYN28A-12 型开关柜的外形结构和内部剖面图。该类型可分为靠墙安装的单面维护型和不靠墙安装的双面维护型。由固定的柜体和可抽出部件（手车）两大部分组成。该开关柜完全金属铠装，由金属板分隔成手车室、母线室、电缆室和继电器仪表室，每一单元的金属外壳均独立接地。在手车室、母线室、电缆室的上方均设有压力释放装置，当断路器或母线发生内部故障电弧时，伴随电弧的出现，开关柜内部气压上升达到一定值后，压力释放装置释放压力并排泄气体，以确保操作人员和开关柜的安全。配用真空断路器手车，性能可靠、使用安全，可实现长年免维修。该开关柜也具有“五防”功能。

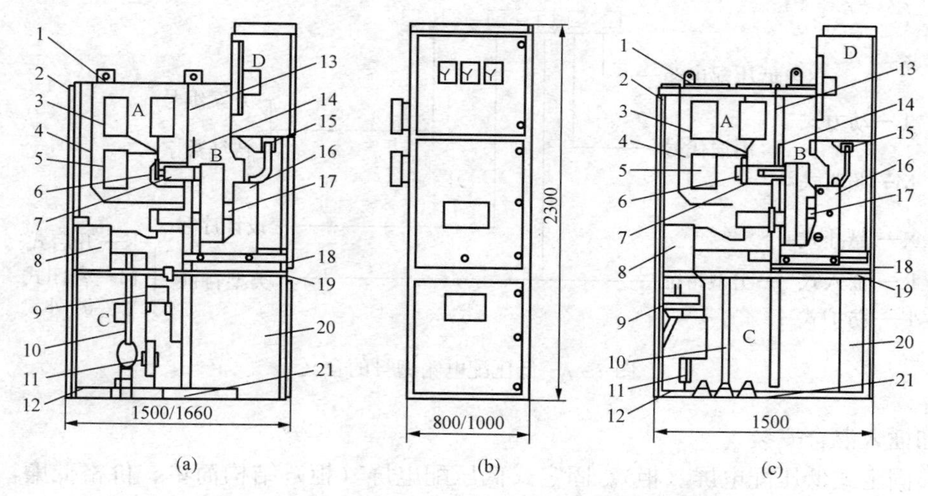

图 7-5　KYN28A-12 型金属铠装移开式高压开关柜

(a) 不靠墙安装的结构图；(b) 外形图；(c) 靠墙安装的结构图

A—母线室；B—断路器手车式；C—电缆室；D—继电器仪表室

1—液压装置；2—外壳；3—分支母线；4—母线套管；5—主母线；6—静触头装置；7—静触头盒；8—电流互感器；9—接地开关；10—电缆；11—避雷器；12—接地母线；13—装卸式隔板；14—隔板；15—二次插头；16—断路器手车；17—加热去湿器；18—可抽出式隔板；19—接地开关操动机构；20—控制小线槽；21—底板

(二) 低压成套配电装置

低压成套配电装置包括低压配电屏（柜）和配电箱，它们是按一定的线路方案将有关的低压一、二次设备组装在一起的一种成套配电装置，在低压配电系统中做控制、保护和计量之用。

低压配电屏（柜）按其结构类型分为固定式、抽屉式和混合式。

低压配电箱有动力配电箱和照明配电箱等。

新系列低压配电屏（柜）型号的含义如图 7-6 所示。

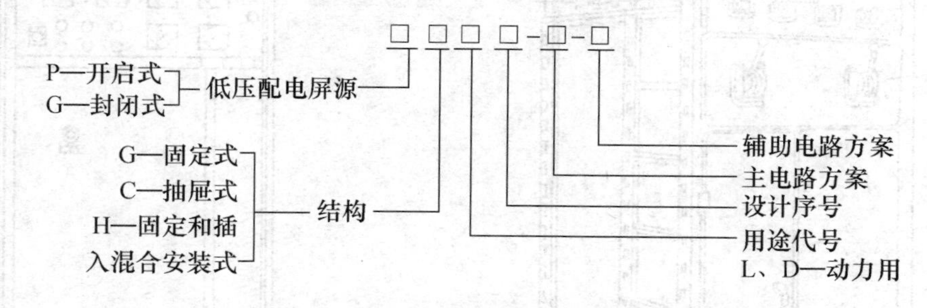

图 7-6　新系列低压配电屏（柜）型号的含义

低压配电箱型号的含义如图 7-7 所示。

1. 低压配电屏（柜）

固定式低压配电屏（柜）的所有电器元件都为固定安装、固定接线；而抽屉式的低压配电屏（柜）中，电器元件是安装在各个抽屉内，再按一、二次线路方案将有关功能单元的抽屉叠装在封闭的金属柜体内，可按需要推入或抽出；混合式的低压配电屏（柜）的安装方式

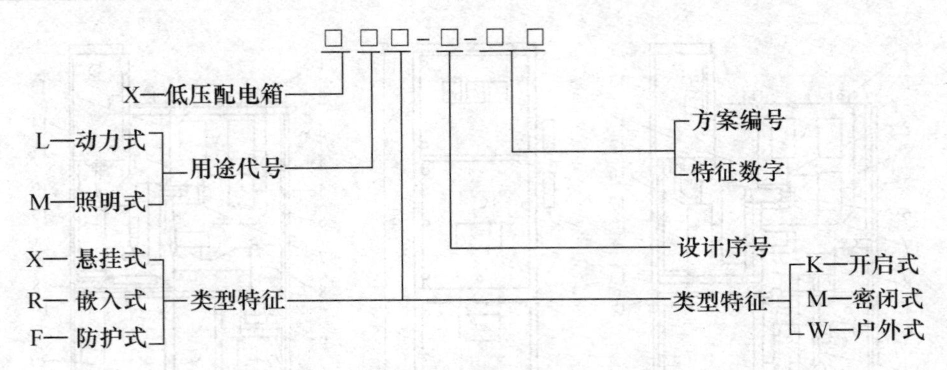

图 7-7 低压配电箱型号的含义

为固定和插入混合安装。

（1）固定式低压配电屏（柜）。固定式低压配电屏（柜）结构简单、价格低廉，所以应用广泛。目前使用较广的有 PGL、GGL、GGD 等系列。适用于发电厂、变电站和工矿企业等电力用户做动力和照明配电用。

图 7-8 所示为 PGL1、2 型低压配电屏（矩）的外形图。它的结构合理、互换性好、安装方便、性能可靠，目前的使用较广。但它的开启式结构使在正常工作条件下的带电部件（如母线、各种电器、接线端子和导线）从各个方面都可触及到，所以只允许安装在封闭的工作室内，现正在被更新型的 GGL、GGD 和 MSG 等系列所取代。

GGD 系列交流固定式低压配电屏是按照安全、可靠、经济、合理为原则而开发研制的一种较新产品，属封闭式结构。它的分断能力高、热稳定性好、接线方案灵活、组合方便、结构新颖、外壳防护等级高、系列性实用性强，是一种国家推广使用的更新换代产品，适用于发电厂、变电站、厂矿企业和高层建筑等电力用户的低压配电系统中，做动力、照明和配电设备的电能转换和分配控制用。其外形如图 7-9 所示。

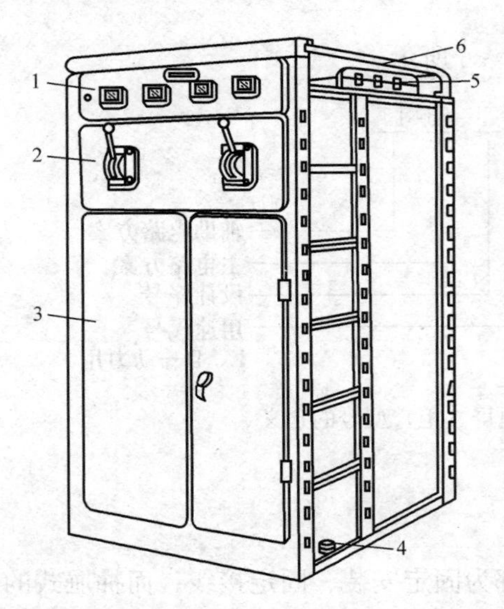

图 7-8 PGL1、2 型低压配电屏（柜）外形
1—仪表板；2—操作板；3—检修门；4—中型母线；
5—母线绝缘框；6—母线防护罩

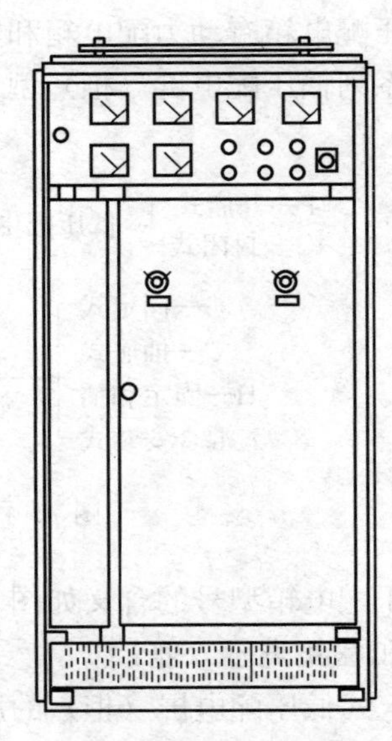

图 7-9 GGD 型交流固定式低压配电屏（柜）外形

（2）抽屉式低压配电屏（柜）。它具有体积小、结构新颖、通用性好、安装维护方便、安全可靠等优点，因此被广泛应用于工矿企业和高层建筑的低压配电系统中做受电、馈电、照明、电动机控制及功率补偿用。国外的低压配电屏（矩）几乎都为抽屉式，尤其是大容量的还做成手车式。近年来，我国通过引进技术生产制造的各类抽屉式配电屏也逐步增多。目前，常用的抽屉式配电屏有 BFC、GCL、GCK 等系列，它们一般用作三相交流系统中的动力中心（PC）和电动机控制中心（MCC）的配电和控制装置。

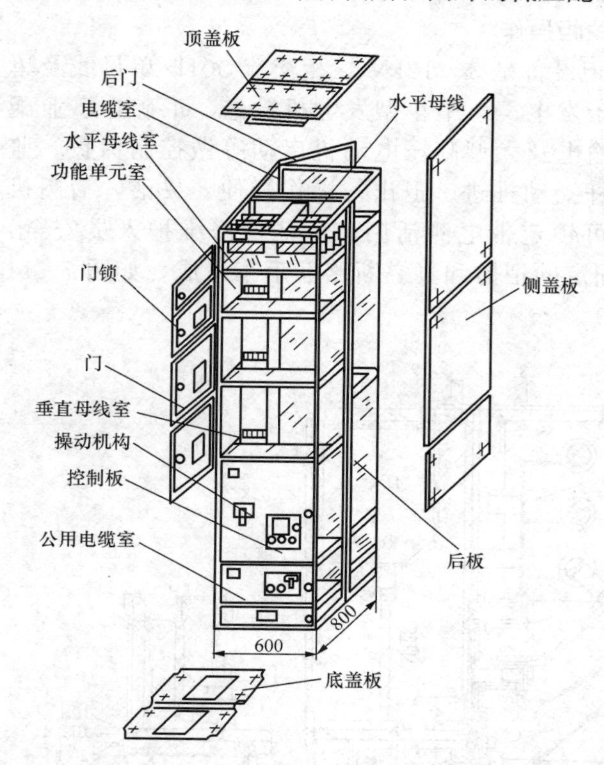

图 7-10　GCK 型抽屉式低压配电屏（柜）

图 7-10 所示为 GCK 型抽屉式低压配电屏（柜）的结构图。

GCK 型抽屉式低压配电屏（柜）是一种用标准模件组合成的低压成套开关设备，分动力配电中心（PC）屏（柜）、电动机控制中心（MCC）屏（柜）和功率因数自动补偿屏（柜）。柜体采用拼装式结构，开关相各功能室严格分开，主要隔室有功能单元室、母线室、电缆室等，一个抽屉为一个独立功能单元，各单元的作用相对独立，且每个抽屉单元均装有可靠的机械连锁装置，只有在开关分断的状态下才能被打开。该产品具有分断能力高，热稳定性好，结构先进、合理，系列性、通用性强，防护等级高，安全可靠，维护方便，占地少等优点。

该系列产品适用于厂矿企业及建筑物的动力配电、电动机控制、照明等配电设备的电能转换分配控制之用及冶金、化工、轻工业生产的集中控制之用。

（3）混合式低压配电屏（柜）。混合式低压配电屏（柜）的安装方式既有固定的，又有插入式的，类型有 ZH1、GHL 等，兼有固定式和抽屉式的优点。其中，GHK-1 型配电屏内采用了 NT 系列熔断器、ME 系列断路器等新型电气设备，可取代 PGL 型低压配电屏（柜）、BFC 抽屉式配电屏（柜）和 XL 型动力配电箱。

2. 动力和照明配电箱

从低压配电屏（柜）引出的低压配电线路一般经动力或照明配电箱接至各用电设备，它们是车间和民用建筑的供配电系统中对用电设备的最后一级控制和保护设备。

配电箱的安装方式有靠墙式、悬挂式和嵌入式。靠墙式是靠墙落地安装，悬挂式是挂在墙壁上明装，嵌入式是嵌在墙壁里暗装。

（1）动力配电箱。动力配电箱通常具有配电和控制两种功能，主要用于动力配电和控制，也可用于照明的配电与控制。常用的动力配电箱有 XL、XLL2、XF-10、BGL、BGM 型等，其中，BGL 和 BGM 型多用于高层建筑的动力和照明配电。

(2) 照明配电箱。照明配电箱主要用于照明和小型动力线路的控制、过负荷和短路保护。照明配电箱的种类和组合方案繁多，其中XXM和XRM系列适用于工业和民用建筑的照明配电，也可用于小容量动力线路的漏电、过负荷和短路保护。

二、KYN28A-12型金属铠装抽出式开关柜操作

KYN28A-12型金属铠装抽出式开关柜设备是3～12kV三相交流50Hz单母线及单母线分段系统的成套配电装置。主要用于发电厂、中小型发电机输电、工矿企事业配电以及电业系统的二次变电站的受电、输电及大型高压电动机启动等做控制保护、监测用，可配用真空断路器。手车采用丝杆摇动推进、退出，操作轻便、灵活，活门机构采用上、下活门不联动形式，检修时可锁定带电测活门，保证检修维护人员安全，是一种性能优越的配电装置。开关柜由固定的柜体和真空断路器手车组成，如图7-11所示。其技术参数见表7-2。

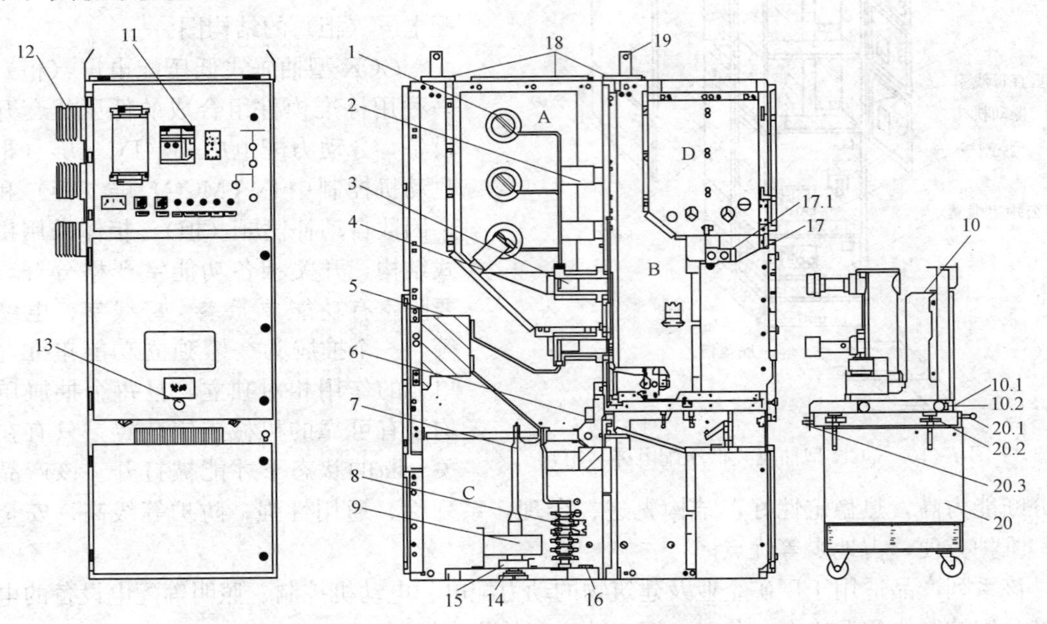

图7-11 KYN28A-12进线或出线柜基本结构剖面

A—母线室；B—断路器室；C—电缆室；D—继电器仪表室

1—母线；2—绝缘子；3—静触头；4—触头盒；5—电流互感器；6—接地开关；7—电缆终端；8—避雷器；9—零序电流互感器；10—断路器手车；10.1—滑动把手；10.2—锁键（联动滑动把手）；11—控制和保护单元；12—穿墙套管；13—丝杆机构操作孔；14—电缆密封圈；15—连接板；16—接地排；17—二次插头；17.1—连锁杆；18—压力释放板；19—起吊耳；20—运输小车；20.1—锁杆；20.2—调节轮；20.3—导向杆

表7-2 开关柜技术参数

额定电压		kV	12
额定绝缘水平	1min工频耐压（有效值）	kV	42
	雷电冲击耐压（峰值）	kV	75
额定频率		Hz	50
主母线额定电流		A	630，1250，1600，2000，2500，3150，4000

续表

额定电压	kV	12
分支母线额定电流	A	630，1250，1600，2000，2500，3150，4000
4s热稳定电流（有效值）	kA	16，20，25，31.5，40
额定动稳定电流（峰值）	kA	40，50，63，80，100

1. 断路器手车操作

（1）手动将手车从试验/隔离位置插入到运行位置。

1）将控制线插头插入控制线插座。

2）确认断路器处于分闸位置（若未分闸就分闸）。

3）将手柄插入到丝杆机构的插口中。

4）顺时针方向转动曲柄，直到转不动为止（约20r），这时手车处于运行位置。

5）观察位置指示器。

6）拔出手柄，其间不应转动，以免手车位置外移、开关不到位而影响指示位置。

注意：手车不允许停留在运行位置和试验/隔离位置之间的任何中间位置。

（2）手动将手车从运行位置移到试验/隔离位置。

1）按上述进入运行位置的操作，倒序操作。

2）观察位置指示器。

（3）将手车从试验/隔离位置移到维修小车上。

1）打开断路器室的门。

2）拔起控制线插头，将其锁定在存放位置（就在手车上）。

3）将维修小车推到开关拒正面，通过小车高度调节器调整工作台的高度，让其定位销对准柜前的定位孔之后，再将小车往前一推，使定位销顺利插入定位孔，维修小车通过锁键与开关柜锁定。

4）向内侧压滑动把手，解除手车与开关柜的连锁，将手车拉到维修小车上。松开滑动把手，将手车锁定在工作台上。

5）操作锁键释放杠杆，将维修小车从开关柜移开。

（4）将手车从维修小车上移到开关柜内（试验/隔离位置）。按将手车从试验/隔离位置移到维修小车上的操作顺序，倒序操作。

2. 断路器操作

（1）弹簧储能操作。对配有储能电动机的断路器，储能自动完成。若储能电动机损坏，则应手动储能。弹簧储能状态指示器如图7-12所示。

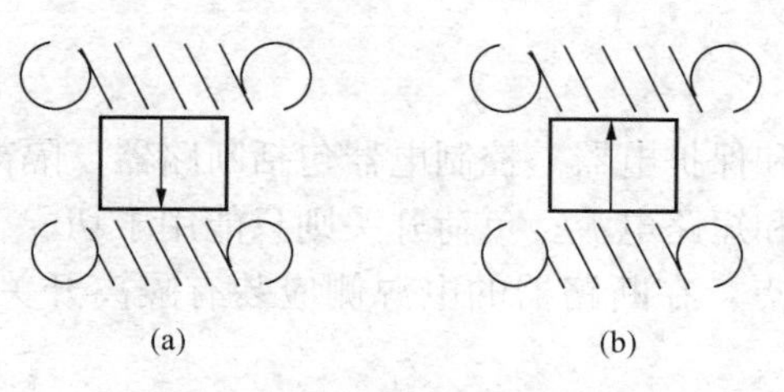

图7-12　弹簧储能状态指示器

（a）未储能；（b）已储能

（2）断路器的分闸和合闸操作。操作就地或远方控制按钮，观察开关分合闸状态指示器，断路器每操作一个循环，操作次数计数器就自动加1。

3. 接地开关操作

只有当手车处于试验/隔离位置时，接地开关才能操作。开关柜门关闭且闭锁状态解除后，才允许关合接地开关。

4. 电缆室门操作

电缆室门装有机械或电气强制闭锁装置，仅当接地开关合闸时，电缆室门才允许被打开，且只有关闭电缆门后，接地开关才允许被分闸。操作步骤如下：

(1) 将断路器手车移至试验位置或移出柜外。

(2) 操作接地开关至合闸位置。

(3) 用专用钥匙松开电缆室门锁，打开电缆室门。

(4) 完成检修后，关闭电缆室门。

(5) 操作接地开关至分闸位置。

(6) 将断路手车推至试验或工作位置。

5. 检查和保养

根据运行条件和现场环境，每2～5年应对开关柜进行一次检查和保养。检查工作应包括（但不限于）下列内容：

(1) 做好安全措施，并保证电源不会被重新接通。

(2) 检查开关、控制、连锁、保护、信号装置和其他装置的功能。

(3) 检查隔离触头的表面状况，移去手车、支起活门，目测检查触头。若其表面的镀银层磨损到露出铜，或表面严重腐蚀出现损伤或过热（表面变色）痕迹，则更换触头。

(4) 检查开关的附件和辅助设备，以及绝缘保护板，应保持干燥和清洁。

(5) 在运行电压下，设备表面不允许出现外部放电现象。这可以根据噪声、异味和辉光等现象来判断。

(6) 发现装置肮脏（若在热带气候中，盐、霉菌、昆虫、凝露都可能引起污染）时，仔细擦拭设备，特别是绝缘材料表面。用干燥的软布擦去附着力不大的灰尘。用软布浸轻度碱性的家用清洁剂，擦去黏性/油脂性脏物，然后用清水擦干净，再干燥。对绝缘材料和严重污染的元件，用无卤清洁剂。为安全起见，应遵守制造厂的使用说明和相关指南。

(7) 如果出现外部放电现象，在放电表面涂一层硅脂膜作为临时修补非常有效。

(8) 检查母线和接地系统的螺栓连接是否拧紧，隔离触头系统的功能是否正确。

(9) 手车插入系统的机构和接触点的润滑不足或润滑消失时，应加润滑剂。

(10) 给开关柜内的滑动部分和轴承表面（如活门、连锁和导向系统、丝杆机构和手车滚轮等）上油，或清洁需上油的地方，涂润滑剂。

(11) 断路器本体可按真空断路器维护指导进行。

三、低压配电柜的安装接线

在低压配电柜上的低压配电装置装有控制电器和保护电器。控制电器包括断路器、隔离开关和负荷开关。其中，断路器用于切断过载电流和短路电流；负荷开关则只能用于切、合负荷电流；隔离开关只能在无负荷时拉开作为断路点，在断路器的电源侧应装有隔离开关，以便检修时隔离开电源。

保护电器的作用通常分短路保护、过负荷保护和漏电保护三类。短路保护由熔断器或断路器中的电磁脱扣器来实现，过负荷保护可由热继电器、过电流继电器或断路器中的热脱扣器来实现，漏电保护通常由漏电继电器和断路器中的漏电脱扣器来完成。

（一）低压配电柜电器元件的选用

1. 隔离开关的选用（参阅任务三）

2. 低压空气断路器的选用（参阅任务三）

3. 交流接触器的选用

交流接触器适用于500V及以下的低压系统中，可频繁带负荷分合电动机等电路。选择交流接触器需注意以下几点。

（1）主触头的额定电流、电压。

主触头的额定电流为

$$I_{NC}=\frac{P_N}{(1\sim1.4)\ U_N}$$

式中　I_{NC}——主触头额定电流，A；

P_N——电动机额定功率，W；

U_N——电动机额定电压，V。

如接触器控制的电动机启、制动频繁或正反转频繁，应将其主触头额定电流降一级使用。

主触头的额定电压不小于负载额定电压。

（2）线圈额定电压的选择。线圈额定电压不一定等于接触器铭牌上所标的主触头的额定电压。当线路简单、使用电器少时，可直接选用380V或220V的电压；当使用电器超过5h，可用24、48V或110V电压的线圈。

（3）操作频率的选择。操作频率是指接触器每小时通断的次数。操作频率若超过该型号的规定值，应选用额定电流大一级的接触器。

4. 熔断器的选用（参阅任务三）

5. 热继电器的选用

热继电器一般作为交流电动机的过负荷保护用，常和接触器配合使用。选用热继电器需注意以下几点。

（1）类型的选择。轻载启动、长期工作的电动机及周期性工作的电动机选择两相结构的热继电器，电源对称性较差或环境恶劣的电动机可选择三相结构的热继电器，三角形连接的电动机应选用带断相保护装置的热继电器。

（2）额定电流的选择。热继电器的额定电流应大于电动机的额定电流。

（3）热元件额定电流的选择。热元件的额定电流应略大于电动机额定电流。

6. 电流互感器的选用（参阅任务三）

7. 仪表的选择

（1）电流表。常用交流电流表的选用按被测的电流大小选择电流表的量程，使量程大于被测的电流值。要求电流表指针工作在满量程分度的2/3区域内。一般条件下50A及以上的电流表或有特殊要求的电流表（如与保护装置线圈串联的电流表）都应与电流互感器配合使用。电流互感器的变比应与电流表表盘上标注的变比相同，当使用穿芯互感器时，可按穿过芯口的导线匝数调整变比，如100/5的电流互感器，当穿过芯口的导线为1匝时，变比为100/5；当穿过芯口的导线为2匝时，变比为50/5。

测量直流电流时，可选用磁电式电流表，灵敏度较高。在测量交流电流时，只能选用电磁式或电动式电流表。

对于多量程的电流表，使用时应先试用大量程，逐步由大到小，直到合适的量程（使读数超过刻度的2/3或1/2），且在改变量程时应停电，以防测量机构受到冲击。

（2）电压表。常用电压表的选用一般应使示值在表盘满刻度2/3左右，如300V应选用500V的电压表，220V应选用满刻度为300V或400V的电压表。高压电压表均与电压互感器配套使用，如6000V应选用表盘上标有6000/100的电压表。按被测电压大小选择电压表量程，电压表量程应大于被测值。

测直流电压时，要选用磁电式电压表，而电磁式和电动式电压表虽然可交直流两用，但没有磁电式灵敏度高。在选用电压表时，应考虑被测量的性质、范围及测量精度等。测量时，对于多量限电压表应先选用较大的量程测量，然后再视被测电压的大小减小量程，使读数超过刻度2/3或1/2，在改变量程时，不允许带电变换，以免使测量机构遭冲击。

（3）功率表。功率表可以测量直流电路功率和交流电路功率。功率表是电动式仪表，其测量机构是由固定线圈和可动线圈组成，所以功率表反映电压和电流的乘积。接线时固定线圈（电流线圈）与被测电路串联，可动线圈（电压线圈）与被测电路并联。

功率表的量程选择包括电流量程的选择和电压量程的选择，选用的电压和电流量程要与负载电压和电流相适应，使电流量程能通过负载电流，使电压量程能承受负载电压，从而使功率表的功率量程大于负载总功率。

（4）电能表。电能表俗称电度表、火表，用于测量电路的单相和三相有功、无功电能。

交流电能表的选用一般应按负载的大小和相数选用，单相负载选用单相电能表，三相负载选用三相电能表，三相负载和单相负载混用时可选用三相四线制电能表，负载较大时（一般条件下30A以上）要选用5A的电能表与互感器配套使用。电能表的接线必须使每个计量单元中的电流线圈串联在线路中，电压线圈并联在线路中，同时必须保证该单元中的电流、电压线圈同相。

（二）低压配电柜电器元件的安装与调整

1. 低压隔离开关（刀开关）的安装与调整

（1）刀开关的主体部分由两根支件（角钢）固定。先固定下角钢，注意槽孔对人，无孔面在下，再根据刀开关安装孔决定上角钢位置。上角钢槽孔对人，无孔面向上。

（2）刀开关应垂直安装，并注意静触头在上，动触头在下，这样可以防止刀开关打开时由于自重向下掉落而发生误动作。刀座装好后先不将螺栓拧紧。

（3）操作手柄要装正，螺母要拧紧。将手柄放到合闸位置。

（4）将手柄连杆与刀座连接起来并拧紧螺母。

（5）打开刀开关，再慢慢合上，检查三相是否同时合上，如不同时则予以调整，试合3～4次，直到三相基本一致，最后拧紧固定螺母。

（6）检查触刀与静触头是否接触良好。如接触面不够，应将手柄连杆收短，如果有回弹现象，则适当放长。

2. 低压空气断路器的安装与调整

（1）低压空气断路器应垂直安装，安装件也是角钢。先固定上角钢，长槽孔对人，有小孔的面朝上，安装高度视具体情况而定，下角钢位置由开关孔距确定。

（2）注意开合位置，“合”在上，“分”在下，操作力不应过大。

（3）触头在闭合、断开过程中，可动部分与灭弧室的零件不应有卡阻现象。应将铁芯极面上的防锈油擦净。

3. 接触器的安装与调整

（1）安装前应先检查线圈的电压与电源的电压是否相符；各触头接触是否良好，有无卡阻现象。最后将铁芯极面上的防锈油擦净，以免油垢黏滞造成不能释放的故障。

（2）接触器安装时，其底面应与地面垂直，倾斜角小于5°。

（3）CJO系列交流接触器安装时，应使有孔两面放在上、下位置，以利于散热。

（4）安装时切勿使螺钉、垫圈落入接触器内，防止造成机械卡阻或短路故障。

（5）检查接线正确无误后，应在主触头不带电的情况下，先使线圈通电分合数次，查其动作是否可靠，然后才可投入使用。

4. 熔断器的安装与调整

熔断器是低压电路及电动机控制线路中做过负荷和短路保护的电器。它串联在电路中使线路或电气设备免受短路电流或很大的过负荷电流的损害。

（1）先将熔断器安装在安装支架上，在底座和安装件间要加纸垫，注意安装螺钉不要旋太紧，然后将安装支架装到盘上。

（2）螺旋式熔断器安装时，应将电源进线接在瓷底座的下接线端上，出线应接在螺纹壳的上接线端上。

（3）安装熔丝时，应将熔丝顺时针方向弯曲，压在垫圈下，以保证接触良好。必须注意不能使熔丝受到机械损伤，以免减少熔体面积产生局部发热而造成误动作。

（4）更换熔丝时，应先切断电源。一般情况下不要带电拔出熔断器，确需带电拔出熔断器时也应先切除负荷。

5. 热继电器的安装和调整

（1）安装前，应清除触头表面尘污，以免因接触电阻太大或电路不通而影响动作性能。

（2）按产品说明书中规定的方式安装。应注意将其安装在其他电器下方，以免其他电器的发热影响热继电器的动作性能。

（3）热继电器出线端导线的材料和粗细均影响到热元件端触头的传热量，过细的导线可能使热继电器提前动作，过粗则滞后动作。额定电流为10A和20A的热继电器分别采用截面积为2.5mm^2和4mm^2的单股铜芯塑料线；额定电流为60A和150A时，则分别采用截面积为16mm^2和35mm^2的多股铜芯橡皮软线。

6. 电流互感器的安装与调整

（1）电流互感器的一次侧L1、L2应与被测回路串联，二次侧K1、K2应与各测量仪表串联。L1与K1为同极性端（同名端），安装和使用时应注意极性正确，否则可能烧坏电流表。

（2）LMZ型穿芯互感器直接装在角钢上。角钢的无孔面向上，电流互感器的接线端子应朝上。

（3）使用中不得使电流互感器二次侧开路，安装时二次侧接线应保证接触良好和牢靠。二次侧不得串入开关或熔断器。

（4）电流互感器的铁芯应可靠接地，电流互感器二次侧一端要接地。

7. 常用电表的安装接线

在此主要介绍交流电能表的测量接线，注意使用互感器和不使用互感器的接线区别。

电能表的接线必须使每个计量单元中的电流线圈串联在线路中，电压线圈并联在线路中，同时必须保证该单元中的电流、电压线圈同相。

图 7-13 所示为常见不带电流互感器的电能表接线方式。图 7-14 所示为带有互感器的交流电能表测量接线。

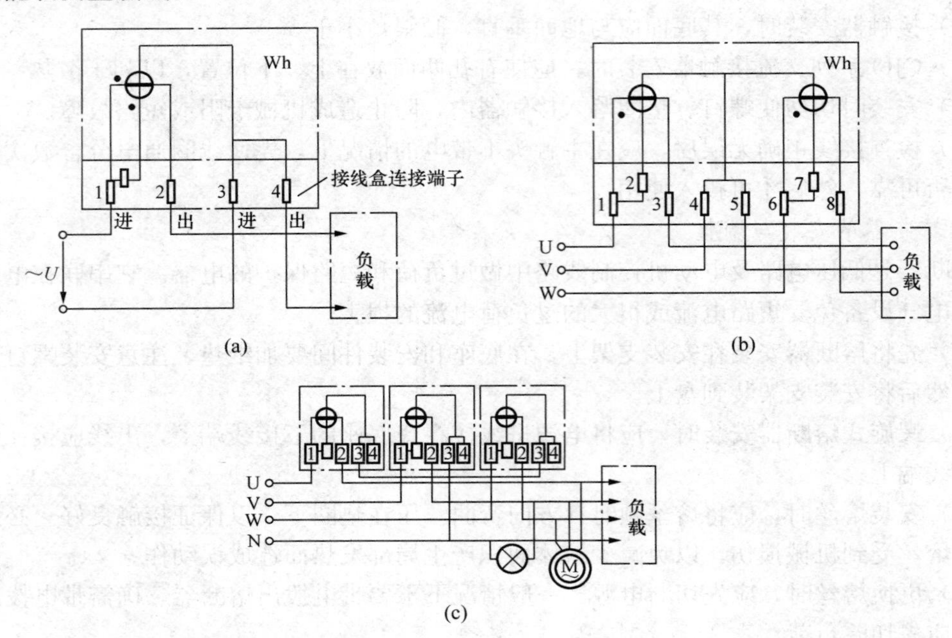

图 7-13　常见不带互感器的电能表接线方式

(a) 单相电能表接线方式；(b) 三相三线制电能表接线方式；

(c) 三相四线制电能表接线方式

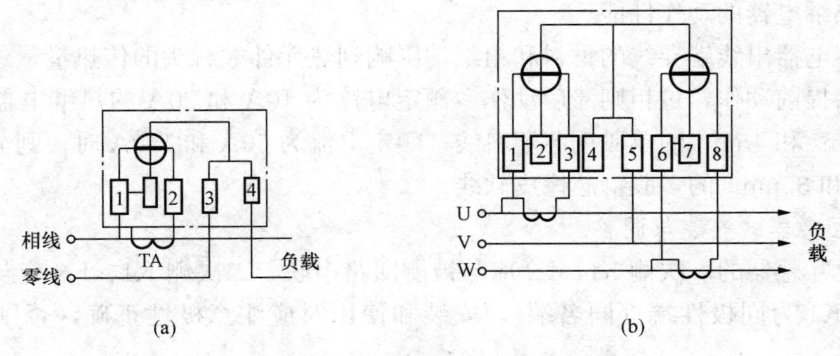

图 7-14　带有互感器的交流电能表测量接线（一）

(a) 有电流互感器的单相交流电能表的接线；

(b) 有电流互感器的三相三线制电能表的接线

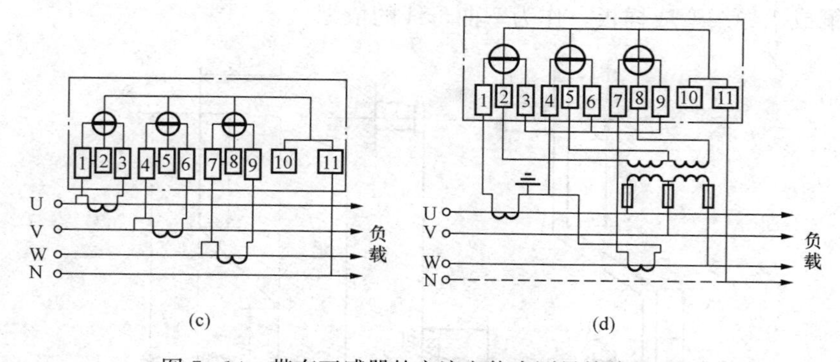

图 7-14　带有互感器的交流电能表测量接线（二）
（c）有电流互感器的三相四线制电能表的接线；
（d）有电流互感器和电压互感器的三相四线制电能表的接线

（三）一次线的加工与安装

一次线（母线）也称汇流排，按材料不同有铜、铝两种。

1. 母线的选择

某段母线的规格应以其下端的电气元件的额定电流作为选择依据，所选母线允许载流量应大于或等于其下端电器的额定电流。常用母线选择表见表 7-3。

表 7-3　　常用母线选择表

电器额定电流/A	铝		铜	
	母线规格［宽（mm）×厚（mm）］	允许载流量/A	母线规格［宽（mm）×厚（mm）］	允许载流量/A
200 以下	15×3	134	15×3	170
200	25×3	213	20×3	223
250	30×4	294	25×3	277
400	40×5	440	40×4	506
600	50×6	600	50×5	696
1000	80×8	1070	60×8	1070
1500	100×10	1475	80×10	1540

2. 母线的加工

母线的加工步骤大致分为校正、测量和下料、弯曲、钻孔、表面处理等工序。

（1）校正。母线本身要求很平直，所以对于弯曲不直的母线应进行校正。校正最好由母线校正机进行，也可手工将弯曲的母线放在平台或槽钢上，用硬木锤敲打校正，也可用垫块（铜、铝、木垫块均可）垫在母线上用大锤敲打。敲打时用力要适当，不能过猛。

（2）测量和下料。在施工图纸上一般不标母线加工尺寸，因此在母线下料前，应到现场实测出实际需要的安装尺寸。测量工具为线锤、角尺、卷尺等。图 7-15 以在两个不同垂直面上安装的母线为例进行介绍，测量时，先在两个绝缘子与母线接触面的中心各放两个线锤，用卷尺量出两线锤的距离 A_1 和绝缘子中心线距离 A_2。而 B_1 和 B_2 的尺寸则可根据实际需要选定，以施工方便为原则。然后将测得的尺寸在木板或平台上划出大样，也可以用截面

积 $4mm^2$ 的铜或铝导线弯成样板，作为弯曲母线的依据。

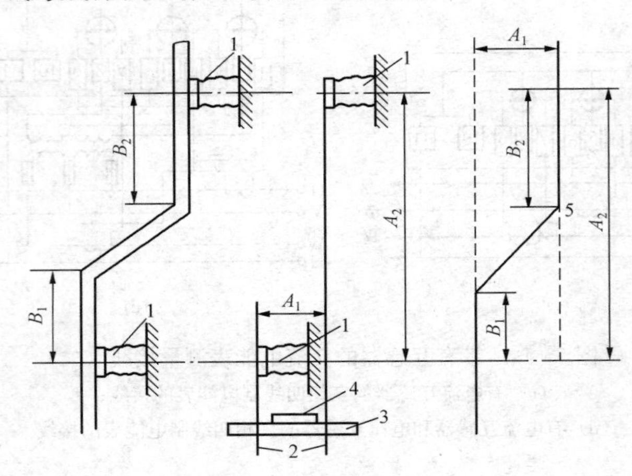

图 7-15　测量母线安装尺寸

1—支持绝缘子；2—线锤；3—平板尺；4—水平尺

下料时应注意节约、合理用料。为了检修时拆卸母线方便，可在适当地点将母线分段，用螺栓连接，但这种母线接头不宜过多，否则不仅浪费人力和材料，还增加了事故点。其余接头采用焊接。

(3) 弯曲。矩形母线的弯曲，通常有平弯、立弯和扭弯（麻花弯）三种，如图 7-16 所示。图中 δ 为母线厚度，a 为母线宽度；R 为弯曲半径。

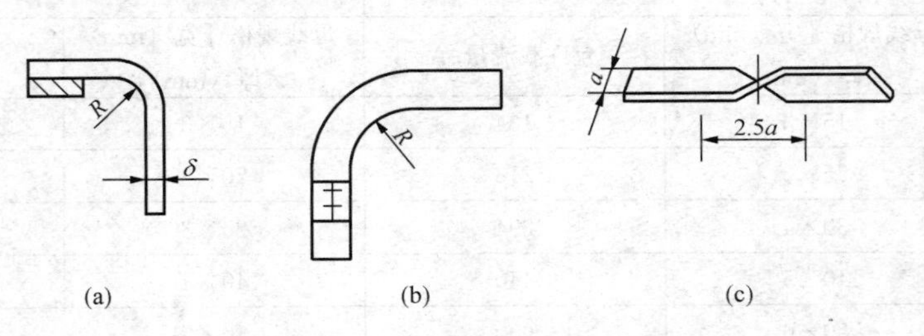

图 7-16　矩形母线的弯曲

(a) 平弯；(b) 立弯；(c) 扭弯

1) 平弯。平弯可采用平弯机，弯曲小型母线时也可用虎钳弯曲。母线平弯的最小允许弯曲半径见表 7-4。

2) 立弯。立弯可采用立弯机，母线立弯的最小允许弯曲半径见表 7-5。

表 7-4　母线平弯的最小允许弯曲半径

母线截面积	最小弯曲半径		
	铜	铝	钢
50mm×5mm 以下	2δ	2δ	2δ
120mm×10mm 以下	2δ	2.5δ	2δ

表 7-5　母线立弯的最小允许弯曲半径

母线截面积	最小弯曲半径		
	铜	铝	钢
50mm×5mm 以下	$1a$	$1.5a$	$0.5a$
120mm×10mm 以下	$1.5a$	$2a$	$1a$

3）扭弯。扭弯可用扭弯器进行。扭弯90°时扭弯部分的全长应不小于母线宽度的2.5倍［如图7-16（c）所示］。用扭弯器冷弯的方法只适用于100mm×8mm以下的铝母线，超过这个范围就需要将母线弯曲部分加热后再进行弯曲。母线的加热温度，铜为350℃左右，铝为250℃左右。

（4）钻孔。凡是螺栓连接的接头，首先应在母线上钻孔。钻孔步骤为：①按尺寸在母线上划线；②在孔中心用冲头冲眼；③用电钻或台钻钻孔，孔眼直径不大于螺栓直径1mm，孔眼要垂直；④钻好孔后，除去孔口毛刺。

（5）表面处理。铝母线表面处理步骤为：①碱洗（放入NaOH溶液处理），有条件也可搪锡；②母线表面涂漆，注意接触面不涂；③在钢轮上抛光或用锉刀锉去接触面氧化层，再涂一层中性凡士林油，如不立即安装，接头应用纸包好。

铜母线表面处理步骤为：①用压床压平，或用锉刀将接触面锉成粗糙而平坦的形状；②放入酸溶液中处理；③镀锡；④母线表面涂漆，接触面不涂；⑤铝和铜连接时，两种材料都应镀锡，至少铜必须镀锡，如镀锡不方便时，必须在接触面之间加镀锡的薄铜片。

3. 母线的安装

母线安装的一般规定如下：

（1）母线的漆色及安装时的相序位置规定见表7-6。

表7-6　母线的漆色及安装时的相序位置规定

组别	漆色	相互位置		
		垂直布置	水平布置	引下线
U	黄	上	后	左
V	绿	中	中	中
W	红	下	前	右

（2）母线与母线、母线与盘架之间的距离应不小于20mm。

（3）当母线工作电流大于1500A时，每相母线的支持铁件及母线支持夹板零件（如双头螺栓、连接片垫板等）应不使其构成闭合磁路。

（4）母线跨径太长时，为防止振动和电动力造成短路，需加母线夹固定。

硬母线除了采用焊接外，大都采用螺栓连接。母线采用螺栓连接时，螺栓连接处加弹簧垫圈及平垫圈，平垫圈应选用专用厚垫圈，螺栓、平垫圈及弹簧垫必须用镀锌件。

1）螺栓安装时，如母线平放，则螺栓由下向上穿；其余情况，螺母要装在便于维护的一侧。螺栓两侧都应放置平垫圈，螺母侧加装弹簧垫圈，两螺栓垫圈间应有3mm以上的间距，以防止构成磁路造成发热。拧紧螺栓时，应逐个拧紧，且掌握松紧程度，一般以弹簧垫圈压平为宜。拧紧后的螺杆应露出螺母3～5扣。

2）母线的接触部分应保持紧密结合，可用0.05mm×10mm的塞尺检查接触面间隙，其塞入深度应小于5mm，否则应重新处理。

3）母线用螺栓连接后，应将连接处外表面油垢擦净，在接头的表面和缝隙处涂2～3层能产生弹性薄膜的透明清漆，使接点密封良好。

4）母线与设备端子连接时，如母线为铝材而端子是铜材，应使用铜铝接头。在母线与端子连接处，任何情况下不能使设备端子产生机械应力，为此通常将引出母线弯曲一段，以便温度变化时可以伸缩。

（四）盘内配线

在配电盘电器元件和母线全部安装完毕后，可进行盘内配线工作。配线开始前应仔细阅读安装接线图和屏面布置图，并与展开图、原理图相对照，弄清细节后才能按图配线。

1. 盘内配线的要求

（1）接线应按图进行，准确无误。线路布置应横平竖直、整齐美观、清晰。导线绝缘良好且无损伤。电气回路的连接应牢固可靠。

（2）除图纸有要求外，一般选用单根铜芯塑料导线。当导线两端分别连接固定部分和可动部分（如配电盘门）时，应采用多芯软导线，并留有适当余量，其导线线束应有加强绝缘层，如外套塑料管等。在与电器连接时，其端部应绞紧，不得松散或断股，在可动部分的两端应用卡子固定。

（3）电流回路应采用电压不低于500V的铜芯绝缘导线，其截面积不应小于2.5mm²；其他回路配线不应小于1.5mm²；对电子元件回路、弱电回路采用锡焊连接时，在满足载流量和电压降及有足够机械强度的情况下，可采用截面积不小于0.5mm²截面的绝缘导线。

（4）盘内电器之间一般不经过接线端子而用导线直接连接，导线中间不应有接头，当需要接入试验仪表仪器时，应通过试验型端子连接。

（5）盘内各电器与盘外设备连接时，应通过端子排。端子排与盘面电器的连接线一般由端子排里侧或上侧（分别对应端子排竖放或横放）引出。端子排与盘外设备、盘后附件、小母线的连接线则一般由端子排外侧或下侧引出。每个连接端子一般只连接两根导线，即端子上、下侧（或里、外侧）各一根。当端子的任一侧螺栓下必须压入两根导线时，两导线间应加装一垫圈。

（6）配线走向力求简捷明显，横平竖直。同一排电器的连接线应汇集到同一水平线束，然后转变为垂直线束，再与下一排电器的连接线汇总成为较粗的垂直线束，当总线束走至端子排区域时又按上述相反次序分散到各排端子排上。

（7）所配导线的端部均应标明其回路编号，其编号应正确，与安装接线图一致，字迹清楚不易脱色。导线标号的放置及读字方法为：横放，从左到右读字；竖放，从下到上读字。

2. 导线的敷设方法

（1）敷线前应根据安装接线图确定导线的敷设方位，确定敷设走向。为了不使接线混乱，避免导线在接线时交叉，在敷线前应根据安装接线图和二次元件分布位置进行排列接线。接线的长短要根据实际元件的位置量线，切割导线时应将线拉直，每个转弯处都要量，最后放一定的余量（17cm左右）。裁完的线应整齐放好，不得弯曲。

（2）在裁好的导线两端套上根据安装接线图写好的导线标号。然后按确定的排列编成线束，线束可用8～12mm宽的镀锌铁皮做成的带扣抱箍绑扎，也可用绑扎线绳扎。在线束导线较少时，把铝皮当作卡子来绑扎。

线束可绑扎成长方形或圆形。图7-17所示为绑扎好的一个线束。

（3）线束的卡固应与弯曲配合进行，导线的弯曲半径一般为导线直径的3倍。线束弯曲时应从弯曲的里侧到外侧依次弯曲，逐根贴紧（如图7-17所示）。线束分支时，必须先卡固再进行弯曲，每一转角处都必须绑扎卡固。导线弯曲时不允许使用尖嘴钳、克丝钳，而应采用手指或弯线钳，以免损坏导线绝缘和芯线。

（4）为简化配线工作，常将导线敷设在线槽内。线槽的结构如图7-18所示，它一般与配电盘一起制成。线槽固定在配电盘上，配线时将线放在槽内并绑扎成束，接至端子排的导线由线槽侧面的穿眼孔中引出。

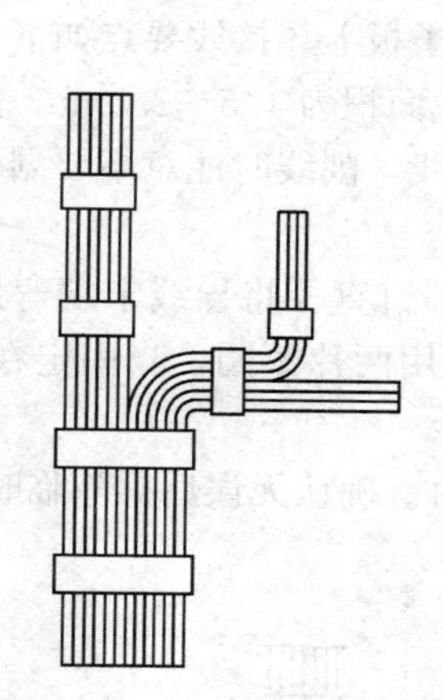

图 7-17　线束的绑扎与弯曲

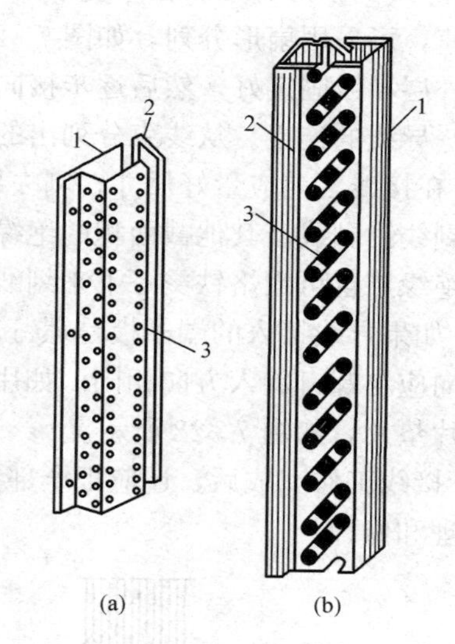

图 7-18　穿孔线槽

(a) 钢线槽；(b) 塑料线槽

1—线槽底座；2—线槽盖；3—穿线孔

3. 导线的分列和连接

(1) 导线的分列。导线的分列是指导线由线束引出并有次序地接向端子。在进行分列前，应校对导线的标号与端子标号是否相符。导线分列时，应注意工艺美观，并应使引至端子上的线端留有一个弹性弯，以免线端或端子受到应力。导线分列一般有以下几种。

1) 单层导线的分列。当接线端子数量不多，而且位置比较宽裕时，可采用单层导线分列，如图 7-19 所示。

2) 多层导线的分列。在位置狭窄的情况下，大量的导线要引向端子时，常采用多层导线分列，如图 7-20 所示。图中，在端子板的附近导线分为 3 层，第 1 层的 4 根导线接入 1～4号端子；第 2 层和第 3 层的导线则分别接入 5～8 号和 9～12 号端子。

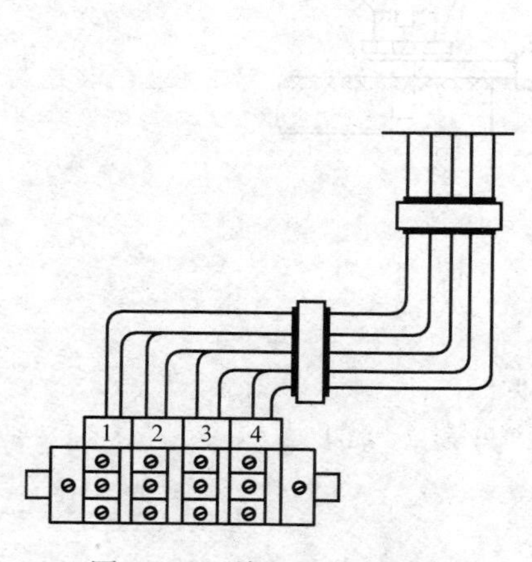

图 7-19　单层导线的分列

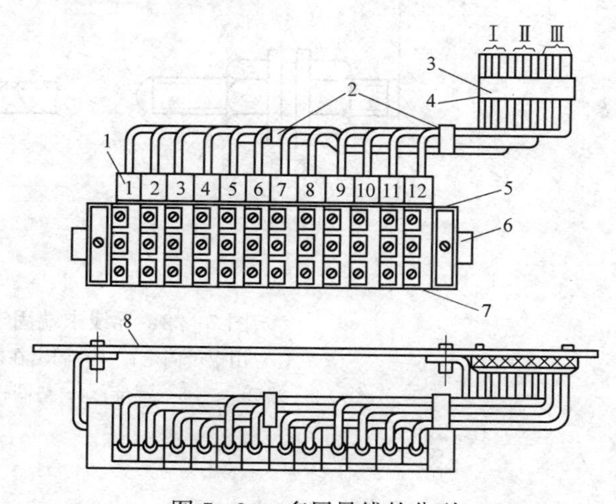

图 7-20　多层导线的分列

1—编号牌；2—绑带；3—线夹；4—绝缘层；5—空白端子；6—端子板条；7—组合端子板；8—配电盒

3）导线的扇形分列。在不复杂的单层或双层配线时，如要求配线连接有很好的外形并安装迅速，可采用扇形分列，如图 7-21 所示。这种方式应注意导线的校直，连接时首先将两侧最外层导线固定好，然后逐步接向中间，注意所有导线的弯曲应一致。

（2）导线的连接。从线束分列出的导线，应接到端子板上。接线要点如下：

1）在接线之前应量好尺寸，剥去导线的绝缘层。截面积为 1.5～2.5mm² 的塑料线应尽量采用剥线钳剥线。其他截面积的绝缘线可用电工刀削线，削线时注意不要划伤导线芯，塑料线的绝缘层也可用烙铁烫一下来划线。

2）如果导线接入的端子板是螺钉连接，则应根据螺钉直径将导线末端弯成一个环，其弯曲方向应与螺钉旋入方向相同。如用螺母固定时，要用两片垫圈；当固定在螺钉头下时，则用一片垫片，如图 7-22 所示。

3）接线工作完成后，还应把全部接线进行一次校对。确认无误后拆除临时线卡和标志，进行清理和修饰。

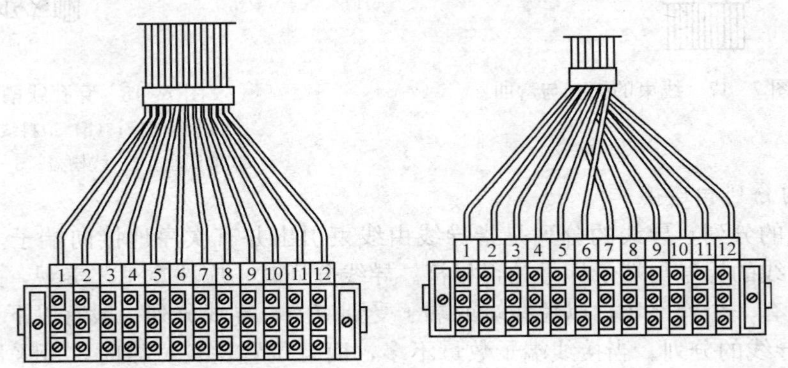

图 7-21 导线的扇形分列

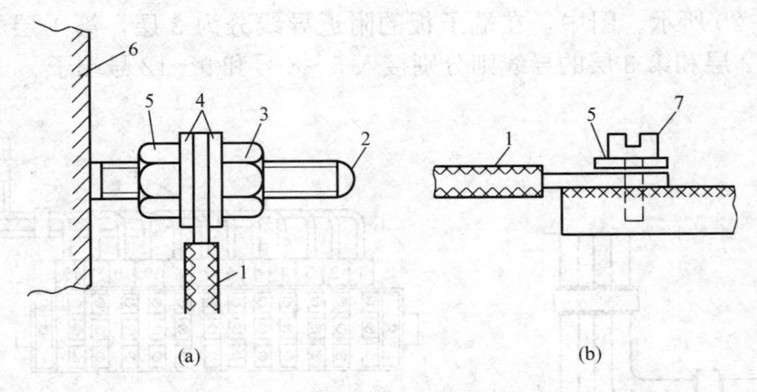

图 7-22 导线末端固定法

（a）用螺母固定；（b）固定在螺钉头下

1—导线；2—螺钉；3、5—螺母；4—垫圈；6—继电器；7—螺钉

任务释疑

根据任务导入中的原理接线图 7 - 2，绘出实际接线图 7 - 23。低压配电柜总屏二次接线线路图如图 7 - 24 所示。低压配电柜动力分屏和照明分屏的二次接线线路图，如图 7 - 25 所示。低压配电柜二次接线线路电器元件表见表 7 - 7。电流表与电流互感器应该相匹配，电流

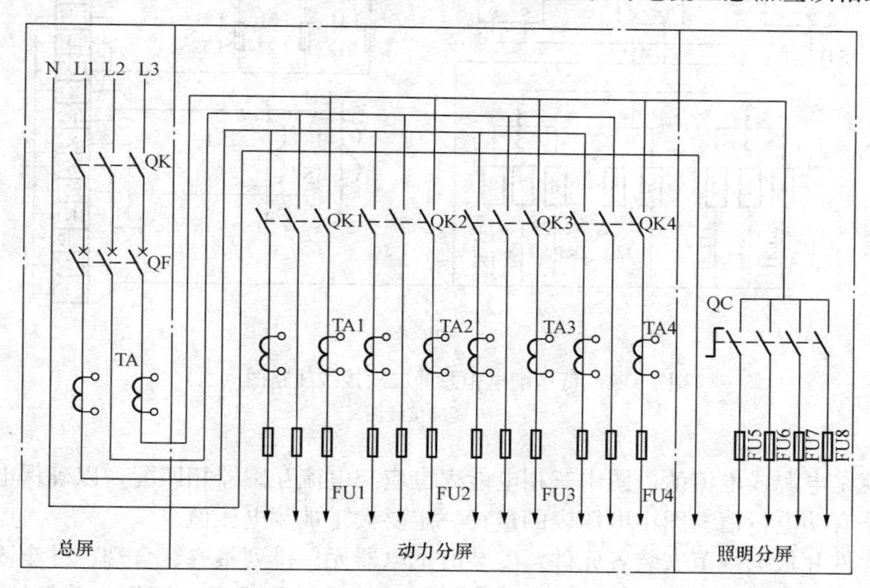

图 7 - 23　低压配电柜一次实际接线线路图

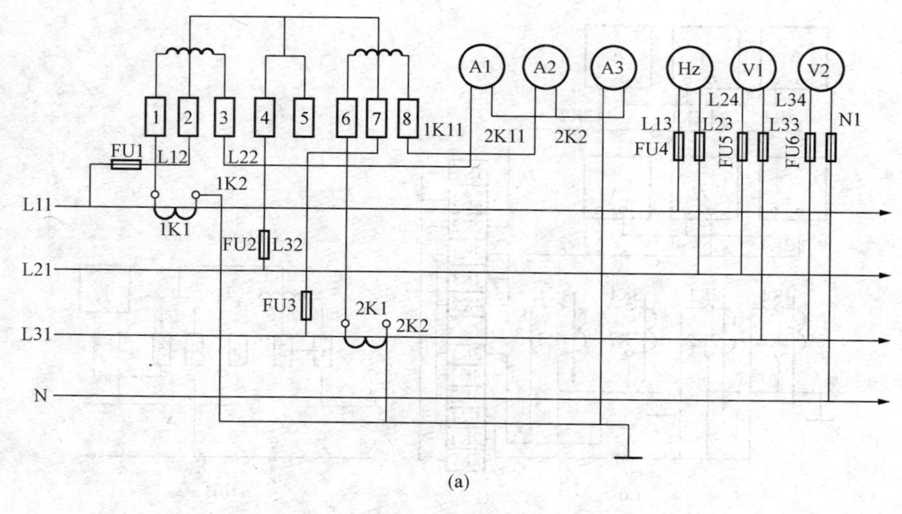

图 7 - 24　低压配电柜总屏二次接线线路图（一）

(a) 原理接线图

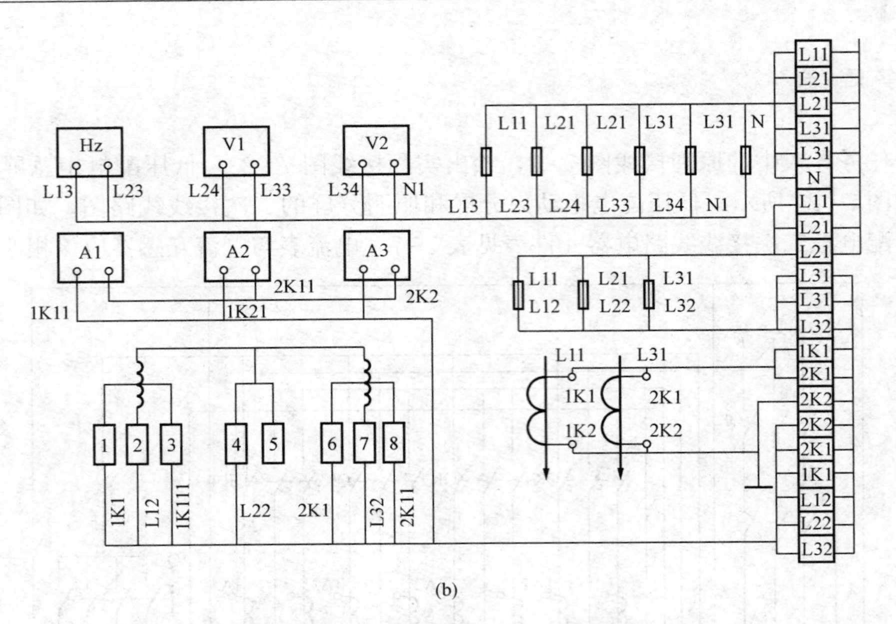

(b)

图 7-24 低压配电柜总屏二次接线线路图（二）

（b）实际接线图

表的读数就是电源线电流值。图中三相电能表也应与电流互感器相匹配，以确保电能表的读数就是电路有功电量值。图中电压表的量程一定要大于被测电压值。

选择元件并根据规范安装各元件。安装时把电器元件排列整齐、合理，并牢固安装在配电盘上。板面母线导线必须垂直、整齐、合理，各接点必须紧密、可靠，并保持板面整洁。安装完毕后，应仔细检查是否有误，如有应及时改正。

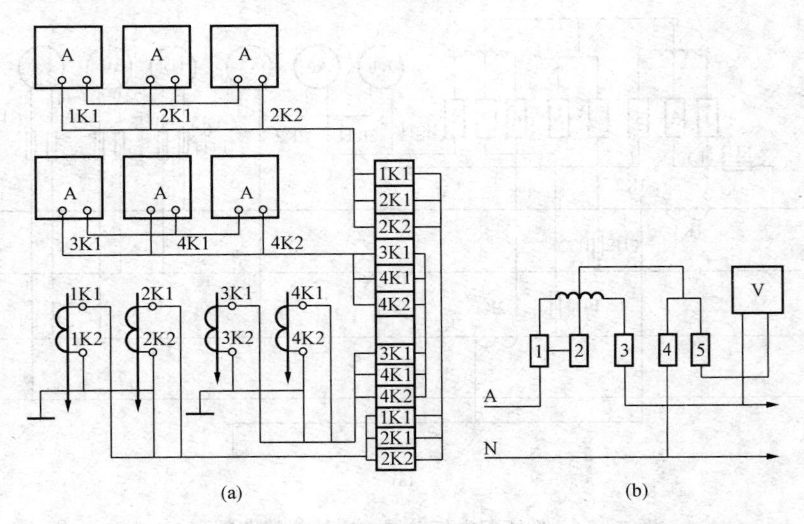

图 7-25 低压配电柜动力分屏和照明分屏的二次接线线路图

（a）动力分屏二次接线线路图；（b）照明分屏二次接线线路图

表 7-7　低压配电柜二次接线线路电器元件表

序号	符号	名称	型号	规格	数量
1	PJ	三相三线制有功电能表	DS15	3×380V，5A	1
2	PV	交流电压表	ITI-V	500V	2
3	PA	交流电流表	ITI-A	200/5	3
4	TA	电流互感器	QLG-0.5	200/5	2
5	TA1-TA8	电流互感器	QLG-0.5	100/5	8
6	FU1-FU3	熔断器	RL1-15	熔芯　5A	3
7	FU4-FU6	熔断器	RL1-15	熔芯　15A	4
8	PA	电流表	ITI-A	100/5	12
9	PJ	单相有功电能表	DS8	200V，40A	1
10	PF	频率表	19D1-Hz	380V	1

基础训练

用文字、数字或公式使以下内容变得完整。

1. 成套配电装置按＿＿＿＿＿可分为高压成套配电装置和低压成套配电装置。

2. 低压成套配电装置通常只有＿＿＿＿＿式一种，高压开关柜则有＿＿＿＿＿式和＿＿＿＿＿式两种。

3. 高压成套配电装置又称＿＿＿＿＿。

4. 高压成套配电装置按主要设备的安装方式分为＿＿＿＿＿和＿＿＿＿＿。

5. 开关柜在结构设计上要求具有＿＿＿＿＿功能。

6. 刀开关仅用来＿＿＿＿＿时，应选用无灭弧装置的；而用来＿＿＿＿＿时，则应选用有灭弧装置的。

7. 刀开关的额定电流应＿＿＿＿＿所控制的各支路负载额定电流的总和。

8. 低压断路器额定电压＿＿＿＿＿线路额定电压。

9. 低压断路器额定电流＿＿＿＿＿线路计算负载电流。

10. 低压断路器的极限通断能力不小于＿＿＿＿＿。

11. 脱扣器额定电流不小于＿＿＿＿＿。

12. 欠电压脱扣器额定电压＿＿＿＿＿线路额定电压。

13. 选择照明用断路器时，长延时电流整定值＿＿＿＿＿线路计算负载电流。

14. 照明用断路器的选择瞬时动作整定值不小于＿＿＿＿＿倍线路计算负载电流。

15. 常用交流电流表的选用按被测的电流＿＿＿＿＿选择电流表的量程。

16. 要求电流表指针工作在满量程分度的＿＿＿＿＿区域内。

17. 一般条件下＿＿＿＿＿A 及以上的电流表或有特殊要求的电流表都应与电流互感器配合使用。

18. 常用的电压表的选用一般应使示值在表盘满刻度＿＿＿＿＿左右。

19. 测直流电压时，要选用＿＿＿＿＿式电压表。

20. 测量时，对于多量限电压表应先选用＿＿＿＿＿量程测量。

21. 功率表是电动式仪表，其测量机构是由固定线圈和可动线圈组成，接线时_________线圈与被测电路串联，_________线圈与被测电路并联。

22. 功率表的量程选择包括_________量程的选择和_________量程的选择。

23. 交流电能表的选用一般应按_________的大小和_________选用。

24. 三相负载和单相负载混用时可选用_________电能表。

25. 负载较大时（一般情况下_________A以上）要选用5A的电能表与互感器配套使用。

26. 电能表的接线必须使每个计量单元中的电流线圈_________在线路中，电压线圈_________在线路中，同时必须保证该单元中的电流、电压线圈_________。

27. 刀开关的主体部分由两根支件（角钢）固定。先固定_________角钢，注意槽孔对_________，无孔面在_________，再根据刀开关安装孔决定上角钢位置。上角钢槽孔对_________，无孔面向_________。

28. 刀开关应_________安装，并注意_________在上，_________在下。

29. 低压断路器应_________安装，安装件也是角钢。先固定_________角钢，长槽孔对_________，有小孔的面朝_________，安装高度视具体情况而定，_________角钢位置由开关孔距确定。

30. 低压断路器的开合位置，_________在上，_________在下。

31. 接触器安装时，其_________应与地面垂直，倾斜角小于_________。

32. CJO系列交流接触器安装时，应使_________放在上、下位置，以利于散热。

33. 螺旋式熔断器安装时，应将电源进线接在瓷底座的_________接线端上，出线应接在螺纹壳的_________接线端上。

34. 安装熔丝时，应将熔丝_________时针方向弯曲，压在垫圈下，以保证接触良好。

35. 安装热继电器时，应注意将其安装在其他电器_________方，以免其他电器的发热影响热继电器的动作性能。

36. 热继电器出线端导线的材料和粗细均影响到热元件端触头的传热量，_________的导线可能使热继电器提前动作，_________则滞后动作。

37. 额定电流为10A和20A的热继电器分别采用截面积为_________mm^2和_________mm^2的单股铜芯塑料线。

38. 额定电流为60A和150A的热继电器分别采用截面积为_________mm^2和_________mm^2的多股铜芯橡皮软线。

39. L1与K1为同极性端（同名端），安装和使用时应注意极性正确，否则可能烧坏电流表。

40. LMZ型穿芯互感器直接装在角钢上。角钢的_________向上，电流互感器的接线端子应朝_________。

41. 使用中不得使电流互感器二次侧_________，二次侧_________串入开关或熔断器。

42. 电流表应_________在被测电路中。

43. 电压表一定与负载_________。

44. 交流电压表的接线是不分极性的，但在一个系统中，所有电压表的接线应是________。

45. 交流电流表的接线是不分极性的，在一个系统中，所有电流表的接线必须是________。

46. 功率表接线时固定线圈与被测电路________，可动线圈与被测电路________。

47. 母线的漆色的相序规定：U、V、W分别为________、________、________。

48. 母线安装位置如为垂直布置，U、V、W分别为________；如为水平布置，U、V、W分别为________。

49. 母线与母线、母线与盘架之间的距离应不小于________mm。

50. 螺栓安装时，如母线平放，则螺栓________穿；其余情况，螺母要装在________的一侧。

51. 盘内电器之间一般不经过________，而用导线直接连接，导线中间不应有接头，当需要接入试验仪表仪器时，应通过________连接。

52. 盘内各电器与盘外设备连接时，应通过________。

53. 端子排与盘面电器的连接线一般由端子排________侧或________侧（分别对应端子排竖放和横放）引出。

54. 端子排与盘外设备、盘后附件、小母线的连接线一般由端子排________侧或________侧引出。

55. 每个连接端子一般只连接________根导线，即端子上、下侧（或里、外侧）各________根。

56. 电流互感器的一次侧L1、L2应与________串联，二次侧K1、K2应与________串联。

技能训练

（一）技术准备工作

（1）施工前必须熟悉施工图，因为施工图是电气施工的依据，施工图包括平面布置图和必要的安装图及附属设计图的施工说明、主要设备及材料等。

（2）施工人员必须掌握国家规定的常用电气图形符号及文字符号的含义，此外必须掌握表示电气设备、线路、元件的特征和敷设方式及文字符号的含义。

（3）电气原理图和安装接线图分别表示了电气主电路和控制电路的原理及安装接线情况。看图时必须先弄清电路的工作原理，再看电气元件的实际安装及排列情况。

（4）需熟悉电气配线的基本规范和要求。

（二）常用工具及仪器仪表的准备

（1）电气安装的常用工具有电工刀、常用尺寸的十字螺钉旋具和一字螺钉旋具、克丝钳、尖嘴钳及配线用平口钳、手电钻等。

（2）常用的仪表为万用表及绝缘电阻表等。

（三）常用电气元件的安装和施工

1. 自动空气开关的安装

（1）自动空气开关应垂直于地面安装在开关箱内，其上下接线端必须使用按规定选用的导线连接。裸露在箱体外部容易触及的导线端子应加绝缘保护。

(2) 自动空气开关与熔断器配合使用时，熔断器应尽可能安装于自动空气开关之前。

(3) 电动操动机构的接线应正确，触头在闭合、断开过程中，可动部分与灭弧室的零件不应有卡阻现象。

2. 熔断器的安装

(1) 对于 RL 型熔断器，应将电源线接到瓷底座的下接线端，对于 RM 型及 RT0 型熔断器，应垂直安装于配电柜中。

(2) 安装熔断器时，应使熔体和接线端、熔体和插刀、插刀和刀座接触良好，更换熔丝时应切断电源，并应换上相同规格的熔丝。

3. 热继电器安装

(1) 安装热继电器时，其出线端的连接导线应符合规定。如选择的连接导线过细而使轴向导热差，热继电器可能提前动作；如选择的连接导线过粗，轴向导热快，热继电器可能滞后动作。热继电器和连接导线的选择参考表 7-8。

表 7-8　热继电器和连接导线规格表

热继电器规定电流/A	连接导线截面积/mm^2	连接导线种类
10	2.5	单股塑料铜芯线
20	4	单股塑料铜芯线
60	16	多股塑料铜芯线
150	35	多股塑料铜芯线

(2) 热继电器只能作为电动机的过负荷保护，而不能做短路保护用。安装时应先清除触头表面的尘污，使触头动作灵活，接触良好。

(3) 热继电器如和其他电器设备安装在一起，应将热继电器安装在其他电器下方，以免受其他电器发热的影响，产生误动作。

(4) 对点动重载启动、连续正反转及反接制动等运行的电动机，一般不适宜用热继电器做过负荷保护。

4. 交流接触器的安装

(1) 先检查交流接触器的型号、技术数据是否符合使用要求，再将铁芯截面上的防锈油擦拭干净。

(2) 检查各活动部分（无卡阻、歪扭现象）和各触头（应接触良好）。

(3) 安装时要求交流接触器与地面垂直，倾斜度不得超过 5°。

(四) 电气配线

1. 电气配线的基本要求

(1) 在配线前一定要根据要求选择出合适的导线，即导线的种类和线径都应符合要求。

(2) 在电气箱内配线时如果不是槽板配线方式，要求必须横平竖直，在导线的两端都必须统一编号，而且编号必须与原理图和接线图一致。套在导线上的线号，要用记号笔书写或用打号机打出，应工整清楚，以防误读。

(3) 功能不同的导线尽量选用不同的颜色进行区分，以便调试和维修。

(4) 在控制箱与被控设备之间的导线一般用穿管的方式进行敷设，管路的敷设布置应做到不易受到损伤、整齐美观、连接可靠、节省材料、穿线方便等。

（5）在所有的安装完成后，要进行全面的检查，根据线路的原理图和接线图进行核对，以保证线路的正确性。

2. 配线工艺

（1）导线与器件的连接。导线与其他器件如接触器、继电器等连接时，根据器件接线柱的方式不同，要采用不同的方法，如图 7-26 所示，是单股导线在螺杆式接线柱上的连接情况。一定要注意导线头弯成环状，环的方向与螺母旋紧的方向一致。

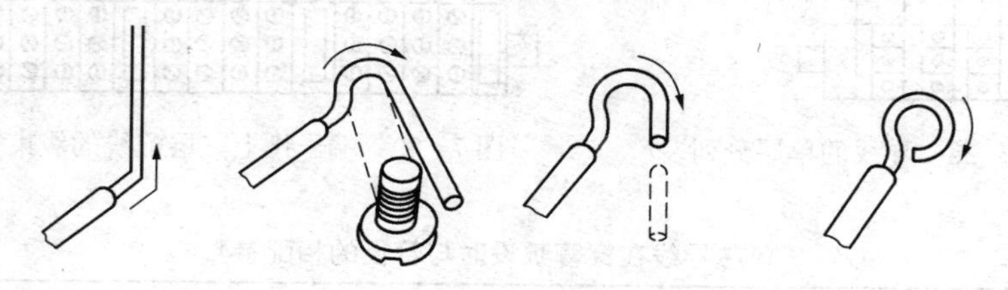

图 7-26　单股的压接方法

图 7-27 所示为两根以上导线在瓦形接线柱上连接的情况，在放置时必须注意两根导线头的弯向不同，而且上方导线的弯向要与螺栓旋紧的方向一致。这样在旋紧螺栓时，导线是压紧的，否则导线就会随螺栓的旋紧而松脱。

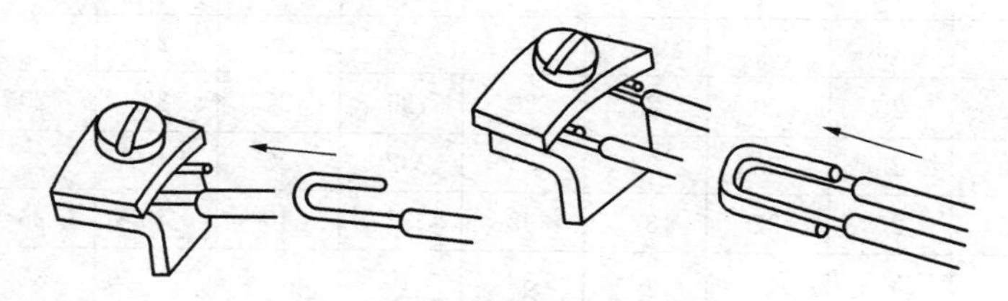

图 7-27　两根导线在瓦形接线柱上的连接

（2）导线在端子排上的排列工艺。多根导线在端子排上排列时也有工艺要求。当接线端子不多且位置较宽时，可采用单层分列法，如图 7-28 所示，为使导线分列整齐美观，分列时一般从外侧端子开始，依次将导线接在相应的端子上，并使导线横平竖直。这样不但美观，也便于日后的维修。

当位置较窄、接向端子的导线较多时，可采用多层分列法排列导线，图 7-29 所示为三层分列法排列的导线。第一层的导线接入编号为 1、2、3、4 的端子，第二层的导线接入编号为 5、6、7、8 的端子，第三层的导线接入编号为 9、10、11、12 的端子，这样尽量使端子排列整齐、美观。

（3）导线的穿管敷设。

1）穿管敷设时对管径及管材的要求。在通常情况下，电气控制箱与被控对象都有一定距离，所以导线还有可能跨越各种建筑物或埋入地下。如果是电缆，则从电缆沟敷设；如是普通导线，则都必须穿管敷设。单芯导线在穿管敷设时对管子有一定要求，在控制箱内部敷设采用塑料管或金属软管，也可采用绝缘捆扎。外部的敷设采用金属软管，对于受拉压的地方，如悬挂操纵箱，一般采用橡皮管电缆套；可能受机械损伤的地方和电源引入线等处，则采用钢管。管路的敷设布置应做到不易受到损伤、整齐美观、连接可靠、节省材料、穿线方便等。尤其是对管径有一定要求，表 7-9 列出了单芯导线在穿管敷设时与管径的相配参数。

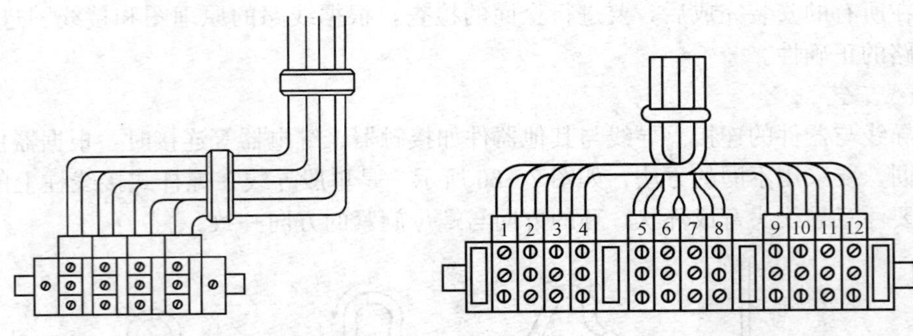

图 7-28 导线的单层分列　　图 7-29 端子排上三层配线的线束分列

表 7-9 单芯导线在穿管敷设时与管径的相配参数

导线截面/mm²	线管直径/mm										
	水煤气钢管穿入导线根数				电线管穿入导线根数				硬塑料管穿入导线根数		
	2	3	4	5	2	3	4	5	2	3	4
1.5	15	15	15	20	20	20	20	25			
2.5	15	15	20	20	20	20	25	25			20
4	15	20	20	20	20	20	25	25		20	25
6	20	20	20	25	20	25	25	32	20	20	25
10	20	25	25	32	25	32	32	40	25	25	32
16	25	25	32	32	32	32	40	40	25	32	32
25	32	32	40	40	32	40			32	40	40
35	32	40	50	50	40	40			40	40	50
50	40	50	50	70					40	50	50
70	50	50	70	70					40	50	50
95	50	70	70	80					50	70	70
120	70	70	80	80					50	70	80
150	70	70	80						50	70	90
185	70	80									

2）线管长度的要求。当线管超过下列长度时，线管的中间应装设分线或拉线盒，否则应选用大一级的管子。

a）线管全长超过 45m 并且无弯头时。

b）线管全长超过 30m，有一个弯头。

c）线管全长超过 20m，有两个弯头。

d）线管全长超过 12m，有三个弯头。

3）线管垂直敷设时的要求。敷设于垂直线管中的导线，每超过下列长度时，应在管口处或接线盒中加以固定。

a）导线截面积为 $50mm^2$ 及以下，长度为 30m。

b）导线截面积为 $70\sim85mm^2$，长度为 20m。

c）导线截面积为120～240mm²，长度为18m。

任务考核

（一）判断题

1. 低压成套配电装置通常只有户内式一种，高压开关柜则有户内式和户外式两种。（　）

2. 高压成套配电装置又称高压开关柜。（　）

3. 开关柜在结构设计上要求具有“五防”功能。（　）

4. 刀开关仅用来隔离电源时，应选用有灭弧装置的。（　）

5. 刀开关的额定电流应小于或等于所控制的各支路负载额定电流的总和。（　）

6. 低压断路器的极限通断能力不小于最大负载电流。（　）

7. 常用交流电流表的选用按被测电流的大小选择电流表的量程，使量程小于被测的电流值。（　）

8. 要求电流表指针工作在满量程分度的1/3区域内。（　）

9. 一般情况下，10A及以上的电流表或有特殊要求的电流表都应与电流互感器配合使用。（　）

10. 常用电压表的选用一般应使示值在表盘满刻度的1/3左右。（　）

11. 测直流电压时，要选用电磁式电压表。（　）

12. 测量时，对于多量限电压表应先选用较小的量程测量，然后使读数超过刻度的2/3或1/2。（　）

13. 功率表是电动式仪表，接线时固定线圈与被测电路并联，可动线圈与被测电路串联。（　）

14. 交流电能表的选用一般应按负载的大小和相数选用，三相负载和单相负载混用时可选用三相三线制电能表。（　）

15. 负载较小时要选用5A的电能表与互感器配套使用。（　）

16. 电能表的接线必须使每个计量单元中的电流线圈串联在线路中，电压线圈并联在线路中，同时必须保证该单元中的电流、电压线圈同相。（　）

17. 刀开关的主体部分由两根支件（角钢）固定。先固定下角钢，注意槽孔对人，无孔面在下，再根据刀开关安装孔决定上角钢位置。上角钢槽孔对人，无孔面向上。（　）

18. 刀开关应水平安装，并注意静触头在上，动触头在下。（　）

19. 低压断路器应垂直安装，安装件也是角钢。先固定下角钢，长槽孔对人，有小孔的面朝上，安装高度视具体情况而定，上角钢位置由开关孔距确定。（　）

20. 低压断路器应垂直安装，注意开合位置，“合”在上，“分”在下，操作力不应过大。（　）

21. 接触器安装时，其底面应与地面垂直，倾斜角小于15°。（　）

22. CJO系列交流接触器安装时，应使有孔两面放在上、下位置，以利于检修。（　）

23. 螺旋式熔断器安装时，应将电源进线接在瓷底座的下接线端上，出线应接在螺纹壳的上接线端上。（　）

24. 安装熔丝时，应将熔丝顺时针方向弯曲，压在垫圈下，以保证接触良好。（　）

25. 热继电器的安装和调整，应注意将其安装在其他电器上方，以免其他电器的发热影

响热继电器的动作性能。(　　)

26. 电流互感器的一次侧 L1、L2 应与被测回路串联，二次侧 K1、K2 应与各测量仪表串联。(　　)

27. L1 与 K1 为同极性端，安装和使用时应注意极性正确，否则可能烧坏电流表。(　　)

28. LMZ 型穿芯互感器直接装在角钢上。角钢的无孔面向上，电流互感器的接线端子应朝下。(　　)

29. 使用中不得使电流互感器二次侧开路，安装时二次侧接线应保证接触良好和牢靠。二次侧不得串入开关或熔断器。(　　)

30. 电流表应串接在被测电路中。(　　)

31. 电压表一定与负载串联。(　　)

32. 交流电压表的接线是不分极性的，但在一个系统中，所有电压表的接线应是一致的。(　　)

33. 交流电流表的接线是不分极性的，在一个系统中，所有电流表的接线必须是一致的。(　　)

34. 功率表接线时固定线圈（电流线圈）与被测电路串联，可动线圈（电压线圈）与被测电路并联。(　　)

35. 电能表的接线必须使每个计量单元中的电流线圈串联在线路中，电压线圈并联在线路中，同时必须保证该单元中的电流、电压线圈同相。(　　)

36. 母线的漆色及安装时的相序位置规定：U、V、W 分别为绿色、黄色、红色。U、V、W 三相的安装位置如为垂直布置，则为上中下；如为水平布置，则为后中前。(　　)

37. 母线与母线、母线与盘架之间的距离应不小于 10mm。(　　)

38. 螺栓安装时，如母线平放，则螺栓由下向上穿；其余情况，螺母要装在便于维护的一侧。(　　)

39. 盘内电器之间一般不经过接线端子而用导线直接连接，导线中间不应有接头，当需要接入试验仪表仪器时，应通过试验型端子连接。(　　)

40. 盘内各电器与盘外设备连接时，应通过端子排。(　　)

41. 端子排与盘面电器的连接线一般由端子排里侧或上侧引出。(　　)

42. 端子排与盘外设备、盘后附件、小母线的连接线一般由端子排外侧或下侧引出。(　　)

43. 每个连接端子一般只连接两根导线，即端子上、下侧（或里、外侧）各一根。当端子的任一侧螺栓下必须压入两根导线时，两导线间应加装一垫圈。(　　)

（二）选择题

1. 刀开关仅用来隔离电源时，应选（　　）灭弧装置的。

(A) 有　(B) 无　(C) 均可　(D) 无关系

2. 刀开关的额定电流应（　　）所控制的各支路负载额定电流的总和。

(A) 小于或等于　(B) 大于或等于　(C) 小于　(D) 大于

3. 低压断路器的极限通断能力不小于最大（　　）电流。

(A) 开路　(B) 短路　(C) 过负荷　(D) 负载

4. 欠电压脱扣器额定电压（　　）线路额定电压。

（A）小于　（B）等于　（C）大于　（D）大于或等于

5. 照明用断路器的选择瞬时动作整定值不小于（　）倍线路计算负载电流。

（A）1～5　（B）6～20　（C）25～30　（D）35～40

6. 常用交流电流表的选用按被测电流的大小选择电流表的量程，使量程（　）被测的电流值。

（A）大于　（B）小于　（C）等于　（D）无关系

7. 要求电流表指针工作在满量程分度的（　）区域内。

（A）1/2　（B）1/3　（C）2/3　（D）满刻度

8. 一般条件下（　）A 及以上的电流表或有特殊要求的电流表都应与电流互感器配合使用。

（A）10　（B）30　（C）50　（D）70

9. 常用电压表的选用一般应使示值在表盘满刻度的（　）左右。

（A）1/2　（B）1/3　（C）2/3　（D）100%

10. 测量时，对于多量限电压表应先选用（　）的量程测量，使读数超过刻度的 2/3 或 1/2。

（A）1/2　（B）1/3　（C）较大　（D）较小

11. 三相负载和单相负载混用时可选用（　）电能表。

（A）三相四线制　（B）单相　（C）三相三线制　（D）两相

12. 电能表的接线必须使每个计量单元中的电流线圈串联在线路中，电压线圈并联在线路中，同时必须保证该单元中的电流、电压线圈（　）。

（A）反相　（B）同相　（C）均可　（D）无关系

13. 刀开关的主体部分由两根支件（角钢）固定。先固定（　），注意槽孔对人，无孔面在下。

（A）下角钢　（B）上角钢　（C）前角钢　（D）后角钢

14. 刀开关（　）安装，并注意静触头在上，动触头在下。

（A）垂直　（B）水平　（C）倾斜 30°　（D）倾斜 45°

15. 低压断路器应垂直安装，（　），操作力不应过大。

（A）“合”在上，“分”在下　（B）“分”在上，“合”在下

（C）均可　（D）以上都不对

16. 接触器安装时，其底面应与地面垂直，倾斜角小于（　）。

（A）2°　（B）5°　（C）10°　（D）15°

17. CJO 系列交流接触器安装时，应使有孔两面放在上、下位置，以利于（　）。

（A）散热　（B）安装　（C）检修　（D）检查

18. 热继电器的安装和调整，应注意将其安装在其他电器（　）方，以免其他电器的发热影响热继电器的动作性能。

（A）上　（B）下　（C）左　（D）右

19. 母线的漆色及安装时的相序位置规定：U 相颜色为（　）。

（A）黄色　（B）红色　（C）绿色　（D）黑色

20. 母线与母线、母线与盘架之间的距离应不小于（　）mm。

（A）10　（B）20　（C）30　（D）40

（三）技能考核

1. 考核内容

低压配电柜的安装（选定一低压配电柜的型号）。

2. 考核要求

（1）检查各元件是否完好。

（2）按规范要求接线，接线要正确。

（3）安装接线过程中要遵守安全操作规程，不准损坏元器件。

3. 考核要求、配分及评分标准

考核要求、配分及评分标准见表 7 - 10。

表 7 - 10　　考核要求、配分及评分标准

考核项目	考核要求	配分	评分标准	考评结果	扣分	得分
接线准备	选择电气元件和导线	8	选择元件和导线不正确，每项扣 2 分			
安装接线	（1）各电气元件之间的连接均应有线号。（2）所做接线应正确、整齐、牢固、接触良好	6	（1）线号每遗漏一处扣 1 分。（2）连接导线过长，走线杂乱扣 10 分。（3）线端头松动或电器接触不良，每出现一处扣 8 分			
安全文明生产	按国颁有关生产法规的规定来要求	16	（1）违反一条扣 1 分，扣完 5 分为止。（2）违反规定，出现责任事故，取消资格			
备注	损坏元件、操作超时		每损坏一个元件，酌情扣分；超过 5min 扣 1 分，不许超过 10min			
合计		30				

任务八　分析继电保护线路

【知识目标】

(1) 掌握继电保护装置的基本概念。
(2) 了解各种操作电源。
(3) 熟悉各种保护的概念。

能力目标

(1) 熟悉各种继电保护电路的原理分析。
(2) 掌握各种继电保护装置的动作原理。
(3) 熟悉测定各继电装置的动作值。

任务导入

在供电系统中发生故障时，必须有相应的保护装置尽快地将故障设备切离电源，以防故障蔓延。当供电系统或用电设备出现不正常工作状态时，应及时发出信号通知值班人员，消除不正常状态。

继电保护装置就是要在电力系统出现异常运行状态时，继电保护装置就能预先发信号通知值班人员进行处理，因而可起到预防故障发生的作用；而一旦故障发生，继电保护装置通过快速跳闸，又可以起到把故障影响限制在最小范围的作用。

图 8-1 所示为供电线路定时限过电流保护原理图，试分析其工作原理。

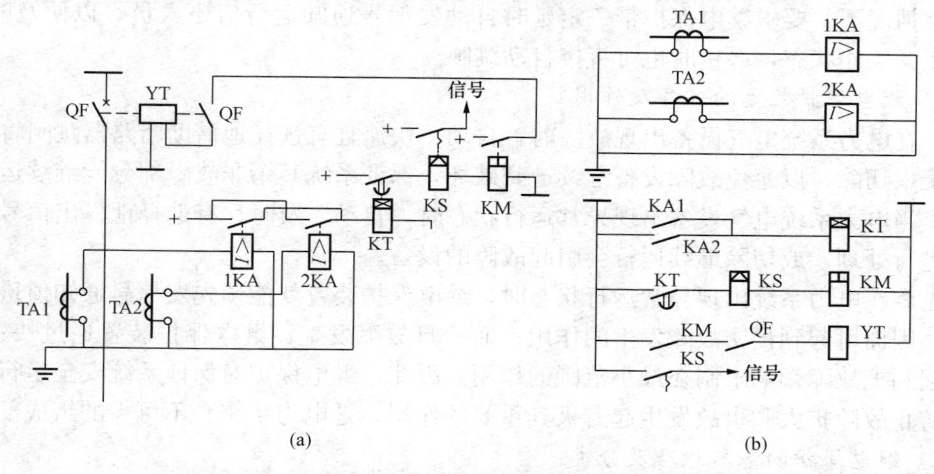

图 8-1　供电线路定时限过电流保护原理图

(a) 原理图；(b) 展开图

任务中有电流继电器、信号继电器、中间继电器、电流互感器等，各元件组合在一起构成了一个过电流保护系统。这就要求工作人员必须具备电流继电器、继电保护等有关知识。为此，需掌握以下知识和技能。

一、继电保护的基本知识

（一）电力系统的故障及异常运行状态

电力系统由很多设备组成，在电力系统运行过程中，由于各种因素的存在，如自然条件（雷击、鸟兽害等）、设备质量、运行维护及人为误操作等，可能出现各种类型的故障和异常运行（工作）状态，而一旦设备出现故障或异常运行状态，即将对设备及设备所在系统产生种种不良后果甚至是严重的后果。因此，为了保护设备及系统的安全，有关规程规定：电力系统中所有投入运行的设备，都必须配置有相应的继电保护装置。

1. 电力系统的故障

电力系统故障的种类有很多，根据其归类方法的不同，有各种不同的类型，如瞬时性故障和永久性故障、横向故障和纵向故障、短路故障、断线故障等。其中，最常见及最危险的故障是各种类型的短路故障。

短路故障时对继电保护装置的要求是快速、自动且有选择地借助断路器跳闸，以切断短路电流回路切除故障。

2. 电力系统的异常运行状态（又称不正常运行状态）

电力系统的正常工作遭到破坏但还未形成故障，可继续运行一段时间的情况称为异常运行状态。常见的有过负荷、中性点非直接接地系统的单相接地等。长时间的过负荷运行将引起设备过热，加速绝缘老化，轻者降低设备使用寿命，严重时绝缘击穿引发短路。一般电力系统异常运行状态允许短时间运行，长时间运行将产生不良影响。

通常情况下，要求继电保护带一定延时自动发信号通知运行值班人员，以便及时处理，消除不正常工作状态，严重时也可直接自动跳闸。

（二）继电保护装置的任务及作用

（1）在电力系统电气设备出现故障时，自动、快速且有选择地借助断路器跳闸将故障设备从系统中切除，以避免故障设备继续遭到破坏，保证系统其余非故障部分能继续运行。

（2）当电力系统电气设备出现异常运行状态时，自动、及时、有选择地发出信号，让值班人员进行处理，或切除继续运行会引起故障的设备。

可见，在电力系统出现异常运行状态时，继电保护装置就能预先发信号通知值班人员进行处理，因而可起到预防故障发生的作用；而一旦故障发生，继电保护装置通过快速跳闸，又可以起到把故障影响限制在最小范围的作用。因此，继电保护对保证系统安全运行和电能质量、防止故障扩大和事故发生起着极其重要的作用，是电力系统必不可少的组成部分。

（三）继电保护的基本原理及分类

1. 基本原理

继电保护装置要能正确工作，首先必须具备有区分被保护设备正常运行与发生故障或异常运行状态的能力，这种能力即为继电保护装置工作的基本原理，它可以根据被保护设备参数的变化来实现。

首先，可以利用电气量的显著变化来区分。短路故障的明显特征之一就是电流剧增，根据这一特征，可以识别被保护设备是正常运行还是发生故障，从而可构成设备故障时的保护，且由于所构成的保护是根据电流参数来区分设备的工作状态，因而称为电流保护，又由于保护是反应故障时电流的增大而动作的，因此还有过电流保护之称。短路故障的另一特征是电压剧减，因此，相应的还有低电压保护。再则，还可以同时反应故障时电压降低和电流增加的特征，即通过电压与电流比值的阻抗变化来区分设备的工作状态，且由于故障时所测得的阻抗是变小的，故所构成的保护称为低阻抗保护。在输电线路中，由于保护安装处所测得阻抗 Z 的大小反映故障点与保护安装处的距离远近，因此输电线路的阻抗保护常称为距离保护。同理，如果同时反映电压与电流之间相位角的变化，则可以判断故障点的方向是处于保护安装处的正方向还是反方向，这就是实现方向保护的原理。

其次，还可利用其他物理量，如气体、温度等非电量来构成保护。当变压器油箱内部故障时，油被分解成大量气体，根据此特点可构成变压器油箱内部故障时的保护，称为气体保护。除此之外，在变压器过负荷时，将伴随有变压器油温的升高等特征，据此也可以构成变压器温度保护。

总之，无论是反映哪种物理量而构成的保护装置，当其测量值达到一定数值（即整定值）时，继电保护就将有选择地切除故障或显示电气设备的异常情况。

2. 种类

继电保护的种类有很多，以下是几种常用的归类方法。

(1) 按保护对象的不同归类，继电保护有发电机保护、变压器保护、输电线路保护、母线保护、电动机保护、电容器保护等。

(2) 按动作结果的不同归类，继电保护有动作于断路器跳闸的短路故障保护和动作于发信号的异常运行保护两大类。其中，短路保护的种类又有以下几种。

1) 按反应故障类型的不同，短路保护有相间短路保护、接地短路保护及匝间短路保护等。

2) 按其功能的不同，短路保护有主保护、后备保护及辅助保护，且后备保护又有远后备保护与近后备保护之分。

主保护是指当被保护设备故障时，用于快速切除故障的保护。

后备保护是指当同一设备上主保护拒动，或另一设备上保护或断路器拒动时，用于切除故障的保护。其中，在主保护拒动时，同一设备上实现切除故障的另一套保护，称为近后备保护；而当保护或断路器拒动时，相邻设备上用来实现切除故障的保护则称为远后备保护。

辅助保护是指为克服主保护某些性能不足而增设的简单保护。有关规程规定，作用于断路器跳闸的短路保护，应配置有主保护和后备保护，必要时再增设辅助保护。

(3) 按保护基本工作原理的不同归类，继电保护有反映稳态量的常规保护和反映暂态量的新原理保护两大类。其中，根据所反映的参数不同，常规保护有过电流保护、低电压保护、方向电流保护、零序保护、阻抗保护、差动保护、高频保护及气体保护等。新原理保护有工频变化量保护和行波保护等。

(4) 按保护动作原理的不同归类，继电保护有机电型保护、整流型保护、晶体管型保护、集成电路型保护及微机型保护等。实际上，继电保护的动作原理也表明了继电保护技术发展的进程，目前通常把微机保护之前的保护称为传统保护或模拟保护，与此相对应，微机保护还可称为数字保护。

（5）按保护反映参数增大或减小的动作归类，继电保护有过量保护和欠量保护两大类。

（四）基本组成

继电保护的种类虽然很多，但就其基本组成而言，一般可看成由测量部分、逻辑部分和执行部分三部分组成，其框图如图8-2所示。

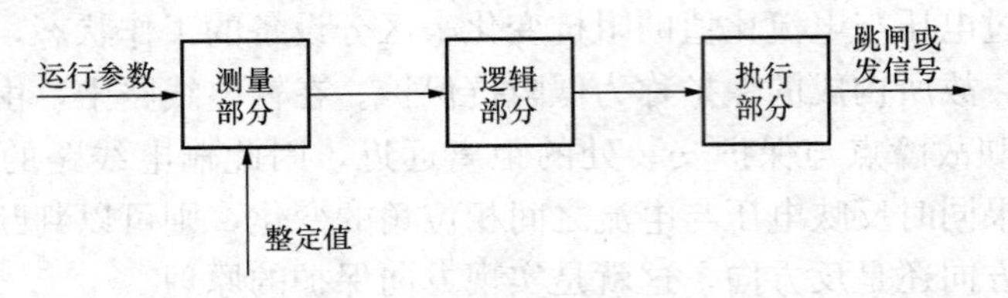

图8-2 继电保护装置基本组成框图

其中，测量部分的作用是测量一个或几个能反映被保护设备的参数，然后与保护的给定值（又称为计算值或整定值）进行比较，以判断被保护设备的工作状态，决定保护是否启动；逻辑部分的作用是根据测量部分的输出结果，进行一系列的逻辑判断，以决定保护是否应动作；执行部分的作用是执行保护的功能，即设备正常运行时保护不动，设备故障时保护动作于跳闸，而设备异常时保护动作于发信号。把以上保护各组成部分的作用串接在一起，就是一套保护装置的工作过程。

（五）对继电保护的基本要求

为了保证继电保护能确实完成其在电力系统中所承担的任务及作用，对动作于跳闸的继电保护装置，有以下四个基本要求。

1. 选择性

选择性要求的内容是：在系统发生故障时，首先由故障设备（或线路）的保护切除故障，当其保护或断路器拒动时，才允许由相邻设备（或线路）的保护或断路器失灵保护切除故障。换句话说，保护装置的动作应只切除故障设备，或使故障的影响范围限制在最小。

在图8-3所示的网络中，假设各设备上都装设有电流保护。当k-1点短路时，由于短路电流总是由电源流向故障点，因此保护1、2、3、4均有短路电流流过，均可能动作，但根据选择性的要求，应该是由保护1、2分别动作于跳开断路器QF1和QF2，将故障切除。同理，当k-2点短路时，根据短路电流的分布情况，保护1、2、3、4、5、6均有短路电流流过，均可能动作，但只有保护6动作于断路器QF6跳闸才认为是有选择性的。

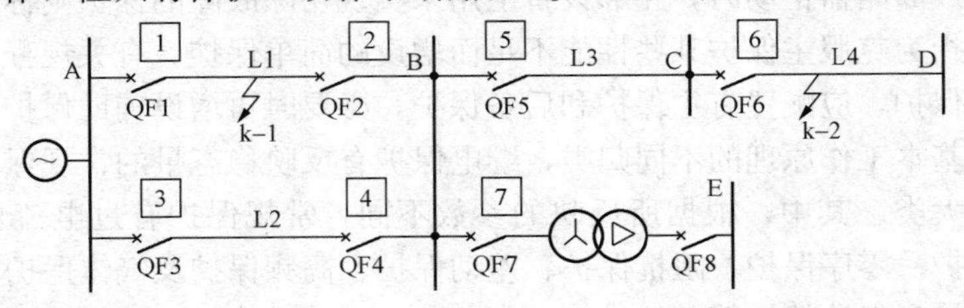

图8-3 电网保护选择性动作说明图

必须指出，由于保护和断路器都存在有拒动的可能性，而短路故障又是电力系统最危险的故障，因此有关规程规定，对于短路保护，还应配置有相应的后备保护。在 k-2 点短路时，如果保护 6 或断路器 QF6 拒动，则保护 5 动作于断路器 QF5 跳闸也认为是有选择性的动作。因为在这种情况下，保护 5 的动作虽然扩大了停电范围，但仍起到了使故障的影响范围限制在最小的作用，而如果保护 5 不动作于断路器 QF5 跳闸，则故障将一直持续着，其影响范围将更广。保护 5 的这种作用就是远后备保护的作用。

2. 速动性

速动性又称迅速性、快速性。顾名思义，速动性要求的内容是：保护装置应尽可能快地切除短路故障。有关保护的速动性要求应注意以下两个问题：

(1) 切除故障的时间为继电保护的动作时间和断路器的跳闸时间之和。因此，要缩短故障切除时间，不仅要求保护动作速度要快，与之配套使用的断路器跳闸时间也应尽可能短。

(2) 保护的速动性要求是相对的，不同电压等级的电网要求不同。如同样的保护动作时间 $t=0.5s$，在 110kV 及以下电压等级的电网中被认为是迅速的，而在 220kV 及以上电压等级的电网中则被认为不够迅速。

继电保护的速动性应根据被保护设备和系统运行的要求确定，并非越快越好，否则，势必带来保护装置其他性能的降低，或者增加保护的复杂性，而且经济上也不合理。例如：对 220kV 及以上电压等级的输电线路，要求保护的动作时间为 0.02～0.045s；而对于某些低压线路，则允许 1～2s，甚至更长；对大容量发电机和变压器，要求保护的动作时间为 0.03～0.05s；对于后备保护的动作时间，则应大于主保护的动作时间。

3. 灵敏性

灵敏性是指保护装置对于其保护范围内所发生的各种金属性短路故障，应具有足够的反应能力。保护装置的灵敏性要求与选择性要求关系密切，在电力系统故障时，故障设备的保护必须先能够灵敏地反应故障，才可能有选择性地切除故障，因此能有选择切除故障的保护，必须同时具备有灵敏性。

保护装置的灵敏性通常用灵敏系数 K_{sen}（又称灵敏度）的大小来衡量。灵敏系数越高，表示保护装置对故障的反应能力越强，反之，则越弱。因此，过量保护和欠量保护对于灵敏系数的定义是不同的。

对于过电流保护装置，其灵敏系数的定义为

$$K_{sen}=\frac{I_{kmin}}{I_{op1}} \tag{8-1}$$

式中　I_{kmin}——保护区内最小运行方式下的最小短路电流；

I_{op1}——保护装置的一次动作电流。

其中，最小运行方式是指电力系统处于短路时总阻抗最大、短路电流最小的一种运行方式。

对于低电压保护装置，其灵敏系数的定义为

$$K_{sen}=\frac{U_{op1}}{U_{kmax}} \tag{8-2}$$

式中　U_{kmax}——被保护区内发生短路时，连接该保护装置的母线上的最大残余电压，V；

U_{op1}——保护装置的一次动作电压，V，即保护装置动作电压换算到一次电路的电压。

相关规程规定，在最不利的情况下保护装置的灵敏系数应大于1，一般为1.2～2.0。

4. 可靠性

可靠性是指保护装置应处在良好的工作状态下，在保护装置不该动作时应可靠地不动作，而在保护装置该动作时应可靠地动作。前者也称为“安全性”，因为如果保护装置在不应动作时却误动了，误发了信号或者误将某运行中的设备切除，则保护装置非但未起到保护的作用，反而由于其误动作而造成了电力系统的不安全；后者有“可信性”或者“可依赖性”之称，因为如果在保护装置应该动作时却拒动了，保护装置就没有起到保护作用，即该保护装置是不可信赖的。

以上分析的是对于动作于断路器跳闸保护的四个基本要求，它们应同时满足，但是这种满足只能是相对的。因为在这四个基本要求之间，既有相互紧密联系的一面，也有互相矛盾的一面。例如：为保证选择性，有时就要求保护动作带上延时；为保证灵敏性，有时就允许保护非选择性动作，再由自动重合闸装置来纠正；而为保证速动性和选择性，有时需采用较复杂的保护装置，因而降低了可靠性。因此，在确定继电保护方案时，须从电力系统的实际情况出发，分清主次，以求得最优情况下的统一。

二、常用的保护继电器

（一）概述

继电器是一种在其输入的物理量（电气量或非电气量）达到规定值时，其电气输出电路被接通或分断的自动电器。

继电器按其输入量性质分为电气继电器和非电气继电器两大类，按其用途分为控制继电器和保护继电器两大类。保护继电器按其在继电保护电路中的功能，可分为测量继电器和有或无继电器两大类。

测量继电器装设在继电保护电路中的第一级，用来反映被保护元件的特性量变化。当被保护元件的特性量达到动作值时测量继电器便动作，它属于基本继电器或启动继电器。

有或无继电器是一种只按电气量是否在其工作范围内或者为零时而动作的电气继电器，包括时间继电器、信号继电器、中间继电器等，在继电保护装置中用来实现特定的逻辑功能，属于辅助继电器，也称为逻辑继电器。

保护继电器按其组成元件分为机电型、晶体管型和微机型等。由于机电型继电器具有简单可靠、便于维修等优点，因此工厂供电系统中现在仍普遍应用机电型继电器。

机电型继电器按其结构原理分为电磁式、感应式等继电器。

保护继电器按其反映的物理量分为电流继电器、电压继电器、功率继电器、瓦斯继电器等。

保护继电器按其反映的数量变化分为过量继电器和欠量继电器，如过电流继电器、欠电压继电器等。保护继电器按其在保护装置中的用途分为启动继电器、时间继电器、信号继电器、中间继电器等。

保护继电器按其动作于断路器的方式分为直接动作式（直动式）和间接动作式两大类。断路器操动机构中的脱扣器（跳闸线圈）实际上就是一种直动式继电器，而一般的保护继电器均为间接动作式。

保护继电器按其与一次电路的联系方式分为一次式继电器和二次式继电器。一次式继电器的线圈是与一次电路直接相连的，如低压断路器的过电流脱扣器和失电压脱扣器，实际上就是一次式继电器，并且也是直动式继电器。二次式继电器的线圈连接在电流互感器或电压互感器的二次侧，经过互感器与一次电路相联系。高压系统中的保护继电器都属于二次式继电器。

（二）继电器的型号

国产保护继电器一般用汉语拼音表示其型号，表示方法如图 8-4 所示。常用继电器型号中字母的含义见表 8-1。

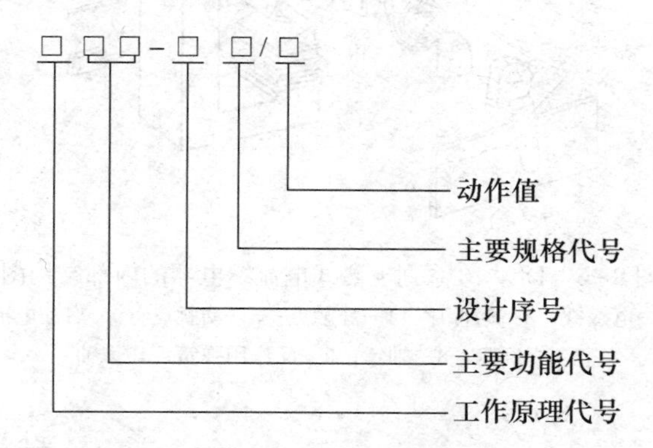

图 8-4　国产保护继电器型号的含义

表 8-1　常用继电器型号中字母的含义

第一位（原理代号）	第二位或第三位（功能代号）	
D　电磁型	L　电流继电器	CH　重合闸继电器
G　感应型	Y　电压继电器	ZS　有延时的中间继电器
L　整流型	G　功率方向继电器	CD　差动继电器
J　极化或晶体管	S　时间继电器	ZK　阻抗继电器
Z　组合型	X　信号继电器	
W　微机型	Z　中间继电器	

例如：DL-11/10 继电器中，D—电磁型；L—电流继电器；11—前面的 1 表示设计序号，后面的 1 表示触点类型（有一对动合触点）；10—动作电流的整定范围为 2.5～10A。

（三）电磁式电流继电器和电压继电器

电磁式电流继电器（KA）和电压继电器（KV）在继电保护装置中均为启动元件，属测量继电器类。

DL-10 系列电磁式电流继电器的基本结构如图 8-5 所示，其内部接线和图形符号如图 8-6 所示。

由图 8-5 可知，当继电器线圈通过电流时，电磁铁中产生磁通，力图使 Z 型钢舌片向凸出磁极偏转。与此同时，轴上的反作用弹簧又力图阻止钢舌片偏转。当继电器线圈中的电流增大到使钢舌片所受的转矩大于弹簧的反作用力矩时，钢舌片便被吸近磁极，使动合触点闭合，动断触点断开，这便是继电器动作。

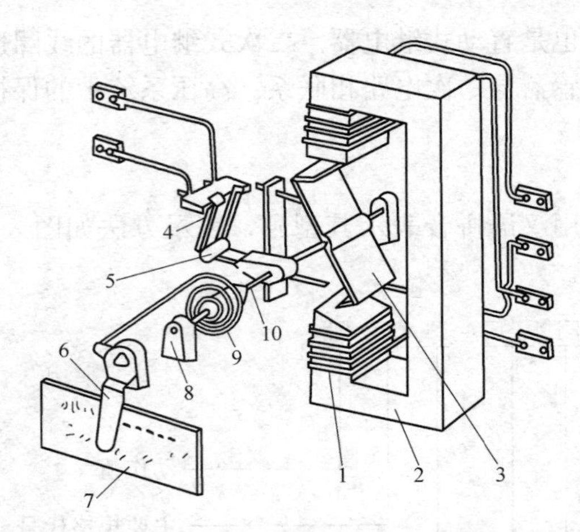

图 8-5 DL-10 系列电磁式电流继电器的内部结构图

1—线圈；2—电磁铁；3—钢舌片；4—静触点；5—动触点；6—启动电流调节转杆；7—标度盘；8—轴承；9—反作用弹簧；10—轴

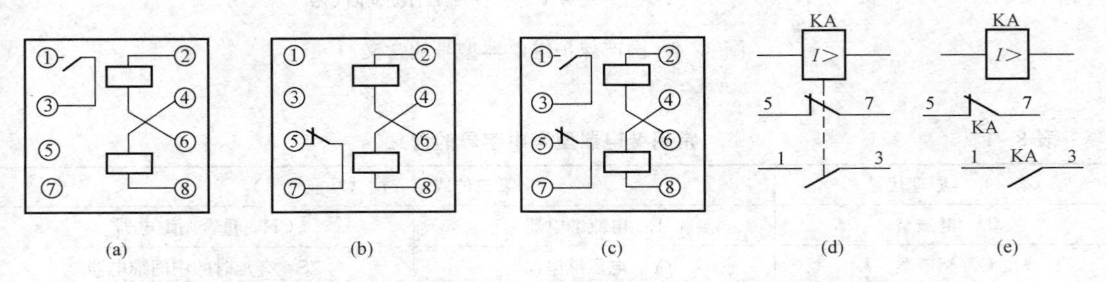

图 8-6 DL-10 系列电磁式电流继电器的内部接线和图形符号

(a) DL-11 型；(b) DL-12 型；(c) DL-13 型；(d) 集中表示的图形；(e) 分开表示的图形

过电流继电器线圈中的使继电器动作的最小电流，称为继电器的动作电流，用 I_{op} 表示。过电流继电器动作后，减小其线圈电流到一定值时，钢舌片在弹簧作用下返回起始位置。使过电流继电器由动作状态返回到起始位置的最大电流称为继电器的返回电流，用 I_r 表示。继电器的返回电流与动作电流的比值称为继电器的返回系数，用 K_r 表示，即

$$K_r=\frac{I_r}{I_{op}} \tag{8-3}$$

对于过量继电器，K_r 总小于 1，一般为 0.8。K_r 越接近于 1，说明继电器越灵敏。如果过电流继电器的 K_r 过低时，还可能使保护装置发生误动作。

电磁式电流继电器的动作电流有以下两种调节方法：

(1) 平滑调节，即拨动转杆（如图 8-5 所示）来改变弹簧的反作用力矩。

(2) 级进调节，即利用线圈（如图 8-5 所示）的串联或并联。当线圈由串联改为并联时，相当于线圈匝数减少一半，由于继电器动作所需的电磁力是一定的，即所需的磁动势（IN）是一定的，因此动作电流将增大一倍。反之，当线圈由并联改为串联时，动作电流将减小一半。电磁式电流继电器是一种瞬时继电器。

供电系统中常用的电磁式电压继电器的结构和动作原理与上述电磁式电流继电器基本相

同，只是电压继电器的线圈为电压线圈，多做成低电压（欠电压）继电器。低电压继电器的动作电压U_{op}为其线圈上的使继电器动作的最高电压；其返回电压U_r为其线圈上的使继电器由动作状态返回到起始位置的最低电压。低电压继电器的返回系数K_r越接近于1，说明继电器越灵敏，一般为1.25。

（四）电磁式时间继电器（KT）

电磁式时间继电器在继电保护装置中，用来使保护装置获得所要求的延时（时限）。

工厂供电系统中常用DS-110、120系列电磁式时间继电器的基本结构如图8-7所示，其内部接线和图形符号如图8-8所示。

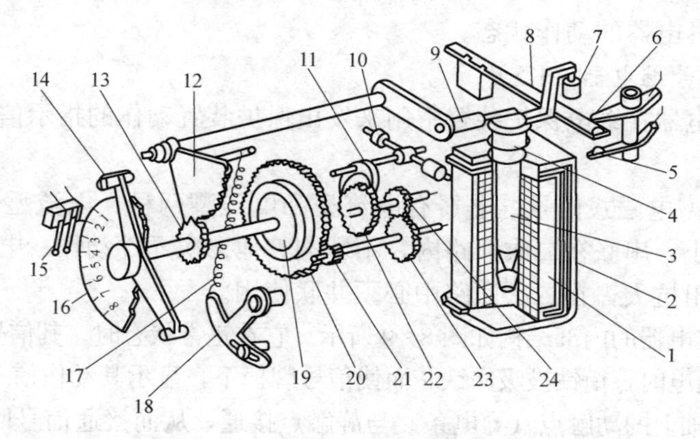

图8-7　DS-110、120系列时间继电器的内部结构图

1—线圈；2—电磁铁；3—可动铁芯；4—返回弹簧；5、6—瞬时静触点；7—绝缘件；8—瞬时动触点；9—压杆；10—平衡锤；11—摆动卡板；12—扇形齿轮；13—传动齿轮；14—主动触点；15—主静触点；16—动作时限标度盘；17—拉引弹簧；18—弹簧拉力调节器；19—摩擦离合器；20—主齿轮；21—小齿轮；22—掣轮；23、24—钟表机构传动齿轮

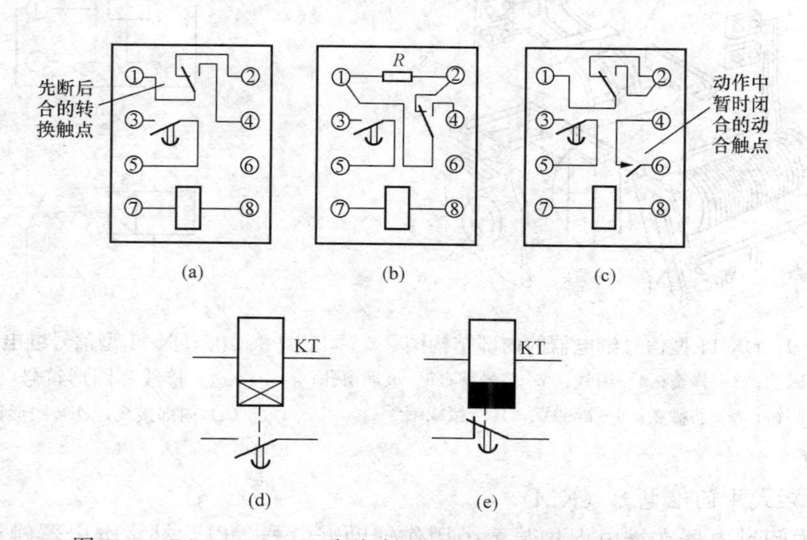

图8-8　DS-110、120系列时间继电器的内部接线和图形符号

(a) DS-111、112、113、121、122、123型；(b) DS-111C、112C、113C型；(c) DS-115、116、125、126型；(d) 时间继电器的缓吸线圈及延时闭合触点；(e) 时间继电器的缓放线圈及延时断开触点

当继电器线圈接上工作电压时，铁芯被吸入，使被卡住的一套钟表机构被释放，同时切换瞬时触点。在拉引弹簧作用下，经过整定的时限，使主触点闭合。

继电器的延时时限可借改变主静触点的位置（即它与主动触点的相对位置）来调节。调节的时限范围在标度盘上标出。

当继电器的线圈断电时，继电器在弹簧作用下返回起始位置。

为了缩小继电器的尺寸和节约材料，时间继电器的线圈通常不按长时间接上额定电压来设计，因此凡需长时间接上电压工作的时间继电器［如图 8-8（b）］所示，应在它动作后，利用其动断瞬时触点的断开，使其线圈串入限流电阻，以限制线圈的电流，免使线圈过热烧毁，同时又能维持继电器的动作状态。

（五）电磁式信号继电器（KS）

电磁式信号继电器在继电保护装置中用来发出保护装置动作的指示信号，属机电式有或无继电器。

常用的 DX-11 型电磁式信号继电器有电流型和电压型两种：电流型信号继电器的线圈为电流线圈，阻抗小，串联在二次回路内，不影响其他二次元件动作；电压型信号继电器的线圈为电压线圈，阻抗大，在二次回路中必须并联使用。

DX-11 型信号继电器的内部结构如图 8-9 所示。它在正常状态时，其信号牌是被衔铁支持住的。当继电器线圈通电时，衔铁被吸向铁芯而使信号牌掉下，显示其动作信号，同时带动转轴旋转 90°，使固定在转轴上的动触点（导电条）与静触点接通，从而接通信号回路，发出音响或灯光信号。要使信号停止，可旋动外壳上的复位旋钮，断开信号回路，同时使信号牌复位。

DX-11 型信号继电器的内部接线和图形符号如图 8-10 所示。

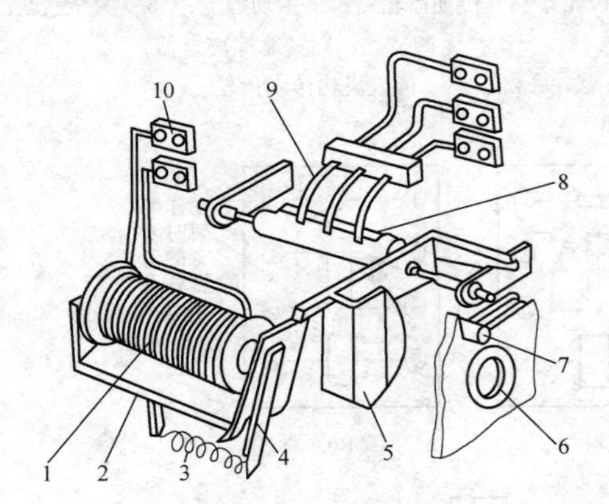

图 8-9 DX-11 型信号继电器的内部结构图

1—线圈；2—电磁铁；3—弹簧；4—衔铁；5—信号牌；6—玻璃窗孔；7—复位旋钮；8—动触点；9—静触点；10—接线端子

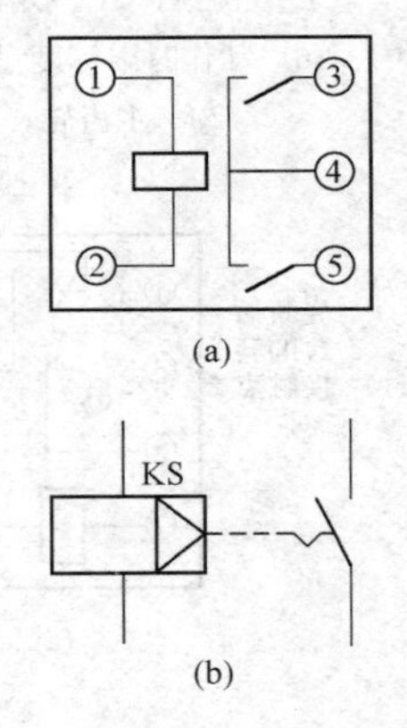

图 8-10 DX-11 型信号继电器的内部接线和图形符号

（a）内部接线；（b）图形符号

（六）电磁式中间继电器（KM）

电磁式中间继电器在继电保护装置中用作辅助继电器，以弥补主继电器触点数量或触点容量的不足。它通常装设在保护装置的出口回路中，用以接通断路器的跳闸线圈，所以它也称为出口继电器。

中间继电器属于机电式有或无继电器。

常用的DZ-10系列中间继电器的基本结构如图8-11所示。当其线圈通电时，衔铁被快速吸向电磁铁，从而使触点切换。当线圈断电时，继电器快速释放衔铁，触点全部返回起始位置。这种快吸快放的电磁式中间继电器的内部接线和图形符号如图8-12所示。

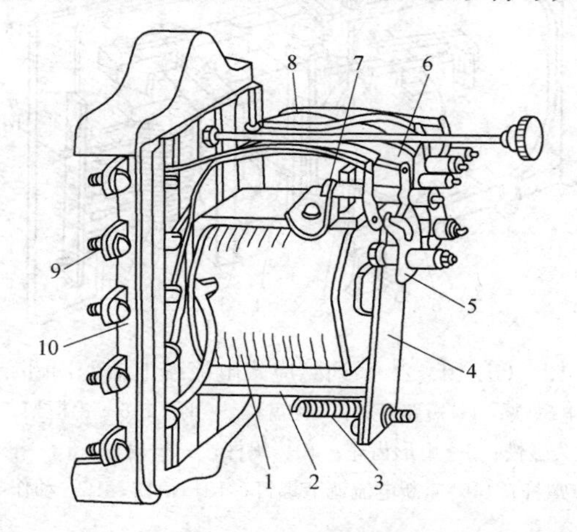

图8-11　DZ-10系列中间继电器的内部结构图

1—线圈；2—电磁铁；3—弹簧；4—衔铁；5—动触点；6、7—静触点；8—连接线；9—接线端子；10—底座

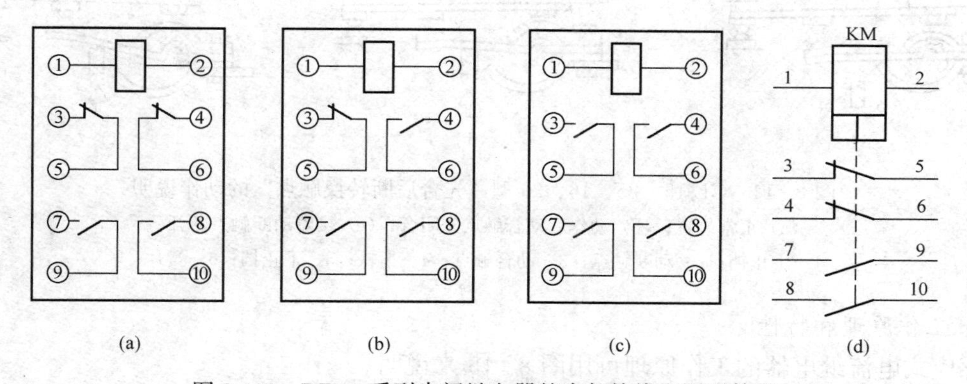

图8-12　DZ-10系列中间继电器的内部接线和图形符号

(a) DZ-15型；(b) DZ-16型；(c) DZ-17型；(d) 图形符号

（七）感应式电流继电器

在工厂供电系统中，广泛采用感应式电流继电器来做过电流保护兼过电流速断保护，因为感应式电流继电器兼有上述电磁式电流继电器、时间继电器、信号继电器和中间继电器的功能，从而可大大简化继电保护装置。而且采用感应式电流继电器组成的保护装置为交流操作，可进一步简化二次系统，减少投资，因此它在中小变配电站中应用非常普遍。

1. 基本结构

常用的GL-10、20系列感应式电流继电器的内部结构如图8-13所示。这种电流继电器由两组元件构成，一组为感应元件，另一组为电磁元件。感应元件主要包括线圈、带短路环的电磁铁及装在可偏转框架上的转动铝盘。电磁元件主要包括线圈、电磁铁和衔铁。线圈和电磁铁是两组元件共用的。

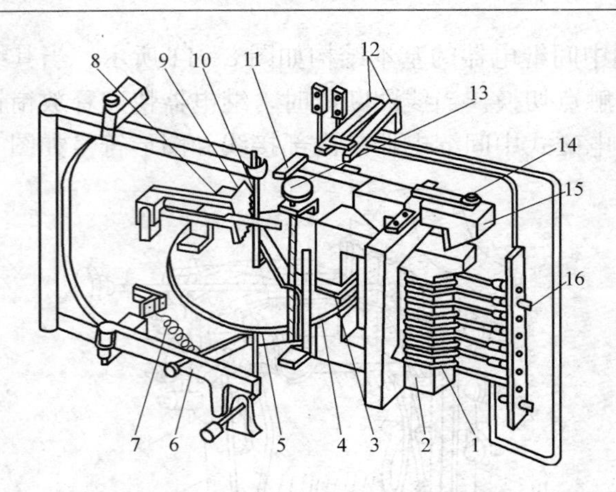

图 8-13 GL-10、20 系列感应式电流继电器的内部结构图

1—线圈；2—电磁铁；3—短路环；4—铝盘；5—钢片；6—铝框架；7—调节弹簧；
8—制动永久磁铁；9—扇形齿轮；10—蜗杆；11—扁杆；12—继电器触点；
13—时限调节螺杆；14—速断电流调节螺钉；15—衔铁；16—动作电流调节插销

GL-15、25、16、25 型电流继电器有两对动合和动断触点，据继电保护的要求，其动作程序是动合触点先闭合，动断触点后断开，即构成一组先合后断的转换触点如图 8-14 所示。

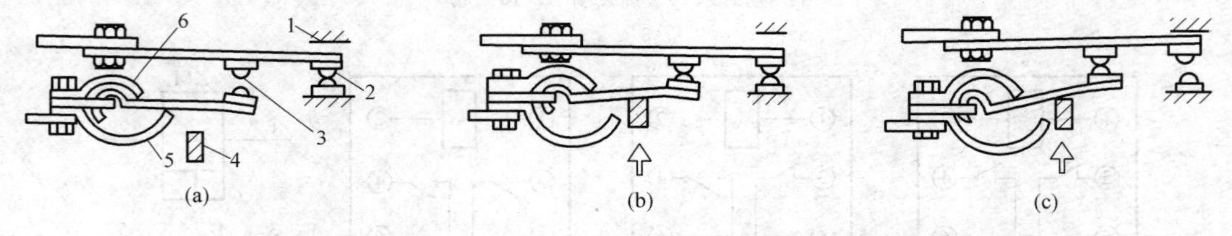

图 8-14 GL-15、25、16、26 型“先合后断转换触点”的动作说明

(a) 正常位置；(b) 动作后动合触点先闭合；(c) 接着动断触点断开

1—上止挡；2—动断触点；3—动合触点；4—衔铁；5—下止挡；6—簧片

2. 工作原理和特性

感应式电流继电器的工作原理可用图 8-15 来说明。

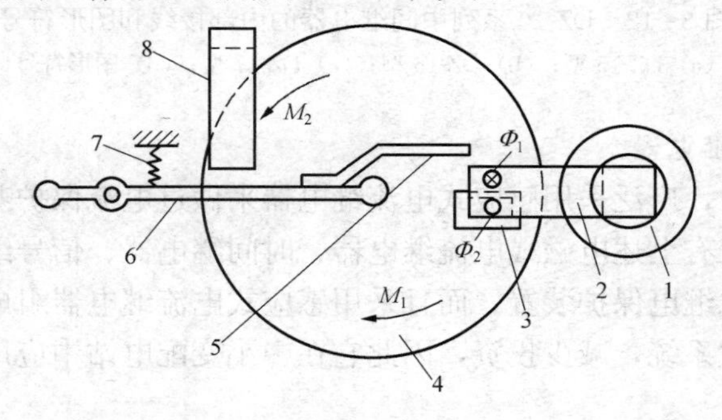

图 8-15 感应式电流继电器的转矩 M_1 和制动转矩 M_2

1—线圈；2—电磁铁；3—短路环；4—铝盘；5—钢片；
6—铝框架；7—调节弹簧；8—制动永久磁铁

当线圈有电流 I_{KA} 通过时，电磁铁在短路环的作用下，产生相位一前一后的两个磁通 $\dot{\Phi}_1$ 和 $\dot{\Phi}_2$，穿过铝盘。这时作用于铝盘上的转矩为

$$M_1 \propto \Phi_1 \Phi_2 \sin\varphi$$

该式为感应式机构的基本转矩方程。

由于

$$\Phi_1 \propto I_{KA},\ \Phi_2 \propto I_{KA}$$

而 φ 为常数，则

$$M_1 \propto I_{KA}^2$$

因此铝盘在转矩 M_1 作用下转动，同时切割永久磁铁的磁通，在铝盘上感应出涡流。涡流由于永久磁铁的磁通作用，产生一个与 M_1 反向的制动力矩 M_2。制动力矩 M_2 与铝盘转速 n 成正比，即

$$M_2 \propto n$$

当铝盘转速 n 增大到某一定值时，$M_1 = M_2$，这时铝盘匀速转动。

继电器的铝盘在 M_1 和 M_2 的共同作用下，铝盘受力有使框架绕轴顺时针方向偏转的趋势，但受到弹簧的阻力。

当继电器线圈电流增大到继电器的动作电流值 I_{op} 时，铝盘受到的力也增大到可克服弹簧的阻力，使铝盘带动框架前偏（如图 8-13 所示），使蜗杆与扇形齿轮啮合，这便是继电器动作。由于铝盘继续转动，使扇形齿轮沿着蜗杆上升，最后使触点切换，同时使信号牌掉下，观察孔可看到红色或白色的信号指示，表示继电器已经动作。

继电器线圈中的电流越大，铝盘转得越快，扇形齿轮沿蜗杆上升的速度也越快，因此动作时间越短，这也就是感应式电流继电器的反时限（即反比延时）特性，如图 8-16 所示的曲线 abc，这一特性是其感应元件所产生的。

当继电器线圈电流进一步增大到整定的速断电流时，电磁铁瞬时将衔铁吸下，使触点瞬时切换，同时也使信号牌掉下。电磁元件的电流速断特性如图 8-16 所示曲线 $bb'd$。因此该电磁元件又称电流速断元件。速断电流 I_{qb} 与感应元件动作电流 I_{op} 的比值称为速断电流倍数，即

$$n_{qb} \overset{\text{def}}{=\!=} \frac{I_{qb}}{I_{op}} \tag{8-4}$$

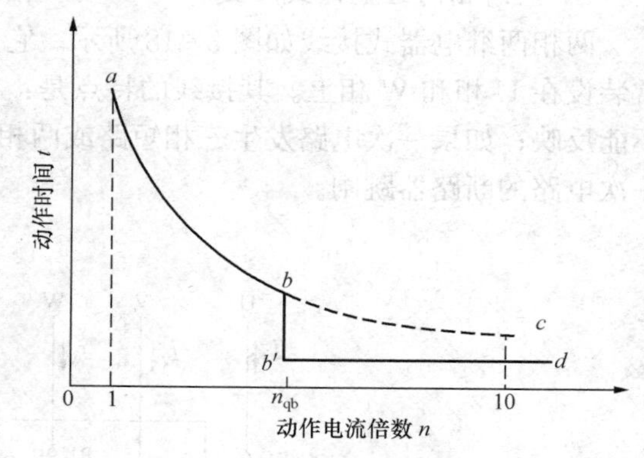

图 8-16　感应式电流继电器的动作特性曲线
abc—感应元件的反时限特性；$bb'd$—电磁元件的速断特性

GL-10、20 系列电流继电器的速断电流倍数为 2～8。

速断电流 I_{qb} 是指继电器线圈中使电流速断元件动作的最小电流。

感应式电流继电器的上述有一定限度的反时限动作特性，称为有限反时限特性。

3. 动作电流和时限的调节

继电器的动作电流（整定电流）I_{op} 可利用插销改变线圈匝数来进行级进调节，也可利用调节弹簧的拉力来进行平滑的细调。

继电器的速断电流倍数 n_{qb} 可利用螺钉来改变衔铁与电磁铁之间的气隙来调节。气隙越

大，n_{qb}越大。

继电器感应元件的动作时限，可利用时限调节螺杆来改变扇形齿轮顶杆行程的起点，以使动作特性曲线上下移动。不过要注意，继电器的动作时限调节螺杆的标度尺是以 10 倍动作电流的动作时间来标度的。因此，继电器实际的动作时间与实际通过继电器线圈的电流大小有关，需从相应的动作特性曲线上查得。

GL-11、21、15、25 型电流继电器的内部接线和图形符号如图 8-16 所示。

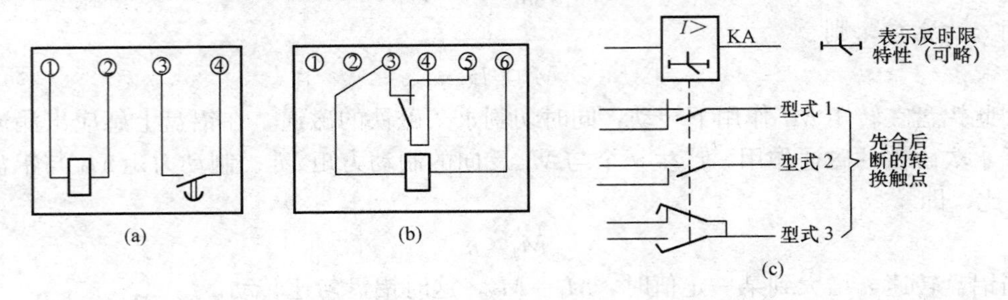

图 8-17　GL-11、21、15、25 型电流继电器的内部接线和图形符号

(a) GL-11、21 型；(b) GL-15、25 型；(c) 图形符号

三、继电保护装置的接线方式

工厂高压线路的继电保护装置中，启动继电器与电流互感器之间的连接方式，主要有两相两继电器式和两相一继电器式两种。

（一）两相两继电器式接线

两相两继电器式接线如图 8-18 所示。它由两只电流互感器及两只电流继电器构成，通常装设在 U 相和 W 相上。其接线的特点是：能反映各种相间故障，但 V 相发生接地故障时不能反映；如果一次电路发生三相短路或两相短路时，都至少有一个继电器要动作，从而使一次电路的断路器跳闸。

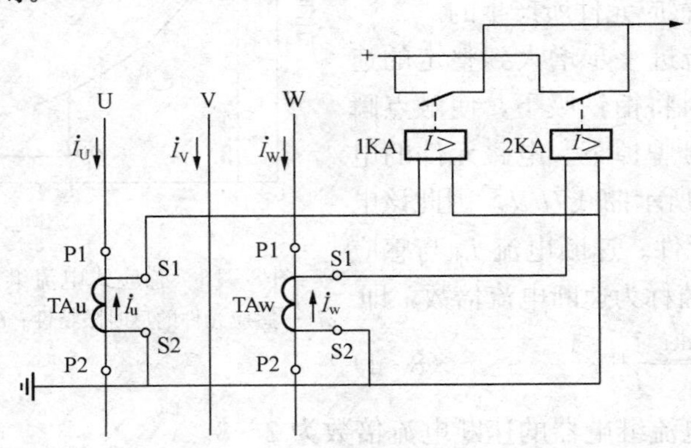

图 8-18　两相两继电器式接线

为了表述这种接线方式中继电器电流 I_{KA}与电流互感器二次电流 I_2 的关系，特引入一个接线系数 K_{con}，即

$$K_{con}=\frac{I_{KA}}{I_2} \tag{8-5}$$

两相两继电器式接线在一次电路发生任意相间短路时，流入电流互感器的二次电流与流

入继电器线圈的电流相等，即 $K_{con}=1$，其保护灵敏度都相同。

此接线方式，广泛应用在小电流接地系统中，作为相间短路保护用。

（二）两相一继电器式接线

两相一继电器式接线（如图 8-19 所示）又称两相电流差接线。正常工作时，流入继电器的电流为两相电流互感器二次电流之差。在一次电路发生三相短路时，流入继电器的电流为电流互感器二次电流的$\sqrt{3}$倍［如图 8-20（a）所示］，即 $K_{con}^{(3)}=\sqrt{3}$。

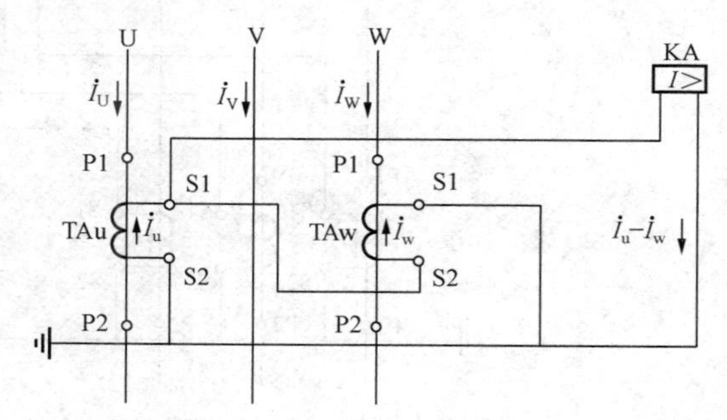

图 8-19　两相一继电器式接线

在一次电路的 U、W 两相发生短路时，由于两相短路电流反映在 U 相和 W 相中是大小相等、相位相反［如图 8-20（b）所示］，因此流入继电器的电流（两相电流差）为互感器二次电流的 2 倍，即 $K_{con}^{(UW)}=2$。

在一次电路的 U、V 两相或 V、W 两相发生短路时，流入继电器的电流只有一相（U 相或 W 相）互感器的二次电流［如图 8-20（c）所示］，即 $K_{con}^{(UV)}=K_{con}^{(VW)}=1$。

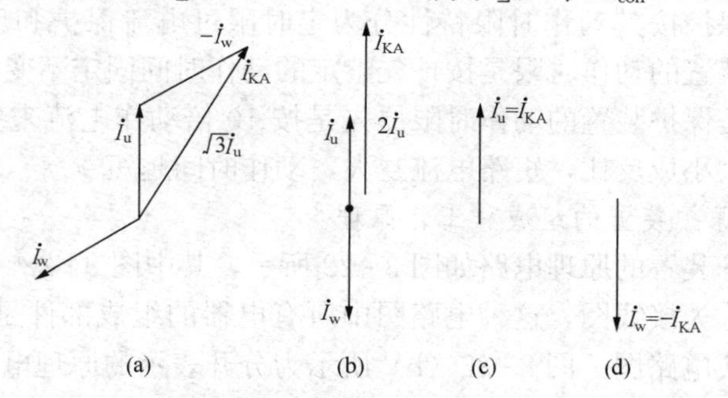

图 8-20　两相一继电器式接线不同相间短路的相量分析

（a）三相短路；（b）U、W 两相短路；（c）U、V 两相短路；（d）V、W 两相短路

由以上分析可知，两相一继电器式接线能反应各种相间短路故障，但不同短路的保护灵敏度有所不同，有的甚至相差一倍，因此不如两相两继电器式接线。但是它少用一个继电器，较为简单经济。这种接线主要用于高压电动机保护。

还有一种接线方式为三相完全星形连接，如图 8-21 所示。这种接线方式又称为三相三继电器式接线。其接线的特点是：由于三个电流继电器的触点并联，其中任一个电流继电器动作，都可启动整套保护装置，所以此接线能反映各种类型的故障；流入电流互感器的二次电流与流入继电器线圈的电流相等，即接线系数 $K_{con}=1$，则在一次回路发生任何类型的短路时，其保护灵敏度都相同。此接线方式适用于大电流接地系统，在中小型工业企业供电系统中应用较少。

四、工厂高压线路的继电保护

为了保证工厂供电系统的安全运行，避免过负荷和短路对系统的影响，因此在工厂供电系统中装有各种过电流保护装置。

线路发生短路时，线路中的电流会突然增大，电压会突然降低。当流过被保护元件中的

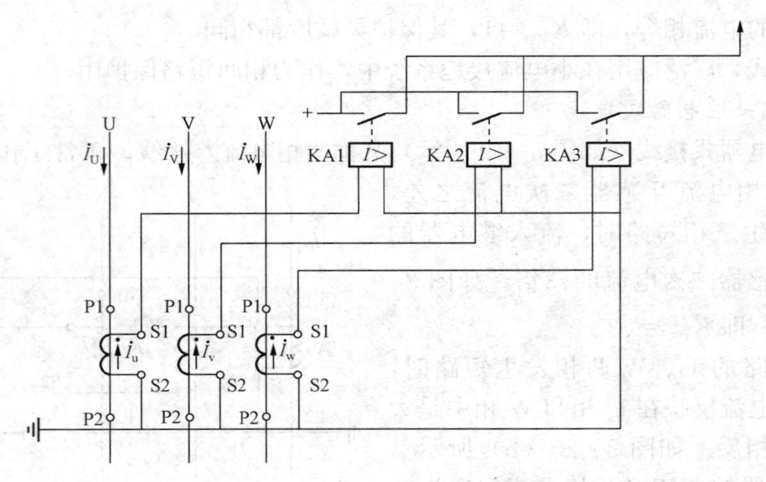

图 8-21 三相完全星形连接

电流超过预先整定值时，断路器就会跳闸或发出报警信号，由此来构成线路的过电流保护。

（一）带时限的过电流保护

带时限的过电流保护按其动作时限特性分为定时限过电流保护和反时限过电流保护两种。定时限就是保护装置的动作时限是按预先整定的动作时间固定不变的，与短路电流的大小无关；而反时限就是保护装置的动作时限原先是按 10 倍动作电流来整定的，而实际的动作时间则与短路电流大小成反比，短路电流越大，动作时间越短。

1. 定时限过电流保护装置的组成和工作原理

定时限过电流保护装置的原理电路如图 8-22 所示，其中图 8-22（a）所示为集中表示的原理电路图，通常称为接线图，这种电路图中所有电器的组成部件是各自归总在一起的，因此过去也称为归总式电路图。图 8-22（b）所示为分开表示的原理电路图，通常称为展开图，这种电路图中所有电器的组成部件按各部件所属回路分开绘制。从原理分析的角度来说，展开图简明清晰，在二次回路中应用最为普遍。

当一次电路发生相间短路时，过电流继电器 KA 瞬时动作，闭合其触点，使时间继电器 KT 动作。KT 经过整定的时限后，其延时触点闭合，使串联的信号继电器（电流型）KS 和中间继电器 KM 动作。KS 动作后，其指示牌掉下，同时接通信号回路，给出灯光信号和音响信号。KM 动作后，接通跳闸线圈 YT 回路，使断路器 QF 跳闸，切除短路故障。QF 跳闸后，其辅助触头 QF（1—2）随之切断跳闸回路。在短路故障被切除后，继电保护装置除 KS 外的其他所有继电器均自动返回起始状态，而 KS 可手动复位。

2. 反时限过电流保护装置的组成和工作原理

反时限过电流保护装置由 GL 型感应式电流继电器等组成，其原理电路如图 8-23 所示。

当一次电路发生相间短路时，过电流继电器 KA 动作，经过一定延时后（反时限特性），其动合触点闭合，紧接着其动断触点断开，这时断路器 QF 因其跳闸线圈 YT 被“去分流”而跳闸，切除短路故障。在过电流继电器 KA 去分流跳闸的同时，其信号牌掉下，指示保护装置已经动作。在短路故障被切除后，继电器返回，其信号牌可利用外壳上的旋钮手动复位。

图 8-23 中过电流继电器 KA 的一对动合触点，与跳闸线圈 YT 串联，其目的是防止电流继电器的动断触点在一次电路正常运行时由于外界振动的偶然因素使之断开而导致断路器

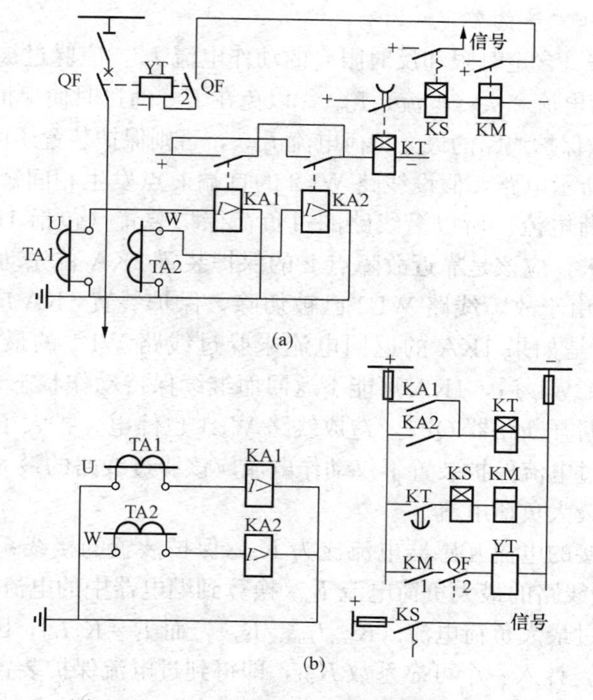

图 8-22　定时限过电流保护的原理电路图

（a）接线图；（b）展开图

QF—断路器；KA—过电流继电器（DL 型）；KT—时间继电器（DS 型）；
KS—信号继电器（DX 型）；KM—中间继电器（DZ 型）；YT—跳闸线圈

误跳闸的事故。增加一对动合触点后，则即使动断触点偶然断开，也不会造成断路器误跳闸。但是，继电器这两对触点的动作程序，必须是动合触点先闭合，动断触点后断开，即必须采用先合后断的转换触点。否则，假如动断触点先断开，将造成电流互感器二次侧带负荷开路，这是不允许的，同时将使继电器失电返回，不起保护作用。

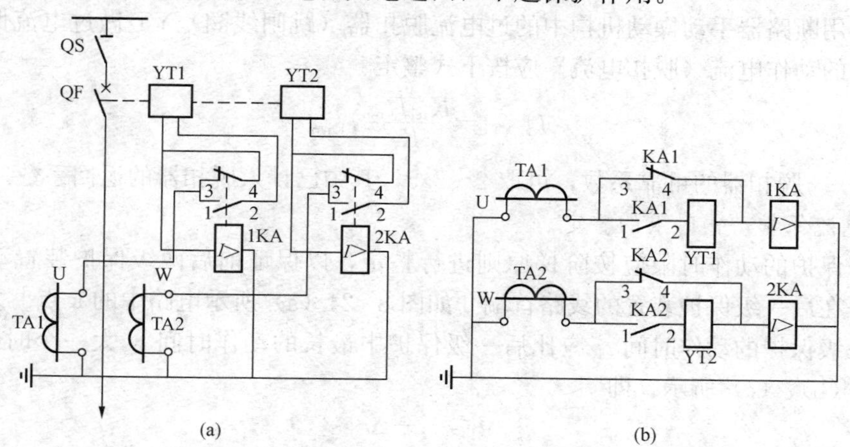

图 8-23　反时限过电流保护的原理电路图

（a）接线图；（b）展开图

QF—断路器；TA—电流互感器；KA—过电流继电器（GL-15、25 型）；YT—跳闸线圈

3. 过电流保护动作电流的整定

带时限过电流保护（含定时限和反时限）的动作电流 I_{op}，应躲过被保护线路的最大负荷电流（包括正常过负荷电流和尖峰电流）I_{Lmax}，以免在 I_{Lmax} 通过时使保护装置误动作；而且其返回电流 I_r 也应躲过被保护线路的最大负荷电流 I_{Lmax}，否则保护装置还可能发生误动作。

如图 8-24（a）所示电路，假设线路 WL2 的首端 k 点发生相间短路，由于短路电流远大于线路上的所有负荷电流，所以沿线路的过负荷保护装置（包括 1KA、2KA 均要动作。按照保护选择性的要求，应该是靠近故障点 k 的保护装置 2KA 首先动作，断开 QF2，切除故障线路 WL2。这时由于故障线路 WL2 已被切除，保护装置 1KA 应立即返回起始状态，不致再断开 QF1。但是如果 1KA 的返回电流未躲过线路 WL1 的最大负荷电流时，则在 2KA 动作并断开线路 2WL 后，1KA 可能不返回而继续保持动作状态，经过 1KA 所整定的动作时限后，错误地断开断路器 QF1，造成线路 WL1 也停电，扩大了故障停电的范围，这是不允许的。所以，过电流保护装置不仅动作电流应该躲过线路的最大负荷电流，其返回电流也应该躲过线路的最大负荷电流。

设保护装置所连接的电流互感器电流比为 K_i，保护装置的接线系数为 K_{con}，保护装置的返回系数为 K_r，则线路的最大负荷电流 I_{Lmax} 换算到继电器中的电流为 $K_{con}I_{Lmax}/K_i$。由于要求返回电流也要躲过最大负荷电流（$K_{con}I_{Lmax}/K_i$），而 $I_r=K_rI_{op}$，因此 $K_rI_{op}>K_{con}I_{Lxmax}/K_i$。将此式写成等式，计入一个可靠系数 K_{rel}，即得到过电流保护装置动作电流的整定计算公式为

$$I_{op}=\frac{K_{rel}K_{con}}{K_rK_i}I_{Lmax} \tag{8-6}$$

式中 K_{rel}——保护装置的可靠系数，对 DL 型电流继电器取 1.2，对 GL 型电流继电器取 1.3；

K_{con}——保护装置的接线系数，对两相两继电器式接线（相电流接线）为 1，对两相一继电器式接线（两相电流差接线）为$\sqrt{3}$；

I_{Lmax}——线路上的最大负荷电流，可取（1.5～3）I_{30}，I_{30} 为线路计算电流。

如果采用断路器手动操动机构中的过电流脱扣器（跳闸线圈）YT 做过电流保护，则过电流脱扣器的动作电流（脱扣电流）应按下式整定

$$I_{op(YT)}=\frac{K_{rel}K_{con}}{K_i}I_{Lmax} \tag{8-7}$$

式中 K_{rel}——脱扣器的可靠系数，可取 2～2.5，其中已计入脱扣器的返回系数。

4. 过电流保护动作时限的整定

过电流保护的动作时限应按阶梯原则进行整定，以保证前后两级保护装置动作的选择性，也就是在后一级保护装置的线路首端［如图 8-24（a）所示电路中的 k 点］发生三相短路时，前一级保护的动作时间 t_1 应比后一级保护中最长的动作时间 t_2 大一个时间级差 Δt，如图 8-24（b）、（c）所示，即

$$t_1\geqslant t_2+\Delta t \tag{8-8}$$

这一时间级差 Δt 应考虑到前一级保护动作时间 t_1 可能发生的负偏差（即提前动作）Δt_1，考虑后一级保护动作时间 t_2 可能发生的正偏差（即延后动作）Δt_2，还要考虑保护装置特别是 GL 型感应式继电器动作时具有的惯性误差 Δt_3。为了确保前后两级保护动作时间的选择性，还

应考虑一个保险时间 Δt_4（可取 0.1～0.15s）。因此前后两级保护动作时间的时间级差应为

$$\Delta t=\Delta t_1+\Delta t_2+\Delta t_3+\Delta t_4 \tag{8-9}$$

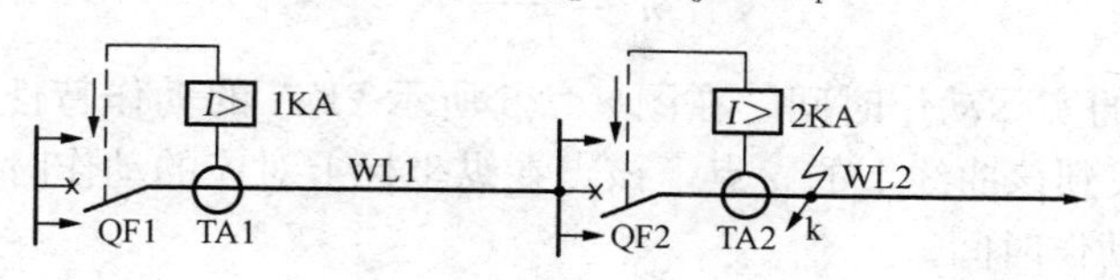

(a)

1KA 动作时间

2KA 动作时间

(b)

1KA 动作时间

2KA 动作时间

(c)

图 8-24　线路过电流保护整定说明图

（a）电路图；（b）定时限过电流保护的时限整定说明；（c）反时限过电流保护的时限整定说明

对于定时限过电流保护，可取 $\Delta t=0.5$s；对于反时限过电流保护，可取 $\Delta t=0.7$s。

定时限过电流保护的动作时限利用时间继电器（DS 型）来整定。

反时限过电流保护的动作时限，由于 GL 型电流继电器的时限调节机构是按“10 倍动作电流的动作时限”来标度的，因此要根据前后两级保护的 GL 型继电器的动作特性曲线来整定。假设图 8-24（a）所示电路中，后一级保护 2KA 的 10 倍动作电流的动作时限已整定为 t_2。现在要整定前一级保护 1KA 的 10 倍动作电流的动作时限 t_1，整定计算的步骤如下（参看图 8-25）：

（1）计算 WL2 首端的三相短路电流 I_k 反映到 2KA 中的电流值

$$I'_{k(2)}=\frac{K_{con(2)}}{K_{i(2)}}I_k \tag{8-10}$$

式中　$K_{con(2)}$——2KA 与电流互感器相连接的接线系数；

$K_{i(2)}$——2KA 所连电流互感器的电流比。

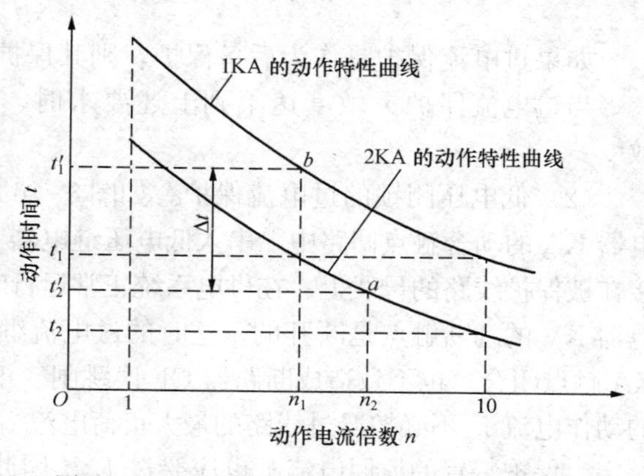

图 8-25　反时限过电流保护的动作时限整定

(2) 计算 $I'_{k(2)}$ 对 2KA 的动作电流 $I_{op(2)}$ 的倍数，即

$$n_2=\frac{I'_{k(2)}}{I_{op(2)}} \tag{8-11}$$

(3) 确定 2KA 的实际动作时间。在图 8-25 所示 2KA 的动作特性曲线的横坐标轴上，找出 n_2，然后向上找到该曲线上的 a 点，该点在纵坐标上对应的动作时间 $\Delta t'_2$ 就是 2KA 在通过 $I'_{k(2)}$ 时的实际动作时间。

(4) 计算 1KA 的实际动作时间。根据保护选择性的要求，1KA 的实际动作时间 $t'_1=t'_2+\Delta t$；取 $\Delta t=0.7s$，则有 $t'_1=t'_2+0.7s$。

(5) 计算 WL2 首端的三相短路电流 I_k 反映到 1KA 中的电流值，即

$$I'_{k(1)}=\frac{K_{con(1)}}{K_{i(1)}}I_k \tag{8-12}$$

式中 $K_{con(1)}$——1KA 与电流互感器相连接的接线系数；

$K_{i(1)}$——1KA 所连电流互感器的电流比。

(6) 计算 $I'_{k(1)}$ 对 1KA 的动作电流 $I_{op(1)}$ 的倍数，即

$$n_1=\frac{I'_{k(1)}}{I_{op(1)}} \tag{8-13}$$

(7) 确定 1KA 的 10 倍动作电流的动作时限。从图 8-25 所示 1KA 的动作特性曲线的横坐标轴上找出 n_1，从纵坐标轴上找出 t'_1，然后找到 n_1 与 t'_1 相交的坐标 b 点，b 点所在曲线所对应的 10 倍动作电流的动作时间 t_1 即为所求。

必须注意：有时 n_1 与 t'_1 相交的坐标点不在给出的曲线上，而在两条曲线之间，这时就只有从上下两条曲线来粗略估计其 10 倍动作电流的动作时限。

5. 过电流保护的灵敏度及提高灵敏度的措施—低电压闭锁

(1) 过电流保护的灵敏度。根据保护灵敏度定义 $K_{sen}=\frac{I_{kmin}}{I_{op1}}$。对于线路过电流保护，$I_{kmin}$ 应取被保护线路末端在系统最小运行方式下的两相短路电流 $I^{(2)}_{kmin}$。而 $I_{op1}=I_{op}K_i/K_{con}$，因此按规定过电流保护的灵敏度必须满足的条件为

$$K_{sen}=\frac{K_{con}I^{(2)}_{kmin}}{K_iI_{op}}\geqslant 1.5 \tag{8-14}$$

如果过电流保护是作为后备保护，则其保护灵敏度 $K_{sen}\geqslant 1.2$ 即可。

当过电流保护灵敏度达不到上述要求时，可采用下述的低电压闭锁保护来提高其灵敏度。

(2) 低电压闭锁的过电流保护。如图 8-26 所示保护电路，在线路过电流保护的过电流继电器 KA 的动合触点回路中，串入低电压继电器 KV 的动断触点，而 KV 经过电压互感器 TV 接在被保护线路的母线上。在供电系统正常运行时，母线电压接近于额定电压，因此低电压继电器 KV 的动断触点是断开的。这时的过电流继电器 KA 即使由于线路过负荷而误动作（即 KA 触点闭合）也不致造成断路器 QF 误跳闸。正因如此，凡装有低电压闭锁过电流保护装置的动作电流 I_{op} 不必按躲过线路的最大负荷电流 I_{Lmax} 来整定，只需按躲过线路的计算电流 I_{30} 来整定。保护装置的返回电流 I_r 也应躲过 I_{30}。因此，装有低电压闭锁过电流保护装置的动作电流整定计算公式为

$$I_{op}=\frac{K_{rel}K_{con}}{K_rK_i}I_{30} \tag{8-15}$$

由于其 I_{op} 的减少，从而有效地提高了保护灵敏度。

上述低电压继电器 KV 的动作电压 U_{op}，按躲过母线正常最低工作电压 U_{min} 来整定，其返回电压也应躲过 U_{min}。因此，低电压继电器动作电压的整定计算公式为

$$U_{op}=\frac{U_{min}}{K_{rel}K_rK_u}\approx 0.6\frac{U_N}{K_u} \tag{8-16}$$

式中 U_{min}——母线最低工作电压，取（0.85～0.95）U_N，U_N 为线路额定电压；

K_{rel}——保护装置的可靠系数，可取 1.2；

K_r——低电压继电器的返回系数，一般取 1.25；

K_u——电压互感器的电压比。

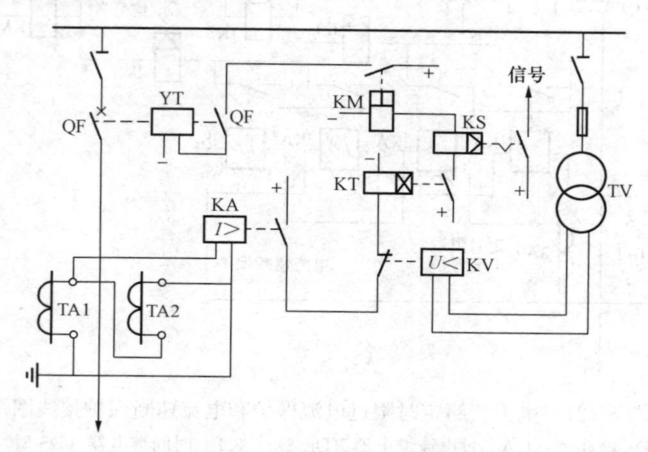

图 8-26　低电压闭锁的过电流保护

QF—高压断路器；TA—电流互感器；TV—电压互感器；KA—过电流继电器；
KT—时间继电器；KS—信号继电器；KM—中间继电器；KV—低电压继电器

6. 定时限过电流保护与反时限过电流保护的比较

定时限过电流保护的优点是：动作时间比较精确，整定简便，且动作时间与短路电流大小无关，不会因短路电流小而使故障时间延长。但缺点是：所需继电器多，接线复杂，且需直流电源，投资较大。此外，越靠近电源处的保护装置，其动作时间越长，这是带时限的过电流保护共有的一大缺点。

反时限过电流保护的优点是：继电器数量大为减少，而且可同时实现电流速断保护，加之可采用交流操作，因此相当简单经济，投资大大降低，所以它在中小工厂供电系统中得到广泛应用。但缺点是：动作时限的整定比较麻烦，而且误差较大；当短路电流小时，其动作时间可能相当长，延长了故障持续时间；同样存在越靠近电源动作时间越长的缺点。

（二）电流速断保护

1. 电流速断保护的组成及速断电流的整定

电流速断保护实际上就是一种瞬时动作的过电流保护。其动作时限仅仅为继电器本身的固有动作时间，它的选择性不是依靠时限，而是依靠选择适当的动作电流来解决。对于 GL 型电流继电器，直接利用继电器本身结构，既可完成反时限过电流保护，又可完成电流速断保护，不用额外增加设备，非常简单经济。

对于 DL 型电流继电器，其电流速断保护电路如图 8-27 和图 8-28 所示。

图 8-27、图 8-28 是同时具有电流速断和定时限电流保护的接线图和展开图，图中 1KA、2KA、KT、1KS 与 KM 构成定时限过电流保护，3KA、4KA、2KS 与 KM 构成电流速断保护。

为了保证保护装置动作的选择性，电流速断保护继电器的动作电流（即速断电流）I_{qb} 应按躲过它所保护线路末端的最大短路电流（即三相短路电流）来整定。只有这样，才能避免在后一级速断保护所保护线路的首端发生三相短路时，它可能发生的误跳闸（因后一段线路距离很近，阻抗很小，所以速断电流应躲过其保护线路末端的最大短路电流）。

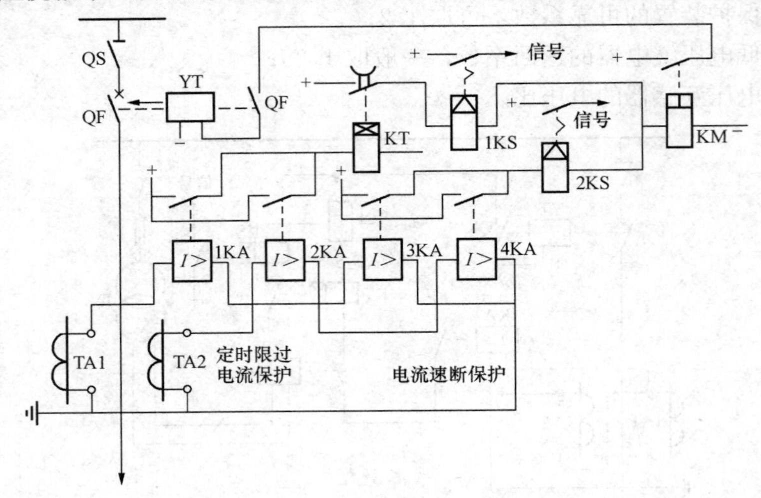

图 8-27　电力线路定时限过电流保护和电流速断保护接线图

QF—断路器；KA—过电流继电器（DL 型）；KT—时间继电器（DS 型）；
KS—信号继电器（DX 型）；YT—跳闸线圈；1KA、2KA、KT、1KS—定时限保护；
3KA、4KA、2KS—电流速断保护

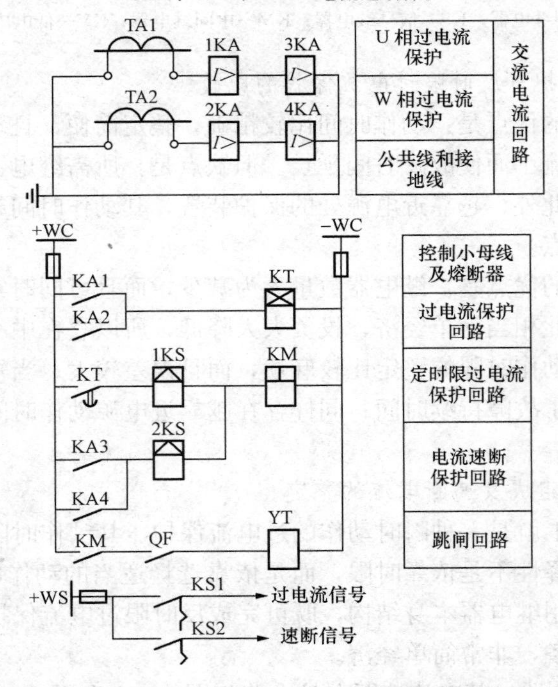

图 8-28　电力线路定时限过电流保护和电流速断保护展开图

图 8-29 所示电路中，WL1 末端 k-1 点的三相短路电流，实际上与其后一段 WL2 首端 k-2 点的三相短路电流是近乎相等的。因此，可得电流速断保护动作电流（速断电流）的整定计算公式为

$$I_{qb}=\frac{K_{rel}K_{con}}{K_i}I_{kmax} \tag{8-17}$$

式中　K_{rel}——可靠系数，对 DL 型继电器，取 1.2～1.3，对 GL 型继电器，取 1.4～1.5；对脱扣器，取 1.8～2。

2. 电流速断保护的"死区"及其弥补

由于电流速断保护的动作电流是按躲过线路末端的最大短路电流来整定的，因此，在靠近线路末端的一段线路上发生的不一定是最大的短路电流（如两相短路电流）时，电流速断保护装置就不可能动作。也就是说，电流速断保护实际上不能保护线路的全长，这种保护装置不能保护的区域就称为"死区"，如图 8-29 所示。

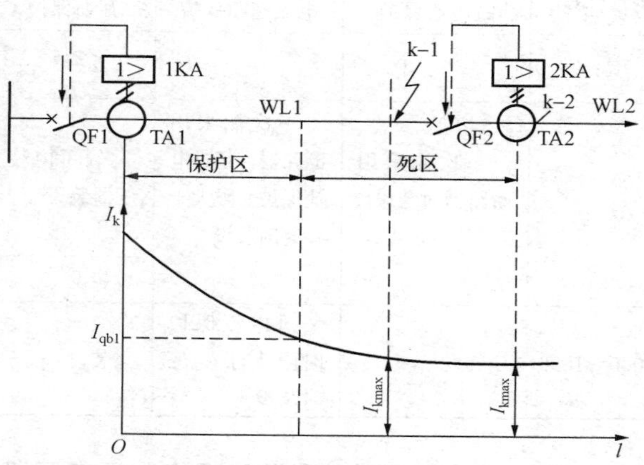

图 8-29　线路电流速断保护区和死区
I_{kmax}—前一级保护应躲过的最大短路电流；
I_{qb1}—前一级保护整定的一次速断电流

为了弥补速断保护存在死区的缺陷，一般规定，凡装设电流速断保护的线路，都必须装设带时限的过电流保护。且过电流保护的动作时间比电流速断保护至少长一个时间级差 $\Delta t=0.5\sim0.7\text{s}$，而且前后级过电流保护的动作时间符合阶梯原则，以保证选择性。

在速断保护区内，速断保护作为主保护，过电流保护作为后备保护；而在速断保护的死区内，过电流保护为基本保护。

3. 电流速断保护的灵敏度

按规定，电流速断保护的灵敏度应按其保护装置安装处（即线路首端）的最小短路电流（可用两相短路电流来代替）来校验。因此，电流速断保护的灵敏度必须满足的条件是

$$K_{sen}=\frac{K_{con}I_k^{(2)}}{K_iI_{qb}}\geqslant 1.5\sim2 \tag{8-18}$$

式中　$I_k^{(2)}$——线路首端在系统最小运行方式下的两相短路电流。

五、电力变压器的继电保护

电力变压器是工厂供电系统的重要设备，一旦发生故障，会影响企业的供电及正常生产，所以必须装设性能良好、动作可靠的保护装置。变压器的故障类型有：

（1）油箱内部故障，包括绕组的相间短路、单相匝间短路及接地短路等。这些故障将产生电弧，烧坏绕组绝缘及铁芯，引起绝缘材料及变压器油的强烈气化，甚至造成油箱的爆炸。

（2）油箱外部故障，主要是变压器套管和引出线上发生的相间短路及引出线单相接地短路等。

变压器的不正常运行状态包括由外部短路或过负荷引起的过电流、油箱内部的油面降低和油温的升高等。

对于变压器的上述故障及不正常工作状态，应装设相应的保护装置。中小容量变压器保护装置的配置见表8-2。

表8-2　　中小容量变压器保护装置配置表

<table>
<tr><th rowspan="2">变压器容量/kVA</th><th colspan="5">保护装置</th><th rowspan="2">备　　注</th></tr>
<tr><th>过电流保护</th><th>电流速断保护</th><th>瓦斯保护</th><th>单相接地保护</th><th>油温信号装置</th></tr>
<tr><td><400</td><td>—</td><td>—</td><td>—</td><td>—</td><td>—</td><td>一般采用熔断器保护</td></tr>
<tr><td>400～750</td><td rowspan="2">一次侧采用断路器时装设</td><td rowspan="2">一次侧采用断路器，且过电流保护时限大于0.5s时装设</td><td>车间内变压器装设</td><td rowspan="2">低压侧干线为Yyn0接线的变压器装设</td><td>—</td><td rowspan="3">一般用GL型过电流继电器</td></tr>
<tr><td>800</td><td>装设</td><td>装设</td></tr>
<tr><td>1000～1800</td><td>装设</td><td>过电流保护时限大于0.5s时装设</td><td>装设</td><td>—</td><td>装设</td></tr>
</table>

在表8-2中，温度信号装置用来监视变压器的温度升高和油冷却系统的故障。对于总降压变电站的主变压器来说，单台运行容量为10 000kVA及以上时，并列运行容量为6300kVA及以上时，应装设纵联差动保护来代替电流速断保护；对于容量小于6300kVA的变压器，当电流速断保护的灵敏度不够时，也应装设纵联差动保护。对于400kVA以上的变压器，当数台并列运行，或单独运行并作为其他负荷的备用电源时，应根据可能过负荷的情况，装设过负荷保护。

（一）变压器的瓦斯保护

它是油箱内部故障的主保护，能反映油面的降低，并可根据故障的严重程度，动作于信号或跳闸。电力变压器利用油作为绝缘和冷却介质。当变压器油箱内部发生故障时，短路电流产生的电弧将使变压器油和绝缘材料分解，产生大量气体。瓦斯保护就是反映出这种气体变化的保护。

1. 气体继电器

构成瓦斯保护的主要元件是气体继电器，它安装在变压器油箱和储油柜之间的连接管道中，如图8-30所示。为了使油箱内的气体都能顺利地通过气体继电器而流向储油柜，在安装变压器时，要求其顶盖与水平面间有1%～1.5%的坡度，安装继电器的连接管有2%～4%的坡度，均朝储油柜的方向向上倾斜。这样，当变压器发生内部故障时，就可以防止由于气泡积聚在变压器的顶盖内而影响气体继电器的正确动作。

气体继电器主要有浮筒式和开口杯挡板式两种结构。浮筒式目前已淘汰，现在一般采用开口杯挡板式。图8-31所示为QJ1-80型开口杯挡板式气体继电器的结构图。

由于排出气体的数量和速度直接反映了变压器故障的性质和严重程度，所以气体继电器有两对触点，分别作用于发出信号或使断路器跳闸。当故障情况较轻微或漏油时，其上干簧触点闭合，发出轻瓦斯动作信号；当故障情况比较严重时，则下干簧触点闭合，发出重瓦斯动作信号，并作用于断路器跳闸。

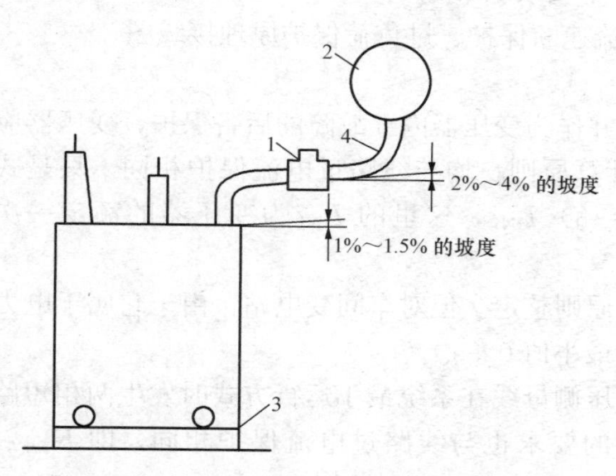

图 8-30　气体继电器在变压器上的安装示意图

1—气体继电器；2—储油柜；3—变压器油箱；4—连接管

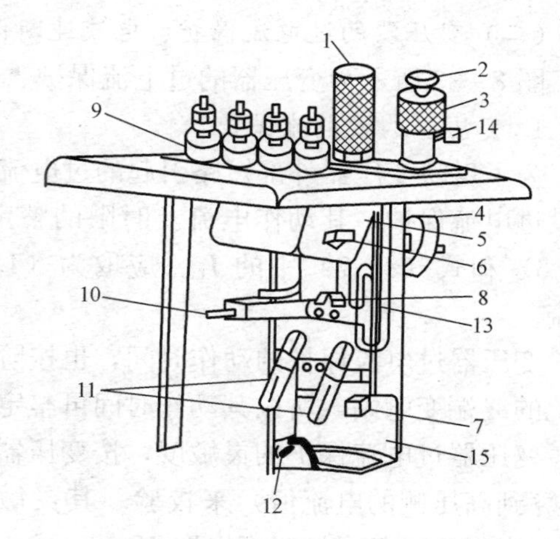

图 8-31　QJ1-80 型开口杯挡板式气体继电器内部结构图

1—罩；2—顶针；3—气塞；4—重锤；5—开口杯；6、7—永久磁铁；8—上干簧触点（轻瓦斯用）；9—套管；10—调节杆；11—下干簧触点（重瓦斯用）；12—螺杆；13—弹簧；14—排气口；15—挡板

2. 瓦斯保护的接线

图 8-32 所示为变压器瓦斯保护原理接线图。当变压器内部发生轻微故障时，气体继电器 KG 的上触点（1—2）闭合，延时动作于发信号。当变压器内部发生严重故障时，KG 的下触点（3—4）闭合，经中间继电器 KM 作用于断路器的跳闸线圈 YT，使断路器跳闸，同时 KS 发出跳闸信号。由于挡板在油流冲击下的偏转可能不稳定，致使重瓦斯触点（KG 的 3—4 触点）时通时断造成接触不可靠，因此，为使断路器可靠跳闸，采用中间继电器 KM 的（1—2）触点实现自保持。只要 KG 的下触点（3—4）一闭合，KM 就动作，并借其上触点（1—2）的闭合而使其处于自保持状态。这样，即使 KG 的下触点 3—4 由于油流不稳定断开时，KM 仍能通过自保持回路接通。断路器 QF 跳闸后，其辅助触点 QF（1—2）断开跳闸回路，QF（3—4）则断开中间继电器 KM 的自保持回路，使中间继电器返回。

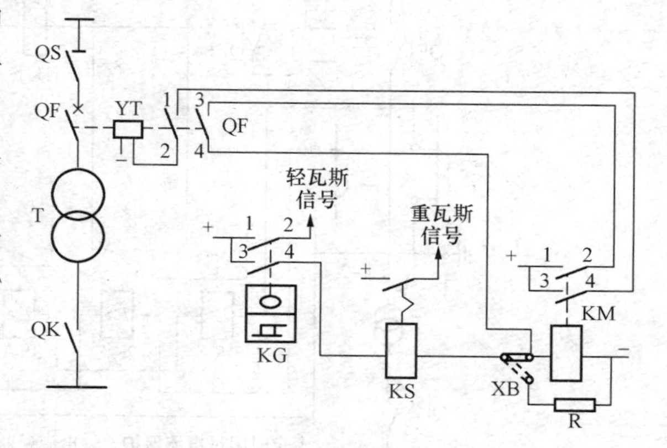

图 8-32　变压器瓦斯保护原理接线图

为了防止运行中对气体继电器进行试验时造成误跳闸，在重瓦斯保护的出口回路中设有切换片 XB，以便在试验时将回路切换至电阻 R 上，只发出信号。

瓦斯保护能全面地反映变压器油箱内部各种类型的故障，特别是像发生轻微故障时（如匝间短路且匝数很少），具有较高的灵敏度。此外，瓦斯保护还具有动作迅速、接线简单等优点，但是瓦斯保护不能反映变压器套管及引出线的故障，所以不能作为变压器内部故障的唯一保护。

(二) 变压器的过电流保护、电流速断保护、过负荷保护

图 8-33 所示为变压器的过电流保护、电流速断保护、过负荷保护原理接线图。

1. 变压器的过电流保护

为了反映变压器外部短路引起的过电流，并作为变压器内部故障的后备保护，变压器应装设过电流保护。其动作电流及时限的整定计算原则，均与线路过电流保护相同。只是式 (8-6) 和式 (8-7) 中的 I_{Lmax} 应取为 (1.5～3) I_{1NT}，这里的 I_{1NT} 为变压器的额定一次电流。

变压器过电流保护的动作时间，也按阶梯原则整定。但对车间变电站，由于它属于电力系统的终端变电站，所以其动作时间可整定为最小值 0.5s。

变压器过电流保护的灵敏度，按变压器低压侧母线在系统最小运行方式时发生两相短路(换算到高压侧的电流值) 来校验。其灵敏度的要求也与线路过电流保护相同，即 $K_{sen} \geq$ 1.5；当作为后备保护时可以取 $K_{sen} \geq 1.2$。

2. 变压器的电流速断保护

对于中小容量变压器，当过电流保护时限大于 0.5s 时，还应装设电流速断保护，用以快速反映油箱外部电源侧套管及引出线的故障，它与瓦斯保护互相配合，构成了中小容量变压器的主保护。变压器的速断保护装设在电源侧，对于 35kV 及其以下的小电流接地系统，通常采用两相不完全星形连接，其动作电流的整定与电力线路的电流速断保护基本相同，应躲开系统最大运行方式时变压器二次侧母线短路时的最大短路电流来整定。

电流速断保护的灵敏度，可按保护安装处出口短路 (如图 8-33 所示的 k-2 点) 来校验。要求在该处发生两相短路时，其灵敏系数不小于 2。

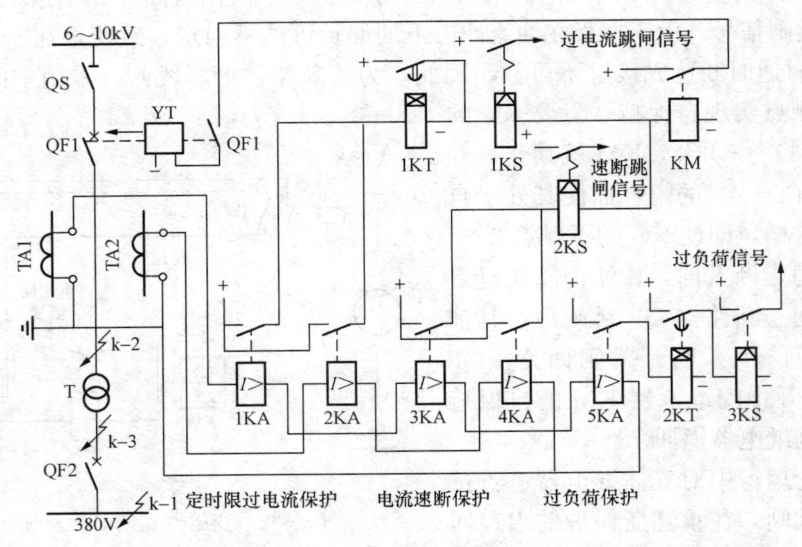

图 8-33 变压器的过电流保护、电流速断保护、过负荷保护原理接线图

变压器的电流速断保护虽然具有接线简单、动作迅速的优点，但它与电力线路电流速断保护一样，也有死区，它只能保护变压器绕组的一部分而不是全部，这是它的缺点。弥补措

施是配备带时限的过电流保护。例如，图 8-33 所示的 k-3 点故障时，只能靠过电流保护动作于跳闸，结果延长了动作时间。

3. 变压器的过负荷保护

变压器的过负荷保护是用来反映变压器正常运行时出现的过负荷情况，只是变压器确有过负荷可能的情况下才予以装设，一般动作于信号。

变压器的过负荷在多数情况下都是三相对称，所以过负荷保护只需在一相上装一个电流继电器。在过负荷时，电流继电器动作，再经过时间继电器给予一定延时，最后接通信号继电器发出报警信号。

过负荷保护的动作电流按躲过变压器额定一次电流 I_{1NT} 来整定，其计算公式为

$$I_{op(OL)} = (1.2\sim1.5)\ I_{1NT}/K_i \tag{8-19}$$

式中　K_i——电流互感器的电流比。

为防止在大电动机启动等短时冲击电流或外部短路故障时发出不必要的信号，过负荷保护的动作时限一般整定为 10～15s。

（三）变压器低压侧的单相接地保护

1. 变压器低压侧装设三相均带过电流脱扣器的低压断路器保护

低压断路器既可作为低压侧的主开关，也可用来保护变压器低压侧的相间短路和单相接地。这种保护方式在工业企业和车间变电站中应用广泛。

2. 变压器低压侧三相均装设熔断器保护

低压侧三相均装设熔断器，用来保护变压器低压侧的相间短路和单相接地。但熔断器熔断后更换熔体需要一定时间，从而影响了供电的连续性，所以熔断器保护只适用于供电不重要负荷的小容量变压器。

3. 在 Yyn 接线的变压器低压侧中性点引出线上装设零序电流保护

零序电流保护的动作时间一般取 0.5～0.7s。此保护灵敏度较高，但投资较大，工厂供配电系统中应用较少。

4. 采用三相完全星形连接的过电流保护兼做变压器低压侧单相接地短路保护

这种接线既能实现相间短路保护，又能实现低压侧的单相接地短路保护，且保护灵敏度较高。该种接线如图 8-34 所示。

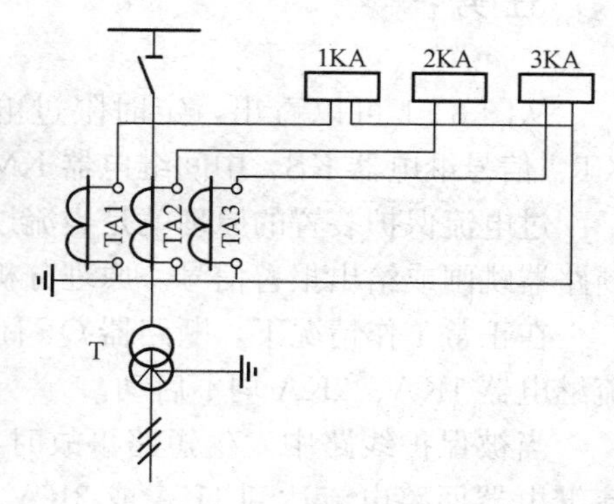

图 8-34　三相完全星形连接的过电流保护兼做变压器低压侧单相接地短路保护

必须指出：通常作为变压器过电流保护的两相两继电器式接线和两相电流差接线，均不宜作为低压侧的单相短路保护。如图 8-35（a）所示，当低压侧 V 相发生单相短路时，在变压器高压侧两相两继电器式接线的继电器中，只能反映 1/3 的单相短路电流，灵敏度很低，因此两相两继电器式接线不适于做低压侧的单相短路保护。在图 8-35（b）中，当未装电流互感器的 V 相所对应的低压侧 V 相发生单相短路时，高压侧的电流继电器中根本无电流通过，因此两相电流差接线根本不能做低压侧的单相短路保护。

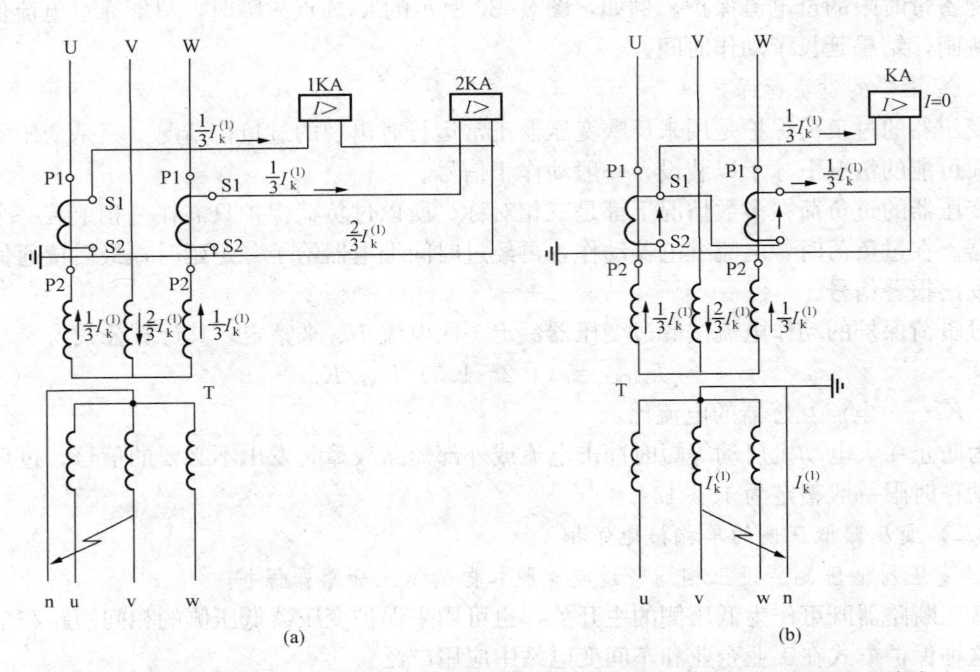

图 8-35 变压器（Yyn 接线）过电流保护的两相两继电器式接线和两相电流差接线

（a）采用两相两继电器式接线的变压器低压侧 v 相接地时电流的分布；

（b）采用两相电流差接线的变压器低压侧 v 相接地时电流的分布

任务释疑

从图 8-1 可以看出，定时限过电流保护装置主要由过电流继电器 KA、时间继电器 KT、信号继电器 KS、中间继电器 KM 和电流互感器 TA 等组成。

过电流保护装置的原理就是当流过被保护元件的电流超过预先整定的某个数值时，就使断路器跳闸或给出报警信号。原理分析如下：

在正常工作情况下，断路器 QF 闭合，保持正常供电，线路中流过正常工作电流，过电流继电器 1KA、2KA 均不启动。

当被保护线路中发生短路事故时，线路中流过的电流激增，经电流互感器感应使过电流继电器回路电流达到 1KA 或 2KA 的整定值，其动合触点闭合，启动时间继电器 KT，经预定延时后，KT 的触点闭合，启动信号继电器 KS，信号牌掉下，并接通灯光或音响信号。同时，中间继电器 KM 线圈通电，触点闭合，将断路器 QF 的跳闸线圈 YT 接通，QF 跳闸。

其中，时间继电器 KT 的动作是预先设定的，与过电流的大小无关，所以称为定时限过电流保护，通过设定适当的延时，可以保证保护装置动作的选择性。

基础训练

用文字、数字或公式使以下内容变得完整。

1. 电力系统故障的种类有很多，其中，最常见及最危险的故障是各种类型的________故障。

2. 短路故障时对继电保护装置的要求是快速、自动且有选择地借助________跳闸，以切断短路电流回路切除故障。

3. 电力系统的异常运行状态又称________状态。

4. 一般电力系统异常运行状态允许________运行。

5. 在电力系统电气设备出现________时，自动、快速且有选择地借助断路器跳闸将故障设备从系统中切除。

6. 当电力系统电气设备出________时，自动、及时、有选择地发出信号。

7. ________是指当被保护设备故障时，用于快速切除故障的保护。

8. ________是指当同一设备上主保护拒动，或另一设备上保护或断路器拒动时，用于切除故障的保护。

9. 在主保护拒动时，同一设备上实现切除故障的另一套保护称为________。

10. 当保护或断路器拒动时，相邻设备上用来实现切除故障的保护称为________。

11. ________是指为克服主保护某些性能不足而增设的简单保护。

12. 按保护反映参数增大或减小的动作归类，有________和________两大类。

13. 继电保护的基本组成由________、________和________组成。

14. 继电保护有以下基本要求：________、________、________和________。

15. 继电器是一种在其输入的________达到规定值时，其电气输出电路被________或________的自动电器。

16. 继电器按其输入量性质分为________和________两大类，按其用途分为________和________两大类。

17. 测量继电器装设在继电保护电路中的________，用来反映被保护元件的特性量________。当其特性量达到动作值时即动作，它属于________继电器或________继电器。

18. 有或无继电器是一种只按电气量是否在其________或者________时而动作的电气继电器，在继电保护装置中用来实现特定的逻辑功能，属________继电器，也称为________继电器。

19. 保护继电器按其动作于断路器的方式分为________和________两大类。

20. 电磁式电流继电器和电压继电器在继电保护装置中均为________元件，属________继电器类。

21. 当电磁式电流继电器线圈中的电流增大到使钢舌片所受的转矩________弹簧的反作用力矩时，钢舌片便被吸近磁极，使________闭合，________断开，这便是继电器动作。

22. 过电流继电器线圈中使继电器动作的最小电流称为继电器的________电流。使过电流继电器由动作状态返回到起始位置的最大电流称为继电器的________电流。继电器的返回电流与动作电流的比值，称为继电器的________，即________。对于过量继电器，

K_r 总小于__________。K_r 越接近于__________，说明继电器越灵敏。

23. 电磁式时间继电器在继电保护装置中，用来使保护装置获得所要求的__________。它属于机电式__________继电器。继电器的延时时限可借改变__________的位置来调节。时间继电器的线圈通常__________长时间接上额定电压来设计，因此凡需长时间接上电压工作的时间继电器，应在它动作后，利用其__________的断开，使其线圈__________限流电阻，以限制线圈的电流，免使线圈过热烧毁。

24. 电磁式信号继电器在继电保护装置中用来发出保护装置动作的__________信号，属机电式__________继电器。

25. 电磁式中间继电器在继电保护装置中用作__________继电器，以弥补主继电器触点__________或触点__________的不足。它通常装设在保护装置的__________回路中，用以接通断路器的跳闸线圈，所以它也称为__________继电器。中间继电器属机电式__________继电器。

26. 感应式电流继电器线圈中的电流__________，动作时间__________，这就是感应式电流继电器的__________特性。继电器的动作电流可利用改变__________来进行级进调节，也可利用调节__________来进行平滑的细调。继电器的速断电流倍数可利用螺钉来改变衔铁与电磁铁之间的__________来调节。__________越大，速断电流倍数越大。

27. 继电保护装置必须能正确区分被保护元件是处于__________还是__________，必须能正确区分被保护元件是处于__________故障还是__________故障，保护装置要实现这些功能，需要根据电力系统发生故障前后电气物理量__________的特征为基础来构成。

28. 根据短路故障时电流的增大，可构成__________保护。根据短路故障时电压的降低，可构成__________保护。根据短路故障时电流与电压之间__________的变化，可构成功率方向保护。根据短路故障时电压与电流比值的变化，可构成__________保护。根据故障时被保护元件两端电流__________和__________的变化，可构成差动保护。根据不对称短路时出现的电流、电压的__________分量，可构成零序电流保护、负序电流保护及零序和负序功率方向保护等。

29. 测量回路的作用是测量被保护设备物理量的__________，以确定电力系统是否发生故障和不正常工作情况，然后输出相应的信号至__________回路。逻辑回路的作用是根据测量回路的输出信号进行__________，以确定是否向__________回路发出相应的信号。执行回路的作用是根据逻辑回路的判断执行保护的任务，__________或__________。

30. 高压线路的继电保护装置中，启动继电器与电流互感器之间的连接方式，主要有__________和__________两种。

31. 两相两继电器式接线，如果一次电路发生三相短路或两相短路时，都至少有一个继电器要动作，在一次电路发生任意相间短路时，接线系数为__________，即其保护灵敏度__________。

32. 两相一继电器式接线又称为__________接线。正常工作时，流入继电器的电流为两相电流互感器二次电流__________。在一次电路发生三相短路时，流入继电器的电流为电流互感器二次电流的__________倍，即__________。在一次电路的 U、W 两相发生短路时，由于两相短路电流反映在 U 相和 W 相中是大小相等、相位相反，因此流入继电器的电流为互感器二次电流的__________倍，即__________。在一次电路的 U、V 两相或 V、W 两相发生短路时，流入继电器的电流只有一相互感器的二次电流，即__________。

33. 继电保护装置的操作电源有__________和__________两大类。

34. 交流操作电源供电的继电保护装置主要有__________和__________的操作方式。

35. 电磁式电流继电器的动作电流调节方法有：__________即拨动转杆来改变弹簧的反作用力矩。__________即利用线圈的串联或并联。

36. 工厂高压供电线路的继电保护方式通常比较简单。一般只需装设__________、__________和__________。

37. 电流速断保护实际上就是一种__________的过电流保护。

38. 保护装置不能保护的区域就称为__________。

39. 绝缘监测装置系统正常运行时，开口三角形两端电压接近于__________；在系统发生一相接地时，开口处出现__________的零序电压，使继电器动作，发出报警的灯光和音响信号。

40. 单相接地保护又称为__________。

41. 变压器的故障类型有__________和__________。

技能训练

（一）训练内容

（1）电流、电压继电器的特性测定。

（2）继电保护动作时间和动作电流的整定。

（二）训练目的

（1）进一步理解继电器的动作电流和返回系数等基本概念。

（2）进一步理解继电保护的原理。

（3）熟悉继电保护动作电流和时间的整定方法。

（三）训练项目

项目一　电磁型电流继电器的特性测定。

1）训练线路。电磁型电流继电器实训电路如图 8 - 36 所示。

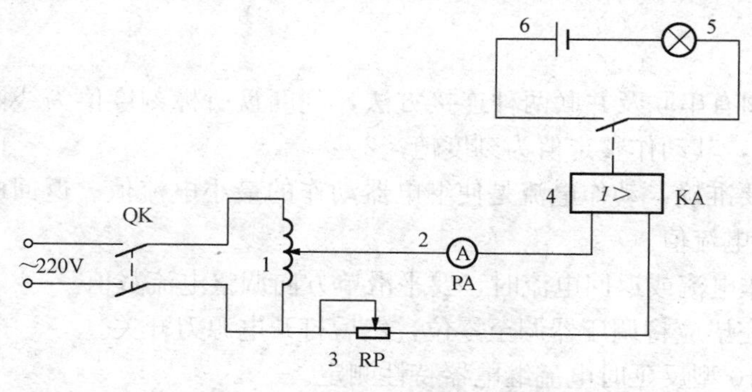

图 8 - 36　电磁型电流继电器实训电路图

1—自耦调压器；2—电流表；3—限流电阻器；4—电流继电器；5—指示灯；6—电池

2）训练步骤。

a）按训练线路接线，将调压器指在零位，限流电阻器调到阻值最大位置。

b）将继电器线圈串联，整定时调整把手置于最小刻度，根据整定电流选择好电流表的量程。

c）动作电流的测定。检查无问题后，合上刀开关 QK，调节调压器及沿线变阻器使回路中的电流逐渐增加，直至动合触点刚好闭合（灯亮）为止，此时电流表的指示值即为继电器在该整定值下的动作电流值，记录电流表的指示值于表 8-3 中。动作值与整定值之间的误差 $\Delta I\%$不应超过继电器规定的允许值。

d）返回电流的测定。先使继电器处于动作状态，然后缓慢平滑地降低通入继电器线圈的电流，使动合触点刚好打开（灯熄灭），此时电流表的读数即为继电器在该整定值下的返回电流值，记录电流表的指示值于表 8-3 中。

e）每一整定值，其动作电流、返回电流应重复测定 3 次取其平均值，作为该整定点的动作电流和返回电流。

f）将继电器调整把手放在其他刻度上，重复 c）、d）、e）步骤，测得继电器在不同整定值时的动作电流和返回电流值，将数据填入表 8-3 中。

g）将继电器线圈改为并联，重复 c）、d）、e）步骤，检测在其他整定值时的动作电流和返回电流值。

表 8-3　测定数据记录表

序号	线圈连接	动作电流/A					返回电流/A					返回系数
		1	2	3	平均	$\Delta I\%$	1	2	3	平均	$\Delta I\%$	
1	串联											
2												
3												
4	并联											
5												
6												

3）注意事项。

a）继电器线圈有串联及并联两种连接方法，刻度盘所标刻度值为线圈串联时的动作整定值，并联使用时，其动作整定值为刻度值×2。

b）读取数据要准确，动作电流是使继电器动作的最小电流值。返回电流是使继电器返回接点打开的最大电流值。

c）在检测动作电流或返回电流时，要平滑单方向调整电流数值。

d）每次训练完毕应将调压器调至零位，然后打开电源刀开关。

项目二　GL-10 型反延时电流继电器特性测定。

1）训练线路。

GL-10 型反延时电流继电器实验电路如图 8-37 所示。

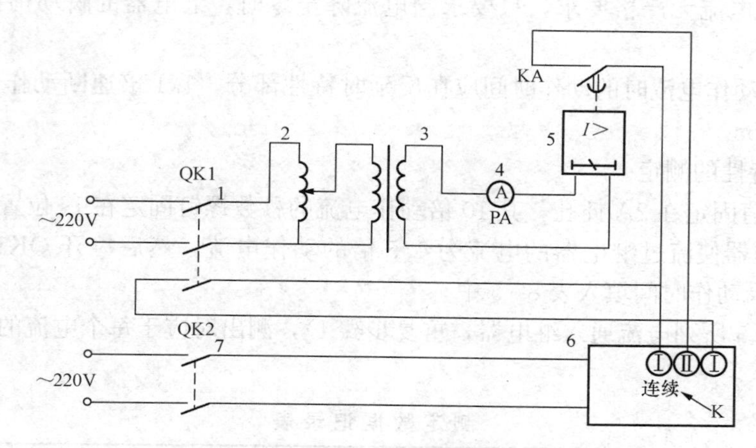

图 8-37　GL-10 型反延时继电器实验电路

1—三极刀开关；2—单相调压器；3—变流器；4—电流表；5—GL-10 型反延时电流继电器；6—401 型电秒表；7—双极刀开关

2）训练步骤。

a. 铝圆盘的始动电流、感应元件的动作电流和返回电流的测定。

a）按实验电路图 8-37 接线，任意选择一个整定值（利用改变线圈抽头螺钉插入不同插孔来实现），如选 2A 插孔，求出对应的始动电流、动作电流和返回电流，填入表 8-4 中。

表 8-4　　**测定数据记录表**

整定电流	2A	4A
实测始动电流值/A		
实测动作电流值 $I_{op,m}$/A		
实测返回电流值 $I_{r,m}$/A		
返回系数 K_r		

b）将线圈螺钉插入整定值插孔，合上电源刀开关 QK1，缓慢调节调压器增大流入继电器的电流，注意观察铝圆盘，在铝圆盘刚刚开始转动时，记取电流表指示的电流值，此电流即为继电器的始动电流。相关规程要求始动电流不应大于整定电流的 40%。

c）再继续缓慢调整调压器增大流入继电器的电流，注意观察铝框架转动，扇形齿轮与蜗杆啮合，并保持此电流直到继电器触点闭合，此电流即为继电器的动作电流 $I_{op,m}$，相关规程要求动作电流与整定值误差不超过±5%。

d）将继电器通入动作电流，在扇形齿轮顶杆上升至将碰而未碰到可动衔铁横担以前就开始缓慢减小电流，直至扇形齿轮与蜗杆刚分开，此电流即为继电器的返回电流 $I_{r,m}$。计算出返回系数，要求返回系数为 0.80～0.90。

e）将整定值改变（如选 4A）后，重复 1）、2）、3）步骤。将数据填入表 8-4 中。

b. 速断元件动作电流的测定。测定速断元件的动作电流时，应向继电器通入冲击电流。如果动作电流与整定值误差过大时，可将刻度固定螺钉松开，旋转整定旋钮，顺时针旋转整定旋钮时动作电流减小，逆时针旋转时动作电流增大，直至调整合适后用螺钉将旋钮固定。

速断元件的返回电流无严格要求，只要求当电流降至零时，继电器的瞬动衔铁能返回原位即可。

0.9 倍速断动作电流时的动作时间应在反延时特性部分，1.1 倍速断动作电流时的动作时间不大于 0.15s。

c. 反延时特性的测定。

a）将整定值固定在 2A 插孔，其 10 倍动作电流的秒数螺钉固定在 1s 位置。合上刀开关 QK1，调节调压器使流过继电器的电流为 1.5 倍的动作电流，然后拉开 QK1，合上 QK2，再合 QK1，记录动作时间填入表 8-5 中。

b）按表 8-5 所列电流通入继电器，重复步骤 1)，测出对应于每个电流的动作时间，填入表 8-5 中。

表 8-5　测定数据记录表

电流倍数 $\frac{I_{KAO}}{I_{op,m}}$	1.5	2	2.5	3	4	5	6	7	8	9	10
通入继电器的电流 I_{KAO}/A											
动作时间 t/s											

3）注意事项

a. 根据电路电流的大小应及时改变电流表的量程。

b. 在做感应元件的时间特性曲线训练中录取某一点时，应保持电流值不变，否则测出的时间不准确。另外，为了防止电磁元件的影响，可以用绝缘物将衔铁卡住。

c. 在大电流下，刀开关接通时间不能过长，动作要迅速。

项目三　某 10kV 电力线路，如图 8-38 所示。已知 TA1 的电流比为 100/5，TA2 的电流比为 50/5。WL1 和 WL2 的过电流保护均采用两相两继电器式接线，继电器均为 GL-15/10 型。今 1KA 已经整定，其动作电流为 7A，10 倍动作电流的动作时限为 1s。WL2 的计算电流为 28A，WL2 首端 k-1 点的三相短路电流为 500A，其末端 k-2 点的三相短路电流为 160A。试整定 2KA 的动作电流和动作时限，并检验其保护灵敏度。

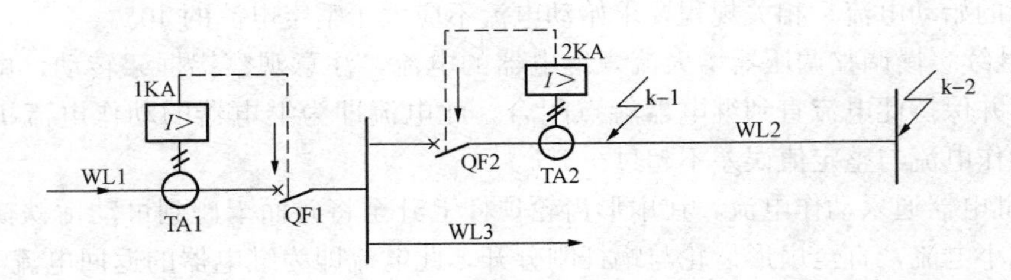

图 8-38　10kV 电力线路

解　(1) 整定 2KA 的动作电流。取 $I_{Lmax}=2I_{30}=2\times28A=56A$，$K_{rel}=1.3$，$K_r=0.8$，$K_i=50/5=10$，$K_{con}=1$，所以

$$I_{op(2)}=\frac{K_{rel}K_{con}}{K_rK_i}I_{Lmax}=\frac{1.3\times1}{0.8\times10}\times56=9.1\text{ (A)}$$

根据 GL－15/10 型继电器的规格，动作电流整定为 9A。

（2）整定 2KA 的动作时限。先确定 1KA 的实际动作时间。由于 k－1 点发生三相短路时 1KA 中的电流为

$$I'_{k-1(1)}=\frac{K_{con(1)}}{K_{i(1)}}I_{k-1}=\frac{1}{20}\times500=25\text{ (A)}$$

所以 $I'_{k-1(1)}$ 对 1KA 的动作电流倍数为

$$n_1=\frac{I'_{k-1(1)}}{I_{op(1)}}=\frac{25}{7}=3.6$$

利用 $n_1=3.6$ 和 1KA 已经整定的时限 $t_1=1s$，查表 8－6 的 GL－15 型继电器的动作特性曲线，得 1KA 的实际动作时间 $t'_1\approx1.6s$。

由此可得 2KA 的实际动作时间应为

$$t'_2=t'_1-\Delta t=1.6-0.7=0.9\text{ (s)}$$

由于 k－1 点发生三相短路时 2KA 中的电流为

$$I'_{k-1(2)}=\frac{K_{con}}{K_{i(2)}}I_{k-1}=\frac{1}{10}\times500=50\text{ (A)}$$

所以　$I'_{k-1(2)}$ 的动作电流倍数为

$$n_2=\frac{I'_{k-1(2)}}{I_{op(2)}}=\frac{50}{9}=5.6$$

利用 $n_2=5.6$ 和 2KA 的实际动作时间 $t'_2=0.9s$，查表 8－6 的 GL15 型继电器的动作特性曲线，得 2KA 应整定的 10 倍动作电流的动作时限为 $t_2\approx0.8s$。

（3）2KA 的保护灵敏度检验。2KA 保护的线路 WL2 末端 k－2 的两相短路电流为其最小短路电流，即

$$I^{(2)}_{kmin}=0.866I^{(3)}_{k-2}=0.866\times160=139\text{ (A)}$$

因此 2KA 的保护灵敏度为

$$K_{sen(2)}=\frac{K_{con}I^{(2)}_{kmin}}{K_iI_{op(2)}}=\frac{1\times139}{10\times9}=1.54>1.5$$

由此可见，2KA 整定的动作电流满足保护灵敏度的要求。

表 8－6　　GL－11、21、15、25 型电流继电器的技术参数及其动作特性曲线

1. 技术参数

型　号	额定电流/A	额定值		速断电流倍数	先回系数
		动作电流/A	10 倍动作电流的动作时间/s		
GL－11/10，GL－21/10	10	4、5、6、7、8、9、10	0.5、1、2、3、4	2～8	0.85
GL－11/5，GL－21/5	5	2、2.5、3、3.5、4、4.5、5			
LG－15/10，GL－25/10	10	4、5、6、7、8、9、10			0.8
GL－15/5，GL－25/5	5	2、2.5、3、3.5、4、4.5、5			

续表

2. 动作特性曲线
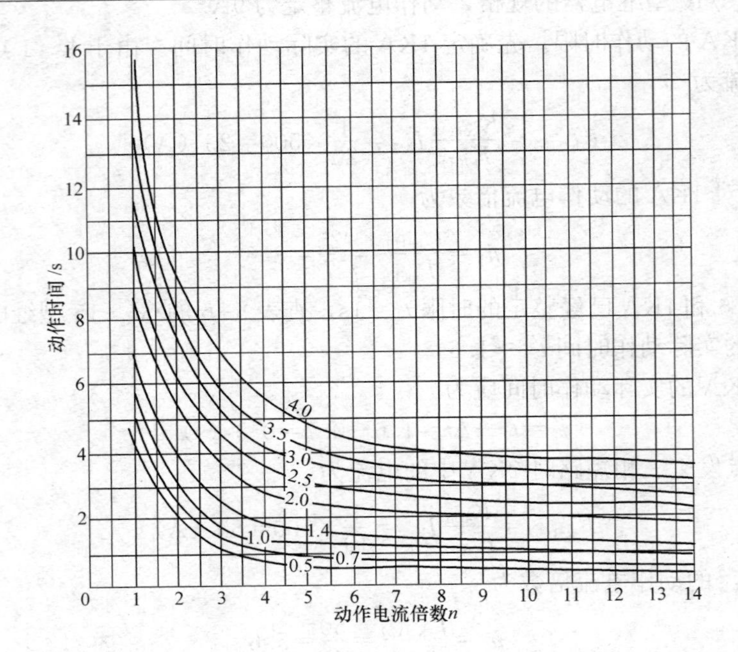
注　速断电流倍数＝电磁元件动作电流（速断电流）/感应元件动作电流（整定电流）。

项目四　整定项目三中2KA继电器（GL-15型）的速断电流倍数，并检验其灵敏度。

解　(1) 整定2KA的速断电流倍数。由项目三可知，WL2末端k-2点的$I_{kmax}=160A$；$K_{con}=1$，$K_i=10$，取$K_{rel}=1.4$，因此速断电流整定为

$$I_{qb}=\frac{K_{rel}K_{con}}{K_i}I_{kmax}=\frac{1.4\times1}{10}\times160=22.4\text{（A）}$$

而2KA的$I_{op}=9A$，所以整定的速断电流倍数为

$$n_{qb}=\frac{I_{qb}}{I_{op}}=\frac{22.4}{9}=2.5$$

(2) 检验2KA的速断保护灵敏度。I_{kmin}取WL2首端k-1点的两相短路电流，则

$$I_{kmin}=0.866I_{k-1}^{(3)}=0.866\times500=433\text{（A）}$$

所以2KA的电流速断保护灵敏度为

$$K_{sen}=\frac{K_{con}I_{k-1}^{(2)}}{K_iI_{qb}}=\frac{1\times433}{10\times22.4}=1.93$$

由此可见，其灵敏度基本满足要求。

项目五　某高压线路的计算电流为90A，线路末端的三相短路电流为1300A。现采用GL-15型电流继电器，组成两相电流差接线的相间短路保护，电流互感器电流比为315/5。试整定此继电器的动作电流。

解　取$K_r=0.8$，$K_{con}=\sqrt{3}$，$K_{rel}=1.3$，$I_{Lmax}=2I_{30}=2\times90=180$，继电器的动作电流

$$I_{op}=\frac{K_{rel}K_{con}}{K_rK_i}I_{Lmax}=\frac{1.3\times\sqrt{3}}{0.8\times(315/5)}\times180=8.04\ (A)$$

根据 GL - 15 型继电器的规格，动作电流可整定为 8A。

项目六　图 8 - 39 所示高压线路中，已知 TA1 的 $K_{i(1)}=160/5$，TA2 的 $K_{i(2)}=100/5$。WL1 和 WL2 的过电流保护均采用两相两继电器式接线，继电器均为 GL - 15/10 型。1KA 定，$I_{op(1)}=8A$，10 倍动作电流动作时间 $t_1=1.4s$。WL2 的 $I_{Lmax}=75A$，WL2 首端的 $I_k^{(3)}=1100A$，末端的 $I_k^{(3)}=400A$。试整定 2KA 作电流和动作时间。

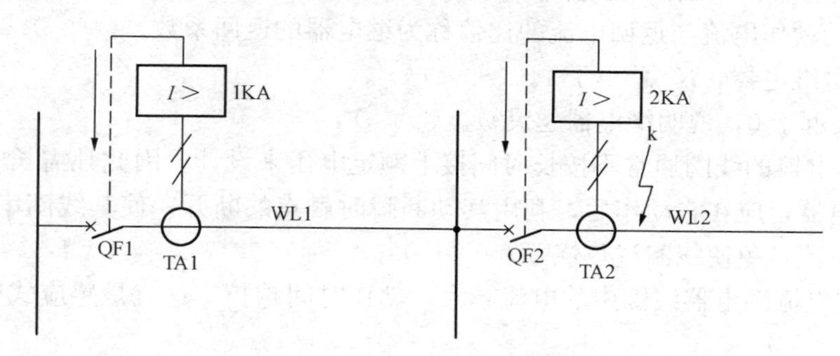

图 8 - 39　过电流保护电路

解　(1) 整定 2KA 的动作电流。取 $K_{rel}=1.3$，$K_{con}=1$，$K_r=0.8$，则

$$I_{op(2)}=\frac{K_{rel}K_{con}}{K_rK_i}I_{Lmax}=\frac{1.3\times1}{0.8\times(100/5)}\times75=6.09\ (A)$$

根据 GL - 15/10 型继电器的规格，其动作电流整定为 6A。

(2) 整定 2KA 的动作时间。先确定 1KA 的动作时间。由于 I_k 反映到 1KA 的电流

$$I'_{k(1)}=1100\times1/(160/5)=34.4\ (A)$$

所以 $I_{k(1)}$ 的动作电流倍数为

$$n_1=34.4/8=4.3$$

利用 $n_1=4.3$ 和 $t_1=1.4s$，查表 8 - 6 中 GL - 15 型电流继电器的动作特性曲线，可得 1KA 的实际动作时间 $t'_1=1.9s$。

因此，2KA 的实际动作时间应为

$$t'_2=t'_1-\Delta t=1.9-0.7=1.2\ (s)$$

现在确定 2KA 的 10 倍动作电流的动作时间。由于 I_k 反映到 2KA 中的电流

$$I'_{k(2)}=1100\times1/(100/5)=55\ (A)$$

所以 $I_{k(2)}$ 对 2KA 的动作电流倍数

$$n_2=55/6=9.17$$

利用 $n_2=9.17$ 和 2KA 的实际动作时间 $t'_2=1.2s$，查表 8 - 6 中 GL-15 型电流继电器的动作特性曲线，可得 2KA 的 10 倍动作电流的动作时间，即整定时间为 $t_2\approx1.2s$。

任务考核

(一) 判断题

1. 继电器是一种在其输出的物理量达到规定值时，其电气输入电路被接通或分断的自动电器。(　　)

2. 继电器按其输入量性质分为控制继电器和保护继电器两大类。(　　)

3. 测量继电器装设在继电保护电路中的第一级，它属于启动继电器。(　　)

4. 中间继电器又称为出口继电器。(　　)

5. 电磁式电流继电器和电压继电器在继电保护装置中均为启动元件，属测量继电器类。(　　)

6. 过电流继电器线圈中使继电器动作的最大电流称为继电器的动作电流。(　　)

7. 使过电流继电器由动作状态返回到起始位置的最小电流称为继电器的返回电流。(　　)

8. 继电器的动作电流与返回电流的比值称为继电器的返回系数。(　　)

9. 对于过量继电器，K_r 总小于1。(　　)

10. K_r 越接近于0，说明继电器越灵敏。(　　)

11. 时间继电器的线圈通常不按长时间接上额定电压来设计，因此凡需长时间接上电压工作的时间继电器，应在它动作后，利用其动断瞬时触点的断开，使其线圈串入限流电阻，以限制线圈的电流，免使线圈过热烧毁。(　　)

12. 感应式电流继电器线圈中的电流越大，动作时间越长，这就是感应式电流继电器的正时限特性。(　　)

13. 根据短路故障时电流的减小，可构成欠电流保护。(　　)

14. 根据短路故障时电压的降低，可构成低电压保护。(　　)

15. 根据短路故障时电流与电压之间相角的变化，可构成距离保护。(　　)

16. 根据短路故障时电压与电流比值的变化，可构成功率保护。(　　)

17. 两相两继电器式接线，在一次电路发生任意相间短路时，接线系数为1.3，即其保护灵敏度不相同。(　　)

18. 电力系统故障的种类有很多，其中，最常见及最危险的故障是各种类型的过负荷故障。(　　)

19. 电力系统的异常运行状态又称为不正常运行状态。(　　)

20. 一般电力系统异常运行状态允许短时间运行。(　　)

21. 主保护是指当被保护设备故障时，用于快速切除故障的保护。(　　)

22. 后备保护是指当同一设备上主保护拒动，或另一设备上保护或断路器拒动时，用于切除故障的保护。(　　)

23. 辅助保护是指为克服主保护某些性能不足而增设的简单保护。(　　)

24. 电流速断保护实际上就是一种瞬时动作的欠电流保护。(　　)

25. 绝缘监测装置系统正常运行时，开口三角形两端电压接近于100V。(　　)

26. 单相接地保护又称为零序电流保护。(　　)

(二) 选择题

1. 过电流继电器线圈中的使继电器动作的(　　)电流称为继电器的动作电流。

(A) 最小　　(B) 最大　　(C) 额定　　(D) 交流

2. 使过电流继电器由动作状态返回到起始位置的(　　)电流称为继电器的返回电流。

(A) 最小　　(B) 最大　　(C) 额定　　(D) 交流

3. 对于过量继电器来说，返回系数总小于(　　)。

(A) 0.3　　(B) 0.5　　(C) 1　　(D) 1.2

4. 根据短路故障时（　　）的增大，可构成过电流保护。

（A）电压　　（B）功率　　（C）电流　　（D）阻抗

5. 根据短路故障时（　　）的降低，可构成低电压保护。

（A）电压　　（B）功率　　（C）电流　　（D）阻抗

6. 电力系统故障的种类有很多，其中最常见及最危险的故障是各种类型的（　　）故障。

（A）断路　　（B）短路　　（C）过电流　　（D）欠电压

7. 电力系统的异常运行状态又称为（　　）状态。

（A）故障　　（B）过负荷　　（C）不正常运行　　（D）欠负荷

8.（　　）是指当被保护设备故障时，用于快速切除故障的保护。

（A）主保护　　（B）后备保护　　（C）辅助保护　　（D）欠量保护

9.（　　）是指当同一设备上主保护拒动，或另一设备上保护或断路器拒动时，用于切除故障的保护。

（A）主保护　　（B）后备保护　　（C）辅助保护　　（D）欠量保护

10. 在主保护拒动时，同一设备上实现切除故障的另一套保护称为（　　）。

（A）近后备保护　　（B）后备保护　　（C）辅助保护　　（D）欠量保护

11.（　　）是指为克服主保护某些性能不足而增设的简单保护。

（A）主保护　　（B）后备保护　　（C）辅助保护　　（D）欠量保护

12. 绝缘监测装置系统正常运行时，开口三角形两端电压接近于（　　）V。

（A）0　　（B）25　　（C）50　　（D）100

（三）技能考核

1. 考核内容

将电流继电器、时间继电器、信号继电器、中间继电器、调压器、滑线变阻器等组合成一个过电流保护。要求当电流继电器动作后，启动时间继电器延时，经过一定时间后，启动信号继电器发信号和中间继电器动作跳闸（指示灯亮）。

2. 考核要求

（1）画出接线原理图。

（2）按操作规程及操作步骤进行测试。

（3）仔细观察各种继电器的动作关系。

（4）仔细观察各种继电器的返回关系。

（5）测试过程中要遵守安全操作规程，不准损坏元器件。

3. 考核要求、配分及评分标准

考核要求、配分及评分标准见表 8-7。

表 8-7　　考核要求、配分及评分标准

考核项目	考核要求	配分	评分标准	考评结果	扣分	得分
画接线图	画图正确	5	画图不正确，本项不得分			

续表

考核项目	考核要求	配分	评分标准	考评结果	扣分	得分
元件检查审核	正确检测元件质量并核对数量和规格	5	不使用仪器检测元件参数，扣2分； 元件质量检查和判断错误，扣2分； 元件数量和规格核对错误，扣1分			
接线	正确接线	10	接线不正确，每处扣1分			
动作值记录	动作值记录准确	5	记录不完整，扣2分			
返回值记录	返回值记录准确	5	记录不完整，扣2分			
备注	超时操作扣分		超过5min扣1分，不许超过10min			
合计		30				

任务九　变电站的倒闸操作

【知识目标】

（1）掌握倒闸操作的有关概念。

（2）掌握电气设备的各种状态。

（3）熟悉倒闸操作的基本原则。

能力目标

（1）熟悉操作票的书写方法。

（2）掌握各种设备的操作方法。

（3）掌握倒闸操作的操作步骤。

任务导入

某钢铁公司1号变电站供电系统图如图9-1所示，现要求以110kV变电站设备管辖及正常运行状态为依据，进行门龙Ⅱ线（150线）由运行转检修的操作。说明如下：

（1）1811-5进线开关、1811-5XD接地开关、1821-5进线开关、1821-5XD接地开关属于地调管辖设备，任何操作必须经地调许可。

（2）门龙Ⅰ线（151线）、门龙Ⅱ线（150线）进线开关1811、1821和110kV母联101开关属于地调许可设备，任何操作必须经地调许可。

（3）110kV母线及以下设备属于变电站自管设备，所进行的操作无须向地调申请。

（4）110kV变电站的正常运行状态。

1）110kV变电站采用单母线分段运行，即门龙Ⅰ线（151线）向1号主变压器供电、门龙Ⅱ线（150线）向2号主变压器供电，两条线路互为备用的内桥接线。

2）10kV出线也采用单母线分段的供电方式。10kVⅠ段母线、10kVⅡ段母线分别供出各10kV负荷。但各负荷均为两路供电，如6000m^3/h制氧由10kVⅠ段母线和Ⅱ段母线各送出一路到6000m^3/h制氧高压配电室的Ⅰ段母线和Ⅱ段母线互为备用，也可用一段、备用一段。

任务分析

本任务为变电站电气设备的倒闸操作，电气设备的倒闸操作是一项十分严谨的工作，能否正确进行倒闸操作将直接影响电网的稳定，关系到电力设备的安全运行。因此，要求运行值班人员必须以高度负责的精神，严格按照倒闸操作要求，严肃认真地对待每一步操作，做到万无一失，确保安全。

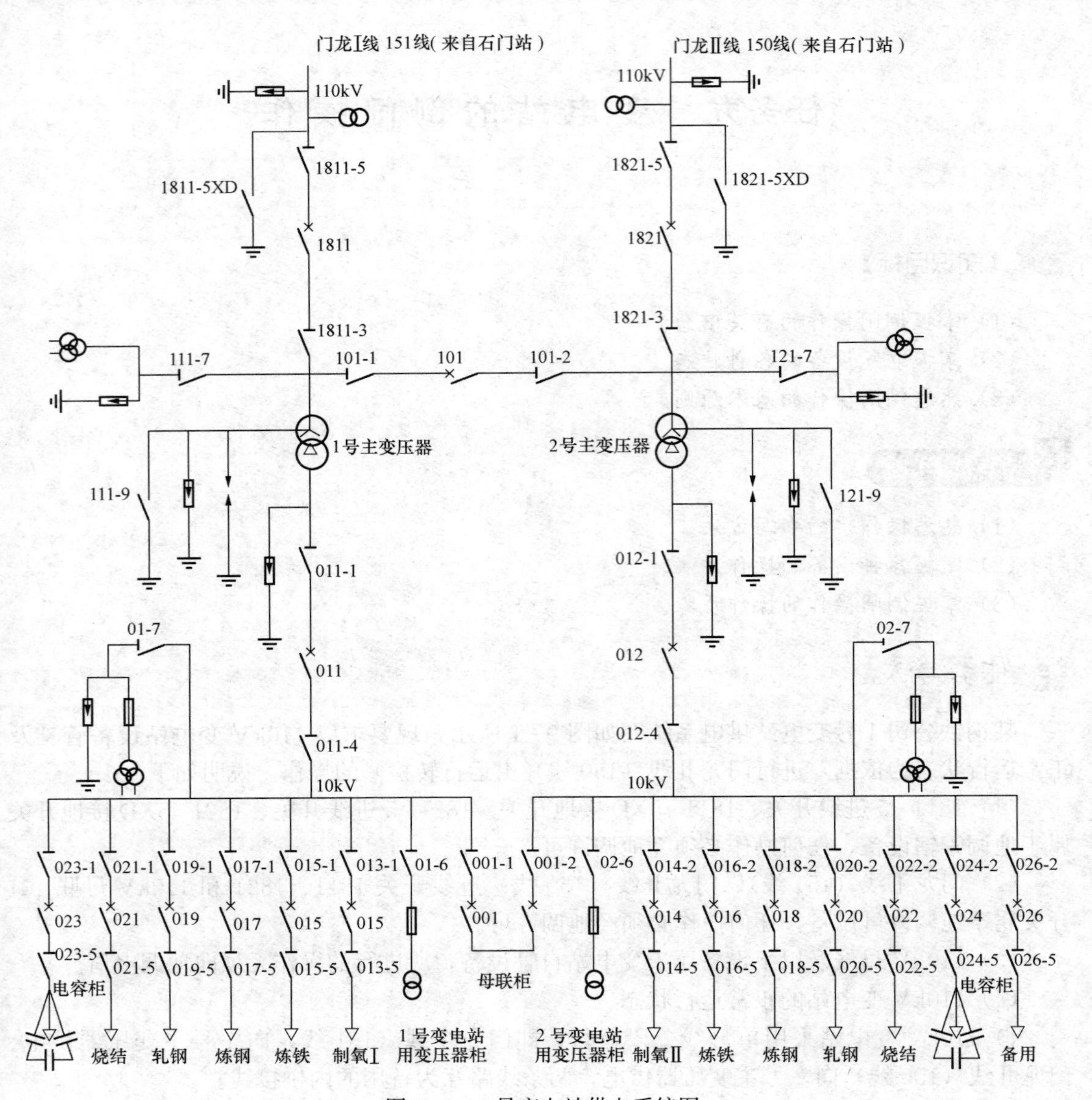

图 9-1 1号变电站供电系统图

要做到以上要求需要知道：

（1）什么是倒闸操作？

（2）倒闸操作要掌握哪些基本概念？

（3）倒闸操作的操作步骤有哪些？

（4）操作过程中有哪些事项要注意？

（5）如何书写倒闸操作票？

因此要做好倒闸操作这项工作，需掌握以下知识和技能。

一、倒闸操作的基本概念

电气设备运行中，在检修、调整、试验、消除缺陷以及改变回路的运行接线或新设备投入等工作，需要运行人员进行运行方式的变换而投入、断开、倒换电气设备的一系列操作，称为倒闸操作。它是一项重要而复杂的操作，关系到电力系统的设备、供电和人身的安全。

（一）电气设备的状态

电气设备的运行有以下四种状态：

（1）运行，指相关一、二次回路全部接通带电。

（2）热备用（也称备用），指断路器断开、隔离开关合上。

（3）冷备用（也称停用），指断路器和隔离开关均断开，但回路中互感器、避雷器等均接通，如需其断开，应指明将它们也改为冷备用。

（4）检修，指回路中各设备断开，已挂接地线，装设遮栏，悬挂标示牌。

变电站设备检修有以下几种情况：

1）开关检修，指断路器及直流操作回路熔断器和两侧隔离开关断开，开关两侧接地。

2）线路检修，指断路器和线路侧隔离开关均断开，并在线路侧接地。

3）开关和线路检修，指断路器与线路同时检修，应将断路器两侧和线路侧接地。

4）变压器检修或断路器和变压器均检修等。

在电力系统中运行的电气设备，经常需进行检修、调试及消除缺陷等工作，这就要改变电气设备的运行状态或改变电力系统的运行方式。

当电气设备由一种状态转到另一种状态或改变电力系统的运行方式时，需要进行一系列的操作，这种操作叫做电气设备的倒闸操作。

它是一项重要而复杂的操作，关系到电力系统的设备、供电和人身的安全，所以在操作中要严格防止误操作，凡有可能引起误操作的高压电气设备，均应装设防误闭锁装置。防误闭锁装置应实现以下功能（简称五防）：

（1）防止误分、合断路器。

（2）防止带负荷拉、合隔离开关。

（3）防止带电挂（合）地线（接地开关）。

（4）防止带地线（接地开关）合断路器（隔离开关）。

（5）防止误入带电间隔。

（二）倒闸操作的主要内容

（1）电力线路的停、输电操作。

（2）电力变压器的停、输电操作。

（3）发电机的启动、并列和解列操作。

（4）电网的合环与解环。

（5）母线接线方式的改变（倒母线操作）。

（6）中性点接地方式的改变。

(7) 继电保护自动装置投入、退出和改变定值。

(8) 接地线的安装与拆除，接地开关的拉合。

上述绝大多数操作任务是靠拉、合某些断路器和隔离开关来完成的，断路器和隔离开关被称为开关电器。此外，为了保证操作任务的完成和检修人员的安全，需取下、装上某些断路器的操作熔断器和合闸熔断器，这两种被称为保护电器的设备，也像开关电器一样进行频繁操作。

（三）倒闸操作的基本要求

倒闸操作必须由两人进行。通常由技术水平较高、经验丰富的值班员担任监护，另一人担任操作。发电厂、变电站、调度所及用户，每个值班人员及电工的监护权、操作权应在岗位责任制中明确规定，通过考试合格后由领导以书面形式正式公布，并取得合格证。

经“三审”批准生效的操作票，在正式操作前，应在电气模拟图上按照操作票的内容和顺序模拟预演，对操作票的正确性进行最后检查、把关。

每进行一项操作，都应遵循“唱票—对号—复诵—核对—操作”这个程序进行。具体地说，就是每进行一项操作，监护人按操作票的内容、顺序先唱票（即下操作令）；然后操作人按照操作令核对设备名称、编号及自己所站的位置无误后，复诵操作令；监护人听到复诵的操作令后，再次核对设备编号无误，最后下达“对，执行”的命令，操作人方可进行操作。

操作票必须按顺序执行，不得跳项和漏项，也不准擅自更改操作票内容及操作顺序。每执行完一项操作，做一个记号“√”。

除特殊情况不得随意更换操作人或监护人。

操作中发生疑问或发现电气闭锁装置报警，应立即停止操作，报告值班负责人，查明原因后，再决定是否继续操作。

全部操作结束后，对操作过的设备进行复查，并向发令人回令。

（四）倒闸操作的原则

倒闸操作时，应遵循下列原则：

(1) 操作隔离开关时，断路器必须先断开。

(2) 设备输电前必须将有关继电保护投入，没有继电保护或不能自动跳闸的断路器不准输电。

(3) 高压断路器不允许带电压手动合闸，运行中的小车开关不允许打开机械闭锁手动分闸。

(4) 在操作过程中，发现误合隔离开关时，不允许将误合的隔离开关再拉开。发现误拉隔离开关时，不允许将误拉的隔离开关再重新合上。

二、操作票

（一）操作票的用途

要完成一个操作任务一般都需要进行十几项以至几十项的操作，对这种复杂的操作，仅靠记忆是办不到也是不允许的。填写操作票是进行各项倒闸操作必不可少的一个重要环节，是进行具体操作的依据，它把经过深思熟虑制订的操作项目记录下来，从而根据操作票上面填写的内容一一进行有条不紊的操作。因此，填写操作票执行操作票制度是防止误操作的主要组织措施之一。

（二）操作票的格式

倒　闸　操　作　票

编号：

操作开始时间：　　年　月　日　时　分			
操作结束任务：　　年　月　日　时　分			
操作任务：			
√	顺序	操　作　项　目	√
备注：			

操作人：　　　　监护人：　　　　值班负责人：　　　　值长：

注　1. 填写操作票应清楚整齐，不得使用铅笔。
2. 每项操作完毕后，应立即在格内画“√”标记。
3. 操作票执行完毕后，应盖“已执行”戳记，并至少保存三个月。

（三）执行操作票的程序

1. 预发命令和接受命令

正值班员或值班员负责人在接受调度员发布的操作任务时应录音，要明确操作目的和意图，然后根据调度员发布的操作任务和程序向调度员复诵，经双方核对无误，然后填写操作票。调度员预发操作命令和变电运行人员接受操作命令，应当含操作票调度编号、预发命令时间、预发命令人姓名、接受人姓名及命令内容。对于有两人及以上值班的变电站，调度员仅下达操作的任务；对单人值班的变电站，调度员将操作任务和完成该项任务的顺序一并下达。

2. 操作人查对模拟图板填写操作票。

操作人根据操作任务的要求及当时的运行方式和设备运行状态，核对一次系统模拟图，填写操作项目，并考虑系统变动后的运行方式，以及继电保护的运行整定值是否配合。一般情况下，操作票应由操作人填写。但对接班后 1h 内需要进行的操作，操作票可由上一班值班员填写和审核，填写人和审核人在备注栏签名。操作票的填写以交班时的运行方式为准。

3. 审核操作票

填好的操作票必须由第二人（监护人）审查与核对。操作人填好操作票后，先由自己核对，然后交监护人审核，并分别签名再经值班负责人审核签名，特别重要和复杂的操作还应由值长审核签名。对上一级预填的操作票，即使不在本班执行也需要根据上述的规定进行审票。审票人发现错误，应由操作人重新填写，并应在审好的错误的操作票上盖上“作废”印章，以防发生差错。

4. 提问和预想

监护人和操作人应根据所要进行的倒闸操作互相提问，提出应注意的事项，以及可能会出现的异常情况，并制订出相应的对策和措施，以做到心中有数，出现异常情况能从容处理，忙而不乱。

5. 正式接受操作命令

下达操作命令或接受操作命令的双方应互通姓名，并记录在操作发令人与接令人栏内。当正值班员接到调度员下达的操作命令时，必须录音，并由监护人按照已填好的操作票向发令人复诵，经双方核对无误后，在操作票上填写发令时间。

6. 模拟预演

一切准备工作就绪后，操作人应先在变电站一次模拟图上按照操作票所列的顺序进行模拟操作，再次对操作票的正确性进行核对预演，操作正确无误后，进行倒闸操作。

7. 操作前准备

操作前必须先准备必要的安全用具、工具、钥匙等。操作高压设备应戴的绝缘手套，使用前应检查有无破损和漏气；需要装设接地线时，应检查接地线是否完好，接线桩头有无松动；核对所取钥匙编号是否与操作票要操作的电气设备名称编号相符。雨天操作还应准备好绝缘靴、雨衣。做安全措施时，应准备相应电压等级且合格的验电器、接地线、活动扳手等。执行二次设备的倒闸操作任务时，必须准备万用表、螺钉旋具、短接线等。

8. 核对设备并唱票、复诵

为了防止操作时走错间隔、站错位置或拉错断路器操作把手等，要求监护人和操作人准确走位，操作人在前，监护人在后，操作人按操作项目有顺序地走到应操作设备的位置，等候监护人唱票。在执行每项操作前，应核对设备名称和双重编号是否和操作任务相符，核对断路器和隔离开关的编号是否与操作票相符。检查断路器和隔离开关所处的运行状态和要进行的操作内容是否相符。确认操作人站立位置是否正确。当以上各项发现疑问时，应立即停止操作，并查清情况以防患于未然。操作前不但要核对设备名称和编号，并要执行监护复诵制度，操作中要求监护人站在操作人的左后侧或右后侧，其位置以能看清被操作的设备及操作人员的动作为宜。这样便于纠正操作人的错误动作，并有助于防范各种意外。操作过程精力集中，严肃认真，不谈与操作内容无关的话。正确执行监护复诵制，就是由监护人根据操作票的顺序，手指向所要操作的设备，逐项发出操作命令。唱票即操作人接令并核对设备名称、编号无误后，将命令复诵一遍并做操作手势，监护人看到正确的操作手势后，还需要进一步核对。同时，在操作票上记录开始操作的时间。

9. 实施操作

在实施操作前，监护人最后检查设备名称、编号和设备位置，并确认无误后发出“对，执行”的命令。操作人在接到“对，执行”的命令后，方可打开防误装置，即进行操作，这就是监护、唱票、复诵、对号的操作方法。

10. 检查设备，监护人逐项勾票

为了确保按操作票的顺序进行操作，在每操作完一项后，监护人应在该项用红笔在左侧打一个“√”。同时两人一起检查被操作设备的状态，应达到操作项目的要求（如设备的机械指示、信号指示灯、表计等情况），以确定实际位置。操作结束，还应对票上的所有操作项目做全面检查，以防漏项，全部操作结束后应在操作票上记录操作时间，盖上“已执行”印章。

11. 操作汇报，做好记录

操作完毕监护人应及时向当值调度员汇报操作完成情况及执行操作任务的开始和终了时间，汇报时应录音，并在与该项任务有关的记录上做好记录。值班负责人（或正值）应根据操作项目，进行详细复查。

12. 评价、总结

完成一个操作任务时，均应对已执行的操作进行评价，总结经验，便于不断提高操作技能。

（四）操作票填写

1. 操作票填写规定

（1）电气倒闸操作票应严格按照 GB 26860—2011《电业安全工作规程（发电厂和变电所电气部分）》和有关填票规定执行。

（2）操作票应统一编号，一律用红色之外的墨水的钢笔填写，字迹必须清楚，按照 GB 26860—2011 的规定格式逐项填写，并进行审核，亲笔签名。

（3）操作票执行结束后，应加盖“已执行”印，作废的操作票应加盖“作废”章。

（4）填写倒闸操作票，必须使用统一的调度术语和操作术语。

（5）为统一调度术语并有利于严格执行操作票制度，当电气设备（线路）停电检查时，调度下达操作任务命令。

1）对线路检修，调度命令最后发布到设备处于检修状态，然后发布检修开工令。

2）电气设备检修，调度发布到冷备用状态，并发布转入检修状态的许可令。接到该许可令后，应按照 GB 26860—2011 和工作票的要求填写安全操作票，做好安全措施。其临时接地线（接地开关）的装设地点和数量由现场负责。工作结束后，发电厂、变电站在自行拆除上述安全措施之后，方可向调度员报竣工。

2. 操作票填写的有关说明

（1）下列各项应作为单独的项目填入操作票内。

1）应拉合的断路器和隔离开关。

2）断路器操作后检查其分、合位置。

3）隔离开关操作后，检查其确定拉开或合闸接触良好（确已合好）。

4）断路器由冷备用转运行或热备用，操作隔离开关前，检查断路器在分闸位置。

5）投入切除转换隔离开关。

6）拉、合二次电源隔离开关。

7）取下投入控制回路、电压互感器的熔断器，同时取下同一设备的多组二次熔断器，可以并项填写，操作时分项打勾。

8）为防止误操作，在操作前必须对其所要操作的设备进行项目检查，并应做到检查后立即进行该项操作。对操作后的检查操作情况是否良好，除有规定外，可不做项目填写，而只要在该项操作项目后面说明即可。

9）验电及装拆接地线的明确地点及接地线（拉、合接地开关）编号，其中每项验电及接地线（含接地开关）应作为一个操作项目填写。

10）设备（线路）检修结束，由冷备用或检修转运行（热备用）前，应检查输电范围内确无遗留接地线（接地开关）。

11）两个并列运行的回路，当需停下其中一回而将负荷转移到另一个回路时，操作前，对另一回路所带负荷情况是否正常应进行检查。

12）退投保护回路连接片，在测量连接片两端确无电压后投入保护回路连接片（包括重合闸出口连接片），同时投入或退出，多块保护连接片可作为一个操作项目填写，但每操作完一块连接片应分别打勾。

13）保护定值更改、电流、电压、时间等各项的填写。同一定值、同一套保护的三相可以合为一项填写，但执行时应分别打勾。

（2）设备名称的填写。在操作任务栏内应写双重名称，在操作项目栏内只填写设备编号即可（隔离开关只要求写编号），同一保护的连接片编号不应相同。

（3）倒闸操作顺序。停电拉闸操作，必须按照断路器、负荷侧隔离开关、电源侧隔离开关的顺序依次操作，输电合闸顺序与此相反。

（4）在一个操作任务中，如同时需要拉开几路断路器时，允许在先行拉开几个断路器后，再分别拉隔离开关，但拉隔离开关必须在每检查一个断路器确在分闸位置后，随即分别拉开其对应的两侧隔离开关。

（5）对有旁路隔离开关的分路，在其线路隔离开关，线路侧挂接地线（含接地开关）前，除检查线路隔离开关，应在分闸位置外，还应检查其旁路隔离开关确在分闸位置（在主变压器隔离开关主变压器侧挂接地线或合接地开关要求同上）。

（6）断路器在运行状态时改保护定位，应退出相应的保护连接片，如需改串、并联，还要先将电流互感器二次回路在适当地点短接。

（7）操作任务栏中，保护定值除写出一次值外，还应填写二次折算值，其格式为一次值/二次值，操作项目栏可以只写二次值。

（8）断路器由运行改非自动，只有将其操作电源断开。

（9）母线由检修（或冷备用）转运行，应在将电压互感器改为运行状态后，其母线进行充电，检查母线充电情况，包括母线电压互感器，所以对电压互感器充电情况的检查可不另列一项。

（10）填写检查项目的几点说明。

1）接地线的拆装不需填检查内容，但拉、合接地开关应填写检查内容。

2）断路器由热备用转运行，不需要检查断路器在热备用状态再操作断路器（倒闸操作具有连续性，对于不必要的重复检查可不进行）。

3）断路器分、合闸后，操作票中只要填写“检查断路器分、合闸位置”。其含意包括三个方面：①表计指示；②位置指示灯；③本体机械位置指示。不必再填写检查表计、灯光等。

4）母线电压互感器，由运行转冷备用，可不填写检查电压表的指示情况，而由冷备用转运行，应检查电压表的指示情况，便于及时发现电压互感器的工作是否正常，以及可能存在的问题。

5）对二次回路操作（如连接片、熔断器、二次电源隔离开关、空气开关、切断开关等的操作），操作后不要求填写检查内容，因为这些操作本身比较直观明了。

6）检查输电范围内确无遗留接地线，输电范围是指变电站可见范围，不包括线路及对侧情况。输电指由电源侧向检修后的设备输电（充电），并非仅对用户输电。

（11）操作票中下列四项不得涂改。

1）设备名称编号。

2）有关参数和时间。

3）设备状态。

4）操作动词。

其他如有个别错、漏字允许进行修改，但应做到被改的字和改后的字均要保持字迹清楚，原字迹于用“\”划法，不得将其涂、擦或用其他方式划掉。

（12）操作项目填写结束应用“#”做终止标志，并标在操作项目末尾的序号栏内（此行无任何操作内容），若操作票一页正好填完，则将“#”标在最末一栏序号的正下方。

（13）操作票必须统一印刷编号，并保持连号，已使用的操作票应保存一年备查。

（14）操作票中的签名。

1）填票人、审核人由填写操作票的运行班依次分别签名，并对所填操作票的正确性负责，不经签名不得向下班移交。

2）操作人、监护人在执行操作任务前，应对操作票审核无误，在调度员正式发布命令后依次分别签名，并对操作票和所要进行操作的任务正确性负全部责任，如审核发现错误应作废并重新填写。

3）操作票上“值班负责人”栏中应为设值班负责人的变电站，在操作票执行前，应审核并签名，未经当班负责人签名，不得进行操作。不设值班负责人的此栏空格。

4）操作票上不得漏签名或代签名。

（15）操作票执行结束，应加盖“已执行”印章，作废操作票应加盖“作废”印章。

（16）每张操作票只能填写一个操作任务。一个操作任务指根据一个调度命令所进行的不间断的操作。一个操作任务填写票数超过一页时，应在各页的备注栏中注明“转下页NO.×××”“接上页NO.×××”。

3．操作票填写注意事项

（1）线路倒闸操作。线路倒闸操作票分为两类，即断路器检修和线路检修。根据规定，断路器检修，调度员发令仅发到将断路器改为冷备用状态，由冷备用状态改为检修状态由运行人员根据工作票填写安全措施操作票；线路检修，调度员发令到线路检修状态。

1）断路器检修操作票的填写。根据线路停输电的原则，停电时断开断路器后要先拉负荷侧隔离开关，后拉母线侧隔离开关（电源侧）；输电时先合电源侧隔离开关，后合负荷侧隔离开关。填票时必须遵循这一原则。这样规定是因为停电可能会有两种误操作，一是断路器没断开或经操作实际未断开；二是断路器虽已断开，但拉隔离开关时走错位置，错拉不停电线路隔离开关，两种情况均造成带负荷拉隔离开关的恶性事故。假设断路器未打开，先拉负荷侧隔离开关，弧光短路跳闸，可切除故障缩小事故范围。

倘若先拉母线侧隔离开关，弧光短路发生在线路断路器保护范围以外。由于误操作引起的故障电流并未通过电流互感器，该线路断路器保护不动作，线路断路器不会跳闸，将造成母线短路，并使上一级断路器跳闸，扩大事故范围，造成全站停电。

输电时，如果断路器在误合位置，便去合隔离开关，比如先合负荷侧隔离开关，后合母线侧隔离开关，等于用母线侧隔离开关带负荷操作，一旦发生弧光短路，便造成母线短路故障，危害极大。另外，从检验方面考虑，即使误操作发生的事故，检修负荷侧隔离开关只需停一条线路，而检修母线侧隔离开关却要停用母线，造成大面积停电。

2）线路检修操作票的填写及有关操作事项。电器设备的运行状态已提到线路冷备用时接在线路上的电压互感器，所用变压器和高低压熔断器一律取下，高压隔离开关拉开，如高压侧无法断开，则应断开低压侧。因为是直接由运行状态改为检修状态，所以拉开线路断路器与隔离开关后，应在其操作把手上挂上“禁止合闸，线路有人工作!”的标示牌，以提示操作人员。

总结上述操作票，其要点是设备停电检修必须把此设备各方电源完全断开，禁止在只经断路器断开的电气设备上工作，且被检修设备与带电部分之间应有明显的断开点；安排操作项目时要符合倒闸操作的基本规律和技术原则，各操作项目不允许出现带负荷拉隔离开关的可能，装接地线前必须先在装设地点验电，确无电压后，应立即装设接地线，装设时先接接地端，后接导体端，且在可能输电到停电检修设备的各端均必须装设接地线。

（2）新线路输电，除应遵守倒闸操作的基本要求外还应注意如下问题：

1）双电源电路或双母线在并列或合环前应经过定相。

2）分别来自两母线电压互感器的二次电压回路（经母线隔离开关辅助触点接入）也应定相。

3）配合专业人员，对继电保护自动装置进行检查和试验。特别是当用工作电压、负荷电流检查保护特性（如检查零序电流的方向）时，要防止二次电压回路短路及电流回路开路。

4）线路第一次输电应进行全压冲击合闸，其目的是利用操作过电压来检验线路的绝缘水平。

（3）线路重合闸的停用。一般在下列情况下将线路重合闸停用。

1）系统短路容量增加，断路器的开断能力满足不了一次重合闸的要求。

2）断路事故跳闸的次数已接近规定值，若重合闸投入，重合失败后跳闸的次数将超过规定值。

3）设备不正常或检修，影响重合闸动作。

a）为了防止错误重合，无压检定的电压抽取装置故障（回路无电压）或同期检定来自母线电压互感器的二次电压不正常应将有关的重合闸停用。

b）断路器合闸动力电源系统及其回路检修时会影响重合闸动作。

c）断路器的气压或油压降到不允许重合闸运行的数值时，影响重合闸操作（有的设计上已装闭锁，可自动停用重合闸）。

4）重合闸临时处理缺陷。

5）线路断路器跳闸后进行试送电或线路上有带电作业。

（4）变压器倒闸操作。

1）变压器投入运行时，应选择励磁涌流影响较小的一侧输电，一般先从电源侧充电后合上负荷侧断路器。

2）向空载变压器充电时应注意如下问题：

a）充电断路器应有完备的继电保护，并保证有足够的灵敏度，同时应考虑励磁涌流对系统继电保护的影响。

b）大电流直接接地系统的中性点，接地开关应合上（对中性点为半绝缘的变压器侧中性点更应接地）。

c）检查电源电压，使充电后各侧电压不超过其相应分接头电压的5%。

3）运行中的双绕组或三绕组变压器，若属直接接地系统，则该中性点接地开关应合上。

4）运行中的变压器中性点接地开关如需倒换，应先合上另一台变压器中性点接地开关，再拉开原来一台变压器的中性点隔离开关。

5）110kV及以上的变压器处于热备用状态时（开关一经合上，变压器即可带电），其中性点隔离开关应合上。

4. 操作票的填写及操作示例

示例：

（1）操作任务：×××线724断路器由运行于正母线改冷备用，如图9-2所示。

（2）操作顺序。

1）拉开724断路器。

2）检查724断路器在分闸位置。

3）拉开7243隔离开关，检查分闸良好。

4）检查7242隔离开关在断位。

5）拉开7241隔离开关，检查分闸良好。到此设备已由运行状态，改为冷备用状态，此时调度员将发布该设备可以发布转入检修状态的许可令，值班员得调度许可后，根据安全措施票继续进行操作。

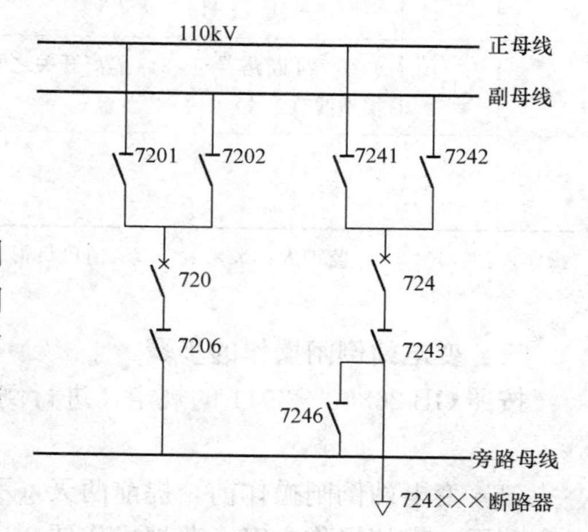

图9-2　双母线带旁路供电线路图

6）检查724断路器确实在冷备用状态。

7）取下724断路器操作电源熔断器。

8）拉开724断路器信号电源小隔离开关。

9）取下724断路器合闸电源熔断器。

10）在724断路器和7241隔离开关之间验明三相确无电压后立即挂一组接地线（1号）。

11）在724断路器与7243隔离开关之间验明三相确无电压后挂一组接地线（2号）。

（3）操作票填写。

变电站倒闸操作票　　编号：007

操作开始时间：　××××年　××月　××日　××时　××分 操作结束任务：　××××年　××月　××日　××时　××分			
操作任务：×××线 724 断路器，运行于正母线改冷备用			
	顺序	操作项目	
√	1	拉开 724 断路器	√
√	2	检查 724 断路器在分闸位置	√
√	3	拉开 7243 隔离开关，检查分闸良好	√
√	4	检查 7242 隔离开关在断位	√
√	5	拉开 7241 隔离开关，检查分闸良好	√
√	6	检查 724 断路器确实在冷备用状态	√
√	7	取下 724 断路器操作电源熔断器	√
√	8	拉开 724 断路器信号电源小隔离开关	√
√	9	取下 724 断路器合闸电源熔断器	√
√	10	在 724 断路器和 7241 隔离开关之间验明三相确无电压后立即挂一组接地线（1 号）	√
√	11	在 724 断路器与 7243 隔离开关之间验明三相确无电压后挂一组接地线（2 号）	√
备注：			

操作人：×××　监护人：×××　值班负责人：×××　值长：×××

三、变电站倒闸操作的步骤

按照 GB 26860—2011 的规定，进行倒闸操作应严格执行操作票制度和完成下列 15 个步骤。

（1）变电站倒闸操作前，提前两天（不含指双休日）与调度员联系，明确操作目的、任务和范围，商议操作方案，草拟操作票，准备安全用具等。

（2）正值班员接令，要正确记录并复令核对。

（3）操作人填写操作票。

（4）监护人审查操作票。

（5）操作人、监护人签字。

（6）在模拟图板上模拟操作，监护人在操作项目右侧格内打蓝色“√”。

（7）按操作项目，按顺序逐项核对双重编号和位置。

(8) 监护人下令。

(9) 操作人复令。

(10) 监护人下准执行令。

(11) 操作人进行操作。

(12) 共同检查操作电气设备的结果（开关状态、信号仪表变化）。

(13) 监护人在该项左端空格内打红“√”表示操作已完成。

(14) 整个操作项目完成后，向调度回“已执行”令。

(15) 在操作票上打上“已执行”印章。

任务释疑

门龙Ⅱ线（150线）由运行转检修的操作，执行步骤如下：

(1) 提前两天用调度专用电话向地调提出申请。

(2) 得到地调同意检修的回复后填写操作票。

(3) 当日的操作。用带有“止步，高压危险”的围网将不停电的部分围起来。

(4) 按地调命令合母线101开关，110kV并列，全部负荷将由门龙Ⅰ线供电。

(5) 按地调令拉开1821开关，检查断开，在操作把手上挂“有人工作，禁止合闸”标示牌。

(6) 按地调令拉开1821-3开关、1821-5开关，检查断开，在操作把手上悬挂“有人工作，禁止合闸!”的标示牌。向地调回令。

(7) 接地调令，门龙Ⅱ线已停电。

(8) 验门龙Ⅱ线无电待地调发令后，合1821-5XD接地开关悬挂标示牌。

(9) 与工作负责人填写工作票，并在工作许可人位置上签字，办理检修开工手续，并在线路上增加安全措施。

(10) 在操作票上加盖“已执行”印，存档。

操作票填写在此略去。

基础训练

用文字、数字或公式使以下内容变得完整。

1. 电气设备的运行有四种状态，即________、________、________及________。

2. 开关检修是指断路器及直流操作回路熔断器和两侧隔离开关__________，开关两侧__________。

3. 线路检修是指断路器和线路侧隔离开关均__________，并在线路侧__________。

4. 在操作中要严格防止误操作，凡有可能引起误操作的高压电气设备，均应装设__________装置。

5. 防误闭锁装置应实现以下功能：①防止__________；②防止__________；③防止__________；④防止____________________；⑤防止____________________。

6. 倒闸操作必须由__________人进行。通常由技术水平较高、经验丰富的值班员担任__________，另一人担任__________。

7. 经“三审”批准生效的操作票，在正式操作前，应在________上按照操作票的内容和顺序模拟预演，对操作票的正确性进行最后检查、把关。

8. 每进行一项操作，都应遵循“唱票—对号—______—核对—______”这个程序进行。

9. 操作票必须按______执行，不得______和漏项，也不准擅自更改操作票内容及操作顺序。每执行完一项操作，做一个记号“√”。

10. 倒闸操作除特殊情况不得随意更换________或________。

11. 倒闸操作时，应遵循操作隔离开关时，________必须先断开。

12. 倒闸操作时，应遵循在操作过程中，发现误合隔离开关时，________将误合的隔离开关再拉开。

13. 倒闸操作时，应遵循发现误拉隔离开关时，______将误拉的隔离开关再重新合上。

14. 填写操作票执行操作票制度是防止______的主要组织措施之一。

15. 一般情况下，操作票应由______填写。

16. 操作中要求监护人站在操作人的______或______，其位置以能看清被操作的设备及操作人员的动作为宜。

17. 倒闸操作顺序，停电拉闸操作，必须按照______、______、______顺序依次操作。

18. 操作票中下列四项不得涂改：______、______、______、______。

19. 操作票中如有个别错、漏字允许进行修改，但应做到被改的字和改后的字均要保持______，原字迹用“\”符号划去，不得将其涂、擦或任意划掉。

20. 每张操作票只能填写______个操作任务。

21. 根据线路停、输电的原则，停电时断开断路器后要先拉______侧隔离开关，后拉______侧隔离开关（电源侧）；输电时先合______侧隔离开关，后合______侧隔离开关。

22. 装设接地线，装设时先接______端，后接______端。

技能训练

（一）训练内容

（1）填写操作票。

（2）在模拟屏上模拟操作。

（二）训练目的

（1）掌握操作票的书写方法。

（2）掌握倒闸操作的步骤。

（三）训练项目

以下各实训项目均以图9-1为依据。各项目中的顺序为具体操作顺序，据此写出操作票并操作。

项目一 门龙Ⅰ线（151线）由运行转检修的操作。

1）提前20天向供电局方式科报151线检修申请。

2）提前2天（双休日除外）用电话向地调申请。

3）在检修的头一天下午5时左右，地调回通知同意门龙Ⅰ线检修。采取安全措施将正常输电部分用带有“止步，高压危险！”的围网围起来。

4）接地调令，合母联开关101，110kV并列，回地调令。

5）接地调令，停1811开关，检查已断开，回地调令。

6）接地调令，拉开1811-3开关、1811-5开关，检查已断开，回地调令。

7）接地调令，门龙Ⅰ线已停电，并已作安全措施。

8）验电无电压，按地调令合1811-5XD接地开关，并做好记录，回地调令。

9）接地调令，线路可以作业。

10）工作负责人提出工作票的申请，核对安全措施，签发工作票，并满足由工作负责人提出线路上加挂接地线的申请，在记录簿和工作票上记清。

11）下达开工令。

12）在操作票上加“已执行”印，存档。

项目二　门龙Ⅰ线由检修转运行的操作。

1）接工作负责人的竣工报告，查线路，加挂地线已全部拆除，人员全部撤离，具备输电条件，签发工作终结票，向地调报门龙Ⅰ线（151线）检修竣工待指示。

2）接地调令拉开1811-5XD接地开关，检查断开。

3）接地调令，门龙Ⅰ线输电，进行门龙Ⅰ线验电，回地调线路有电。

4）按地调令合1811-5开关、1811-3开关，检查合好。

5）按地调令合1811开关，检查合好。

6）按地调令，断开101开关，恢复单母线分段运行状态。

7）拆除围网安全措施。

8）在操作票上加盖“已执行”印，存档。

项目三　1811开关由运行转检修的操作。

1）提前两天向地调申请1811开关检修，全部负荷由门龙Ⅱ线供电。用带有“止步，高压危险！”的围网将不停电部分围起来。

2）接地调令，合母联101开关，检查合好并回复地调。

3）接地调令停1811开关，检查断开。

4）接地调令停1811-3开关、1811-5开关，检查断开。

5）在1811-3开关至1811开关间的母线上挂临时接地线一组。

6）接地调令，在1811-5开关至1811开关间的母线上挂临时接地线一组。

7）接工作负责人工作票，签发开工令。

8）在操作票上加盖“已执行”印，存档。

项目四　2号主变压器由运行转检修，1号主变压器供全负荷70%的操作。

1）将不停电部分用带有“止步，高压危险！”的围网围好。合10kV母联001开关，检查合好，查看母联电流。

2）停下10kV母线Ⅱ类负荷，使总负荷不超过一台变压器的能力。

3）断开Ⅱ段母线进线012开关，检查确已断开，查看Ⅱ段进线电流表无指示，母联柜电流增长。

4）拉开 012 - 4 开关，检查断开。拉开 012 - 2 开关，检查断开。

5）接地调令停 1821 开关，检查断开。

6）接地调令拉 1821 - 3 开关，检查断开。

7）接地调令拉 1821 - 5 开关，检查断开。

8）接地调令拉 101 - 2、101 - 1 开关，检查断开。

9）拉开 2 号 TV 开关、121 - 7 开关，检查断开。

10）摘下 2 号 TV 低压保险。

11）2 号主变压器高、低压侧同时验电无电后。在 2 号主变压器 10kV 出口母线上挂接地线一组。

12）在 2 号主变压器 110kV 侧与 1821 - 3 开关变压器侧挂接地线一组。

13）办理工作票手续，下达开工令。

14）在工作票上加盖“已执行”印，存档。

项目五 2 号主变压器由检修转运行的操作。

1）在工作完毕，双重检查无遗留，人员撤离，可以恢复输电时，办理工作票终结手续，向地调报竣工。

2）拆除 1821 - 3 开关主变压器侧临时接地线。

3）拆除变压器 10kV 出线母线桥上的临时接地线。

4）接地调令合 1821 - 5 开关，检查合好。合 2 号主变压器中性点开关 121 - 9。

5）接地调令合 1821 - 3 开关，检查合好。

6）合母联 101 - 1 开关、101 - 2 开关，检查合好。

7）按地调令合 1821 开关向 2 号主变压器充电三次。

8）合 10kV 进线柜 012 - 2 开关，检查合好。

9）合 10kV 进线柜 012 - 4 开关，检查合好。

10）合 012 进线柜开关，观看进线柜电流指示正常。

11）恢复原来的供电运行状态，停 10kV 母线 001 开关。拉开 2 号主变压器中性点 121 - 9 开关。

12）向地调汇报恢复原供电状态。

13）分别送出 10kV 压负荷停掉的配出回路或通知生产调度可恢复减负荷的生产。

14）拆除围网安全措施。

15）在操作票上加盖“已执行”印，存档。

任务考核

（一）判断题

1. 热备用是指断路器合上、隔离开关断开。（ ）

2. 开关检修是指断路器及直流操作回路熔断器和两侧隔离开关合上，开关两侧接地。（ ）

3. 线路检修是指断路器和线路侧隔离开关均断开，并在线路侧接地。（ ）

4. 在操作中要严格防止误操作，凡有可能引起误操作的高压电气设备，均应装设防误闭锁装置。（ ）

5. 倒闸操作可以由一人独立进行。(　　)

6. 经“三审”批准生效的操作票，在正式操作前，应在电气模拟图上按照操作票的内容和顺序模拟预演，对操作票的正确性进行最后检查、把关。(　　)

7. 每进行一项操作，都应遵循“对号—唱票—复诵—操作—核对”这个程序进行。(　　)

8. 操作票尽量按顺序执行，可以跳项和漏项，也可根据需要擅自更改操作票内容及操作顺序。(　　)

9. 除特殊情况不得随意更换操作人或监护人。(　　)

10. 倒闸操作时，应遵循操作隔离开关时断路器必须先断开。(　　)

11. 填写操作票执行操作票制度是防止误操作的主要组织措施之一。(　　)

12. 一般情况下，操作票应由监护人填写。(　　)

13. 一切准备工作就绪后，操作人应先在变电站一次模拟图上按照操作票所列的顺序进行模拟操作，再次对操作票的正确性进行核对预演。(　　)

14. 操作中要求监护人站在操作人的左后侧或右后侧，其位置以能看清被操作的设备及操作人员的动作为宜。(　　)

15. 倒闸操作顺序，停电拉闸操作，必须按照负荷侧隔离开关、断路器、电源侧隔离开关的顺序依次操作。(　　)

16. 倒闸操作票中如有个别错、漏字允许进行修改，但应做到被改的字要将其涂、擦、划掉。(　　)

17. 每张操作票只能填写一个操作任务。(　　)

18. 装设接地线，装设时先接导体端，后接接地端。(　　)

(二) 选择题

1. 电气设备的运行有(　　)种状态。

(A) 1　　(B) 2　　(C) 3　　(D) 4

2. 开关检修是指断路器及直流操作回路熔断器和两侧隔离开关断开，开关两侧(　　)。

(A) 断开　　(B) 接地　　(C) 短路　　(D) 接电阻

3. 线路检修是指断路器和线路侧隔离开关均(　　)，并在线路侧接地。

(A) 断开　　(B) 接地　　(C) 短路　　(D) 接电阻

4. 在操作中要严格防止误操作，凡有可能引起误操作的高压电气设备，均应装设(　　)。

(A) 开关　　(B) 电阻

(C) 熔断器　　(D) 防误闭锁装置

5. 每进行一项操作，都应遵循“(　　)—对号—复诵—核对—操作”这个程序进行。

(A) 准备　　(B) 审核　　(C) 唱票　　(D) 操作

6. 操作中要求监护人站在操作人的左后侧或(　　)，其位置以能看清被操作的设备及操作人员的动作为宜。

(A) 前面　　(B) 后面　　(C) 右后侧　　(D) 任一侧

7. 倒闸操作顺序，停电拉闸操作，必须按照(　　)，顺序依次操作，输电合闸顺序与此相反。

(A) 负荷侧隔离开关，断路器，电源侧隔离开关

(B) 断路器，负荷侧隔离开关，电源侧隔离开关

(C) 电源侧隔离开关，断路器，负荷侧隔离开关

(D) 断路器，电源侧隔离开关，负荷侧隔离开关

8. 操作票中有（　　）项不得涂改。

(A) 1　　(B) 2　　(C) 3　　(D) 4

9. 每张操作票只能填写（　　）个操作任务。

(A) 1　　(B) 2　　(C) 3　　(D) 4

（三）技能考核

1. 考核内容

(1) 门龙Ⅱ线由检修转运行的操作。

1) 待工作负责人报门龙Ⅱ线检修竣工、人员撤离、地线拆除，填写好操作票。

2) 用地调专用电话向地调报检修竣工，等待命令。

3) 接地调命令，拉开 1821 - 5XD 接地开关，向地调回令。

4) 接地调通知，门龙Ⅱ线输电。

5) 对门龙Ⅱ线进行验电，检查有电。按地调令合 1821 - 5 隔离开关、1821 - 3 隔离开关。

6) 接地调命令合 1821 开关，检查合好。

7) 按地调令断开 101 开关，恢复单母线分段运行的原供电状态。

8) 拆除围网。

9) 在操作票上加盖“已执行”印，存档。

(2) 制氧一线（013 线）由运行转检修的操作。

1) 根据停电申请，变电站合 001 母联开关，检查合好。

2) 通知制氧配电室合母联开关，合好报变电站。

3) 制氧配电室停制氧一线进线开关，拉制氧—进线下隔离，拉上隔离，检查断开，报变电站。

4) 变电站值班人员根据制氧一线的电流表判断已停电，并听汇报。

5) 变电站停制氧一线（013 线）开关，检查断开。

6) 变电站拉开制氧一线 013 柜下隔离开关，检查断开。

7) 拉开制氧一线上隔离开关。

8) 在下隔离配出电缆头处验电，无电。

9) 立即合上 013 柜接地开关（或挂一组临时接地线），做好记录，通知制氧配电室电工在进线电缆头处挂临时接地线一组。

10) 断开 001 母联开关。

11) 通知工作负责人 013 柜已停电，做好安全措施，可以进行检修。

12) 操作票加盖“已执行”印，存档。

2. 考核要求

1) 按要求写出操作票。

2) 检查无误后，在模拟屏上操作。

3）操作过程要严格按照安全操作规程执行。

3. 考核要求、配分及评分标准

考核要求、配分及评分标准见表9-1。

表9-1　考核要求、配分及评分标准

考核项目	考核要求	配分	评分标准	考评结果	扣分	得分
操作票	操作票书写符合要求	5	每错一处，扣1分			
模拟操作	按规程操作	15	每操作错误一处，扣1分			
画“√”操作	按规定画“√”	5	少画一处，扣1分			
安全生产操作	按安全操作规程操作	5	违规操作，每违反一项扣1分； 发生安全事故，本项不得分			
备注						
合计		30				

附录A 用电设备组的需要系数、二项式系数及功率因数值

用电设备组的需要系数、二项式系数及功率因数值

<table>
<tr><th rowspan="2">用电设备组名称</th><th rowspan="2">需要系数 K_d</th><th colspan="2">二项式系数</th><th rowspan="2">最大容量设备台数 x①</th><th rowspan="2">$\cos\varphi$</th><th rowspan="2">$\tan\varphi$</th></tr>
<tr><th>b</th><th>c</th></tr>
<tr><td>小批生产的金属冷加工机床</td><td>0.16～0.2</td><td rowspan="2">0.14</td><td>0.4</td><td rowspan="7">5</td><td rowspan="2">0.5</td><td rowspan="2">1.73</td></tr>
<tr><td>大批生产的金属冷加工机床</td><td>0.18～0.25</td><td>0.5</td></tr>
<tr><td>小批生产的金属热加工机床</td><td>0.25～0.3</td><td>0.24</td><td>0.4</td><td>0.6</td><td>1.33</td></tr>
<tr><td>大批生产的金属热加工机床</td><td>0.3～0.35</td><td>0.26</td><td>0.5</td><td>0.65</td><td>1.17</td></tr>
<tr><td>通风机、水泵、空压机及电动发电机组</td><td>0.7～0.8</td><td>0.65</td><td>0.25</td><td>0.8</td><td>0.75</td></tr>
<tr><td>非连锁的连续运输机械及铸造车间整砂机械</td><td>0.5～0.6</td><td>0.4</td><td>0.4</td><td rowspan="2">0.75</td><td rowspan="2">0.88</td></tr>
<tr><td>连锁的连续运输机械及铸造车间整砂机械</td><td>0.65～0.7</td><td>0.6</td><td rowspan="3">0.2</td></tr>
<tr><td>锅炉房和机加工、机修、装配等类车间的吊车(ε=25%)</td><td>0.1～0.15</td><td>0.06</td><td rowspan="2">3</td><td rowspan="2">0.5</td><td rowspan="2">1.73</td></tr>
<tr><td>铸造车间的吊车（ε=25%）</td><td>0.15～0.25</td><td>0.09</td></tr>
<tr><td>自动连续装料的电阻炉设备</td><td>0.75～0.8</td><td rowspan="3">0.7</td><td rowspan="2">0.3</td><td rowspan="2">2</td><td rowspan="2">0.95</td><td rowspan="2">0.33</td></tr>
<tr><td>非自动连续装料的电阻炉设备</td><td>0.65～0.7</td></tr>
<tr><td>实验室用的小型电热设备（电阻炉、干燥箱等）</td><td>0.7</td><td>0</td><td rowspan="15">—</td><td>1.0</td><td>0</td></tr>
<tr><td>工频感应电炉（未带无功补偿装置）</td><td rowspan="2">0.8</td><td rowspan="14">—</td><td rowspan="14">—</td><td>0.35</td><td>2.68</td></tr>
<tr><td>高频感应电炉（未带无功补偿装置）</td><td>0.6</td><td>1.33</td></tr>
<tr><td>电弧熔炉</td><td>0.9</td><td>0.87</td><td>0.57</td></tr>
<tr><td>点焊机、缝焊机</td><td rowspan="2">0.35</td><td>0.6</td><td>1.33</td></tr>
<tr><td>对焊机、铆钉加热机</td><td>0.7</td><td>1.02</td></tr>
<tr><td>自动弧焊变压器</td><td>0.5</td><td>0.4</td><td>2.29</td></tr>
<tr><td>单头手动弧焊变压器</td><td>0.35</td><td rowspan="2">0.35</td><td rowspan="2">2.68</td></tr>
<tr><td>多头手动弧焊变压器</td><td>0.4</td></tr>
<tr><td>单头弧焊电动发电机组</td><td>0.35</td><td>0.6</td><td>1.33</td></tr>
<tr><td>多头弧焊电动机发电机组</td><td>0.7</td><td>0.75</td><td>0.88</td></tr>
<tr><td>生产厂房及办公室、阅览室、实验室照明②</td><td>0.8～1</td><td rowspan="4">1.0</td><td rowspan="4">0</td></tr>
<tr><td>变配电站、仓库照明②</td><td>0.5～0.7</td></tr>
<tr><td>宿舍（生活区）照明②</td><td>0.6～0.8</td></tr>
<tr><td>室外照明、应急照明②</td><td>1</td></tr>
</table>

①如果用电设备组的设备总台数 $n<2x$ 时，则最大容量设备台数取 $x=n/2$，且按“四舍五入”修约规则取整数。

②这里的 $\cos\varphi$ 和 $\tan\varphi$ 值均为白炽灯照明的数据。

附录B　S9系列6～10kV级铜绕组低损耗电力变压器的技术数据

S9系列6～10kV级铜绕组低损耗电力变压器的技术数据

额定容量/kVA	额定电压/kV		联结组标号	空载损耗/W	负载损耗/W	阻抗电压/%	空载电流/%
	一次	二次					
30	10.5，6.3	0.4	Yyn0	130	600	4	2.1
50				170	870		2.0
63				200	1040		1.9
80				240	1250		1.8
100				290	1500		1.6
			Dyn11	300	1470		4
125			Yyn0	340	1800		1.5
			Dyn11	360	1720		4
160			Yyn0	400	2200		1.4
			Dyn11	430	2100		3.5
200			Yyn0	480	2600		1.3
			Dyn11	500	2500		3.5
250			Yyn0	560	3050		1.2
			Dyn11	600	2900		3
315			Yyn0	670	3650		1.1
			Dyn11	720	3450		3
400			Yyn0	800	4300		1.0
			Dyn11	870	4200		3
500			Yyn0	960	5100		1.6
			Dyn11	1030	4950		3
630			Yyn0	1200	6200	4.5	0.9
			Dyn11	1300	5800	5	1.0
800			Yyn0	1400	7500	4.5	0.8
			Dyn11			5	2.5
1000			Yyn0	1700	10 300	4.5	0.7
			Dyn11		9200	5	1.7
1250			Yyn0	1950	12 000	4.5	0.6
			Dyn11	2000	11 000	5	2.5
1600			Yyn0	2400	14 500	4.5	0.6
			Dyn11		14 000	6	2.5

附录C 常用高压断路器的技术数据

常用高压断路器的技术数据

类别	型号	额定电压/kV	额定电流/A	开断电流/kA	断流容量/MVA	动稳定电流峰值/kA	热稳定电流/kA	固有分闸时间/s	合闸时间/s	配用操动机构型号
少油户外	SW2-35/1000	35	1000	16.5	1000	45	16.5 (4s)	≤0.06	≤0.4	CT2-XG
	SW2-35/1500		1500	24.8	1500	63.4	24.8 (4s)			
少油户内	SN10-35Ⅰ	35	1000	16	1000	45	16 (4s)		≤0.2	CT10
	SN10-35Ⅱ		1250	20		50	20 (4s)		≤0.25	CT10Ⅳ
	SN10-10Ⅰ	10	630	16	300	40	16 (4s)		≤0.15	CT8
	SN10-10Ⅱ		1000						≤0.2	CD10Ⅰ
				31.5	500	80	31.5 (2s)	0.06	0.2	CT10Ⅰ、Ⅱ
	SN10-10Ⅲ		1250	40	750	125	40 (2s)	0.07		CD10Ⅲ
			2000				40 (4s)			
			3000							
真空户内	ZN23-35	35	1600	25		63	25 (4s)	0.06	0.075	CT12
	ZN3-10Ⅰ	10	630	8		20	8 (4s)	0.07	0.15	CD10等
	ZN3-10Ⅱ		1000	20		50	20 (20s)	0.05	0.10	
	ZN4-10/1000			17.3		44	17.3 (4s)		0.2	
	ZN4-10/1250		1250	20		50	20 (4s)		0.1	专用CD型
	ZN5-10/630		630				20 (2s)			
	ZN5-10/1000		1000							
	ZN5-10/1250		1250	25		63	25 (2s)			
	ZN12-10/1250						25 (4s)	0.06		CD8等
	ZN12-10/2000		2000							
	ZN12-10/1250		1250	31.5		80	31.5 (4s)			
	ZN12-10/2000		2000							
	ZN12-10/2500		2500	40		100	10 (4s)			
	ZN12-10/3150		3150							
	ZN24-10/1250-20		1250	20		50	20 (4s)			
	ZN24-10/1250			31.5		80	31.5 (4s)			
	ZN24-10/2000		2000							
六氟化硫(SF_6)户内	LN2-35Ⅰ	35	1250	16		40	16 (4s)		0.15	CT12Ⅱ
	LN2-35Ⅱ									
	LN2-35Ⅲ		1600	25		63	25 (4s)			
	LN2-10	10	1250							CT12Ⅰ CT8Ⅰ

附录D　常用电流互感器的技术数据

常用电流互感器的技术数据

型号	额定电流比	级次组合	准确级次	额定二次负荷/Ω					10%倍数		1s热稳定倍数	动稳定倍数	选用铝母线截面尺寸/mm²
				0.5级	1级	3级	10级	D级	二次负荷（S_2）	倍数			
LCZ-35	20～300， 600， 400，800， 1000/5	0.5/9 0.5B 0.5/0.9 BB 3/3B	0.5 3 B	2		2				10 27 35	65	150 100	
LQJ-10	5，10，15， 20，30， 40，50， 60，75， 100/5， 160，200， 315， 400/5	0.5/3 1/3 0.5/D 1/D	0.5 1 3	0.4	0.6 0.4	0.6				6 10	90 75	225 160	
LMZJ1-0.5	300， 400， 500，600 750，800 1000 1500	0.5/3 0.5D	0.5 1 3 D	0.4	0.8 0.4	0.6	0.6			10 15			30×4 40×5 50×6 60×8 80×8

附录E 常用电压互感器的技术数据

常用电压互感器的技术数据

型号	额定电压/V			额定容量（cosφ=0.9）/VA			大容量/VA	联结组别
	一次绕组	二次绕组	辅助绕组	0.5级	1级	3级		
JDZJ-6	6000/$\sqrt{3}$	100/$\sqrt{3}$	100/$\sqrt{3}$	30	5	100	200	
				50	80	200	400	
JDZJ-10	10 000/$\sqrt{3}$			40	60	150	300	
				50	80	200	400	
JSJW-6	6000/$\sqrt{3}$			80	150	320	640	YNynd
JSJW-10	1000/$\sqrt{3}$			120	200	480	960	
JDZ-6	6000	100		50	80	200	300	
JDZ-10	10 000			80	120	300	500	

附录F　常用低压断路器的技术数据

表F-1　DZ20系列塑料外壳式低压断路器的技术数据

断路器额定电流/A	脱扣器额定电流/A	极限分断能力代号	额定极限短路分断能力/kA				交流额定运行短路分断能力/kA		瞬时脱扣器整定电流倍数		电寿命/次
			交流		直流						
			380有效值	cosφ	220V	时间常数/ms	380V有效值	cosφ	配电用	保护电动机用	
100	16、20、22、40、50、63、80、100	Y	18	0.3	10	10	14	0.3	10	12	100
		J	35	0.25	15		18	0.25			
		G	100	0.2	20		50	0.2			
200(225)	100、125、160、180、200、225	Y	25	0.25			19	0.3	5～10	8～12	2000
		J	42				25	0.25			
		G	100	0.2	25		50	0.2			
400	200、250、315、350、400	Y	30	0.25			23	0.25	10	12	1000
		J	42				25		5～10		
		G	100	0.2	30	15	50	0.2			
630	500、630	Y	30	0.25	25		23	0.25			
		J	42				25				
1250	630、700、800、1000、1250	Y	50		30		38		4～7		500

注　1. 极限分断能力代号：Y—一般型；J—较高型；G—最高型。

2. 脱扣器额定电流为40A及以下的瞬时脱扣器最小整定电流为500A。

表F-2　DW15系列低压断路器（200～600A）的技术数据

断路器额定电流/A	瞬时通断能力有效值/kA						一次极限分断能力有效值/kA	短延时通断能力有效值/kA，380V，cosφ=0.5	机械寿命/次	电寿命/次			
	额定电压/V			cosφ						配用电			电动机保护用
	380	660	1140	380V	660V	1140V				380V	660V	1140V	
200	20	10	—	0.35	0.30	—	50	4.4	20 000	5000	2500	—	10 000
400	25	15	10			0.30		8.8	10 000	2500	1500	1000	5000
600	30	20	12	0.30				13.2					

表F-3　DW15系列低压断路器（1000～4000A）的技术数据

额定电流/A	交流380V时极限通断能力有效值/kA				最大飞弧距离/mm	机械寿命/次	插入式触头机械寿命/次	电寿命/次
	瞬时	cosφ	短延时0.4s	cosφ				
1000	40	0.25	30	0.25	350	10 000	10 000	2500
1500								
2500	60	0.2	40			5000	600	500
4000	80		60	0.2	400		—	

附录G 裸铜、铝及钢芯铝导线的允许载流量（环境温度25℃、最高允许温度70℃）

裸铜、铝及钢芯铝绞线的允许载流量（环境温度25℃、最高允许温度70℃） A

铜线			铝线			钢芯铝绞线	
导线型号	载流量		导线型号	载流量		导线型号	户外载流量
	户外	户内		户外	户内		
TJ-4	50	25	—	—	—	—	—
TJ-6	70	35	LJ-10	75	55		
TJ-10	95	60	LJ-16	105	80	LGJ-16	105
TJ-16	130	100	LJ-25	135	110	LGJ-25	135
TJ-25	180	140	LJ-35	170	135	LGJ-35	170
TJ-35	220	175	LJ-50	215	170	LGJ-50	220
TJ-50	270	220	LJ-70	265	215	LGJ-70	275
TJ-60	315	250	LJ-95	325	260	LGJ-95	335
TJ-70	340	280	LJ-120	375	310	LGJ-120	380
TJ-95	415	340	LJ-150	440	370	LGJ-150	445
TJ-120	485	405	LJ-185	500	425	LGJ-185	515
TJ-150	570	480	LJ-240	610		LGJ-240	610
TJ-185	645	550	LJ-300	680		LGJ-300	700
TJ-240	770	650	LJ-400	830	—	LGJ-400	800
TJ-300	890	—	LJ-500	890		LGJQ-330	745
TJ-400	1085		LJ-625	1 140		LGJQ-480	925

附录 H　绝缘导线的允许载流量（导线正常最高允许温度 65℃）

表 H-1　**绝缘导线明敷时的允许载流量**　A

芯线截面积/mm²	橡皮绝缘导线				聚氯乙烯绝缘导线			
	BLX，BBLX		BX，BBX		BLV		BV、BVR	
	25℃	30℃	25℃	30℃	25℃	30℃	25℃	30℃
2.5	27	25	35	32	25	23	32	29
4	35	32	45	42	32	29	42	39
6	45	42	58	54	42	39	55	51
10	65	60	85	79	59	55	75	70
16	85	79	110	102	80	74	105	98
25	110	102	145	135	105	98	138	129
35	138	129	180	168	130	121	170	158
50	175	163	230	215	165	154	215	201
70	220	206	285	265	205	191	265	247
95	265	247	345	322	250	233	325	303
120	310	280	400	374	283	266	375	350
150	360	336	470	439	325	303	430	402
185	420	392	540	504	380	355	490	458

表 H-2　**聚氯乙烯绝缘导线穿钢管时的允许载流量**　A

芯线截面积/mm²	两根单芯线			管径/mm		三根单芯线			管径/mm		四、五根单芯线			管径/mm	
	环境温度/℃					环境温度/℃					环境温度/℃				
	25	30	35	SC	TC	25	30	35	SC	TC	25	30	35	SC	TC
BLV 铝芯															
2.5	20	18	17	15	15	18	16	15	15	15	15	14	12	15	15
4	27	25	23	15	15	24	22	20	15	15	22	20	19	15	20
6	35	32	30	15	20	32	29	27	15	20	28	26	24	20	25
10	49	45	42	20	25	44	41	38	20	25	38	35	32	25	25
16	63	58	54	25	25	56	52	48	25	32	50	46	43	25	32
25	80	74	69	25	32	70	65	60	32	32	65	60	50	32	40
35	100	93	86	32	40	90	84	77	32	40	80	74	69	32	
50	125	116	108	32		110	102	95	40		100	93	86	50	
70	155	144	134	50		143	133	123	50		127	118	109	50	
95	190	177	164	50		170	158	147	50		152	142	131	70	
120	220	205	190	50		195	182	168	50		172	160	148	70	
150	250	233	216	70		225	210	194	70		200	187	173	70	
185	285	266	246	70		255	238	220	70		230	215	198	80	
BV 铜芯															
1.0	14	13	12	15	15	13	12	11	15	15	11	10	9	15	15

续表

芯线截面积/mm²	两根单芯线			管径/mm		三根单芯线			管径/mm		四、五根单芯线			管径/mm	
	环境温度/℃					环境温度/℃					环境温度/℃				
	25	30	35	SC	TC	25	30	35	SC	TC	25	30	35	SC	TC
BLV铝芯															
1.5	19	17	16	15	15	17	15	14	15	15	16	14	13	15	15
2.5	26	24	22	15	15	24	22	20	15	15	22	20	19	15	15
4	35	32	30	15	15	31	28	26	15	15	28	26	24	15	20
6	47	43	40	15	20	41	38	35	15	20	37	34	32	20	25
10	65	60	56	20	25	57	53	49	20	25	50	46	43	25	25
16	82	76	70	25	25	73	68	63	25	32	65	60	56	25	32
25	107	100	92	25	32	95	88	82	32	32	85	79	73	32	40
35	133	124	115	32	40	115	107	99	32	40	105	98	90	32	
50	165	154	142	32		146	136	126	40		130	121	112	50	
70	205	191	177	50		183	171	158	50		165	154	142	50	
95	250	233	216	50		225	210	194	50		200	187	173	70	
120	290	271	250	50		250	243	224	50		230	215	198	70	
150	330	308	285	70		300	280	259	70		265	247	229	70	
185	380	355	328	70		340	317	294	70		300	280	259	80	

注 SC—焊接钢管，管径按内径计；TC—电线管，管径按外径计。

表 H-3 聚氯乙烯绝缘导线穿塑料管时的允许载流量 A

芯线截面积/mm²	两根单芯线			管径/mm	三根单芯线			管径/mm	四根单芯线			管径/mm
	环境温度/℃				环境温度/℃				环境温度/℃			
	25	30	35	PC	25	30	35	PC	25	30	35	PC
BLV铝芯												
2.5	18	16	15	15	16	14	13	15	14	13	12	20
4	24	22	20	20	22	20	19	20	19	17	16	20
6	31	28	26		27	25	23		25	23	21	25
10	42	39	36	25	38	35	32	25	33	30	28	32
16	55	51	47	32	49	45	42	32	44	41	38	
25	73	68	63		65	60	56	40	57	53	49	40
35	90	84	77	40	80	74	69		70	65	60	50
50	114	106	98	50	102	95	88	50	80	84	77	63
70	145	135	125		130	121	112		115	107	99	
95	175	163	151	63	158	147	136	63	140	130	121	75

续表

<table>
<tr><th rowspan="3">芯线截面积/mm²</th><th colspan="3">两根单芯线</th><th rowspan="2">管径/mm</th><th colspan="3">三根单芯线</th><th rowspan="2">管径/mm</th><th colspan="3">四根单芯线</th><th rowspan="2">管径/mm</th></tr>
<tr><th colspan="3">环境温度/℃</th><th colspan="3">环境温度/℃</th><th colspan="3">环境温度/℃</th></tr>
<tr><th>25</th><th>30</th><th>35</th><th>PC</th><th>25</th><th>30</th><th>35</th><th>PC</th><th>25</th><th>30</th><th>35</th><th>PC</th></tr>
<tr><td colspan="13">BLV铝芯</td></tr>
<tr><td>1.0</td><td>12</td><td>11</td><td>10</td><td rowspan="3">15</td><td>11</td><td>10</td><td>9</td><td rowspan="3">15</td><td>10</td><td>9</td><td>8</td><td rowspan="2">15</td></tr>
<tr><td>1.5</td><td>16</td><td>14</td><td>13</td><td>15</td><td>14</td><td>12</td><td>13</td><td>12</td><td>11</td></tr>
<tr><td>2.5</td><td>24</td><td>22</td><td>20</td><td>21</td><td>19</td><td>18</td><td>19</td><td>17</td><td>16</td><td rowspan="2">20</td></tr>
<tr><td>4</td><td>31</td><td>28</td><td>26</td><td rowspan="2">20</td><td>28</td><td>26</td><td>24</td><td rowspan="2">20</td><td>25</td><td>23</td><td>21</td></tr>
<tr><td>6</td><td>41</td><td>36</td><td>35</td><td>36</td><td>33</td><td>31</td><td>32</td><td>29</td><td>27</td><td>25</td></tr>
<tr><td>10</td><td>56</td><td>52</td><td>48</td><td>25</td><td>49</td><td>45</td><td>42</td><td>25</td><td>44</td><td>41</td><td>38</td><td rowspan="2">32</td></tr>
<tr><td>16</td><td>72</td><td>67</td><td>62</td><td rowspan="2">32</td><td>65</td><td>60</td><td>56</td><td>32</td><td>57</td><td>53</td><td>49</td></tr>
<tr><td>25</td><td>95</td><td>88</td><td>82</td><td>85</td><td>79</td><td>73</td><td rowspan="2">40</td><td>75</td><td>70</td><td>64</td><td>40</td></tr>
<tr><td>35</td><td>120</td><td>112</td><td>103</td><td>40</td><td>105</td><td>98</td><td>90</td><td>93</td><td>86</td><td>80</td><td>50</td></tr>
<tr><td>50</td><td>150</td><td>140</td><td>129</td><td rowspan="2">50</td><td>132</td><td>123</td><td>114</td><td rowspan="2">50</td><td>117</td><td>109</td><td>101</td><td rowspan="2">63</td></tr>
<tr><td>70</td><td>185</td><td>172</td><td>160</td><td>167</td><td>156</td><td>144</td><td>148</td><td>138</td><td>128</td></tr>
<tr><td>95</td><td>230</td><td>215</td><td>198</td><td rowspan="2">63</td><td>205</td><td>191</td><td>177</td><td rowspan="2">63</td><td>185</td><td>172</td><td>160</td><td rowspan="3">75</td></tr>
<tr><td>120</td><td>270</td><td>252</td><td>233</td><td>240</td><td>224</td><td>207</td><td>215</td><td>201</td><td>185</td></tr>
<tr><td>150</td><td>305</td><td>285</td><td>263</td><td rowspan="2">75</td><td>275</td><td>257</td><td>237</td><td rowspan="2">75</td><td>250</td><td>233</td><td>216</td></tr>
<tr><td>185</td><td>355</td><td>331</td><td>307</td><td>310</td><td>289</td><td>268</td><td>280</td><td>260</td><td>242</td><td>90</td></tr>
</table>

注 PC表示硬塑料管。

附录I 电力电缆的允许载流量

表I-1 **油浸纸绝缘电力电缆的允许载流量** A

电缆型号	ZLQ、ZLQ、ZLL			ZLQ20、ZLQ30 ZLQ12、ZLL30			ZLQ_2、ZLQ_3、ZLQ_5 ZLL_{12}、ZLL_{13}		
电缆额定电压/kV	1~3	6	10	1~3	6	10	1~3	6	10
最高允许温度/℃	80	65	60	80	65	60	80	65	60
敷设方式 芯数×截面/mm²	敷设于25℃空气中						敷设于15℃土壤中		
3×2.5	22	—	—	24	—	—	30	—	—
3×4	28	—	—	32	—	—	39	—	—
3×6	35	—	—	40	—	—	50	—	—
3×10	48	43	—	55	48	—	67	61	—
3×16	65	55	55	70	65	60	88	78	73
3×25	85	75	70	95	85	80	114	104	100
3×35	105	90	85	115	100	95	141	123	118
3×50	130	115	105	145	125	120	174	151	147
3×70	160	135	130	180	155	145	212	186	170
3×95	195	170	160	220	190	180	256	230	209
3×120	225	195	185	255	220	206	289	257	243
3×150	265	225	210	300	255	235	332	291	277
3×180	305	260	245	345	295	270	376	330	310
3×240	365	310	290	410	345	325	440	386	367

表I-2 **聚氯乙烯绝缘及护套电力电缆的允许载流量** A

电缆额定电压/kV	1				6			
最高允许温度/℃	65℃							
敷设方式	15℃地中直埋		25℃空气中敷设		15℃地中直埋		25℃空气中敷设	
芯数×截面/mm²	铝	铜	铝	铜	铝	铜	铝	铜
3×2.5	25	32	16	20	—	—	—	—
3×4	33	42	22	28	—	—	—	—
3×6	42	54	29	37	—	—	—	—
3×10	57	73	40	51	54	69	42	54
3×16	75	97	53	68	71	91	56	72
3×25	99	127	72	92	92	119	74	95
3×35	120	155	87	112	116	149	90	116
3×50	147	189	108	139	143	184	112	144
3×70	181	233	135	174	171	220	136	175
3×95	215	277	165	212	208	268	167	215
3×120	244	314	191	246	238	307	194	250
3×150	280	361	225	290	272	350	224	288
3×180	316	407	257	331	308	397	257	331
3×240	361	465	306	394	353	455	301	388

表Ⅰ-3　　交联聚乙烯绝缘聚氯乙烯护套电力电缆允许载流量　　A

电缆额定电压/kV	1（3～4芯）				10（3芯）			
最高允许温度/℃	90							
敷设方式	15℃地中直埋		25℃空气中敷设		15℃地中直埋		25℃空气中敷设	
芯数×截面/mm²	铝	铜	铝	铜	铝	铜	铝	铜
3×16	99	128	77	105	102	131	94	121
3×25	128	167	105	140	130	168	123	158
3×35	150	200	125	170	155	200	147	190
3×50	183	239	155	205	188	241	180	231
3×70	222	299	195	260	224	289	218	280
3×95	266	350	235	320	266	341	261	335
3×120	305	400	280	370	302	386	303	388
3×150	344	450	320	430	342	437	347	445
3×180	389	511	370	490	382	490	394	504
3×240	455	588	440	580	440	559	461	587

附录J 导线机械强度最小截面积

表J-1 绝缘导线芯线的最小截面积

<table>
<tr><th colspan="4" rowspan="2">线路类别</th><th colspan="3">芯线最小截面积/mm²</th></tr>
<tr><th>铜芯软线</th><th>铜线</th><th>铝线</th></tr>
<tr><td colspan="2" rowspan="2">照明用灯头引下线</td><td colspan="2">室内</td><td>0.5</td><td rowspan="2">1.0</td><td rowspan="2">2.5</td></tr>
<tr><td colspan="2">室外</td><td>1.0</td></tr>
<tr><td colspan="2" rowspan="2">移动式设备线路</td><td colspan="2">生活用</td><td>0.75</td><td rowspan="2">—</td><td rowspan="2">—</td></tr>
<tr><td colspan="2">生产用</td><td>1.0</td></tr>
<tr><td rowspan="5">敷设在绝缘支持件上的绝缘导线（L为支持点间距）</td><td>室内</td><td colspan="2">L≤2mm</td><td rowspan="5">—</td><td>1.0</td><td rowspan="2">2.5</td></tr>
<tr><td rowspan="4">室外</td><td colspan="2">L≤2m</td><td>1.5</td></tr>
<tr><td colspan="2">2m≤L≤6m</td><td>2.5</td><td>4</td></tr>
<tr><td colspan="2">6m≤L≤15m</td><td>4</td><td>6</td></tr>
<tr><td colspan="2">15m≤L≤25m</td><td>6</td><td>10</td></tr>
<tr><td colspan="4">穿管敷设的绝缘导线</td><td>1.0</td><td rowspan="2">1.0</td><td rowspan="4">2.5</td></tr>
<tr><td colspan="4">沿墙明敷的塑料护套线</td><td rowspan="5">—</td></tr>
<tr><td colspan="4">板孔穿线敷设的绝缘导线</td><td>1.0（0.75）</td></tr>
<tr><td colspan="2" rowspan="3">PE线和PEN线</td><td colspan="2">有机械保护时</td><td>1.5</td></tr>
<tr><td rowspan="2">无机械保护时</td><td>多芯线</td><td>2.5</td><td>4</td></tr>
<tr><td>单芯干线</td><td>10</td><td>16</td></tr>
</table>

表J-2 架空裸导线的最小截面积

<table>
<tr><th colspan="2" rowspan="2">线路类别</th><th colspan="3">导线最小截面积/mm²</th></tr>
<tr><th>铝及铝合金绞线</th><th>钢芯铝绞线</th><th>铜绞线</th></tr>
<tr><td colspan="2">35kV及以上线路</td><td rowspan="2">35</td><td>35</td><td>35</td></tr>
<tr><td rowspan="2">3～10kV线路</td><td>居民区</td><td>25</td><td>25</td></tr>
<tr><td>非居民区</td><td>25</td><td>16</td><td>16</td></tr>
<tr><td rowspan="2">低压线路</td><td>一般</td><td>16</td><td rowspan="2">16</td><td rowspan="2">16</td></tr>
<tr><td>与铁路交叉跨越档</td><td>35</td></tr>
</table>

附录K　导线和电缆的电阻和电抗

表K-1　室内明敷及穿管的铝芯绝缘导线的单位长度每相电阻和电抗值

芯线截面积/mm²	单位长度每相铝/Ω·km⁻¹			铜/Ω·km⁻¹		
	电阻 R_0（65℃）	电抗 X_0		电阻 R_0（65℃）	电抗 X_0	
		明线间距 100mm	穿管		明线间距 100mm	穿管
1.5	24.39	0.342	0.14	14.48	0.342	0.14
2.5	14.63	0.327	0.13	8.69	0.327	0.13
4	9.15	0.312	0.12	5.43	0.312	0.12
6	6.10	0.300	0.11	3.62	0.300	0.11
10	3.66	0.280		2.19	0.280	
16	2.29	0.265	0.10	1.37	0.265	0.10
25	1.48	0.251		0.88	0.251	
35	1.06	0.241		0.63	0.241	
50	0.75	0.229	0.09	0.44	0.229	0.09
70	0.53	0.219		0.32	0.219	
95	0.39	0.206		0.23	0.206	
120	0.31	0.199	0.08	0.19	0.199	0.08
150	0.25	0.191		0.15	0.191	
185	0.20	0.184	0.07	0.13	0.184	0.07

表K-2　架空铝绞线的单位长度每相电阻和电抗值

导线型号	LJ-16	LJ-25	LJ-35	LJ-50	LJ-70	LJ-95	LJ-120	LJ-150	LJ-185	LJ-240
单位长度每相电阻/Ω·km⁻¹	1.98	1.28	0.92	0.64	0.46	0.34	0.27	0.21	0.17	0.132
线间几何均距/m	单位长度每相电抗/Ω·km⁻¹									
0.6	0.358	0.344	0.334	0.323	0.312	0.303	0.295	0.287	0.281	0.273
0.8	0.377	0.362	0.352	0.341	0.330	0.321	0.313	0.305	0.299	0.291
1.0	0.390	0.376	0.366	0.355	0.344	0.335	0.327	0.319	0.313	0.305
1.25	0.404	0.390	0.380	0.369	0.358	0.349	0.341	0.333	0.327	0.319
1.5	0.416	0.402	0.390	0.380	0.369	0.360	0.353	0.345	0.339	0.330
2.0	0.434	0.420	0.410	0.398	0.387	0.378	0.371	0.363	0.356	0.348

表K-3　电力电缆的单位长度每相电阻和电抗值

额定截面积/mm	单位长度每相电阻/Ω·km⁻¹						单相长度每相电抗/Ω·km⁻¹					
	铝芯电缆			铜芯电缆			纸绝缘三芯电缆			塑料三芯电缆		
	线芯工作温度/℃						额定电压（等级）/kV					
	60	75	80	60	75	80	1	6	10	1	6	10
2.5	14.38	15.13		8.54	8.98		0.098			0.100		
4	8.99	9.45	—	5.34	5.61	—	0.091	—	—	0.093	—	—
6	6.00	6.31		3.56	3.75		0.087			0.091		

续表

额定截面积/mm	单位长度每相电阻/$\Omega \cdot km^{-1}$						单相长度每相电抗/$\Omega \cdot km^{-1}$					
	铝芯电缆			铜芯电缆			纸绝缘三芯电缆			塑料三芯电缆		
	线芯工作温度/℃						额定电压（等级）/kV					
	60	75	80	60	75	80	1	6	10	1	6	10
10	3.60	3.78	—	2.13	2.25	—	0.081	—	—	0.087	—	—
16	2.25	2.36	2.40	1.33	1.40	1.43	0.077	0.099	0.110	0.082	0.124	0.133
25	1.44	1.51	1.54	0.85	0.90	0.91	0.067	0.088	0.098	0.075	0.111	0.120
35	1.03	1.08	1.10	0.61	0.64	0.65	0.065	0.083	0.092	0.073	0.105	0.113
50	0.72	0.76	0.77	0.43	0.45	0.46	0.063	0.079	0.087	0.071	0.099	0.107
70	0.51	0.54	0.56	0.31	0.32	0.33		0.076	0.083		0.093	0.101
95	0.38	0.40	0.41	0.23	0.24	0.24		0.074	0.080		0.089	0.096
120	0.30	0.31	0.32	0.18	0.19	0.19	0.062	0.072	0.078	0.070	0.087	0.095
150	0.24	0.25	0.26	0.14	0.15	0.15		0.071	0.077		0.085	0.093
185	0.20	0.21	0.21	0.12	0.12	0.13		0.070	0.075		0.082	0.090
240	0.16	0.16	0.17	0.09	0.10	0.10		0.069	0.073		0.080	0.087

附录L　照明灯具距地面最低悬挂高度的规定

照明灯具距地面最低悬挂高度的规定

光源种类	灯具结构	灯具遮光角（°）	光源功率/W	最低悬挂高度/m
白炽灯	有反射罩	10～30	≤100	2.5
			150～200	3.0
			300～500	3.5
	乳白玻璃漫射罩	—	≤100	2.2
			150～200	2.5
			300～500	3.0
荧光灯	无反射罩		≤40	2.2
			＞40	3.0
	有反射罩		≤40	2.2
			＞40	
荧光高压汞灯	有反射罩	10～30	＜125	3.5
			150～250	5.0
			≥400	6.0
	有反射罩带格栅	＞30	＜125	3.0
			125～250	4.0
			≥400	4.0
金属卤化物灯、高压钠灯、混光光源	有反射罩	10～30	＜150	3.5
			150～250	5.5
			250～400	6.5
			＞400	7.5
	有反射罩带格栅	＞30	＜150	4.0
			150～250	4.5
			250～400	5.5
			＞400	6.5

附录M 部分灯具的最大允许距高比

部分灯具的最大允许距高比

<table>
<tr><th rowspan="3">照明器</th><th rowspan="3">型号</th><th rowspan="3">光源种类及容量/W</th><th colspan="2">最大允许值</th><th rowspan="3">最低照度系数 Z 值</th></tr>
<tr><th colspan="2">L/h</th></tr>
<tr><th>$A-A$</th><th>$B-B$</th></tr>
<tr><td rowspan="2">配照型照明器</td><td rowspan="2">GC1 $\frac{A}{B}-1$</td><td>B150</td><td colspan="2">1.25</td><td>1.33</td></tr>
<tr><td>G125</td><td colspan="2">1.41</td><td>1.23</td></tr>
<tr><td rowspan="2">广照型照明器</td><td rowspan="2">GC3 $\frac{A}{B}-2$</td><td>G125</td><td colspan="2">0.98</td><td>1.32</td></tr>
<tr><td>G250</td><td colspan="2">1.02</td><td>1.33</td></tr>
<tr><td rowspan="4">探照型照明器</td><td rowspan="4">GC5 $\frac{A}{B}-3$</td><td>B300</td><td colspan="2">1.40</td><td>1.29</td></tr>
<tr><td>G250</td><td colspan="2">1.45</td><td>1.32</td></tr>
<tr><td>B500</td><td colspan="2">1.40</td><td>1.31</td></tr>
<tr><td>G100</td><td colspan="2">1.23</td><td>1.32</td></tr>
<tr><td rowspan="2">筒式荧光灯</td><td>YG1-1</td><td rowspan="2">1×40</td><td colspan="2">1.61</td><td>1.29</td></tr>
<tr><td>YG2-1</td><td colspan="2">1.46</td><td>1.28</td></tr>
<tr><td rowspan="3">吸顶式荧光灯</td><td>YG2-2</td><td rowspan="2">2×40</td><td colspan="2">1.33</td><td rowspan="2">1.29</td></tr>
<tr><td>YG6-2</td><td>1.48</td><td>1.22</td></tr>
<tr><td>YG6-3</td><td>3×40</td><td>1.5</td><td>1.26</td><td>1.30</td></tr>
<tr><td rowspan="2">嵌入式荧光灯</td><td>YG15-2</td><td>2×40</td><td>1.25</td><td>1.20</td><td>—</td></tr>
<tr><td>YG15-3</td><td>3×40</td><td>1.07</td><td>1.05</td><td>1.30</td></tr>
<tr><td>搪瓷罩卤钨灯</td><td>DD3-1000</td><td rowspan="3">1000</td><td>1.25</td><td>1.40</td><td rowspan="3"></td></tr>
<tr><td>卤钨吊灯</td><td>DD1-1000</td><td>1.08</td><td rowspan="2">1.33</td></tr>
<tr><td>筒式双层卤钨灯</td><td>DD6-1000</td><td>0.62</td></tr>
<tr><td rowspan="2">房间较低并且反射条件较好</td><td>灯排数</td><td rowspan="2"></td><td rowspan="2" colspan="2"></td><td>1.15～1.2</td></tr>
<tr><td>灯排数</td><td>1.10</td></tr>
<tr><td colspan="3">其他白炽灯（B）布罩合理时</td><td colspan="2"></td><td>1.1～1.2</td></tr>
</table>

参 考 文 献

[1] 王丽英．国家级职业教育规划教材　高等职业技术院校电气自动化技术作业　工厂供配电技术．北京：中国劳动社会保障出版社，2007.

[2] 陈小虎．普通高等教育“十一五”国家级规划教材（高职高专教育）　工厂供电技术．3版．北京：高等教育出版社，2010.

[3] 刘介才．普通高等教育“十一五”国家级规划教材　工厂供电．5版．北京：机械工业出版社，2010.

[4] 江文．普通高等教育“十一五”国家级规划教材　教育部高等职业教育示范专业规划教材（电气工程及自动化类专业）供配电技术．北京．机械工业出版社，2011.

[5] 任元会．工业与民用配电设计手册．3版．北京：中国电力出版社，2005.

[6] 白公．维修电工技能手册．2版．北京：机械工业出版社，2010.

[7] 陈家斌．变电运行与管理技术．北京：中国电力出版社，2004.

[8] 常文平．全国高等专科教育自动化类专业规划教材　电工实习指导　北京：机械工业出版社，2006.